“十二五”职业教育国家规划教材
经全国职业教育教材审定委员会审定

高等职业教育“十二五”农业部规划教材

园艺作物病虫害防治

第 2 版

张红燕　石明杰　主编

中国农业大学出版社
·北京·

内容简介

本书的编写以适应国家示范性高等职业院校课程改革的需要，以岗位职业能力培养为核心，以高职学生的认知规律为依据，以园艺植物病虫害识别、诊断、测报、制定防治方案、组织实施的防治过程为主线，以典型工作任务为载体，进行教材内容的选取与设计，体现在做中学、学中做，"教、学、做"合一。同时将农作物植保工国家职业标准有机地融入教材体系中，增强了教材的职业性与实用性。

本书分为园艺作物虫害识别、园艺作物病害的诊断、园艺作物病虫害田间调查及测报、园艺作物病虫害防治的基本方法、蔬菜主要病虫害及综合防治、花卉主要病虫害及综合防治、果树主要病虫害及综合防治、食用菌主要病虫害及综合防治 8 个学习情境共 17 个学习任务，各情境学习任务强调理论知识与实践、科学性与实用性、专业服务与专业提升相结合，体现基于工作过程的教学设计，包含知识目标、能力目标、任务描述、实施条件、任务实施、任务训练、知识拓展等内容，并附有国家职业标准及各学习情境的考核标准。

本书可作为高职高专院校设施农业、园艺、园林等农业种植类专业的专业基础课或专业课教材，也可作为各类成人教育相关专业的教材，还可供广大农林、园艺、园林类技术人员参考。

图书在版编目(CIP)数据

园艺作物病虫害防治/张红燕，石明杰主编．—2 版．—北京：中国农业大学出版社，2014.9

ISBN 978-7-5655-1059-5

Ⅰ.①园… Ⅱ.①张…②石… Ⅲ.①园艺作物-病虫害防治 Ⅳ.①S436

中国版本图书馆 CIP 数据核字(2014)第 199659 号

书　　名　园艺作物病虫害防治　第 2 版
作　　者　张红燕　石明杰　主编

策划编辑　姚慧敏　伍　斌　　**责任编辑**　韩元凤
封面设计　郑　川　　**责任校对**　王晓凤　陈　莹
出版发行　中国农业大学出版社
社　　址　北京市海淀区圆明园西路 2 号　　**邮政编码**　100193
电　　话　发行部 010-62818525，8625　　读者服务部 010-62732336
　　　　　编辑部 010-62732617，2618　　出　版　部 010-62733440
网　　址　http://www.cau.edu.cn/caup　　**e-mail** cbsszs @ cau.edu.cn
经　　销　新华书店
印　　刷　北京鑫丰华彩印有限公司
版　　次　2014 年 11 月第 2 版　　2014 年 11 月第 1 次印刷
规　　格　787×1 092　　16 开本　　18.75 印张　　466 千字　　彩插 7
定　　价　47.00 元

中国农业大学出版社
“十二五”职业教育国家规划教材
建设指导委员会专家名单
（按姓氏拼音排列）

编审人员

主　编　张红燕　黑龙江农业工程职业学院

　　　　　石明杰　黑龙江畜牧兽医职业学院

副主编　徐桂平　潍坊职业学院

　　　　　吴淼生　江西农业工程职业学院

　　　　　谢　红　黑龙江农业工程职业学院

　　　　　张新燕　河北旅游职业学院

参　编　韩　霜　商丘师范学院

　　　　　邱广艳　河北旅游职业学院

　　　　　刘全国　唐山职业技术学院

　　　　　薛　勇　佳木斯大学

　　　　　任学坤　黑龙江农业职业技术学院

主　审　陈啸寅　江苏农林职业技术学院

　　　　　于振明　大北农东北集团

修订说明

《园艺作物病虫害防治》自 2009 年出版以来，得到了普遍的认可，对农业发展尤其是蔬菜生产行业的发展发挥了积极作用。随着国家示范性高等职业院校建设计划的完成，标志着高等职业教育改革进入了一个新的阶段，对教材建设也提出了新的要求。在中国农业大学出版社的组织领导下进行本教材的修订。

本次教材修订体现了《教育规划纲要》高职教育教学改革精神，围绕生产、建设、管理、服务第一线的技能型高端人才的培养目标，实现专业与产业对接、课程内容与职业标准对接、教学过程与生产过程对接、学历证书与职业资格对接。

以服务为宗旨，主动适应地方经济发展与市场需求，在教材内容上兼顾不同地区的特点，将园艺作物病虫害防治的理论与实践转移到绿色、环保、低碳、安全的理念与技术上，以及整个区域的生态环境保护，有效发挥农业技术措施、现代物理技术和生物技术的调控作用，以达到可持续发展的目的。

按照专业教学标准的要求，将职业资格与教材内容有机衔接与贯通，将教学重点、课程内容、能力结构以及评价标准高度融合与衔接，尤其加大任务训练的力度，在体现教材科学性、实用性与针对性的同时，注重学生的个性发展，增加其启发性与引导性。同时对同一学科或相邻学科具有广泛的参考价值。

构建工作过程导向的课程体系则是创建高等职业教育示范校的首要标志，因此，我们以培养技能型与应用型人才为主要目标，以理论知识够用、专业知识实用、实践技能适用为原则，以职业岗位能力和要求为核心，在中国农业大学出版社的组织领导下修订了本教材。

本教材修订分工如下：张红燕制定修改方案和编写提纲，编写任务考核标准及修订学习情境 5 中的学习任务 2，并对全书进行审稿与统稿；石明杰修订学习情境 6；张新燕修订学习情境 1；吴淼生修订学习情境 2；刘全国修订学习情境 3；徐桂平修订学习情境 4；谢红修订学习情境 5 中的学习任务 1；任学坤修订学习情境 5 中的学习任务 2；韩霜修订学习情境 7 中的学习任务 1；邱广艳修订学习情境 7 中的学习任务 2；薛勇修订学习情境 8。

特邀陈啸寅、于振明担任主审，通过他们多年的实践经验，从农业生产实际的角度提出宝贵的意见。

教材修订过程中参阅、引用了有关专家、学者、网站的专著、论文和图片，在此表示最衷心的感谢！

由于我国南北方差异很大，很难照顾周全，加之学科发展日新月异，我们掌握的资料不够全面，业务水平和能力有限，修订时间仓促，教材中难免有疏漏、不足、甚至错误，恳请专家及读者指正。

编者

2013 年 12 月

目　录

学习情境 1

园艺作物虫害识别

知识目标

◆掌握园艺作物害虫的形态特征、生物学特性及主要类群的主要特征。

◆理解昆虫的发生与环境条件的关系及在害虫防治中的作用。

能力目标

◆能识别当地园艺作物害虫的形态特征与变态类型。

◆能识别危害园艺作物的重要目、科昆虫的特征区别。

◆能根据昆虫的生活习性及与环境条件的关系熟练运用各种防治措施。

学习任务 1　园艺作物害虫形态识别

任务描述

通过各种标本图片观察、观看相关视频、课堂知识传授等相结合的方式，熟知昆虫的主要形态特征及其各部附器的构造、功能、类型及与防治的关系；通过实地实物观察、专业音像资料及网络查询、教师指导等形式，学会对典型危害症状、昆虫典型特征、外部形态及各虫态的识别；通过网络、视频、文献书籍等形式查阅、研究分析，熟悉昆虫在自然界中的地位及其与人类的关系，了解昆虫的内部构造、生理在防治方面的应用。

实施条件

1. 实施场所：校内外园艺作物生产实训基地、植保实训室、多媒体教室。

2. 仪器设备：显微镜、体视显微镜、捕虫网、诱虫灯、多媒体设备、数码摄影设备等。

3. 药品用具：酒精、福尔马林等昆虫标本采集制作药品等，放大镜、剪子、镊子、标本盒(瓶)、展翅板等昆虫标本制作用具。

4. 其他：各种昆虫标本、切片、PPT、图片影像资料、教材、相关图书、网上资源等。

任务实施

昆虫是动物界中最大的一个类群。地球上的动物种类约 150 万种,其中昆虫就约占 100 万种。由于昆虫的生存环境、取食对象与生活方式各有不同,可分为害虫(如蝗虫、蝇、蚊等)、天敌(如七星瓢虫、草蛉等)、益虫(如蜜蜂、家蚕、五倍子蚜等)。昆虫不但种类繁多,而且形态各异,要想充分利用益虫和有效控制害虫,首先要学会昆虫的识别,掌握昆虫的外部形态特征及功能。

一、昆虫特征的识别

园艺作物有害生物中,除少数是螨类、蛞蝓之外,绝大部分是昆虫。

昆虫属于动物界节肢动物门昆虫纲。

节肢动物门:由一系列的体节组成,均为体躯左右对称,有些体节上有成对分节的附肢,具外骨骼。除昆虫纲外,还有蛛形纲、甲壳纲、多足纲、重足纲等。

昆虫的成虫具有以下共同特征(图 1-1):

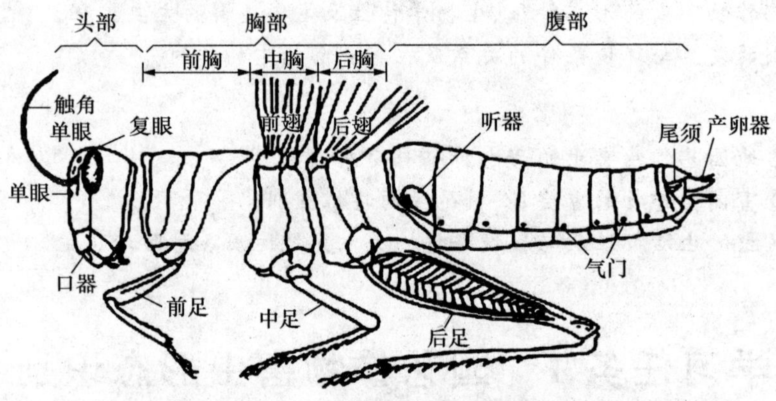

图 1-1 昆虫(蝗虫)体躯侧面观

(引自:袁锋.农业昆虫学.中国农业出版社.2004 年)

(1)体躯分成头、胸、腹 3 个明显的体段。

(2)头部有口器和 1 对触角,还有 1 对复眼和 0～3 个单眼。

(3)胸部有 3 对胸足,一般有 2 对翅。

(4)腹部大多由 9～11 个体节组成,末端具有外生殖器和肛门,有的还有 1 对尾须。

注意观察昆虫与其他节肢动物的区别:观察节肢动物门的甲壳纲(虾、蟹)、蛛形纲(蜘蛛、蝎子)、多足纲(蜈蚣、马陆)和昆虫的主要区别。

二、昆虫外部形态的识别

(一)昆虫的头部

头部是昆虫体躯的第一个体段,以膜质的颈与头部相连。头壳呈圆形或椭圆形,头壳表面的沟和缝将头部划分为若干区,分别为头顶、额、唇基、颊和后头,是昆虫分类的重要依据。

此外,昆虫的头部还着生触角、口器、复眼、单眼等感觉和取食器官,是感觉和取食的中心。

1. 昆虫的头式

昆虫的头式是昆虫种类识别的依据之一。由于昆虫的取食方式不同,取食器官在头部着生的位置也相应地发生了变化,根据口器的着生方向,可将昆虫的头式分为3种(图1-2)。

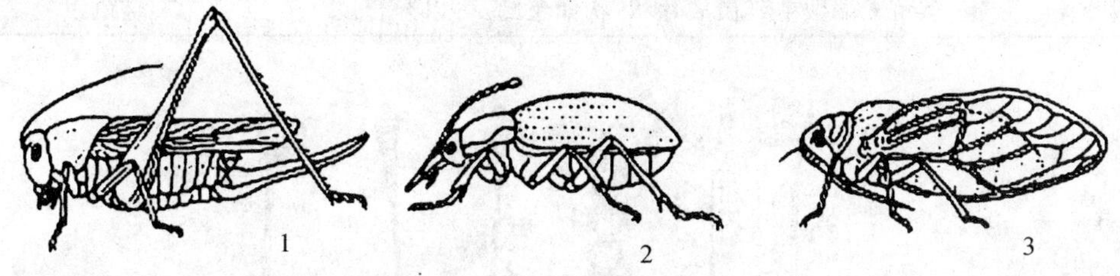

图1-2 昆虫的头式

1. 下口式 2. 前口式 3. 后口式

(引自:丁锦华. 农业昆虫学. 中国农业出版社. 2003年)

(1)下口式 口器位于头部的下方,头部的纵轴与身体的纵轴垂直。多见于植食性的昆虫,如蝗虫等。

(2)前口式 口器位于头部的前方,头部的纵轴与身体的纵轴几乎平行。多见于捕食性的昆虫,如步甲等。

(3)后口式 口器位于头部的后方,头部的纵轴与身体的纵轴呈锐角。多见于吸汁类的昆虫,如蚜虫等。

2. 昆虫的触角

昆虫除少数种类外,都有1对触角,着生在头部的前方或额的两侧,具有嗅觉和触觉的功能,有利于昆虫的取食、避敌、求偶和寻找产卵场所。

触角由许多环节组成,基部第一节为柄节,通常粗短;第二节为梗节,一般较细小;梗节以后的各节统称鞭节。许多昆虫的鞭节因种类和性别不同而出现不同的类型,常见的昆虫触角的类型有以下几种(图1-3),其特点详见表1-1。

表1-1 常见昆虫触角类型、特点及代表性昆虫

触角类型	特点	代表昆虫
刚毛状	触角短,基部两节较粗,鞭节部分则细如刚毛。	蜻蜓、蝉
丝状(线状)	触角细长,除基部1～2节稍粗大外,其余各节大小和形状相似。	蝗虫、蟋蟀
念珠状	鞭节由近似圆球形大小相似的小节组成,像一串念珠。	白蚁、褐蛉
锯齿状	鞭节各节的端部向一侧作齿状突出,形似锯条。	锯天牛、叩头甲
栉齿状(梳状)	鞭节各小节的一边向外突出呈细枝状,形似梳子。	雄性绿豆象
双栉齿状(羽毛状)	鞭节各小节向两边伸出细枝,形似羽毛。	雄性毒蛾、雄性蚕蛾
膝状	柄节特长,梗节短小,鞭节和柄节弯成膝状。	蜜蜂、象甲
具芒状	触角短,鞭节仅1节,但异常膨大,其上生有刚毛状的触角芒。	蝇类

续表1-1

触角类型	特点	代表昆虫
环毛状	鞭节各节均生有一圈长毛,近基部的较长。	雄蚊
球杆状(棒状)	触角细长如杆,近端部数节逐渐膨大。	蝶类、蚁蛉
锤状	与球杆状相似,但触角较短,末端数节显著膨大似锤。	瓢虫、皮蠹
鳃叶状	触角末端数节延展成片状,状如鱼鳃,可以开合。	金龟甲

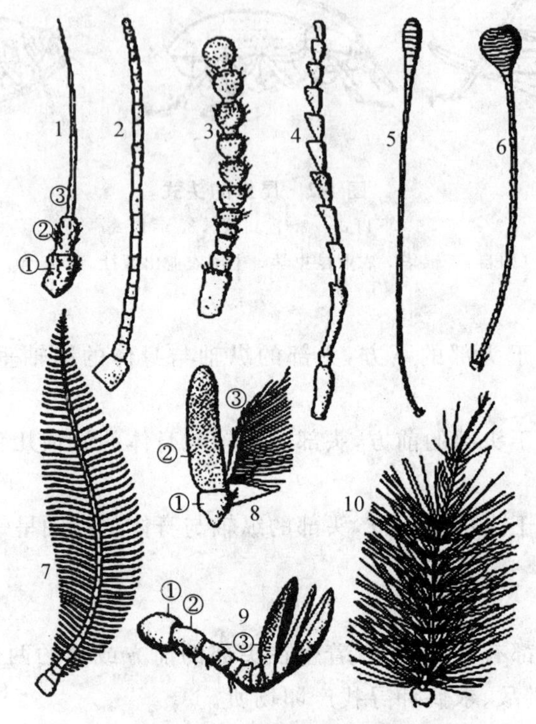

图1-3　昆虫触角的类型

1. 刚毛状(蜻蜓)　2. 丝状(飞蝗)　3. 念珠状(白蚁)　4. 锯齿状(锯天牛)　5. 棍棒状(白粉蝶)　6. 锤状(长角蛉)　7. 双栉齿状(樟蚕蛾)　8. 具芒状(绿蝇)　9. 鳃叶状(棕色鳃金龟)　10. 环毛状(库蚊)　①柄节　②梗节　③鞭节

(引自:袁锋．农业昆虫学．中国农业出版社．2001年)

3. 眼

眼是昆虫的视觉器官,在取食、群集、栖息、繁殖、避敌、决定行动方向等活动中,起着重要作用。

昆虫的眼有两种。一种称复眼,1对,着生在头部的侧上方,多为圆形、卵圆形或肾形,由很多小眼集合而成,能分辨物体形象、光的波长、强度和颜色的功能,是昆虫的主要视觉器官。另一种为单眼,一般3个,但也有1～2个或无,位于头部的背面或额区上方,构造简单,与复眼中的1个小眼相似,只能分辨光的方向与强弱,不能分辨物体和颜色。

4. 口器

口器是昆虫的取食器官。昆虫因取食方式和食物的性质不同,形成了不同的口器类型。

取食固体食物的为咀嚼式口器，取食液体食物的为吸收式口器，兼食固体液体食物的为嚼吸式口器。吸收式口器又因吸收方式不同分为刺吸式口器、虹吸式口器、锉吸式口器、舔吸式口器。但昆虫最基本类型为咀嚼式口器(图 1-4)、吸收式口器(图 1-5)两大类，其特点详见表 1-2。

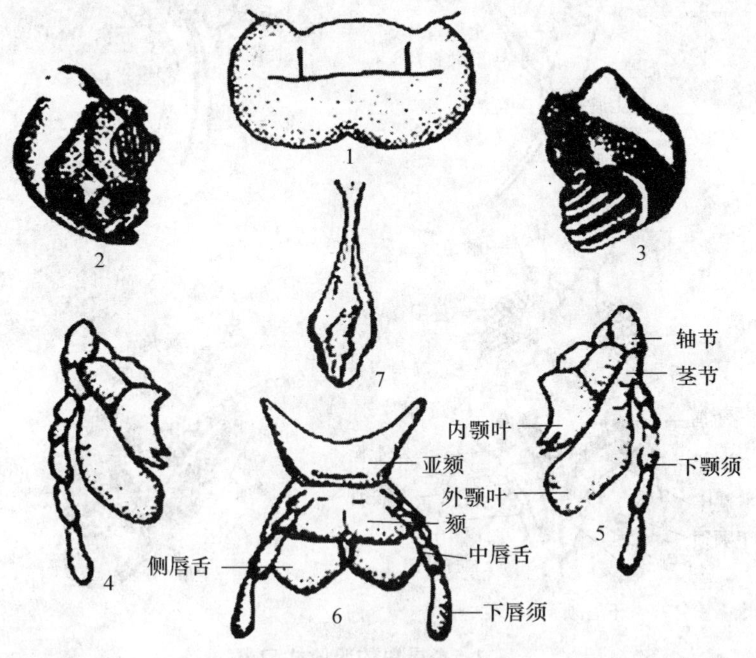

图 1-4 昆虫的咀嚼式口器

1. 上唇 2,3. 上颚 4,5. 下颚 6. 下唇 7. 舌

(引自:李照会．园艺植物昆虫学．中国农业出版社．2003 年)

表 1-2 常见昆虫口器类型、为害特点及防治

口器类型		为害特点(代表性种类)	防治措施
咀嚼式口器		使植物受到机械损伤。如缺刻;孔洞;蛀食叶肉形成虫道或白斑(美洲斑潜蝇);钻蛀枝干(天牛幼虫)、花蕾(蛴螬)、果实(棉铃虫)造成断枝、落蕾、落果等;吐丝卷叶(各种卷叶蛾)、缀叶(樟巢螟);取食植物的种子或地下部分(蝼蛄)。	可选用胃毒性或触杀性能的杀虫剂，制成饵料，喷洒在植物表面或害虫体壁，但对蛀果、蛀干、卷叶、潜叶为害的昆虫，应在钻蛀之前施药。
吸收式口器	刺吸式口器	形成变色、斑点、卷缩、扭曲、瘿瘤，甚至枯萎而死。多数昆虫(蚜虫、叶蝉等)还可传播植物病害。	可选用内吸性、触杀性或熏蒸性能的杀虫剂，喷洒在植物表面或害虫体壁。
	虹吸式口器	除少数吸果夜蛾吸食果汁外，一般不造成为害(蛾、蝶)。	可选用胃毒性能的杀虫剂，将其制成液体，如常用的糖醋液等。
	锉吸式口器	常出现不规则的失绿斑点、畸形或叶片皱缩卷曲(蓟马)。	可选用内吸性、触杀性或熏蒸性能的杀虫剂，喷洒在植物表面或害虫体壁。

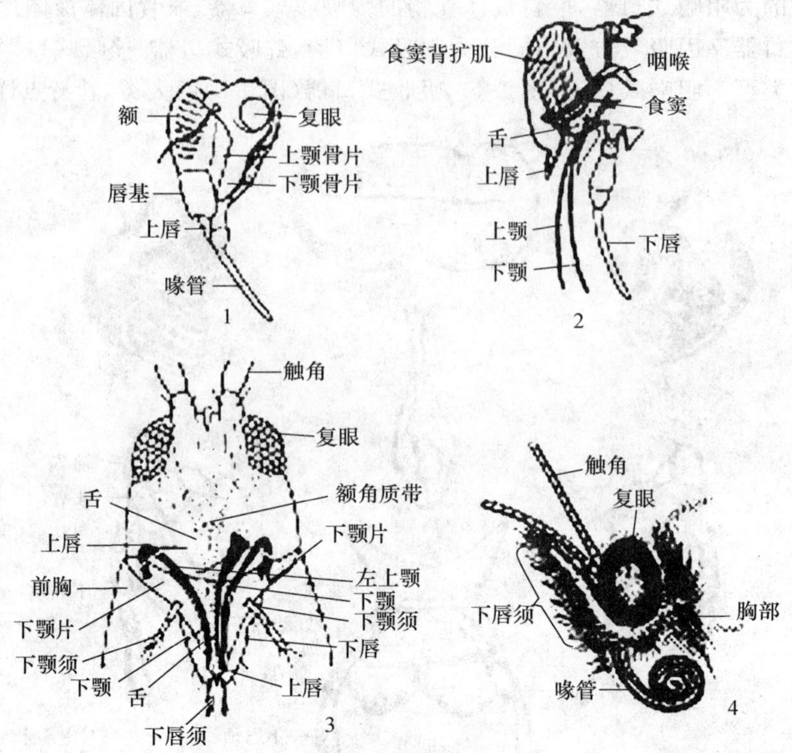

图 1-5　昆虫的吸收式口器

1～2. 刺吸式口器(正面观、侧面观)

3. 锉吸式口器　4. 虹吸式口器

(二)昆虫的胸部

胸部是昆虫的第二个体段,由膜质的颈与头部相连,胸部由前胸、中胸和后胸 3 个体节组成。每一胸节各有 1 对胸足,分别称前足、中足和后足。多数昆虫的中胸和后胸上还具有 1 对翅,依次称前翅和后翅。足和翅是昆虫的主要的运动器官,因此胸部是昆虫的运动中心。

1. 胸足

昆虫的胸足由 6 节组成,分别是基节、转节、腿节、胫节、跗节、前跗节。由于生活环境和活动方式的不同,昆虫足的形态和功能也相应地发生了变化,特化成许多不同的类型(图 1-6),其特点详见表 1-3。

表 1-3　昆虫足的类型及特点

足的类型	特 点	代表性昆虫
步行足	各节细长,适于物体表面行走。	步甲、蝽的足
跳跃足	后足特化而成,腿节特别膨大,胫节细长,末端有距,适于跳跃。	蝗虫的后足
捕捉足	前足特化而成,基节特别长,腿节粗大,腹面有槽,槽的两边具 2 排刺,胫节的腹面也有 1 排刺,弯曲时,可以嵌在腿节的槽内,形似铡刀。	螳螂的前足

续表1-3

足的类型	特点	代表性昆虫
开掘足	前足特化而成，胫节宽扁，粗壮，外缘具坚硬的齿，似钉耙，适于掘土。	蝼蛄的前足
游泳足	足扁平而细长，胫节和跗节有细长的缘毛似桨状，适于游泳。	龙虱的后足
携粉足	胫节宽扁，表面光滑，侧缘有长毛（花粉篮），第一跗节长而扁大，内有10～12排横列的硬毛（花粉刷）。	蜜蜂的后足
抱握足	足粗短，跗节膨大具吸盘状结构，交配时用以抱握雌体。	雄龙虱的前足

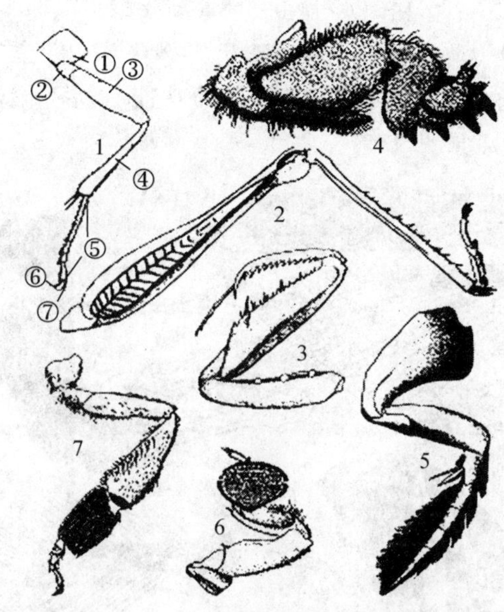

图1-6　昆虫足的构造及类型

1. 步行足（步甲足）　2. 跳跃足（蝗虫的后足）　3. 捕捉足（螳螂的前足）　4. 开掘足（蝼蛄的前足）　5. 游泳足（龙虱的后足）　6. 抱握足（雄龙虱的前足）　7. 携粉足（蜜蜂的后足）

①基节　②转节　③腿节　④胫节　⑤跗节　⑥,⑦前跗节

（引自：袁锋．农业昆虫学．中国农业出版社．2004年）

2. 翅

昆虫是无脊椎动物中唯一有翅的类群，因此昆虫在觅食、求偶、避敌和扩大地理分步等生命活动及进化方面具有重大意义。

昆虫的翅多呈三角形，可将其分为三缘、三角、三褶和四区。

翅展开时靠近前面的一边称前缘，后面的称后缘或内缘，外面的称外缘，此为三缘。

与身体相连的一角为肩角，前缘与外缘所形成的角为顶角，外缘与后缘间的角为臀角，此为三角。

翅由于飞行和折叠，出现褶纹，并划分出区，翅的基部为基褶，翅基到臀角为臀褶，臀区的后方为轭褶，此为三褶。

基褶将翅基部划出一个三角形的腋区，臀褶之前为臀前区，之后的部分为臀区，轭褶后方的小区为轭区，此为四区（图1-7）。

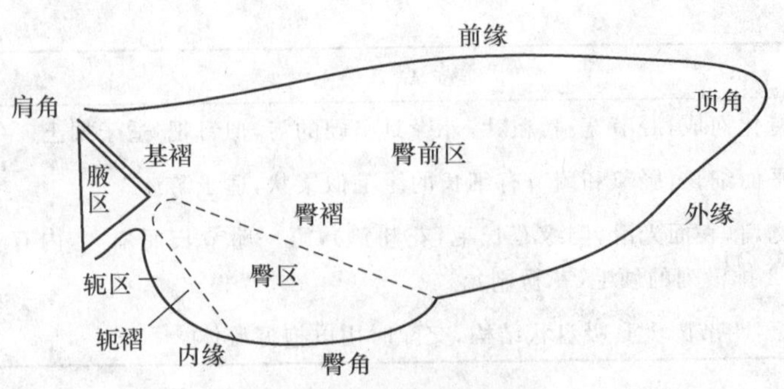

图 1-7 昆虫翅的基本构造

(引自:丁锦华等. 农业昆虫学. 中国农业出版社. 2003 年)

昆虫由于长期适应不同的生活环境和条件,翅的功能有所不同,因而在形态、质地等方面也出现了不同(图 1-8),其特点详见 1-4。

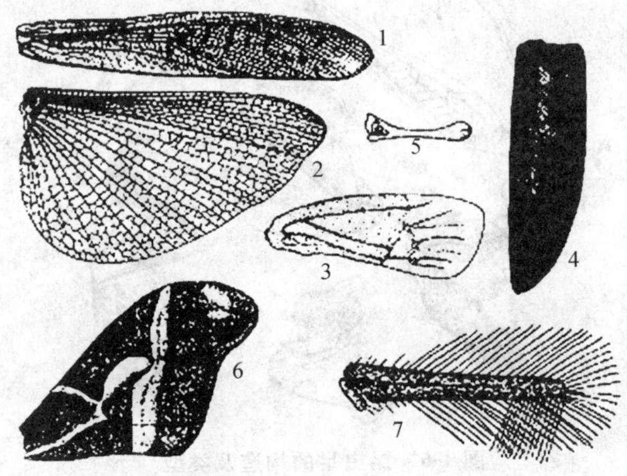

图 1-8 昆虫翅的类型

1. 覆翅 2. 膜翅 3. 半鞘翅 4. 鞘翅 5. 平衡棒 6. 鳞翅 7. 缨翅

(引自:李照会. 园艺植物昆虫学. 中国农业出版社. 2003 年)

表 1-4 昆虫翅的类型及特点

翅的类型	质地、特点、作用	代表性昆虫
膜翅	膜质,薄而透明,翅脉明显,用于飞翔。	蜂类、蝇类的翅
覆翅	革质,翅脉大多可见,兼有飞翔和保护作用。	蝗虫、蝼蛄的前翅
鞘翅	角质坚硬,翅脉消失,保护身体和后翅。	金龟甲、叶甲的前翅
半鞘翅	基半部革质,端半部膜质,兼有飞翔和保护作用。	蝽类的前翅
鳞翅	膜质,翅面被鳞片,用于飞翔。	蛾类、蝶类的翅
缨翅	膜质狭长,翅脉退化,翅的周缘生有细长的缨毛。	蓟马的翅
平衡棒	后翅退化为很小的棍棒状,飞翔时平衡身体。	蚊、蝇、介壳虫雄虫后翅

(三)昆虫的腹部

昆虫的腹部是昆虫的第三体段，由9～11节组成，节与节之间有节间膜相连。腹部1～8节的两侧有气门，是呼吸通道。腹部末端生有外生殖器和尾须，腹腔内着生内脏器官和生殖器官，因此，腹部是生殖与代谢的中心。

1. 外生殖器

昆虫的外生殖器是用来交配和产卵的器官，雌性外生殖器称产卵器，着生于第8、第9节上。产卵器是由1对腹产卵瓣、1对背产卵瓣和1对内产卵瓣构成。雄性外生殖器称交配器，常隐藏于体内，交配时伸出体外，主要包括将精子送入雌虫体内的阳具和交配时抱握雌体的抱握器(图1-9)。

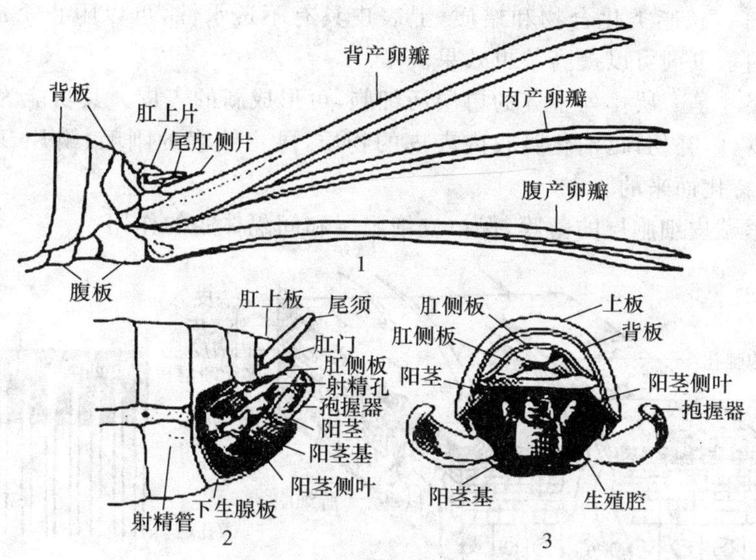

图1-9　昆虫的外生殖器

1. 雌性生殖器(产卵器)

2～3. 雄性生殖器(交配器侧面观、后面观)

(引自:袁锋．农业昆虫学．中国农业出版社．2004年)

昆虫的产卵器由于生活环境也会发生变化，如蝗虫的产卵器是由背产卵瓣和腹产卵瓣组成，产卵时借助2对产卵瓣的张合作用，使腹部插入土中而产卵；蝉类的产卵器由腹、内产卵瓣组成，可刺破树木枝条将卵产在植物组织中；蛾、蝶、甲虫、蝽类等多种昆虫没有产卵瓣，产卵时只能产于植物的缝隙处、凹处或裸露处。根据昆虫产卵器的形状和构造，可以了解害虫的产卵方式和产卵习性，从而进行针对性的防治。

2. 尾须

尾须是昆虫第11腹节的1对附肢，是1对须状结构，在低等昆虫中较普遍，是感觉器官。

(四)昆虫的体壁

体壁是昆虫骨化的皮肤，包在整个昆虫体躯最外层的组织，具有皮肤和骨骼的功能，又称外骨骼。

1. 体壁的功能

(1)使昆虫保持一定的形态、固着肌肉、支撑体躯,相当于高等动物的内骨骼。

(2)防止体内水分的蒸发、微生物及外界有害物质的侵入。

(3)保护内部器官免受外部机械袭击。

(4)感受外界刺激,接受感应,与外界环境联系。

(5)兼有呼吸、排泄、分泌的功能。

2. 体壁的基本构造

体壁由外向内可以分为表皮层、皮细胞层和底膜三部分(图1-10)。

(1)表皮层　是皮细胞层向外分泌的非细胞性物质,昆虫的表皮层由内向外也由3层组成,即内表皮,最厚,质地柔软而有延展曲折性;外表皮,质地紧密而有坚韧性;上表皮,最薄,由于含有稳定的蛋白质、脂类化合物和蜡质,上表皮具有不透水性,可以阻止杀虫剂的进入,因此,选择脂溶性的杀虫剂可以提高杀虫效果。

(2)皮细胞层　是一层排列整齐的单层活细胞,可形成新的表皮。其功能为分泌表皮层和蜕皮液,控制蜕皮,修补伤口,消化吸收内表皮的物质,昆虫体表的刚毛、鳞片、刺、距及各种腺体也是皮细胞层特化而来的。

(3)底膜　紧贴皮细胞层的薄膜,保护皮细胞层和间隔体腔的作用。

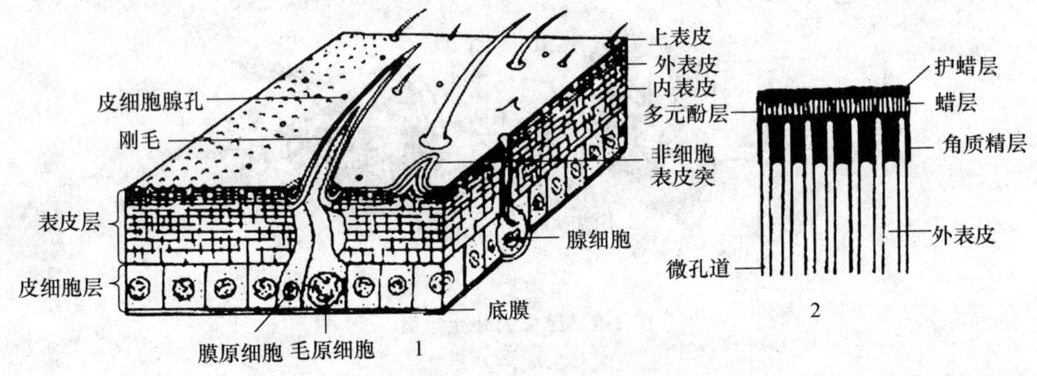

图1-10　昆虫体壁构造模式图

1. 体壁的切面　2. 上表皮的切面

(引自:丁锦华等. 农业昆虫学. 中国农业出版社. 2003年)

(五)昆虫外部形态观察

学习了昆虫的外部形态结构及特征,观察下列昆虫蝗虫(雌性)、蝼蛄、螳螂、步甲、象甲、叩头甲、金龟甲、菜粉蝶、斑须蝽、瓢虫、蚜虫、蓟马、蝇类、蜜蜂、草蛉、龙虱的浸渍标本或针插标本,熟悉昆虫体躯的构造与触角、口器、足、翅的基本构造及类型,为进一步学习如何识别害虫奠定基础。

1. 昆虫体躯基本构造的观察

用放大镜观察蝗虫体躯,注意体外包被的外骨骼、体躯分节情况和头、胸、腹三个体段的划分。触角、眼(复眼、单眼)、口器、足、翅以及气门、听器、尾须、雌雄外生殖器等的着生位置和形态。

2. 触角的观察

用放大镜或体视显微镜观察蜜蜂触角的柄节、梗节和鞭节。对比观察蝗虫、步甲、叩头甲、金龟甲、菜粉蝶、瓢虫、蓟马、蝇类等的触角属于何种类型。

3. 口器的观察

(1)观察蝗虫、步甲、蝽类的口器在头部的着生位置,辨别它们属于哪种头式。注意口器与身体纵轴的方向。

(2)用镊子取下蝗虫咀嚼式口器的上唇、上颚、下颚、下唇和舌,对照PPT或网络、图片、教材、文献书籍进行观察。

(3)在体视显微镜下将椿象的刺吸式口器取下(注意上唇部分),用挑针、镊子等工具将喙拨开,再拨出并分开上颚、下颚口针进行观察,注意各部分与咀嚼式口器的区别。

(4)观察天蛾或菜粉蝶的虹吸式口器、蝇类的舐吸式口器、蓟马的锉吸式口器、蜜蜂的嚼吸式口器,并与咀嚼式口器和刺吸式口器构造相比,找出哪一部分发生了变化。

4. 足的观察

观察蝗虫足的基节、转节、腿节、胫节、跗节、前跗节的构造,对比观察蝼蛄的前足,步行虫的足,螳螂的前足,蜜蜂、龙虱的后足有哪些变化,属于何种类型。

5. 翅的观察

取蛾的前翅,观察昆虫翅的三缘、三角、三褶和四区,对比观察蝗虫、椿象、蛾类、蝇类、蜂类、草蛉的前后翅、金龟甲的前翅。在体视显微镜下观察蓟马、蚜虫前后翅的切片,比较不同昆虫翅的质地、形状等方面有何不同,各属于哪种类型。

三、昆虫虫态的识别

(一)昆虫的变态

昆虫从卵到成虫的生长发育过程中,要经过一系列外部形态、内部器官和生活习性的变化,这种现象称变态。昆虫在长期的进化过程中,由于适应不同的生活环境形成了不同的变态类型。

1. 不完全变态

昆虫的一生要经过卵、若虫、成虫三个虫态,若虫与成虫的区别仅在个体大小、翅的长短和生殖器官的发育程度上存在差异。常见的园艺植物害虫有直翅目的蝼蛄、半翅目的蝽、同翅目的蚜虫、叶蝉等均属于此变态类型(图1-11)。

2. 完全变态

全变态类型的昆虫有4个虫态,即卵、幼虫、蛹、成虫。幼虫与成虫外部形态、内部器官及生活习性等方面有显著的差异,二者之间需要一个过渡虫期,即蛹期。常见的园艺植物害虫有鳞翅目的蛾蝶、鞘翅目的叶甲、膜翅目的叶蜂、双翅目的种蝇等属于完全变态类型(图1-11)。

(二)昆虫各虫期的特点

1. 卵期

昆虫从卵产下到孵化为幼虫(若虫)所经历的时期称卵期。昆虫的卵较小,一般在0.5～

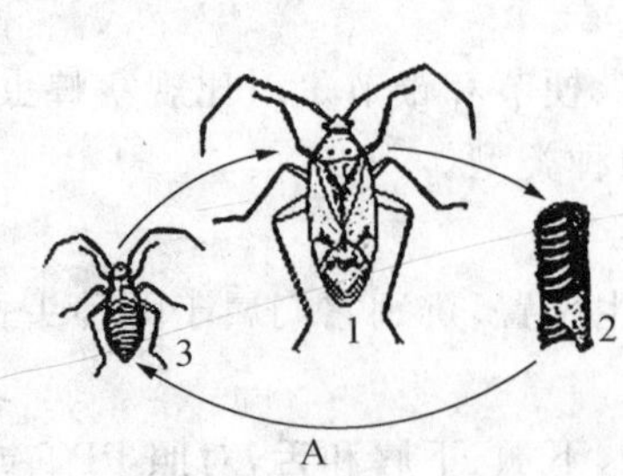

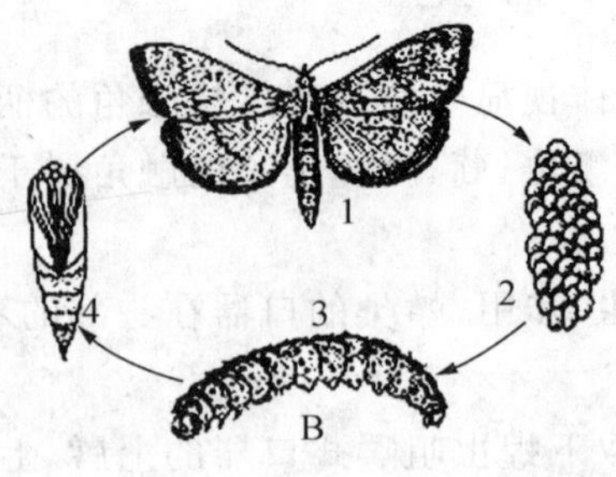

图 1-11　昆虫的变态

A. 不完全变态　1. 成虫　2. 卵　3. 若虫

B. 完全变态　1. 成虫　2. 卵　3. 幼虫　4. 蛹

（引自：袁锋．农业昆虫学．中国农业出版社．2004 年）

2 mm之间。卵的形状多种多样，如蝗虫的肾形卵、蝽类的桶形卵、草蛉的有柄卵等。此外，卵的表面有的平滑，有的有饰纹。成虫的产卵方式和场所各有不同，但均有保护习性，如菜粉蝶的卵分散单产于叶片，斜纹夜蛾的卵聚产于叶片，蝗虫的卵聚产于土中，天幕毛虫的卵聚产于枝条等。掌握了卵的形态、产卵习性对识别、调查及预测预报等方面有较好的效果。

2. 幼虫期

幼虫从卵中孵化出来到蛹（完全变态）或成虫（不完全变态）特征出现之前的发育阶段称为幼虫期。幼虫期的特征为大量取食、迅速生长、增大体积、积累营养。昆虫生长到一定阶段，就必须把体外束缚过紧的旧表皮蜕去，重新形成新表皮。这种现象称蜕皮，脱下的旧皮称为蜕。一般一种昆虫的蜕皮次数是固定的，如华北蝼蛄蜕皮 12 次，黄刺蛾蜕皮 6 次。每两次蜕皮之间所经历的天数称为龄期，从卵中孵化出来的幼虫为 1 龄幼虫，每蜕一次皮增加 1 龄，即虫龄＝蜕皮次数＋1。随着幼虫的生长，虫龄、食量的增加，体壁的硬化，活动范围增大，为害加重，且抗药性也加强，因此，幼虫防治应在低龄期，特别是 3 龄前。

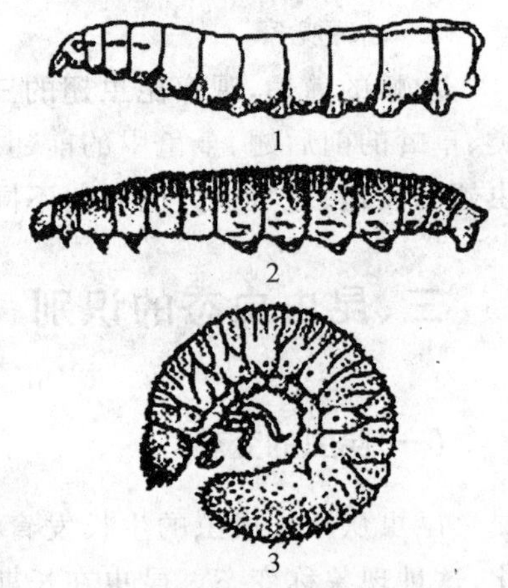

图 1-12　昆虫的幼虫类型

1. 无足型（蝇类）　2. 多足型（蝶类）

3. 寡足型（蛴螬）

（引自：丁锦华等．农业昆虫学．中国农业出版社．2003 年）

全变态昆虫的幼虫由于食性、习性和生活环境复杂，幼虫在形态上的变化很大，根据幼虫足的数目主要分为以下三种类型（图 1-12）。

多足型：幼虫具有 3 对胸足，2～8 对腹足。如蛾、蝶的幼虫。

寡足型：幼虫仅有 3 对胸足，没有腹足及其他附肢。如甲虫、草蛉的幼虫。

无足型：幼虫既无胸足又无腹足。如蝇、蚊、蜂、象甲的幼虫。

3. 蛹期

蛹是全变态昆虫过渡为成虫所必须经历的一个虫态。由幼虫转变为蛹的过程称化蛹。从化蛹到羽化为成虫所经历的时间称蛹期。蛹期外观静止，其内部却进行着旧器官的解体和新器官形成的剧烈的变化，这就要求外界环境相对稳定。昆虫的化蛹场所各异，有的在树皮缝中，有的做土室，有的吐丝结茧，有的在蛀道或卷叶内等。蛹期是昆虫生长发育中的一个薄弱环节，可采用有效途径进行防治，如深翻土壤、灌水、清理田园等。蛹根据外部形态可分为以下三种类型(图1-13)。

离蛹(裸蛹):触角、足等附肢和翅不贴在蛹体上,可以活动。如金龟甲、蜂、草蛉的蛹。

被蛹:触角、足、翅等紧贴在蛹体上,不能活动。如蛾、蝶类的蛹。

围蛹:末龄幼虫蜕的皮硬化成蛹壳,内有离蛹。如蝇类的蛹。

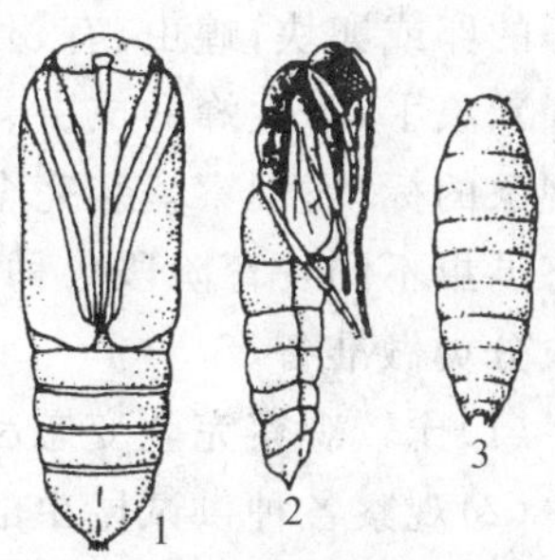

图1-13　蛹的类型

1. 被蛹(蛾蝶类)　2. 离蛹(金龟甲类)　3. 围蛹(蝇类)

(引自:丁锦华等. 农业昆虫学. 中国农业出版社. 2003年)

4. 成虫期

不完全变态的若虫和完全变态的蛹,蜕去最后一次皮变为成虫的过程称羽化。成虫从羽化到死亡所经历的时间称成虫期。成虫是昆虫个体发育的最后一个虫态,其主要任务是交配、产卵和繁衍后代。

多数昆虫羽化后,性器官没有发育成熟,仍需要取食才能交配、产卵,如蝗虫、叶蝉、叶甲等。这类昆虫的成虫寿命长且仍对园艺植物造成为害。对成虫性成熟不可缺少的营养称补充营养。因此,在防治上可以对有此特性的昆虫进行预测预报,采取有效的措施,如糖醋液诱杀等,将害虫的为害消灭在产卵前。

部分昆虫的雌性个体间,除生殖器官构造不同外,在个体大小、触角、体形及体色等方面也常有不同称雌雄二型或性二型(图1-14),如介壳虫的雄虫有翅,雌性无翅;小地老虎雄虫为羽毛状触角而雌虫的触角为线状。除了雌雄二型现象外,同种、同性别的昆虫具有两种或两种以上不同类型个体的现象称多型现象(图1-15),多型现象常发生在成虫期,如蜜蜂有蜂王、雄蜂和工蜂,蚜虫雌虫可分有翅型和无翅型等类型。

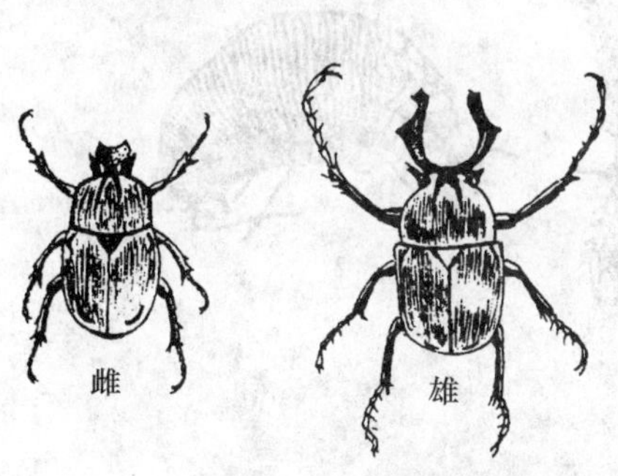

图1-14　锹形甲的性二型现象

(引自:丁锦华等. 农业昆虫学. 中国农业出版社. 2003年)

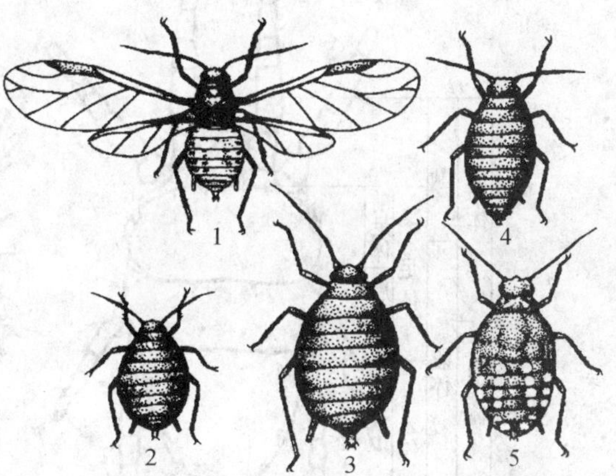

图1-15　棉蚜的多型现象

1. 有翅胎生雌蚜　2. 小型无翅胎生雌蚜　3. 大型无翅胎生雌蚜　4. 干母　5. 有翅若蚜

(引自:李照会. 园艺植物昆虫学. 中国农业出版社. 2004年)

(三)昆虫的变态及各虫态特点观察

观察下列昆虫菜粉蝶、天蛾、椿象、蝗虫、叶蝉、黏虫(或地老虎类、棉铃虫)、螟蛾、瓢虫、草蛉等的卵或卵块；蝗虫、有翅蚜、椿象的若虫；瓢虫、蛾、粉蝶、蝇、金龟甲、尺蠖、麦叶蜂（或芜菁叶蜂）、象甲、寄生蜂的成虫、幼虫及蛹；枣尺蠖（或蓑蛾）、飞虱、蟋蟀、棉蚜等的成虫性二型和多型现象的标本；观察盒装完全变态和不完全变态昆虫的生活史标本。认识完全变态和不完全变态昆虫不同发育阶段各种主要类型的形态特征，了解成虫性二型和多型现象，为进一步识别害虫分类做准备。

(1)比较观察完全变态和不完全变态昆虫生活史标本的主要区别。

(2)观察各种供试昆虫的卵粒形态或卵块特点，如排列情况及有无保护物等。

(3)观察比较蝗蝻、椿象、有翅蚜虫等若虫与成虫在形态上的异同，注意翅芽的形态。

(4)观察瓢虫、蛾类（天蜂、螟蛾、尺蠖）、粉蝶、蝇、金龟甲、象甲、寄生蜂、叶蜂等的幼虫与成虫的显著区别，注意其所属幼虫类型及其特征。

(5)观察蝇类、粉蝶、蛾类、金龟甲、瓢虫、寄生蜂等蛹的形态，注意其所属类型及其特征。

(6)观察所给标本如地老虎、蚜虫、介壳虫等成虫的性二型及多型现象。

四、螨类及其他动物的识别

螨类属于蛛形纲蜱螨目。体小型或微小型，圆形或椭圆形，身体分节不明显，一般由4个体段构成：颚体段（相当于昆虫的头部）、前肢体段、后肢体段（相当于昆虫的胸部）、末体段（相当于昆虫的腹部）。无翅、无触角、无复眼。一般具有4对足，少数种类有2对足（图1-16）。两性生殖，个别种类孤雌生殖。螨类的一生有卵、幼螨、若螨和成螨4个发育阶段。食性复杂，有植食性、捕食性和寄生性等，植食性螨类的常见种类见表1-5。

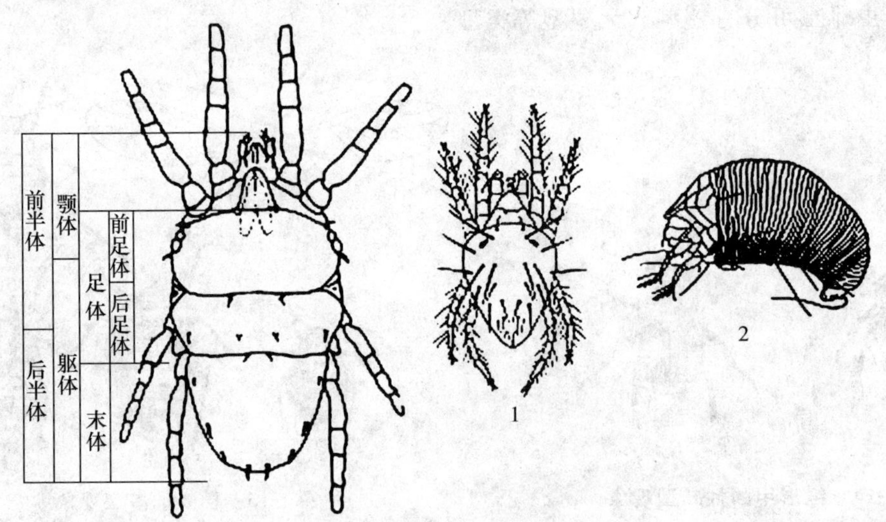

图1-16 螨类的体躯构造及分类

1. 叶螨科 2. 瘿螨科

蛞蝓属软体动物门腹足纲柄眼目蛞蝓科动物，俗名鼻涕虫。主要种类是黄蛞蝓、野蛞蝓、同型巴蜗牛、双线黏液蛞蝓。蛞蝓具有繁殖快、食性杂、食量大、密度高、危害严重、活动隐蔽和防治困难等特点，而成为蔬菜、花卉作物的主要有害生物之一，尤其是苗期受害最重。成、幼体均能为害，用齿舌刮取叶片、幼芽、嫩茎。轻者叶片被刮食成缺刻、孔洞，重者将叶片吃光或咬断，造成缺苗断行。排出的粪便污染叶面或包球，使细菌易侵入，造成腐烂，不堪食用，极大地影响了品质，此外，蛞蝓爬行过后留下的黏液带粘附于植物表面，使植物透气和透水性减弱，影响植物正常生长。

表 1-5　螨类常见科特征

科	主要特征	代表昆虫
叶螨科 Tetranychidae	体微小，圆形或长圆形，黄、黄绿、橘红、红或红褐色，口器刺吸式。	朱砂叶螨
瘿螨科 Eriophyidae	体极微小，蠕虫形，狭长。足 2 对，位于体躯前部，口器刺吸式。	葡萄瘿螨

1 年发生 2～3 代，世代重叠，以成贝或幼贝越冬，越冬场所主要在作物或杂草根际周围土缝中。一般昼伏夜出，成贝、幼贝怕光、怕热，常生活在阴暗潮湿、含水量较多和有机质多的土壤内。正常情况下异体交配繁殖，亦可同体受精繁殖。蛞蝓的一生要经历卵、幼贝、成贝 3 个阶段。

观察当地常见叶螨及蛞蝓的体躯构造、触角、足的有无、危害特点及与昆虫的主要区别。

任务训练

一、知识训练

(一)填空题

1. 复眼是由(　　)构成的，其基本形状为(　　)。

2. 昆虫触角的功能是(　　)，是由(　　)、(　　)、(　　)三部分组成的，其中变化最大的是(　　)节，举出 5 种常见的昆虫触角类型：(　　)、(　　)、(　　)、(　　)、(　　)。

3. 昆虫的头式有(　　)、(　　)、(　　)三种类型。

4. 昆虫的咀嚼式口器是由(　　)、(　　)、(　　)、(　　)和舌五部分构成的。同翅目昆虫的口器是(　　)，蝇类的口器是(　　)，缨翅目的口器是(　　)，鳞翅目的口器是(　　)。

5. 昆虫的足是由(　　)、(　　)、(　　)、(　　)、(　　)和(　　)六部分构成的。蝗虫的后足是(　　)，螳螂的前足是(　　)，蝼蛄的前足是(　　)，蜜蜂的后足是(　　)。

6. 昆虫体壁由内到外的顺序是(　　)、(　　)、(　　)。

7. 昆虫的变态类型主要有两种即(　　)变态和(　　)变态，其各自代表性种类主要有(　　)和(　　)，蛹是(　　)种变态昆虫的一个虫态。

8. 为害园艺植物的昆虫口器主要是(　　)和(　　)类型，其为害症状为(　　)和(　　)。

9. (　　)现象是昆虫幼虫期的主要特征。

10. 昆虫的幼虫有(　　)、(　　)和(　　)三种类型。

(二)选择题

1. 下列昆虫的触角类型为丝状的有(　　)。

A. 蝗虫　B. 蜜蜂　C. 椿象　D. 象甲　E. 蚜虫

2. 翅的构造中四区是指(　　)。

A. 基区　B. 臀区　C. 腋区　D. 轭区　E. 臀前区

3. 刺吸式口器的喙是由(　　)部分特化而来。

A. 上唇　B. 下唇　C. 上颚　D. 下颚　E. 舌

4. 蓟马的口器属于(　　),蝶类成虫的口器属于(　　),幼虫的口器属于(　　)。

A. 咀嚼式口器　B. 刺吸式口器　C. 舐吸式口器　D. 锉吸式口器

5. 下列昆虫蛹的类型为被蛹的有(　　)。

A. 鞘翅目　B. 膜翅目　C. 双翅目　D. 鳞翅目

E. 以上都是

6. 下列鞘翅目昆虫属于前口式的有(　　)。

A. 步甲科　B. 瓢甲科　C. 象甲科　D. 叶甲科

E. 以上都不是.

7. 蝇类的触角类型为(　　)。

A. 锯齿状　B. 膝状　C. 鳃叶状　D. 具芒状

E. 以上都不是

8. 下列昆虫的翅属于膜翅的有(　　)。

A. 蜂的前后翅　B. 蝗虫的前翅　C. 蓟马前翅　D. 蝽的前翅

E. 草蛉的前后翅

9. 下列昆虫幼虫的类型为多足性的有(　　)。

A. 叶甲　B. 叶蜂　C. 蛾类　D. 蝶类　E. 以上都是

10. 家蝇蛹的类型为(　　),菜粉蝶蛹的类型为(　　),金龟甲蛹的类型是(　　)。

A. 裸蛹　B. 被蛹　C. 围蛹　D. 以上都是

11. 下面(　　)属于节肢动物界昆虫纲。

A. 蚊子　B. 跳蚤　C. 朱砂叶螨　D. 野蛞蝓　E. 蝎子

12. 下列(　　)的触角类型属于丝状。

A. 蝶类　B. 螳螂　C. 蟋蟀　D. 瓢虫　E. 蜜蜂

13. 昆虫的体壁可分为(　　)三个主要层次。

A. 内表皮、外表皮、上表皮　B. 底膜、皮细胞层、表皮层

C. 外表皮、蜡层、护蜡层　D. 皮细胞层、表皮层、护蜡层

14. 下列昆虫中幼虫属于无足型的是(　　)。

A. 蛾　B. 蝶　C. 蝗虫　D. 蝇　E. 甲虫

(三)简答题

1. 简述昆虫的主要特征。

2. 简述昆虫触角、足、翅、口器的基本构造及类型。

3. 简述园艺作物害虫的主要危害状。

4. 昆虫体壁的结构和特点与药剂防治有何关系?

二、技能训练

1. 学生分组在实训室内进行观察,对供试标本能正确划分体段(头、胸、腹),并能说明特点,准确指出各种附器。

2. 学生分组在实训室内进行昆虫附器(触角、口器、足、翅)识别,对供试标本能指明其基本构造,并说出其类型。

3. 学生分组在实训室内进行昆虫虫态的识别，正确识别昆虫卵、幼虫、蛹及成虫形态及类型，观察性二型及多型现象。

知识拓展

昆虫内部构造

昆虫内部器官按生理功能分为消化、排泄、呼吸、循环、神经、生殖和内分泌系统（表1-6），各系统除了行使自己的职责外，还相互配合。一切器官浸浴在体壁包被的体腔中。整个体腔被2个纤维隔膜分成血窦，由上到下分别是背血窦、围脏窦、腹血窦。

表1-6 昆虫内部器官构造、功能及与防治的关系

内部器官	构造	功能	与防治的关系
消化系统	前肠、中肠、后肠	消化食物	取食药剂进入肠道，能否溶解、吸收，决定防虫效果。
排泄系统	马氏管	排泄	菊酯类杀虫剂作用于马氏管和脂肪体，引起组织病变，甚至死亡。
呼吸系统	气门、气管	呼吸	熏蒸杀虫剂是通过通风扩散，使有毒气体进入虫体，温度高，熏蒸效果好。油乳剂易从气门进入虫体，黏着展布剂将气门堵塞、窒息死亡。
循环系统	背血管（大动脉、心室、心门）	运输、排泄、愈伤、孵化、蜕皮、羽化	烟碱抑制心脏扩张，除虫菊素降低血液循环速率，有机磷类在高浓度下抑制心脏搏动。
神经系统	中枢、交感、周缘神经系统、神经元	感觉	有机磷杀虫剂可使昆虫受刺激后一直处于过度兴奋中，麻痹衰竭而死。此外，神经系统引起的伪死性、趋光性、趋化性等都可利用。
生殖系统	雌性生殖系统（1对卵巢、输卵管、藏精囊、生殖腔、附腺） 雄性生殖系统（1对睾丸、输精管、藏精囊、射精管、阳茎、生殖附腺）	繁殖后代	常根据卵巢发育和抱卵情况，预测产卵时期及幼虫孵化盛期，确定防治时期。

学习任务2 昆虫生物学特性的认知

任务描述

通过实地观察、生活史标本观察、相关网络视频、知识传授等相结合的方法，熟知昆虫的繁殖方式、越冬（夏）虫态及与防治的关系；熟悉昆虫的习性，并能在防治中灵活应用。通过文献书籍查阅、生产基地考察等方式，经研究分析熟悉昆虫的发生与环境条件的关系及其在防治中

的作用。

实施条件

1. 实施场所：校内外园艺作物生产实训基地、植保实训室。

2. 仪器设备：多媒体设备、体视显微镜、还软器、放大镜、黑光灯或频振式杀虫灯等。

3. 药品用具：糖、醋、酒、农药、银灰膜、黄色油漆、机油、乙醇、甲醛等。

4. 其他：各类虫态标本、生活史标本等、PPT、图片影像资料、教材、相关图书、网上资源等。

任务实施

昆虫生物学是研究昆虫的个体发育史包括生殖、变态、发育以及行为习性等。通过昆虫生物学特性的学习，根据害虫发育中的薄弱环节，抓住有利时机，采取措施，对设计有效防治方案和保护利用天敌等工作具有重要的实践意义。

一、昆虫的繁殖方式

1. 两性生殖

雌雄交配，精卵结合形成受精卵，再发育成新个体的生殖方式。是自然界中绝大多数昆虫进行的生殖方式，如蝗虫、蛾、蝶等昆虫。

2. 孤雌生殖

又称单性生殖，即卵不经过受精也能发育成新个体的生殖方式，如蚜虫、蓟马等。

3. 多胚生殖

1个卵可以发育成2个或多个胚胎，从而形成多个新个体的生殖方式，如内寄生性蜂类的小蜂科、姬蜂科、茧蜂科。

4. 卵胎生

卵在母体内发育成幼虫后产出体外的生殖方式，如蚜虫。

二、昆虫的世代和年生活史

1. 昆虫的世代

昆虫从卵或幼虫离开母体到成虫性成熟为止的个体发育史称世代，简称1代。不同昆虫或同种昆虫在不同环境条件下发生的世代数也有差异，如1年发生1代的舞毒蛾；1年发生3～5代的梨小食心虫；1年发生10～20代的蚜；还有2～3年发生1代的蝼蛄、金针虫、天牛。对于1年发生多代的昆虫，成虫期和产卵期长，造成前1世代与后1世代或多个世代间重叠的现象称世代重叠。

2. 年生活史

昆虫由当年越冬虫态开始活动，到翌年越冬结束为止的发育过程称年生活史。研究害虫年生活史的目的是摸清害虫的越冬虫态，年发生的代数，各代中不同虫态的发生始期、盛期、末期的时间和历期，从而找出害虫生活史中的薄弱环节，确定害虫的防治时期、防治方法，因此，年生活史是害虫有效治理的基础。

三、昆虫的休眠和滞育

昆虫在一年的生长发育过程中，无论严冬或盛夏，常出现暂时停滞发育的现象，即越冬或越夏。从生理上可区分为休眠和滞育。休眠是昆虫在个体发育过程中，由不良环境条件直接引起的昆虫生长发育暂时停滞的现象，当不良环境条件解除时，即可恢复正常生命活动。

昆虫一般有固定的休眠虫态，但不同的昆虫休眠虫态各异，其抗逆能力亦不同。部分昆虫在一定的季节或发育阶段，无论环境条件适合与否，而出现生长发育停滞的现象称滞育。滞育是昆虫长期适应不良环境而形成的种的遗传特性。滞育的解除需有一段的滞育期及一定的刺激(如光照、低温等)。其中光周期是引起昆虫滞育的主要因子。

四、昆虫的主要习性

(一)食性

食性即昆虫在自然情况下的取食习性，包括食物的种类、性质、来源和获取食物的方式等。

1. 根据食物的性质不同分

植食性：以植物活体组织为食，植食性昆虫大多为农业害虫，如小菜蛾、棉铃虫等，占昆虫总数的40%～50%。

肉食性：以动物活体组织为食，多为天敌昆虫，根据取食和生活方式又可分为捕食性和寄生性两类，如草蛉、寄生蜂等，约占昆虫总数的30%。

腐食性：以死的动植物组织、粪便或腐败物质为食，如果蝇、粪蜣螂等，约占17%。

杂食性：以各种动物和植物为食，如蟋蟀、芫菁等。

2. 根据昆虫取食范围分

单食性：是昆虫高等特化的食性，仅以1种或极近缘的少数几种植物或动物为食，如豌豆象只取食豌豆。

寡食性：可取食1科或近缘几个科的动植物，如菜粉蝶只取食十字花科植物。

多食性：昆虫可取食多种亲缘关系疏远的动植物，如棉蚜可取食74科285种植物。

(二)趋性

昆虫对外界刺激(光、温度、湿度和某些化学物质)所产生的趋向或背向行为活动称趋性。趋向刺激源的为正趋性，反之为负趋性。

1. 趋光性

昆虫对光刺激所做出的定向反应。大多夜出性昆虫表现正趋光性，如“飞蛾扑火”，因此，可以利用波长360～400 nm之间的黑光灯进行害虫防治和预测预报。

2. 趋化性

昆虫对某些化学物质的刺激所做出的定向反应。其正、负趋化性通常与昆虫的取食、求偶、产卵场所等方面有关，如棉铃虫对糖醋液有正趋性，菜粉蝶趋向含芥子油的十字花科植物上产卵，而菜蛾则不趋向含有香豆素的木犀科植物上产卵，表现为负趋化性。

根据昆虫的趋化性，可通过毒饵诱杀、性诱杀、趋避等方法防治害虫，可通过化学诱集法进行预测预报，采集标本。

3. 趋温性

昆虫感觉器官对温度的刺激所做出的定向反应。昆虫是变温动物，体温随所在环境而变化，当环境温度变化时，昆虫趋向适宜的温度的场所，如体虱发烧时爬离人体而表现负的趋热性。

(三)假死性

假死性是昆虫受外界刺激产生的一种抑制性反应，如鞘翅目成虫和鳞翅目幼虫。昆虫利用假死性逃避敌害，如金龟子、象甲、叶甲等昆虫都具有假死性。我们利用昆虫的假死性人工捕杀害虫、虫情调查或采集标本。

(四)群集性

同种昆虫的大量个体高度密集的聚集在一起的习性称群集性。昆虫在某一段时间或虫态内聚集在一起，过后分散生活的现象为临时群集，如黏虫、天幕毛虫的幼虫。昆虫的个体终身群集在一起的现象称永久性群集，如飞蝗。了解昆虫的群集性有利于集中消灭害虫。

(五)迁飞与扩散

迁飞是指某些昆虫在成虫期有成群的从一个发生地长距离迁到另一个发生地的特性，如黏虫、小地老虎等。部分昆虫在环境条件不适宜或营养条件恶化时，由一个发生地向另一个发生地迁移的特性称扩散，如蚜虫等。了解昆虫的迁飞与扩散规律，对准确预报，设计综合防治方案具有指导意义。

五、昆虫与环境的关系

昆虫的发生除了与本身的生物学特性有关外，还与周围环境因素密切相关，影响昆虫种群数量的环境因素主要有气象因素、土壤因素、生物因素和人为因素。了解园艺植物昆虫的发生与环境之间的关系是开展害虫预测预报和害虫综合治理的基础。

(一)气候因素

气候因素与昆虫的生命活动的关系非常密切。这些因素主要包括温度、湿度、光照和风等，其中以温度和湿度对昆虫的影响最大。

1. 温度对昆虫的影响

昆虫是变温动物，其自身保持与调节体温的能力不强，生命活动所需的热能主要来源于太阳辐射热。由于昆虫的体温取决于环境温度，因此，昆虫的生命活动直接受外界环境的影响。

(1)昆虫对温度的反应　昆虫的生命活动是在一定的温度范围内进行的，这个范围称为适宜温区或有效温区，根据昆虫对温度的反应划分成 5 个温区，详见表 1-7。

昆虫对温度的反应和适应范围因昆虫的种类、虫态和生理状态而不同，温度对昆虫的影响主要表现在：

对昆虫发育的影响：在一定温度范围内，昆虫的发育速度与温度成正比。即温度愈高，发育速度愈快，发育所需时间愈短。

表 1-7 昆虫对温度的适宜范围

温度/℃	温区		温度对昆虫的反应
45～60	致死高温区		部分蛋白质凝固，酶系统破坏，短时间内造成死亡。
40～45	亚致死高温区		死亡取决于高温强度和持续时间。
30～40	有效温区	高适温区	随温度升高，发育速度反而减慢。
22～30		最适温区	死亡率最小，生殖力最大，发育速度接近于最快。
8～22		低适温区	发育速度较慢，繁殖力较低或不能繁殖。
－10～8	亚致死低温区		代谢过程变慢，引起生理功能失调，死亡决定于低温强度和持续时间。
－30～－10	致死低温区		因组织结冰而死亡。

对昆虫繁殖的影响：在昆虫繁殖的适温范围内，昆虫的产卵量较大。

对昆虫寿命的影响：通常昆虫的寿命随温度的升高而缩短，但寿命的长短与生殖力并无密切的关系。此外，温度也影响昆虫的地理分布。

(2)有效积温法则及其应用　昆虫发育起点以上的温度是对昆虫发育起作用的温度，称有效温度。有效温度的累计值称有效积温。即昆虫为了完成某一发育阶段(1 个虫期或 1 个世代)所需的天数与同期内的有效温度(发育起点以上的温度)的乘积是一个常数，此常数为有效积温。单位常以日度表示，这一规律称为有效积温法则，积温的公式为：

$$K=N(T-C)\ \text{或}\ N=\frac{K}{T-C}$$

其中：K——有效积温常数，日度；

N——发育所需要的时间(历期)，d；

T——实际温度，℃；

C——发育起点温度，℃。

有效积温法则可应用在以下几个方面：

①推测某种昆虫在某地可能发生的世代数

$$\text{世代数}=\frac{\text{某地一年内的有效积温}\ K_1}{\text{某虫完成一代所需的有效积温}\ K_2}$$

例如：小地老虎完成一个世代的有效积温为 504.47 日度，南京地区常年有效积温为 2 220.9日度，则南京地区一年可发生的世代数为$\frac{2\ 220.9}{504.47}=4.4$(代)。据饲养观察，可发生 4～5 代。

②预测害虫的发生期　已知黏虫卵的发育起点温度为 13.1℃，有效积温为 45.3 日度，产卵时的平均温度为 20℃，预测幼虫的初见期(即卵的孵化期)。

据公式：$N=\frac{K}{T-C}=\frac{45.3}{20-13.1}=6.56(d)$，即 6～7 d 黏虫卵的开始孵化。

③控制昆虫的发育进度　人工繁殖寄生蜂防治害虫，根据需要，有效地控制饲养温度，通

过温度来控制发育进度，在合适的日期释放出去。

例如：松毛虫赤眼蜂的发育起点温度和有效积温分别为10.34℃和161.35日度，计划20 d后释放，在何种温度下饲养不误放蜂？

据公式：$T=\frac{K}{N}+C=\frac{161.35}{20}+10.34=18.41$(℃)

④预测害虫的地理分布　若当地的有效积温不能满足某种害虫一个世代的有效积温，则此种害虫在该地就不能完成发育。

在实际工作中，有效积温法则在应用时有一定的局限性，应注意，昆虫在生长发育的过程中受多种环境因素的综合影响，不能只考虑温度。

2. 湿度对昆虫的影响

湿度和降水实质就是水的问题，水是虫体的重要组成成分和进行生理活动的介质，影响昆虫的成活率、生殖力和发育进度。不同的昆虫对湿度的要求不同，如地下害虫长期生活在湿度较大的环境中，不耐干旱，可采用长时间淹水的方法进行防治。裸露生活的昆虫，对湿度反应最敏感，一般湿度越大，产卵量越多，孵化率越高，幼虫为害越严重。但刺吸式口器的昆虫反而在干旱年份为害更严重，这是由于寄主受旱使体液浓度增高，提高了营养成分，更有利于害虫的繁殖。

降水不仅影响环境湿度，同时制约着昆虫的种群数量。春季雨后有利于在土壤中越冬的幼虫或蛹顺利出土；暴雨则对一些小型昆虫和初孵幼虫有很大的冲刷和杀伤作用，从而降低昆虫的虫口密度；阴雨连绵不仅影响食叶害虫的取食活动，还会导致病原微生物的流行。

3. 光对昆虫的影响

昆虫的生命活动和行为与光的性质、强度和光周期密切相关。

光的性质通常用波长表示。人眼可见的光在390～750 nm，而昆虫可见的光在250～700 nm。多数夜出性的昆虫对330～400 nm的紫外光有较强的趋性，因此常用黑光灯（波长在365～400 nm）进行灯光诱杀或预测预报；而蚜虫对550～600 nm黄色光有反应，可利用黄板来诱杀蚜虫。光的强度影响昆虫昼夜活动节律和行为习性。表现在日出性昆虫、夜出性昆虫及暮出性昆虫。光周期是指昼夜交替时间在1年中的周期性变化，是季节周期的时间表。光周期的变化具有稳定性，对昆虫的生命活动起着重要的信息作用，是引起昆虫滞育的主要因子。

4. 风对昆虫的影响

风对环境的温、湿度有影响，可以降低气温和湿度，但风主要影响昆虫的迁飞和扩散，如小地老虎、蚜虫等。迁飞性害虫可随着上升气流作远距离迁飞；部分吐丝下垂的昆虫，可借风力在植株间或枝条间扩散。

(二)土壤因素

土壤是昆虫的一个特殊生态环境，有些昆虫终生或一个（几个）虫态生活在土壤中。土壤的温度、湿度、物理结构及化学特性直接影响昆虫的生存、活动及分布。

(1)土壤温度的变化相对稳定，土栖昆虫一般随土温变化而变化。如蝼蛄春秋季节上升到地面为害，夏冬季节潜伏在土壤中产卵或休眠。

(2)土壤湿度左右着土栖昆虫的分布及活动。如小地老虎主要危害含水量较多的水地或低洼地，但在干旱年份，虽土温适于活动，同样影响昆虫上升活动。

(3)土壤理化性状、土壤结构及酸碱度影响昆虫的活动。如蝼蛄喜欢生活在含沙质较多且湿润的土壤中，尤其是经过耕犁且施有机肥的松软田地里，而黄守瓜的幼虫却喜欢黏土的环境。金针虫喜欢在酸性(pH 5～6)土壤中活动。

了解土壤因素对昆虫的影响，在生产上可通过各项栽培措施改变土壤理化性状，创造不利于害虫活动、繁殖的土壤环境，有利于园艺植物生长的目的。

(三)生物因素

1. 食物因素

食物的种类、质量和数量直接影响昆虫的生长、发育和繁殖。取食嗜食植物时，昆虫发育快，死亡率低，生殖力高。如东亚飞蝗嗜食禾本科、莎草科的植物，若取食这类植物，不仅发育好，且产卵量高；若取食不嗜食的油菜，死亡率增加，发育期延长，但仍有部分蝗蝻可完成发育史；若用豌豆、绿豆等饲喂，则不能完成发育；若饲喂棉花，2 龄幼虫全部死亡。同种植物的不同部位，甚至不同发育阶段，由于其组成差异较大，对昆虫的影响也不相同。了解昆虫对食物的特殊需要，在生产中可通过调节播种期、采用合理的栽培技术措施，恶化昆虫的食物条件，或利用害虫嗜食食物进行诱集，创造有利于益虫发育和繁殖的条件，达到控制害虫的目的。

2. 天敌因素

天敌因素泛指害虫的所有生物性敌害。种类很多，主要包括天敌昆虫、致病微生物和其他食虫动物等。天敌因素是影响害虫种群数量的一个重要因素。

(1)天敌昆虫　天敌昆虫包括捕食性和寄生性两类。捕食性天敌昆虫种类多、数量大。常见的有螳螂、草蛉、瓢虫、食蚜蝇等。许多昆虫已在生产上用于害虫的防治，如澳洲瓢虫防治柑橘吹绵蚧。

(2)昆虫病原微生物　昆虫在生长发育的过程中常被微生物侵染患病而致死，这些微生物包括真菌、细菌、病毒等，如白僵菌、苏云金杆菌、核型多角体病毒等，在生物防治中起着重要作用。

(3)其他有益动物　主要包括蜘蛛、鸟类、青蛙、刺猬等。保护、利用有益动物，有效的防治害虫。

(四)人为因素

人类生产活动是一种强大的改造自然的因素，但由于人类对自然规律认识的局限性，生产活动不可避免地破坏了生态环境，导致生物群落组成结构的变化，使某些以野生植物为食的昆虫转变为园艺植物害虫。当人类掌握了这些害虫的发生规律，采取有效措施，就可有效地控制害虫的发生。

1. 改变昆虫的生存环境

在生产中，通过兴修水利、改变耕作、引进推广新品种、采用合理的栽培管理等措施，改变昆虫的生长环境，从生态上控制害虫的发生。

2. 改变一个地区昆虫的组成

人类频繁的调运种子、苗木等可能将一些地区未发生过的害虫调入或有目的从外地引进利用益虫，从而改变一个地区昆虫的组成和数量。

3. 人类直接控制害虫

生产中，为了保护园艺植物不受或少受害虫的为害，通常采用农业、化学、物理、生物综合防治措施，直接或间接地消灭害虫、保护环境，从而取得最佳的经济、生态效益。

任务训练

一、知识训练

(一)名称解释

两性生殖、孤雌生殖、多胚生殖、世代、年生活史、休眠、滞育、食性、趋性、假死性、群集性、迁飞性、世代重叠、有效积温法则。

(二)填空题

1. 昆虫最主要的生殖方式为（　　），此外还有（　　）、（　　）、（　　）生殖方式。

2. 昆虫的食性较复杂，按食物的性质分（　　）、（　　）、（　　）、（　　）；按取食范围的大小又可分为（　　）、（　　）、（　　）。

3. 在一定的生态系中，影响昆虫的主要气象因子按排列顺序为（　　）、（　　）、（　　）、（　　）。

4.“飞蛾扑火”的原因是由于昆虫的（　　）习性。

5. 昆虫的生长发育受（　　）、（　　）、（　　）、（　　）因素的影响。

6. 昆虫的（　　）、（　　）、（　　）、（　　）等行为习性可以在害虫防治中加以利用。

7. 有效积温法则的公式是（　　），其单位是（　　），在防治中可应用于（　　）、（　　）、（　　）、（　　）。

8. 已知某种昆虫卵的发育起点为12℃，完成卵期发育所需的有效积温常数为72日度，据天气预报今后一段时间平均气温为21℃，从卵产下到幼虫孵化需要（　　）d。

(三)选择题

1. 大多数昆虫对波长为（　　）的光特别敏感。

A. 250～700 nm　　B. 330～400 nm　　C. 400～770 nm　　D. 550～650 nm

2. 利用害虫的性外激素诱杀害虫是利用昆虫的（　　）。

A. 趋光性　　B. 趋化性　　C. 趋湿性　　D. 趋温性

E. 趋嫩性

3. 下列昆虫中属于周期性孤雌生殖的是（　　）。

A. 叶蝉　　B. 网蝽　　C. 蚧壳虫　　D. 蚜虫

E. 以上都不对

4. 有一昆虫，已经脱了3次皮，请问该昆虫应处在（　　）龄。

A. 2龄　　B. 3龄　　C. 4龄　　D. 5龄

5. 斜纹夜蛾将卵聚产于（　　）上。

A. 叶片　　B. 土壤　　C. 枝条　　D. 水面

6. 根据幼虫足的数量，蛾类的幼虫属于（　　）类型。

A. 多足型　　B. 寡足型　　C. 无足型　　D. 其他

7. 轮作可有效防治（　　）的昆虫对植物的危害。

A. 单食性　　B. 寡食性　　C. 多食性　　D. 杂食性

8. 黄板诱杀是利用昆虫的(　　)习性。

A. 趋化性　　B. 趋温性　　C. 趋光性　　D. 迁移性

9. 昆虫生命活动的有效温区为(　　)。

A. 22～30℃　　B. 8～40℃　　C. 8～22℃　　D. 30～40℃

10. 毒饵诱杀是利用昆虫的(　　)习性。

A. 趋化性　　B. 趋温性　　C. 趋光性　　D. 迁移性

二、技能训练

1. 学生分组到校内实训基地进行诱虫灯的安装,要求操作规范、使用方法正确。

2. 学生分组到校内实训基地进行诱虫板与银灰膜的制作,要求方法正确,达到诱虫与驱避蚜虫的目的。

3. 学生分组到校内实训基地或实训室进行糖醋液与毒饵的配制,要求操作正确安全。

学习任务3　园艺作物主要昆虫种类识别

任务描述

通过标本采集、标本制作、标本观察、危害状观察、专业视频、知识传授等相结合的方式,熟悉昆虫分类的依据,熟知园艺作物昆虫的主要目、科特征;通过专业图书、专业网络、文献书籍等形式查阅、研究分析,对所采集的昆虫标本进行识别并鉴定出所属目、科或重要的种。

实施条件

1. 实施场所:校内外园艺作物生产实训基地、植保实训室。

2. 仪器设备:多媒体设备、体视显微镜、还软器、放大镜、频振式杀虫灯等。

3. 药品用具:捕虫网、毒瓶、吸虫管、采集袋、指形管或小玻瓶、采集盒和幼虫采集箱、诱虫灯、铅笔、记录本、枝剪、镊子、小刀、三角纸包、昆虫针、展翅板、三级台、黏虫胶或合成胶水、标本瓶、标本盒、氰化钾、氰化钠或敌敌畏、细木屑、石膏、纱布、药棉等。

4. 其他:各种昆虫标本、PPT、图片影像资料、教材、专业图书图谱、网上资源等。

任务实施

一、昆虫标本采集与制作

昆虫标本是进行调查、鉴定的依据,需要随时采集、制作并保存,以便为防治打好基础。

(一)采集用具

1. 捕虫网(图1-17)

由网圈、网袋和网柄三部分组成。捕虫网常因用途不同可分为:

(1)空网　用来采集空中飞行的昆虫。遇见昆虫飞过可迎头捕捉,或从旁掠过。网袋宜用尼龙纱或细纱布做成。

(2)扫网　用来在地面或草丛中捕捉昆虫。网袋宜用结实的布(白布或亚麻布)做成。

(3)水网　专用捞取水生昆虫。网袋用透水良好的布或尼龙纱、细铜丝纱制成。

2. 吸虫管(图 1-17)

用玻璃瓶或玻璃管制成。用以身体脆弱不易拿取的微小型昆虫,如蓟马、飞虱、蚜虫等。

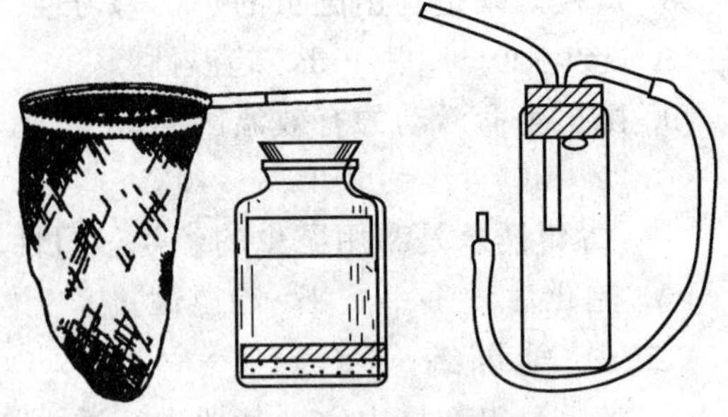

图 1-17　捕虫网、毒瓶及吸虫管

3. 毒瓶(图 1-17)

专门用来毒杀昆虫的。一般用封盖严密的磨口广口瓶制成,用橡皮塞或软木塞塞严。制作毒瓶时先将氰化钾或氰化钠(5～10 g)或敌敌畏(5～10 mL)放入瓶底,然后放一层 1～1.5 cm 厚的细木屑,压平,再加一层 5 mm 厚的石膏粉,压实、压平,用毛笔蘸水均匀涂布或滴水静置,使石膏结块固定,也可在结块的石膏上加一张有少量孔洞的滤纸。

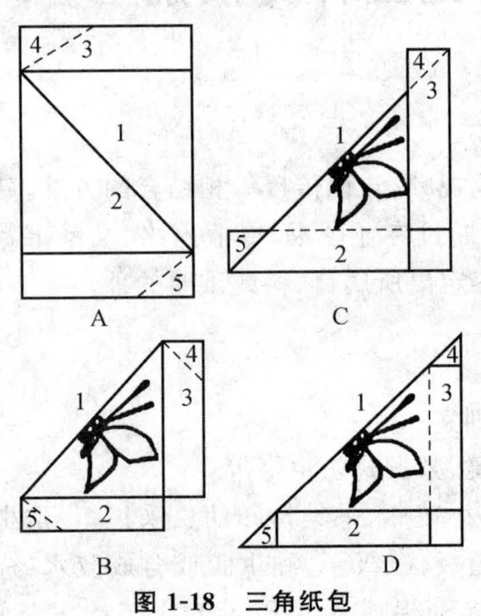

图 1-18　三角纸包

4. 诱虫灯

主要用来诱集夜间活动的昆虫。最好用 20 W 或 40 W 的黑光灯,灯下装一漏斗或毒瓶。也可在灯旁设白色采虫布幕,用广口瓶在布上罩集昆虫。

5. 活虫采集盒、采集箱

活虫采集盒是盖上有小孔的金属小盒,用于盛放需饲养的活虫或制作浸渍标本的卵、幼虫、蛹等。采集箱是对于防压的标本和需要及时插针的标本及需要用三角纸包装的标本,一般木质的,也可用硬性纸盒代替。

6. 三角纸包

用韧性大、表面光滑、能吸水的纸裁成 3∶2 的长方形,按图 1-18 所示折叠而成。将采来毒死的蛾、蝶装入纸包内,要求每组学生做 10 个三角纸包。

7. 采集袋

用于装采集用具的挂包,可将毒瓶、指形管、三角纸包等装入其中。

8. 其他

放大镜、镊子、修枝剪、记录本等。

(二)昆虫标本的采集方法

采集昆虫标本时应仔细搜索,认真观察,对昆虫的假死性、趋光性、趋化性及拟态等习性可选用观察法、搜索法、诱集法、击落法、网捕法等。应注意:

(1)重点采集为害园艺植物的害虫和天敌昆虫,对小型昆虫应特别耐心细致。

(2)应尽量采全昆虫一生发育的各个虫态,且应采集一定数量的个体。

(3)采集时,注意不损伤昆虫个体的任何部分,否则将失去标本的价值。

(4)在采集昆虫时,同时要采集被害植物的被害状,并记录采集的时间、地点、寄主植物、为害情况等，还要写上标签和进行编号。

(三)昆虫标本的制作

标本采回以后，不可随便搁置，以免丢失、损坏、霉烂或虫蛀。需要用适当的方法处理，制成不同的标本，以便长期保存、观察和研究。

1. 干制标本的制作

常用于成虫标本。

(1)制作用具

①昆虫针　系不锈钢针，用来固定昆虫，长度为 37～38 mm，按型号分为 0、1、2、3、4、5 号共 6 种。号越大越粗。另外还有一种微针，长约 10 mm，供插小型昆虫之用。

②三级台　可用木料或塑料做成，长 75 mm、宽 30 mm、高 24 mm，共分三级(分别为 8 mm、16 mm、24 mm)，每级中间有一小孔(图 1-19)。制作标本时将昆虫针插入孔内，使昆虫、标签在针上的高度一致，保存方便，增加美观。

③展翅板　用来展开蛾、蝶等昆虫的翅。多由较软的木料或硬泡沫塑料制成。展翅板的中央有一槽沟，沟旁的一块板是活动的，可根据昆虫腹部粗细调节中间的距离，以适应不同大小昆虫展翅的需要(图 1-20)。

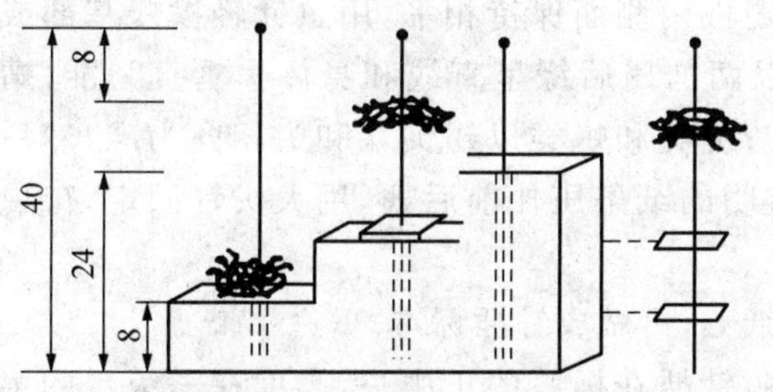

图 1-19　三级台(单位:mm)

(引自:张中社等．园林植物病虫害防治．高等教育出版社．2004 年)

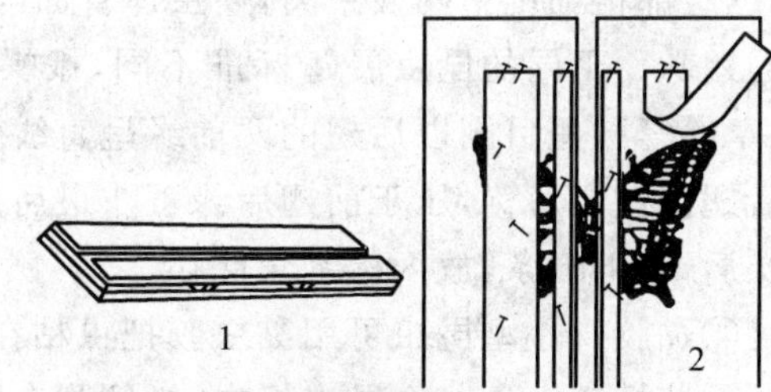

图 1-20　展翅板

1. 未放标本　2. 已放标本

(引自:张中社．园林植物病虫害防治．高等教育出版社．2004 年)

④还软器　用来软化已经干燥的昆虫标本的一种玻璃器皿，可由干燥器改装。中间有托板，放置待换软的标本，底部放洗净的沙粒或木屑，加入少许清水，再加几滴石炭酸防止发霉，用盖密封即可(图 1-21)。

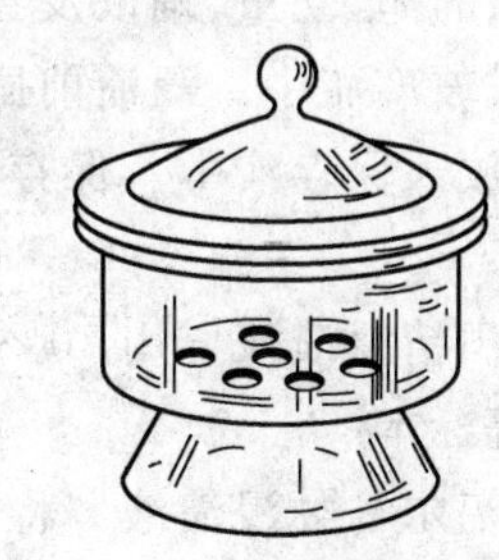

图 1-21　还软器

(引自:张中社．园林植物病虫害防治．高等教育出版社．2004 年)

⑤台纸　用较硬的厚白纸剪成小三角形(宽 3 mm、高 12 mm)或长方形(12 mm×4 mm)的纸片，用来制作小型昆虫标本。

⑥黏虫胶　用来修补昆虫标本。

(2)针插标本的制作方法

①虫体插针　插针时根据虫体大小选择适当的虫针，垂直向下插在昆虫体上，昆虫针插的部位因种类而异，如图 1-22 所示。一般半翅目从中胸小盾片中央垂直插入；甲虫从右翅基部内侧；膜翅目及鳞翅目、同翅目成虫从中胸中央插入；直翅

目从前胸背板右面插入；双翅目从中胸中央偏右插入；小型蜂类可不插针，侧粘，以免损坏其胸部特征。插针后，用三级台调整虫体在针上的高度。

②整姿　甲虫、椿象、蝗虫等昆虫插针以后，需对足和触角进行整姿，通常是前足向前，中足向两侧，后足向后；触角短的伸向前方，长的伸向身体两侧，尽量保持活虫姿态。使之整齐、对称、美观、自然。整姿后用大头针固定，待干燥后放于标本盒。

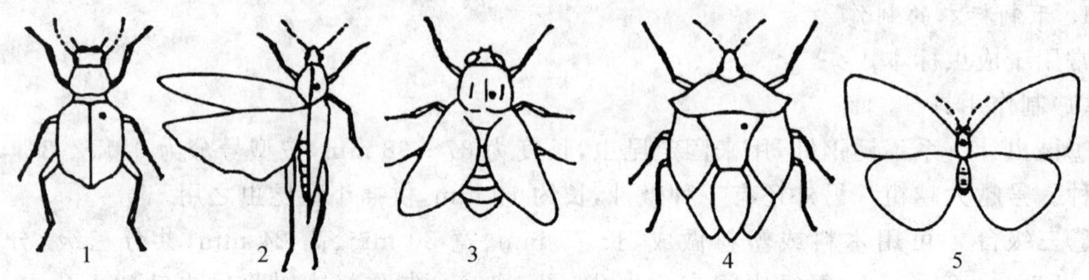

图 1-22　各种昆虫的针插位置

1. 鞘翅目　2. 直翅目　3. 膜翅目　4. 半翅目　5. 鳞翅目

（引自：张中社．园林植物病虫害防治．高等教育出版社．2004 年）

③展翅　蛾蝶、蜻蜓、蜂、蝇等昆虫插针后需进行展翅。展翅时先将昆虫插入展翅板的槽内，据腹部粗细调整两板距离，使虫体背面与展翅板两侧面保持相平，用虫针轻拨翅基部或较粗的翅脉。不同的昆虫展翅标准不同，蛾蝶类以两前翅后缘呈直线和身体呈垂直为准；蜻蜓类、草蛉等脉翅目则以后翅的两前缘呈直线为准；蝇类和蜂类以翅尖端和头相齐为准，然后再拨后翅使左右对称，压于前翅后缘下。最后用透明的纸条压住前后翅，用大头针固定，待虫体干燥后，取下纸条，放入标本盒保存。

④黏胶　小型昆虫可用黏虫胶把虫粘在台纸上，再做成针插标本。

⑤装标签　每一个昆虫标本，必须附有标签，针插在标签的正中央，高度在三级台的第二级，注明采集时间、地点、寄主；另取一标签，写上昆虫的名称，针插在三级台的第一级。

⑥修补　在标本制作过程中，如有损坏，可以用黏虫胶粘住。

2. 浸渍标本的制作

昆虫的卵、幼虫、蛹以及身体柔软或微小的昆虫（蛾蝶除外）和螨类，都可用保存液保存在指形管或玻璃瓶中。浸渍前昆虫要饥饿 1～2 d，使其排净粪便，而后用热水烫死，使虫体伸直稍硬，再放入保存液中。保存液具有防腐性，并能保持昆虫原有的体形和色泽。常用的保持液有：

(1)酒精浸渍液　用 70%～75%的酒精，加上 0.5%～1%的甘油，常用于浸渍蜘蛛、螨类和叶蝉等标本。

(2)福尔马林浸渍液　将福尔马林（40%甲醛）稀释成 5%的福尔马林液，防腐性强，不会使标本收缩，可保存大量标本且对昆虫的卵效果好。

(3)白糖、冰醋酸、福尔马林混合液　用白糖 5 g、冰醋酸 5 mL、福尔马林 5 mL、蒸馏水或冷开水 100 mL 混合配制而成。此种保存液对保存的昆虫标本不收缩，不变黑，无沉淀。对绿色、黄色和红色的昆虫保存效果较好。

(4)绿色幼虫浸渍液　硫酸铜 10 g，溶于 100 mL 水中，煮沸后停火，立即投入绿色幼虫，虫体颜色有褪色现象，当恢复至绿色时，立即取出用清水冲洗，然后浸入 5%福尔马林溶液中保存。

浸渍标本做好后，要贴上标签，注明时间、地点和寄主。

3. 生活史标本的制作

生活史标本是将前面各种方法制作起来的标本集中起来，按昆虫一生发育顺序：卵、幼虫的各龄期、蛹、成虫（雌虫和雄虫）及危害状，装在标本盒内，再在左下角放上标签(图1-23)。要求每组制作3～5盒昆虫生活史标本。

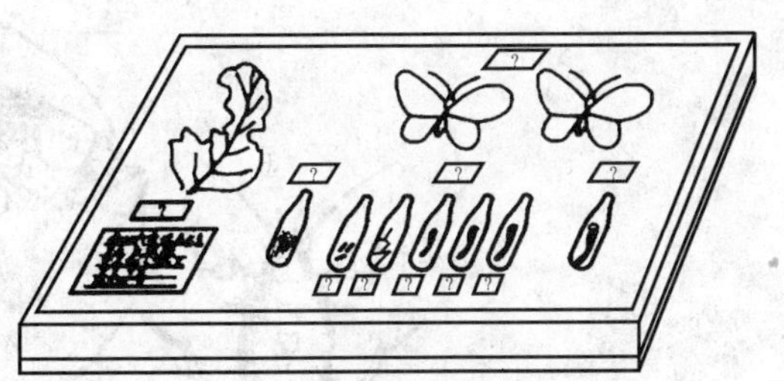

图 1-23　昆虫生活史标本

（引自：张中社等．园林植物病虫害防治．高等教育出版社．2004 年）

二、园艺作物主要昆虫种类的识别

自然界中昆虫的种类数量繁多，形态千差万别，且有变态，成虫还有性二型、多型现象等，识别困难。昆虫分类是认识昆虫的基础。通过科学的方法，从形态特征、生物学、生理学、生态学等方面加以研究。通过分析、对比、归纳、综合的方法，对昆虫的特殊性和共同性进行研究，并加以分门别类，有利于昆虫的识别、研究、保护或控制。

昆虫的分类单元由界、门、纲、目、科、属、种 7 个分类阶梯组成。种是分类的基本单位。在纲、目、科、属、种下设“亚”级，在目、科之上设“总”级。昆虫的命名采用林奈的双名法命名。拉丁文书写，学名由属名和种名组成，种名后是定名人的姓氏。书写时，属名和定名人的第一个字母大写，种名的第一个字母小写，属名、种名为斜体。

昆虫纲一般分为 33 个目，其中与园艺植物相关的有 9 个目，分别是直翅目、缨翅目、同翅目、半翅目、鞘翅目、鳞翅目、双翅目、膜翅目、脉翅目。

（一）直翅目（Orthoptera）主要昆虫的识别

体中至大型，触角为丝状、锤状或剑状。口器咀嚼式，下口式。前胸背板发达，呈马鞍状。前翅狭长革质，后翅宽大膜质透明。后足为跳跃足或前足为开掘足。雌虫多具发达的产卵器，形式多样，呈剑状、刀状、凿状等。雄虫多具听器或发音器，尾须发达。不完全变态。主要种类详见图 1-24 与表 1-8。

表 1-8　直翅目昆虫常见科特征

科	主要特征	代表昆虫
蝗科 Locustidae	触角短于体长，丝状，听器位于第 1 腹节两侧，后足跳跃足，产卵器凿状，尾须短。	东亚飞蝗
蝼蛄科 Gryllotalpidae	触角短于体长，听器位于前足胫节内侧，前足开掘足，前翅短，后翅突出体外如尾状，产卵器退化，尾须长。	华北蝼蛄
螽斯科 Tettigoniidae	触角长过体长，雄虫左右前翅摩擦发音，翅发达，有短翅型、无翅型、长翅型，听器位于前足胫节基部，产卵器剑状，尾须短小。	中华露螽
蟋蟀科 Gryllidae	触角长于体长，雄虫据左右前翅发音，听器位于前足胫节内侧，产卵器针状、长矛状，尾须长。	油葫芦

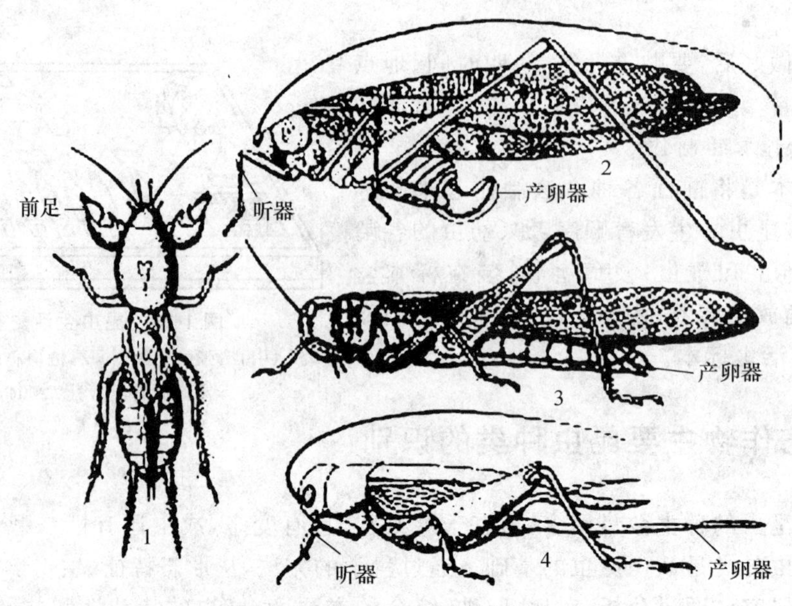

图 1-24　直翅目主要科的代表

1. 蝼蛄科　2. 螽斯科　3. 蝗科　4. 蟋蟀科

（引自：袁锋．农业昆虫学．中国农业出版社．2004 年）

学生在观察时应注意：蝗科、蝼蛄科、螽斯科、蟋蟀科触角的长短和类型；翅的质地和形状；口器的类型；前足和后足各属哪种类型；并观察前胸背板、听器、产卵器及尾须等各有何特征。

（二）半翅目(Hemiptera)主要昆虫的识别

通称椿象，简称蝽。口器刺吸式，自头的前端伸出。触角丝状，前胸背板及中胸小盾片发达。前翅半鞘翅（有革区、爪区和膜区之分），后翅膜翅。多数昆虫有臭腺，无尾须（图 1-25）。植食性和捕食性。不完全变态。主要种类详见图 1-26 与表 1-9。

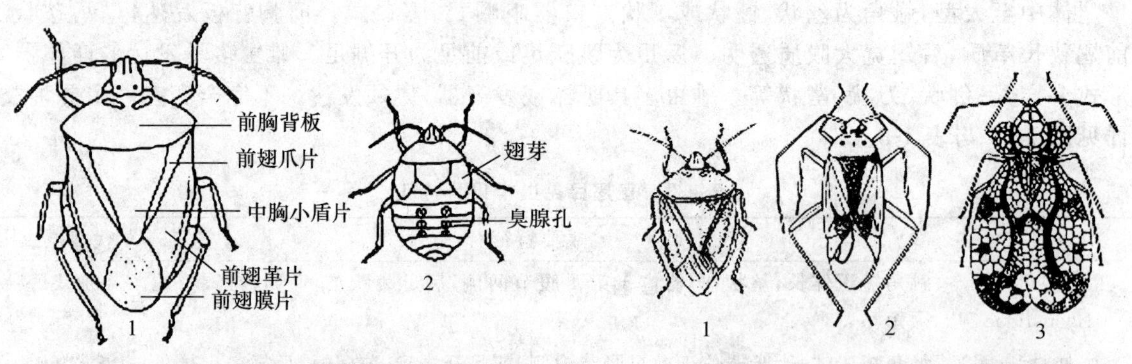

图 1-25　半翅目昆虫的身体构造

1. 成虫　2. 若虫

（引自：丁锦华等．农业昆虫学．中国农业出版社．2003 年）

图 1-26　半翅目昆虫常见科代表

1. 蝽科　2. 盲蝽科　3. 网蝽科

（引自：1. 丁锦华．农业昆虫学；2，3. 雷朝亮等．普通昆虫学）

观察蝽科主要形态特征应注意：供试椿象的触角、口器、喙由何处伸出？前翅的质地、各部位名称，有无脉纹。

表 1-9 半翅目昆虫常见科特征

科	主要特征	代表昆虫
蝽科 Pentartomidae	体小至大型,头小,三角形,复眼着生于头部最宽处。前胸背板六角形,中胸小盾片三角形。	斑须蝽
盲蝽科 Miridae	体小至中型,无单眼,前翅分为革区、楔区、爪区和膜区。膜区有 1～2 个翅室。	三点盲蝽
网蝽科 Tingidae	体小而扁,前胸背板和翅上有网状花纹,前胸背板向后延伸盖住小盾片,向前盖住头部。	梨网蝽

(三)同翅目(Homoptera)主要昆虫的识别

体小至大型,刺吸式口器从头的腹面的后方伸出,触角刚毛状或丝状,前翅革质或膜质,后翅膜质,静止时呈屋脊状。有的种类无翅或后翅退化成平衡棒。不完全变态,两性生殖或孤雌生殖。可传播病毒或分泌蜜露引起煤污病。主要种类详见图 1-27 与表 1-10。

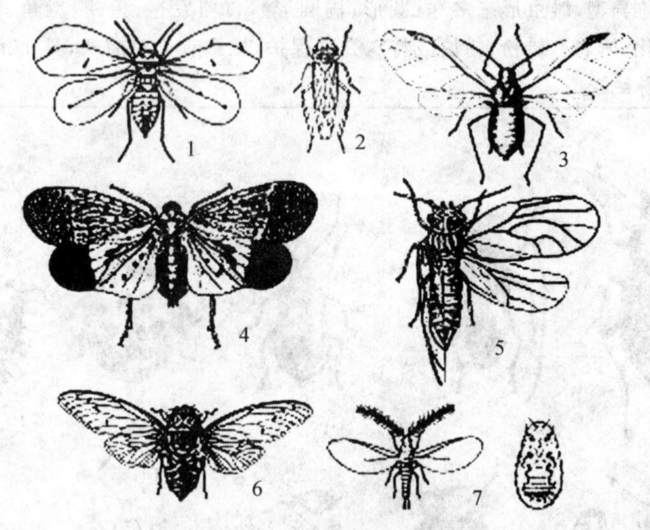

图 1-27 同翅目昆虫常见科代表

1. 粉虱科 2. 叶蝉科 3. 蚜科 4. 蜡蚧科 5. 木虱科 6. 蝉科 7. 蚧科

观察同翅目昆虫时要注意:蝉、叶蝉、木虱、蜡蝉、蚜虫、介壳虫的触角类型、口器类型及喙由何处伸出。前翅质地、休息时翅的状态。观察叶蝉后足胫节末端的刺。观察蚜虫触角的构造,有无腹管、尾片。介壳虫的雌雄介壳的形态区别。

(四)鞘翅目(Coleoptera)主要昆虫的识别

统称甲虫,是昆虫纲最大的目,约占全部昆虫种类的 40%。本目昆虫体微小至大型,体壁坚硬。前口式或下口式,无单眼,触角多样。前翅鞘翅,后翅膜质或无。全变态昆虫。幼虫寡足型或无足型,裸蛹。食性复杂,多数植食性,少数腐食性、粪食性、捕食性、尸食性、寄生性。多数种类有假死性和趋光性。主要种类详见图 1-28 与表 1-11。

表 1-10　同翅目昆虫常见科特征

科	主要特征	代表昆虫
蝉科 Cecadidae	体大型,触角刚毛状;前足开掘足;前翅膜质,脉纹粗;刺吸式口器;雄虫腹部具有发音器,雌虫产卵器管状。	蚱蝉
叶蝉科 Cicadelidae	体多为小型,前翅革质或膜质,后翅膜质;后足胫节下方具 2 列刺状毛。	大青叶蝉
蜡蝉科 Fulgoridae	体中至大型,色彩艳丽,头圆形或延伸成象鼻状;触角基部 2 节膨大呈锥状,腹部通常大而扁。	斑衣蜡蝉
粉虱科 Aleyrodidae	体小型,体面被有白色蜡粉,触角丝状,前翅有 2 条纵脉并呈交叉状,后翅仅 1 条直脉。	白粉虱
木虱科 Chermidae	体小型,善跳,触角丝状,末端有 2 根不等长的刚毛;翅透明,翅上各分支均发自翅基 1 条总脉。	梨木虱
蚜科 Aphididae	体小柔软,触角丝状较长;同种有无翅型和有翅型,膜质透明,前翅有翅痣,腹部着生腹管和尾片。	棉蚜
蚧科 Coccidae	雌雄异型,雌虫形态多样(圆形、椭圆形),口器发达;无翅,触角、眼、足退化;体表有蜡粉、蜡块或特殊介壳保护,雄虫有 1 对前翅,具 1 条分叉的脉纹。	吹绵蚧

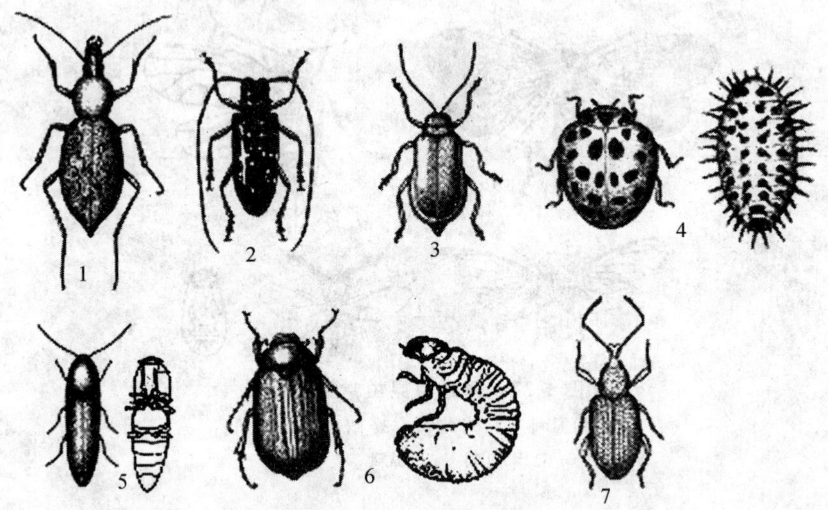

图 1-28　鞘翅目昆虫常见科代表

1. 步甲科　2. 天牛科　3. 叶甲科　4. 瓢甲科
5. 叩头甲科　6. 金龟甲科　7. 象甲科

在观察鞘翅目昆虫时要注意比较步甲科、金龟甲科、瓢甲科、象甲科、叶甲科、叩头甲科昆虫成虫、幼虫的基本特征及相互区别。

(五)鳞翅目(Lepidoptera)主要昆虫的识别

包括蛾类和蝶类。触角类型多样,口器虹吸式。成虫体翅密被鳞片,组成不同形状的斑纹。全变态，幼虫毛虫式，或称蠋式，咀嚼式口器。被蛹，多足型，腹足底面有趾钩，趾钩的变化是幼虫种类和科鉴别的重要依据。幼虫多植食性，食叶，卷叶，潜叶，钻蛀茎、根、果实等，多数为园艺植物害虫。主要种类详见图1-29与表1-12。

表1-11 鞘翅目昆虫常见科特征

科	主要特征	代表昆虫
步甲科 Carabidae	体小至大型，多为褐色或黑色，少数色泽艳丽；头前口式，窄于前胸；触角丝状，步行足，鞘翅表面多具刻点；后翅退化。	金星步甲
鳃金龟科 Melolonthidae	体小至大型，触角鳃叶状，前足开掘足。幼虫称蛴螬，寡足型，常弯曲呈"C"形。	华北大黑鳃金龟
叶甲科 Chrysomelidae	体小至中型，椭圆形，多有金属光泽；头部外露，略呈前口式；触角丝状；复眼圆形，不环绕触角。	黄条跳甲
叩头甲科 Elateridae	体小至中型，体狭长，两侧平行，末端尖削，体色暗；触角锯齿状或丝状；前胸背板后侧角突出呈锐刺，前胸腹板中间有一尖锐的刺，嵌在中胸腹板的凹陷内，形成叩头的关节。幼虫称金针虫。	沟叩头甲
瓢甲科 Coccinellidae	体中等大小，卵圆形，背面隆起，头部多盖在前胸背板下；鞘翅常有鲜明的星斑。触角锤状；肉食性成虫背面多无毛，有光泽；植食性成虫背面有毛，少光泽。	马铃薯瓢虫
天牛科 Carambycidae	体小至大型，前口式或下口式，复眼肾形，环绕触角基部外侧，丝状触角超过体长的2/3。	星天牛
象甲科 Curculionidae	体小至大型，粗糙，色暗；头部向前延伸成象鼻状或喙状，口器咀嚼式，生于喙的端部；触角弯曲成膝状。幼虫体柔软，肥而弯曲，头部发达，无足。	梨虎

表1-12 鳞翅目昆虫常见科特征

科	主要特征	代表昆虫
卷蛾科 Tortricidae	体小至中型，多为褐色或棕色；前翅近长方形，有的种类前翅具折叠，休息时呈钟罩状。	苹小卷蛾
粉蝶科 Pieridae	体中型，白色、黄色或橙色，翅面常有黑或红色斑纹；前翅三角形，后翅卵圆形。幼虫绿或黄色，圆柱形，细长，表皮有小颗粒。	菜粉蝶
螟蛾科 Pyralidae	小型或中等，细长，腹末尖削；下唇须长，前伸；触角丝状。	草地螟
夜蛾科 Noctuidae	体中至大型，粗壮，色暗，喙发达，多鳞片和毛；触角丝状或栉齿状；前翅窄后翅宽。幼虫粗壮，为害方式有4型：食叶、蛀食、切根和成虫吸果类。	甜菜夜蛾
刺蛾科 Zimacodidae	中等大小，短而粗壮多毛，黄、褐或绿色，有红色或暗色斑纹；翅短而阔，有较厚的鳞和毛。幼虫又称洋辣子，体扁，生有枝刺和毒毛。	黄刺蛾
蓑蛾科 Psychidae	体中型，雌雄异型，雄虫有翅，触角双栉齿状，翅面稀被毛和鳞片；雌蛾无翅，蛆状，吐丝缀叶，造袋囊隐居其中，取食时头部伸出袋外。	大窠蓑蛾

续表1-12

科	主要特征	代表昆虫
尺蛾科 Geometridae	体小至大型，细弱，鳞片稀疏，翅大质薄，前后翅颜色相似并常有波纹相连。幼虫具2对腹足，行走时状似拱桥。	梨尺蛾
舟蛾科 Notodontidae	中至大型，喙不发达，翅多暗褐，少数洁白鲜艳。幼虫体形特异，全身多毛，静止时举头翘尾。	舟形毛虫
菜蛾科 Plutellidae	小型，暗色。触角短于前翅，静止时向前伸。前后翅的缘毛向后伸，静止时突出如鸡尾状。	小菜蛾
天蛾科 Sphingidae	体中至大型，粗壮，纺锤形，喙发达；触角中部向端部逐渐加粗，末端呈钩状，前翅大而窄，顶角尖，外缘极倾斜。幼虫粗大，无毛，第8节背面有尾角。	豆天蛾

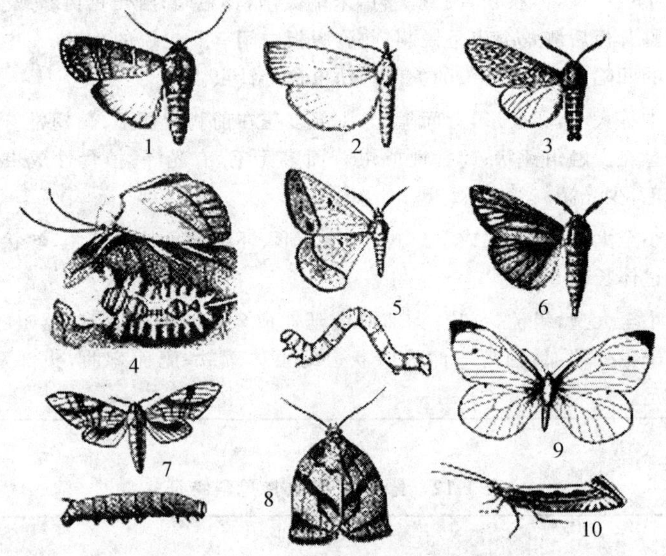

图1-29　鳞翅目昆虫常见科代表

1. 夜蛾科　2. 螟蛾科　3. 舟蛾科　4. 刺蛾科　5. 尺蛾科
6. 蓑蛾科　7. 天蛾科　8. 卷蛾科　9. 粉蝶科　10. 菜蛾科

（引自：雷朝亮等．普通昆虫学．中国农业出版社．2003年）

对比观察蛾与蝶的主要区别，观察夜蛾、螟蛾、天蛾、蓑蛾、尺蛾、菜蛾、粉蝶科成虫的触角类型，翅的斑纹、颜色及形状，幼虫的形态、大小、有无腹足及趾钩的着生情况，幼虫体壁上有无毛瘤、枝刺、有无臭腺、毒腺及着生位置。

（六）膜翅目（Hymenoptera）主要昆虫的识别

本目包括蜂和蚁，体小型至大型。触角丝状、膝状或锤状等。口器咀嚼式或嚼吸式。前后翅均膜质。雌虫产卵器发达，有的变成螫刺。全变态，两性生殖、孤雌生殖和多胚生殖。幼虫多足或无足，裸蛹，有的有茧。植食性、捕食性和寄生性。依据成虫胸腹部连接处是否收缩成腰状，分为广腰亚目（Symphyta）与细腰亚目（Apocrida）。主要种类详见图1-30与表1-13。

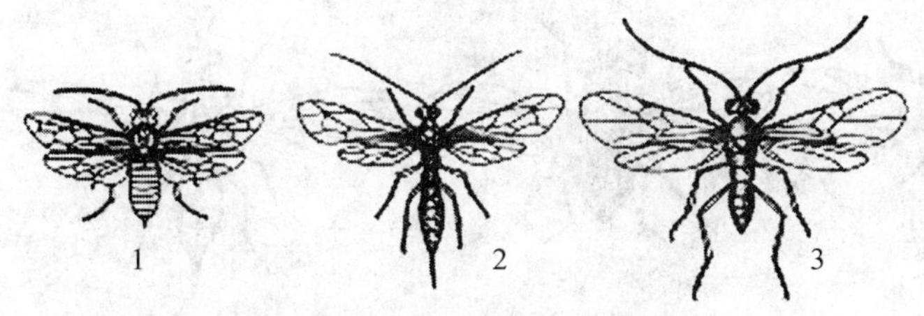

图 1-30 膜翅目昆虫常见科代表

1. 叶蜂科 2. 姬蜂科 3. 茧蜂科

（引自：1. 雷朝亮等．普通昆虫学；2,3. 袁锋．农业昆虫学）

表 1-13 膜翅目昆虫常见科特征

科	主要特征	代表昆虫
叶蜂科 Tenthredinidae	体小至中型，肥胖粗短；头阔，无腹柄；触角丝状或棒状，前胸背板后缘深凹；前翅有明显的翅痣，前足胫节有 2 个端距；产卵器锯状。幼虫腹足 6～8 对，无趾钩。	黄翅菜叶蜂
姬蜂科 Ichneumonidae	体微小至大型，丝状触角；前翅翅痣明显，有 1 个小翅室和第二回脉，腹部细长，产卵器外露。	拟瘦姬蜂
茧蜂科 Braconidae	体小至中型，与姬蜂相似，丝状触角；前翅小翅室缺或不明显，无第二回脉，翅面上常用雾状斑纹。	菜蛾绒茧蜂

观察标本时注意比较叶蜂、姬蜂的成虫胸腹部连接情况，幼虫形态及腹足数目。

（七）双翅目(Diptera)主要昆虫的识别

双翅目昆虫包括蚊、蝇、虻类。体小至中等，下口式，触角多样，口器刺吸式或舔吸式。前翅发达膜翅，后翅退化成平衡棒。全变态昆虫，幼虫无足型，幼虫食性复杂，有植食性（潜蝇科）、腐食性（蝇科）、捕食性（食蚜蝇科）、寄生性（寄蝇科）。根据触角长短的构造可分为 3 个亚目，即长角亚目(Nematocera)、短角亚目(Brachycera)和芒角亚目(Aristocera)。主要种类详见图 1-31 与表 1-14。

表 1-14 双翅目昆虫常见科特征

科	主要特征	代表昆虫
花蝇科 Anthomyiidae	体小至中型，细长多毛，黑、灰或黄色；复眼大，触角芒无毛或羽状。	种蝇
潜蝇科 Agromyzidae	体小或微小型，多为黑色或黄色；翅宽大，前缘近基部 1/3 处有折断处，有臀室。	美洲斑潜蝇
眼蕈蚊科 Sciaridae	体微小至小型，头小，体细长；触角长丝状，胸部背面隆起；足细长，基节不太长，短于腿节长度的 1/2。	平菇历眼蕈蚊
实蝇科 Tephritidae	小至中型，头大，无细颈；复眼大，常用绿色闪光；翅阔，有褐色和黄色斑纹，休息时翅展开并扇动。	柑橘大实蝇

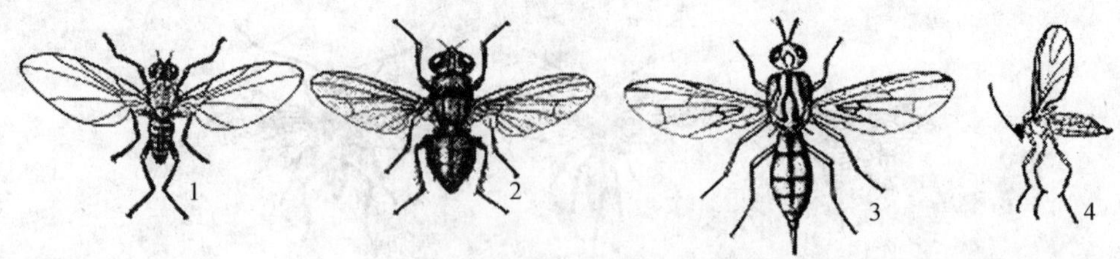

图 1-31 双翅目昆虫常见科代表

1. 潜蝇科 2. 花蝇科 3. 实蝇科 4. 眼蕈蚊科

观察蚊、蝇、虻标本，了解成虫形态、触角类型、口器类型，后翅的变化及幼虫的大小、形状。

(八)缨翅目(Thysanoptera)主要昆虫的识别

统称蓟马，体微小型，锉吸式口器，能锉破表皮，吮吸汁液。触角线状，略带念珠状。翅狭长，前后翅均为缨翅。足的末端有泡状中垫，爪退化(图 1-32)。不完全变态，多为植食性，两性生殖或孤雌生殖。在园艺植物上常见的种类有葱蓟马。

显微镜下观察蓟马成虫切片，注意翅缘密生长毛，翅脉的特点，口器类型。

(九)脉翅目(Neuroptera)主要昆虫的识别

小至大型，触角丝状或念珠状。膜翅，翅脉多呈网状，边缘两分叉(图 1-33)。成虫口器咀嚼式，幼虫双刺吸式，全变态，成虫、幼虫均为肉食性，是重要的天敌昆虫类群。

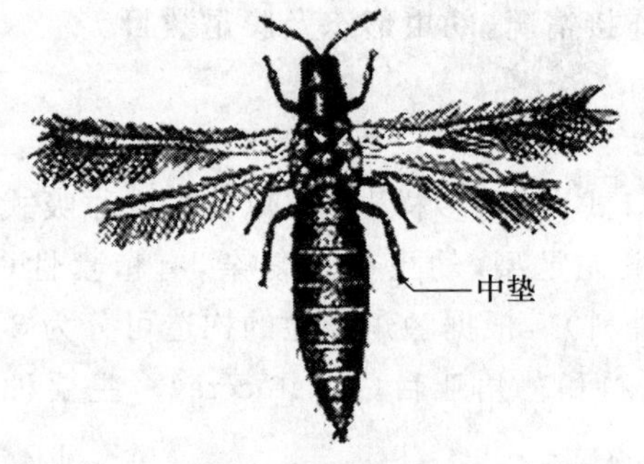

图 1-32 缨翅目

(引自：袁锋．农业昆虫学．中国农业出版社．2004 年)

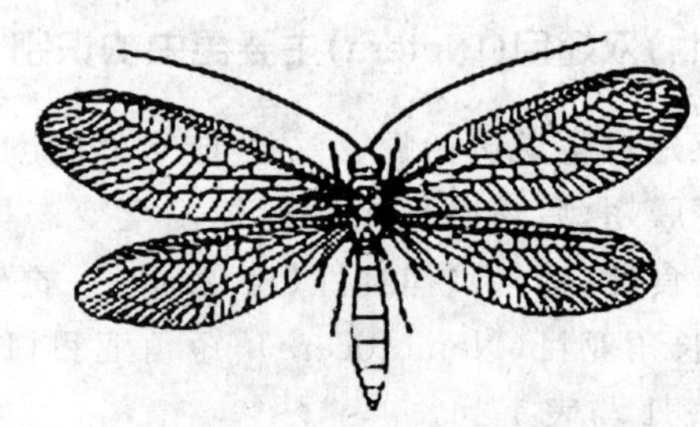

图 1-33 脉翅目草蛉科

(引自：袁锋．农业昆虫学．中国农业出版社．2004 年)

观察草蛉科昆虫成虫前后翅的质地、翅脉的特点及复眼的特征。

任务训练

一、知识训练

(一)填空题

1. 昆虫纲属于(　　)门，是(　　)界中最大的纲。
2. 昆虫一般分为(　　)个目，与农业关系最密切的有(　　)个目。
3. 直翅目昆虫的口器为(　　)，后足为(　　)足或前足为(　　)足。
4. 根据不同类型的翅可以识别昆虫(　　)，例如鞘翅昆虫是(　　)，鳞翅昆虫是(　　)，膜翅昆虫是( )。

5. 触角为球杆状的昆虫是( ),触角为具芒状的昆虫是( )。

6. 鳞翅目昆虫属于( )变态类型,成虫为( )口器,幼虫为( )口器。

7. 蚜虫属于( )目昆虫,蟋蟀属于( )目昆虫。

8. 蛾亚目昆虫行为活动为( )出性,蝶亚目昆虫则为( )出性。

9. 天牛科与叶甲科的昆虫最大区别是( )。

10. 双翅目昆虫的后翅特化为( )。

(二)选择题

1. 蝼蛄的前足是( )。

A. 跳跃足　B. 开掘足　C. 游泳足　D. 步行足

2. 蝗虫的口器为( )。

A. 咀嚼式口器　B. 锉吸式口器　C. 虹吸式口器　D. 刺吸式口器

3. 同翅目昆虫的口器为( )。

A. 咀嚼式口器　B. 锉吸式口器　C. 虹吸式口器　D. 刺吸式口器

4. 蝉前后翅的连锁方式为( )。

A. 翅钩列型　B. 卷褶型　C. 翅缰型　D. 翅轭型

5. 以下( )为昆虫纲的第二大目。

A. 鞘翅目　B. 鳞翅目　C. 膜翅目　D. 双翅目

6. 以下( )昆虫具有腹管和尾片。

A. 蚜科　B. 叶蜂科　C. 蝉科　D. 蝽科

7. 下列鞘翅目昆虫属于前口式的有( )。

A. 步甲科　B. 瓢甲科　C. 象甲科　D. 叶甲科

E. 以上都不是

8. 下列昆虫蛹的类型为被蛹的有( )。

A. 鞘翅目　B. 膜翅目　C. 双翅目　D. 鳞翅目

E. 以上都是

9. 下列昆虫为不完全变态的是( )。

A. 鞘翅目　B. 膜翅目　C. 同翅目　D. 鳞翅目

E. 以上都是

10. 下列昆虫为刺吸式口器的是( )。

A. 鞘翅目　B. 膜翅目　C. 同翅目　D. 半翅目

E. 以上都是

(三)简答题

1. 昆虫插针部位一致吗？有何区别？

2. 列表比较常见园艺植物昆虫的目及科的主要特征、生活习性及各自目所代表的种类。

3. 列表比较直翅目、半翅目、同翅目、缨翅目、鳞翅目、鞘翅目、膜翅目、双翅目重要科的主要形态特征、主要生物学习性及各目所包括的主要昆虫类群。

4. 比较蝗科、蝼蛄科、蝽科、网蝽科、叶蝉科、粉虱科、蚜总科、蚧总科的主要区别特征,并各举1～2个代表昆虫。

5. 比较瓢甲科、叶甲科、天牛科、金龟甲科、象甲科、步甲科、叩头甲科的主要区别特征，并各举 1～2 个代表昆虫。

6. 比较粉蝶科、凤蝶科、螟蛾科、夜蛾科、小菜蛾科、舟蛾科、蓑蛾科、刺蛾科、尺蛾科、卷蛾科、天蛾科的主要区别特征，并各举 1～2 个代表昆虫。

二、技能训练

1. 以小组为单位，到园艺作物生产基地观察虫害的危害状。

2. 以小组为单位，利用业余时间完成至少 50 种昆虫标本的采集任务，采集方法正确，种类齐全。

3. 以小组为单位，完成至少 30 种昆虫标本的制作，针插位置准确，整姿与展翅方法正确，标本制作规范精美，浸渍液配制方法正确，标签规范正确（也可采用数码设备，上交清晰、精美、典型的摄影作品）。

4. 对所采集与制作的标本以及实训室所示标本进行目、科及种的识别，并说明其典型特征及分类依据。

学习情境 2

园艺作物病害的诊断

知识目标

◆熟悉园艺作物病害的概念、类别及症状类型。
◆熟知病原物的一般性状、致病特点、侵染过程及侵染循环。
◆理解病原物寄生性、致病性与植物的抗病性。

能力目标

◆熟练对园艺作物病害症状进行识别。
◆熟悉侵染性病害与非侵染性病害的发生特点。
◆熟练进行制片并识别常见侵染性病害的病原物。
◆熟练各类病害的诊断方法，同时具备严谨细致的科学态度。

学习任务 1　园艺作物病害症状识别

任务描述

通过教材、文献查阅并进行研究分析和知识传授等方法，熟知植物病害的概念，区别于机械损伤，熟悉植物病害的类型及其特点；通过基地现场与各种病害标本观察、观看视频、网络查询、知识传授及讨论相结合的方式，认识常见植物病害的病状类型和病征类型，区分侵染性病害与非侵染性病害。

实施条件

1. 实施场所：实训室、多媒体教室、校内外园艺作物生产基地（田园、温室、大棚）。

2. 仪器设备：多媒体设备、摄影摄像设备、烘干箱、培养箱等。

3. 药品用具：福尔马林、酒精、硫酸铜、二氧化硫、醋酸铜、亚硫酸、樟脑粉、蒸馏水等；标本夹、标本箱、塑料袋、纸袋、小玻管、标本纸、绳、刀、剪、锯、锄、扩大镜、记载本、标签、铅笔等。

4. 其他:各种病害标本、相关图书、教材、PPT、视频、影像资料、网上资源等。

任务实施

一、园艺作物病害与机械损伤

1. 园艺作物病害的认知

园艺作物在生长发育和贮藏运输过程中,由于有害生物或不良环境条件的影响超过了园艺作物的适应能力,其正常的生长发育受到抑制,代谢过程发生改变,在生理或组织结构上出现各种病理变化,导致产量降低,品质变劣,甚至死亡,这种现象称为园艺作物病害。

从经济的观点出发,有些植物因受某种有害生物的寄生,或受不良环境条件的影响,尽管发生了某些病变,但这种病变却提高了它们的经济价值,如菰草感染黑粉菌后形成肉质肥嫩的茭白,韭菜在弱光下栽培成为幼嫩的韭黄等,这种现象不属于病害范畴。

2. 园艺作物伤害的认知

园艺作物在瞬间或极短的时间内因外界因素的突然袭击而受到损伤或破坏,如受到昆虫、其他动物或人为的机械损伤,以及冰雹、台风等袭击,使作物在形态上受到损伤,称为园艺作物伤害。

3. 园艺作物病害与伤害识别

组织学生现场观察,比较园艺作物病害与伤害,区别二者表现的特点。

园艺作物病害的发生是一个持续的过程,作物会出现一系列的病理变化过程。当园艺作物受到病原物侵染或不适宜环境因素影响后,首先是生理机能出现变化,以这种病变为基础,继而出现细胞或组织结构上不正常的改变,最后在形态上产生各种各样的症状,这种逐渐加深和持续发展的过程,称为病理程序。根据这一特点,虫伤、雹伤、风伤、电击以及各种机械损伤对园艺作物造成的破坏没有一个逐渐变化的病理程序,所以这种对作物造成的伤害不称为病害。

病害和伤害是两个不同的概念,但实际上二者又经常有密切的联系。损伤可削弱园艺作物的生长活力,降低它们对病害的抗性;伤口还可提供一些病原物入侵的途径。

二、园艺作物病害症状

(一)园艺作物病害症状表现

植物病害经一定的病变过程,最终在外部形态上表现的异常现象称为病害症状。症状是植物生病后所表现出的病态,包括病状和病征。

病状是指发病植物本身的不正常表现。常见病状可归纳为变色、坏死、腐烂、萎蔫和畸形5大类型。

(1)变色型　作物感病后,叶绿素不能正常形成或解体,因而叶片上表现为淡绿色、黄色甚至白色。叶片的全面褪绿常称为黄化或白化;叶绿素形成不均匀,叶片上出现深绿与淡绿相互间杂的现象称为花叶。如缺氮、缺铁等营养的贫乏和光照不足可以引起植物黄化,病毒和植原体的侵染可以引起黄化或花叶，如翠菊黄化病、月季花叶病和郁金香碎色病。

(2)坏死型　坏死是细胞和组织死亡的现象，其表现在叶片上常为叶斑或叶枯。常见的坏死表现有角斑、轮斑、环斑、条斑等；疮痂也是一种坏死斑，主要是病组织木栓化；木本植物从顶端向下枯死，称为梢枯；幼苗茎组织坏死，称为猝倒或立枯。

(3)腐烂型　多肉而幼嫩的组织发病后容易腐烂，如果实、块根等常发生软腐或湿腐。含水较少或木质化组织则常发生干腐。根据腐烂症状发生部位，可分为花腐、果腐、茎腐、基腐、根腐和枝干皮部腐烂等。

(4)萎蔫型　植物因病而表现失水状态称为萎蔫。典型的萎蔫是因植物的根部或枝干部维管束组织感病，使水分的输导受到阻碍而致。萎蔫是由真菌或细菌引起的，有时植株受到急性旱害也会发生生理性枯萎。

(5)畸形　畸形是因细胞或组织过度生长或发育不足引起的。植物发病后，可发生增生性病变，如组织细胞增生，病部膨大形成肿瘤；枝或根过度分枝，产生丛枝或发根等；也可以发生抑制性病变，生长发育不良，使植株或器官矮缩、皱缩等；此外，病部组织发育不均衡，可形成畸形、卷叶、蕨叶等。

(二)病征

病征是病原物在发病部位形成的特征现象。常见病征有以下6种类型。

(1)锈状物　直接产生于植物表面、表皮下或组织中，形成小疱状突起，破裂后散出白色或铁锈色的粉状物，如菜豆锈病和油菜白锈病等。

(2)霉状物　是真菌的菌丝、各种孢子梗和孢子在植物表面构成的特征，其着生部位、颜色、质地、结构常因真菌种类不同而异，如黄瓜霜霉病、茄绵疫病、番茄灰霉病等。

(3)粉状物　病原真菌在病部出现的白色或黑色粉层，是白粉病或黑粉病的病征，如瓜类白粉病等。

(4)点状物　是在病部产生的形状、大小、色泽和排列方式各不相同的小颗粒状物，它们大多暗褐色至褐色，多为针尖大小。为真菌的子囊壳、分生孢子器、分生孢子盘等形成的特征，如苹果树腐烂病、各种植物炭疽病等。

(5)粒状物　是真菌菌丝体变态形成的一种特殊结构，其形态大小差别较大，有的似鼠粪状，有的像菜籽形，多数黑褐色，生于植株受害部位，如十字花科蔬菜菌核病等。

(6)脓状物　是细菌病害的典型特征，通常在潮湿条件下，病部溢出的含有细菌菌体的脓状黏液，一般呈露珠状，或散布为菌液层；在气候干燥时，会形成菌脓胶粒或菌膜，如黄瓜细菌性角斑病等。

三、园艺作物病害类别

(一)园艺作物病害类别的认知

园艺作物病害根据发病原因可分为两大类别，即非侵染性病害和侵染性病害。

1. 非侵染性病害

由不适宜的物理、化学、气象等非生物因素引起的植物病害称为非侵染性病害。这类病害不能传染，因此也称非传染性病害或生理性病害。引起非侵染性病害的病原为非生物性病原，包括植物所处环境中营养元素不足、水分供应失调、温度过高过低及有害物质的侵害等。这些因素连续不断地影响植物，其强度超过了植物的适应范围，就会引起植物病害。

2. 侵染性病害

由生物性病原侵害引起的植物病害称侵染性病害。这类病害有传染性，故也称传染性病害。生物性病原包括真菌、细菌、病毒、类病毒、植原体、线虫及寄生性种子植物等。

侵染性病害在田间分布不均匀，局部发病，有传染性，有的有病征；非侵染性病害在田间分布一般均匀，发生面积大，无传染性，无病征。非侵染性病害导致植株生长衰弱，加重侵染性病害的发生，侵染性病害可致使植物非侵染病害的发生。

(二)园艺作物病害类别的识别

(1)组织学生利用实训室的标本、图片和视频进行观察与观看。

(2)组织学生到校内外园艺作物生产基地，分组进行现场观察。

(3)对典型园艺作物病害进行侵染性病害和非侵染性病害识别，并对两类别病害特点进行记载和描述。

四、园艺作物病害标本采集与制作

(一)园艺作物病害标本的采集

园艺作物病害标本主要是有病的根、茎、叶、果实或全株，好的标本要有各受害部位在不同时期的典型症状。采集叶斑病标本，寄主的叶片要完整，且是由一种病原物引起的病斑；柔软多汁的果实或子实体，应采集新发病的幼果；萎蔫的植株要连根挖出，有时还要连根际的土壤等一同采回；对于粗大的树枝和植株，则宜削取一截；有些野生植物上的病害或寄生性种子植物病害，则要连同寄主的枝叶和果实一起采集，以便有助于鉴定病原和寄主。许多真菌的有性阶段的子实体都在枯死的枝叶上出现，应在枯枝落叶上采集。

采集要有记载，其内容有寄主名称、采集日期与地点、采集者姓名、生态和土壤条件。

(二)园艺作物病害标本的制作

从田间采回的标本，除部分用作分离鉴定外，对于典型病害症状最好是先摄影，以记录自然的、真实的状况，然后按标本的性质等制成各种类型的标本。

1. 干燥标本制作法

对作物茎、叶等含水较少的病害标本，压在吸水的标本纸中，用标本夹夹紧，日晒任其干燥。不准备作分离用的标本，可在50℃烘箱中放2～3 d，或夹在吸水纸中用熨斗烫，使它快速干燥而保持原来的色泽。压制标本干燥前易发霉变色，标本纸要勤换，通常前3～4 d每天换1～2次，以后每2～3 d换1次，直至完全干燥为止。第1次换纸时，标本柔软，应将标本加以铺展整理。

幼嫩多汁的标本，如花及幼苗等可夹于两层脱脂棉中压制，水分过高的可通过30～45℃加温烘干。需要保绿的干燥标本，可先将标本在2%～4%硫酸铜溶液中浸24 h，再压制。

2. 浸渍标本制作法

多汁的标本，如果实、块根或担子菌的子实体等，必须用浸渍法保存。浸渍液种类很多，常用的有：

(1)防腐浸渍液　可用福尔马林 50 mL、95%酒精 300 mL、水 2 000 mL 混合而成；也可单用 5%福尔马林液或 70%酒精液保存。此类浸渍液仅能防腐无保色作用，宜保存萝卜、甘薯等病害标本。若浸泡标本量大，数日后应换 1 次浸渍液，并加盖密封。

(2)保绿浸渍液　其配方有两种：一种是醋酸铜浸渍液，将醋酸铜结晶逐渐加入 50%醋酸溶液中，直到不溶解为止(50%醋酸液 1 000 mL，约加醋酸铜 15 g 可达到饱和程度)，然后将该饱和液稀释 3～4 倍后使用。标本保绿处理方法是先将浸渍液加热至沸腾，投入标本，继续加热，待标本褪绿又恢复绿色后取出标本用清水洗干净，并存于 5%福尔马林液中或压成干标本。另一种是硫酸铜亚硫酸浸渍液，将标本在 5%硫酸铜液中浸泡 6～24 h，取出用清水漂洗数小时，然后保存在亚硫酸浸渍液(含 5%～6%二氧化硫的亚硫酸液 15 mL，加水 1 000 mL，或浓硫酸 20 mL，稀释在 1 000 mL 水中，再加入亚硫酸钠 16 g)中。不宜煮的葡萄和番茄果实可用硫酸铜亚硫酸保绿浸渍液保存。

(3)保黄和橘红浸渍液　含叶黄素和胡萝卜素的果实病害如杏、梨、柿、黄苹果、柑橘或红辣椒等，用亚硫酸保存比较适宜。该保存液有漂白作用，注意浓度不要太高，一般用 1%即可。若因浓度太低防腐力不够，可加入适量的酒精；果实浸渍后如发生崩裂，可加入少量甘油。

(4)保红浸渍液　红色多为水溶性的花青素，难以保存。瓦查(Vacha)浸渍液效果较好。其配方是硝酸亚钴 15 g、福尔马林 25 mL、氯化锡 10 g、水 2 000 mL 混合而成。标本保红处理方法是将洗净的标本完全浸没于该浸渍液中，两周后取出并保存于福尔马林 10 mL、饱和亚硫酸液 30～50 mL、95%酒精 10 mL、水 1 000 mL 的混合液中。

3. 标本的保藏

制成的标本经过整理和登记，按一定的系统排列，进行保藏。干制标本可保藏在棉花铺垫的玻璃面纸盒内，棉花中需加少许樟脑粉或其他驱虫药剂，或保藏于纸套中，纸套上写明鉴定记录，然后将纸套用胶水或针固着于厚的蜡叶标本纸(大小为 280 mm×430 mm)上。也可过塑保存。大而厚的标本如伞菌或易于损坏的标本如黏菌等可用大小不等的纸盒保存。

浸渍标本应放在暗处，以减少药液的挥发和氧化，并要密封瓶口。封口胶可用蜂蜡和松香各 1 份，分别融化后混合，加少量凡士林调成胶状，涂在瓶盖边缘做临时封口，或将酪胶和消石灰各 1 份混合，加水调成糊状，用于永久封口。

病害标本制成后，无论是干制标本还是瓶装浸渍标本，均须贴上标签，注明病害名称(中文名和拉丁名)、采集地点、采集制作时间和采集人等。并保存在标本柜和标本室。

保藏标本的标本柜和标本室，要保持清洁和干燥。新制成的标本，要经过熏蒸再放入标本柜中长期保存。为防虫蛀，可用小包的樟脑粉或对二氯苯粉末放入标本袋或标本盒中，定期更换；每年用甲基溴熏蒸 1 次，可长久保藏标本。

任务训练

一、知识训练

(一)名词解释

园艺作物病害、病理程序、症状、病症、病状、侵染性病害、非侵染性病害。

(二)填空题

1. 植物在(　　)和(　　)过程中,由于(　　)或(　　)超过了植物的能忍耐的限度,使其正常的生长发育受到抑制,代谢发生改变,导致(　　)、(　　),甚至死亡的现象称植物病害。

2. 园艺作物生长过程中,由于(　　)、(　　)、(　　)、(　　)以及各种机械损伤对园艺作物造成的伤害不称为病害。

3. 植物病害按致病因素类别可分为(　　)病害和(　　)病害。

4. 常见病状可归纳为(　　)、(　　)、(　　)、(　　)和(　　)五大类。

5. 病原物在植物病部形成的病征可分为(　　)、(　　)、(　　)、(　　)、(　　)、(　　)六种类型。

6. 生物性病原主要有(　　)、(　　)、(　　)、(　　)、(　　)及(　　)等。

7. 园艺作物病害标本主要是有病的(　　)、(　　)、(　　)、果实或全株。

8. 多汁的标本,如(　　)、(　　)或担子菌的子实体等,必须用浸渍法保存。

9. 病害标本制成后,无论是干制标本还是瓶装浸渍标本,均须(　　),注明(　　)(中文名和拉丁名)、(　　)、(　　)和(　　)等。

10. 制作的标本,为防虫蛀,可用小包的(　　)或(　　)放入标本袋或标本盒中,定期更换;每年用(　　)熏蒸1次,可长久保藏标本。

(三)选择题

1. 植物病害发生的时期是(　　)。

A. 植物的生长期　　B. 植物的非生长期

C. 植物的生长期和休眠期　　D. 植物的生长期和贮藏运输期

2. 下列事实中可称为植物病害的是(　　)。

A. 用树木枝干人工培养食用菌　　B. 树木枝干上长出可以食用的真菌

C. 树木被风折断　　D. 叶片萎蔫

3. 植物病害的病状类型有(　　)。

A. 丛生　　B. 粉状物　　C. 花叶　　D. 小黑点

4. 植物侵染性病害发生的特点有(　　)。

A. 有传染性　　B. 由点发病　　C. 不可恢复　　D. 有的有病征

5. 植物侵染性病害和非侵染性病害两者的关系是(　　)。

A. 前者可以促进后者的发展　　B. 后者可以促进前者的发展

C. 两者互相作用,互相影响　　D. 两者互相不影响,没有联系

6. 属非侵染性病害的病原是(　　)。

A. 水分失调　　B. 线虫　　C. 寄生性种子植物　　D. 虫伤

7. 植物病害的病征类型有(　　)。

A. 黄化　　B. 霉状物　　C. 锈状物　　D. 粒状物

8. 下列现象中,不属于植物病害的是(　　)。

A. 由于阳光过强照射而引起的伤害　　B. 由于温度过低而造成的冻害

C. 由于风力过强而造成的伤害　　D. 由于田间长期积水而引起的涝害

(四)问答题

1. 园艺作物病害的病原有哪些?

2. 园艺作物病害的症状类型有哪些?

3. 侵染性病害与非侵染性病害在田间如何诊断?

二、技能训练

1. 针对当地园艺植物主要病害,观察植物病害标本或病害图片20种,区分病状与病征类型,并进行描述和记录。

2. 观察并区别园艺作物侵染性病害与非侵性病害、作物病害与伤害。

3. 每人采集制作园艺植物病害标本10～15种,要求标本完整,制作规范、美观,并写上标签。在采集病害标本同时,也可利用数码相机拍摄典型病害症状。

学习任务2 侵染性病害的诊断

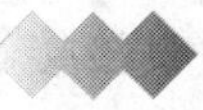

任务描述

通过教材、文献、网络查阅并进行研究分析和知识传授等方法,熟知园艺作物侵染性病害的诊断方法,熟悉真菌的一般性状、营养体与繁殖体,区分无性孢子与有性孢子、无性子实体与有性子实体,理解真菌的分类和主要类群及其致病特点。熟知植物病原细菌、病毒、线虫、寄生性植物形态、类群及致病特点。通过实训室、现场与各种病害标本的观察、观看视频、网络查询及讨论相结合的方式,认识常见园艺作物真菌性病害、细菌性病害、病毒性病害、线虫病及寄生性植物等,并能用所学知识在田间诊断病害。

实施条件

1. 实施场所:实训室、多媒体教室、校内外园艺作物生产基地(田园、温室、大棚)。

2. 仪器设备:多媒体设备、生物显微镜、培养箱、灭菌锅、水浴锅等。

3. 药品用具:碱性品红、龙胆紫、95%酒精、碘液、苯酚、二甲苯、蒸馏水等;扩大镜、培养皿、载玻片、盖玻片、挑针、镊子、小剪刀、解剖刀、小滴瓶、烧杯、纱布块、洗瓶、酒精灯、滤纸、镜纸等。

4. 其他:各种病害标本、相关图书、教材、PPT、视频、影像资料、网上资源等。

任务实施

一、植物真菌病害的诊断

(一)植物病原真菌的认知

植物病原真菌是指那些可以寄生在植物上并引起植物病害的真菌。在所有病原生物中,以真菌引起的植物病害种类最多,造成的损失也最大。农业生产上许多重要的病害如霜霉病、白粉病、锈病、黑粉病，以及世界上著名的毁灭性病害，如马铃薯晚疫病、葡萄霜霉病、板栗疫病、根白腐病、猝倒病等都是由真菌引起的。

1. 真菌的一般性状

真菌属于真菌界真菌门。种类很多，有10万多种，分布很广，真菌有如下主要特征：有真正的细胞核，为真核生物；无叶绿素或其他光合色素，营养方式为异养型，需从外界吸收营养物质；营养体简单，大多为菌丝体，细胞壁的主要成分为几丁质或纤维素；繁殖时产生各种类型的孢子。

(1)真菌的营养体　真菌的营养体呈丝状，称作菌丝。菌丝可以分枝，许多菌丝团聚在一起，称为菌丝体。低等真菌的菌丝没有隔膜，称无隔菌丝；高等真菌的菌丝有隔膜，称有隔菌丝(图2-1)。

真菌菌丝是获得养分的机构，寄生性真菌以菌丝体侵入寄主植物的表皮细胞或内部吸收养分，菌丝可以生长在寄主细胞内或细胞间隙。生长在寄主细胞内的真菌，由菌丝细胞壁与寄主原生质直接接触而吸收养分；生长在寄主细胞间隙的真菌，尤其是专性寄生真菌，从菌丝体上形成吸器，伸入寄主细胞内吸收养分。吸器的形状有小瘤状、分枝状、掌状等(图2-2)。

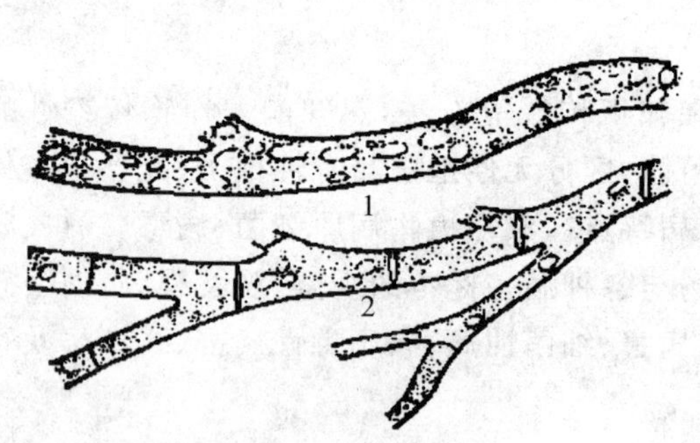

图 2-1　真菌的菌丝体

1. 无隔菌丝　2. 有隔菌丝

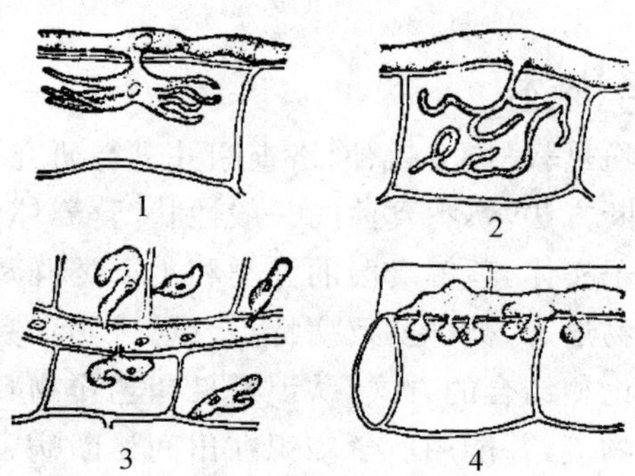

图 2-2　真菌的吸器类型

1. 白粉菌　2. 霜霉菌　3. 锈菌　4. 白锈菌

有些真菌的菌丝体在一定条件下，可以形成疏松或紧密的组织体，常见的有菌核、菌索及子座(图2-3)。菌核是由菌丝体交织而成的一种较坚硬的休眠体，有利于真菌渡过不良环境，其大小、形状和颜色不一，有菜籽状、鼠粪状和不规则状等，当环境适宜时，菌核萌发产生新的营养体和繁殖体；菌索是菌丝体绞结成的绳索状物，它不仅对不良环境有很强的抵抗能力，而且可以主动延伸到数米以外去侵染寄主或摄取营养成分；子座是产生各种繁殖体的垫状组织，可由菌丝分化而成，也可由菌丝与部分寄主组织结合而成，有渡过不良环境的作用。

(2)真菌的繁殖体　真菌的繁殖有两种方式，即无性繁殖和有性繁殖。

无性繁殖是指营养体不经过核配和减数分裂产生后代个体的繁殖。无性繁殖产生的后代称为无性孢子。主要有以下几种(图2-4)：

游动孢子：形成于游动孢子囊内。游动孢子囊由菌丝或孢囊梗顶端膨大而成。游动孢子无细胞壁，具1～2根鞭毛，释放后能在水中游动。

孢囊孢子：形成于孢子囊内。孢子囊由孢囊梗的顶端膨大而成。孢囊孢子有细胞壁，无鞭毛，释放后可随风飞散。

分子孢子：产生于由菌丝分化而形成的分生孢子梗上，顶生、侧生或串生，形状、大小多种

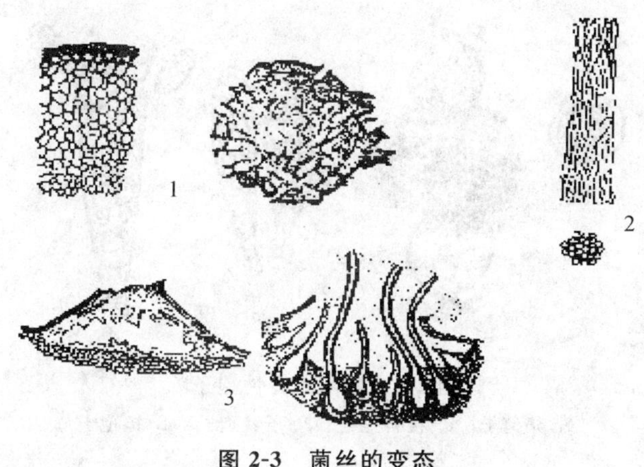

图 2-3　菌丝的变态

1. 菌核　2. 菌索　3. 子座

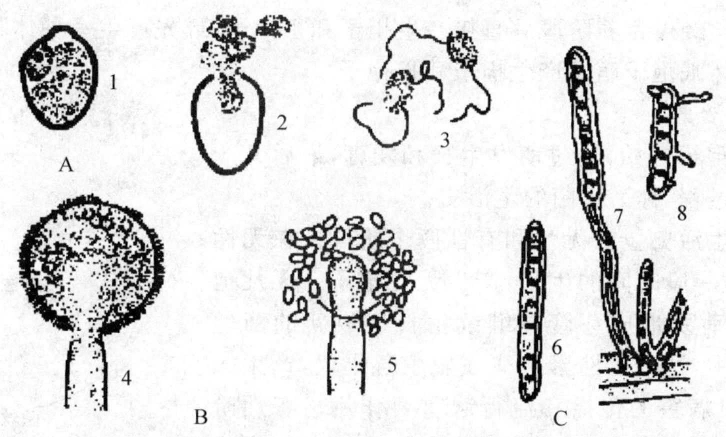

图 2-4　真菌的无性繁殖及无性孢子

A. 游动孢子　1. 游动孢子囊　2. 孢子囊萌发　3. 游动孢子

B. 孢囊孢子　4. 孢囊梗和孢子囊　5. 孢子囊破裂释放游动孢子

C. 分生孢子　6. 分生孢子　7. 分生孢子梗　8. 分生孢子萌发

多样，单胞和多胞，无色或有色，成熟后从孢子梗上脱落。有些真菌的分生孢子和分生孢子梗还着生在分生孢子果内。孢子果主要有两种类型，即近球形的具孔口的分生孢子器和杯状或盘状的分生孢子盘。

厚垣孢子：有些真菌菌丝或孢子中的某些细胞膨大变圆、原生质浓缩、细胞壁加厚而形成的一种特殊的无性孢子。它能抵抗不良环境，待条件适宜时再萌发成菌丝。

有性繁殖是通过性细胞（配子）或性器官（配子囊）的结合而进行繁殖，所产生的孢子称为有性孢子。有性生殖要经过质配、核配和减数分裂三个阶段。常见的有性孢子有下列几种（图 2-5）：

卵孢子：为鞭毛菌类产生的有性孢子，由较小的棍棒形的雄器与较大的圆形的藏卵器结合形成。

接合孢子：是接合菌类产生的有性孢子，由两个同形的配子囊结合形成。

子囊孢子：是子囊菌产生的有性孢子，由两个异形的配子囊雄器和产囊体结合而成。一般

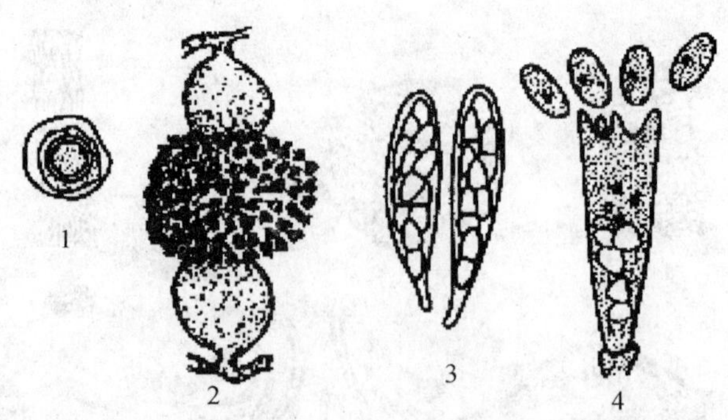

图 2-5 真菌的有性孢子

1. 卵孢子 2. 接合孢子 3. 子囊孢子 4. 担孢子

在子囊内形成8个细胞核为单倍体的子囊孢子，形状为球形、圆桶形、棍棒形或线形等。

担孢子：是担子菌产生的有性孢子，是由性别不同单核的初生菌丝相结合而形成双核的次生菌丝。双核菌丝经过营养阶段后直接产生担子和担孢子，或先产生一种休眠孢子（冬孢子或厚垣孢子），再由休眠孢子萌发产生担子和担孢子。

2. 真菌的生活史

真菌从某个孢子开始，经过萌发生长和发育，最后又产生同一种孢子的过程，称为真菌的生活史。

典型的真菌生活史包括无性和有性两个阶段。在无性阶段，菌丝体经过一段时间的生长，产生无性孢子。无性孢子在适宜条件下萌发形成芽管并继续生长形成新的菌丝体。在生长季节中，这种无性繁殖往往发生若干代，产生大量无性孢子，这对病害的传播和流行起重要作用。有性阶段多发生在植物生长或病菌侵染的后期，从菌丝体上形成配子囊或配子，经过质配、核配和减数分裂形成有性孢子。有性孢子可以渡过不良环境，并作为病害的初侵染来源（图2-6）。

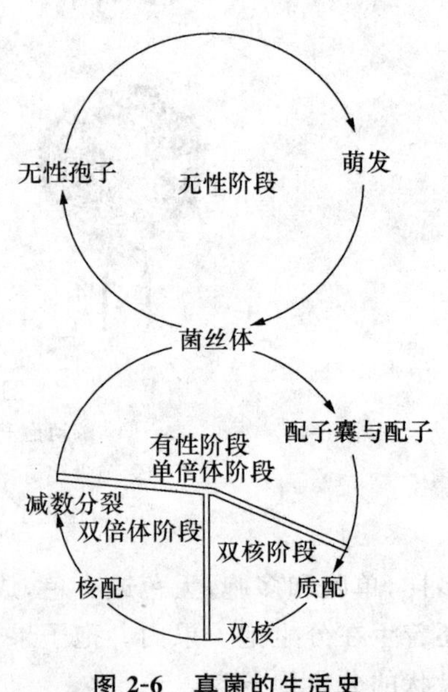

图 2-6 真菌的生活史

有些真菌的生活史中，只有无性繁殖阶段或极少进行有性繁殖，如油桐枯萎病菌；有些真菌生活史中，以有性繁殖为主，无性孢子少发生或不发生，如十字花科蔬菜菌核病菌；有些真菌生活史中不产生或很少产生孢子，其侵染过程全由菌丝体完成，如引起苗木猝倒病的丝核菌；有些真菌的生活史中，可以产生几种不同类型的孢子，如锈菌在其生活史中能形成性孢子、锈孢子、夏孢子、冬孢子和担孢子共5种不同类型的孢子。

有些真菌在一种寄主上就可以完成其生活史称为单主寄生；而有些真菌必须在不同的寄主上才能完成生活史称为转主寄生。

3. 真菌的主要类型及其所致病害

（1）鞭毛菌亚门及其所致病害　鞭毛菌亚门是较低等的真菌，共同的特征是无性繁殖产生具鞭毛、能游动的游动孢子，大多是水生或两栖的，水或潮湿的环境有利于此类真菌的生长和发育。营养体多为无隔菌丝体，少数是单细胞。有性繁殖形成卵孢子。一些鞭毛菌成为园艺植物病害的病原菌，引起极为重要的病害，如腐霉病、疫霉病等。

腐霉属(*Pythium*)：菌丝发达，有分枝，无分隔。孢囊梗菌丝状，孢子囊球状或姜瓣状，成熟后一般不脱落(图 2-7)。大都腐生在土壤或水中，有的能寄生植物引起幼苗猝倒及根、茎、果实的腐烂。如瓜果腐霉病等。

疫霉属(*Phytophthora*)：菌丝无隔、发达、多分枝，孢子囊顶生，顶部具乳突或不具乳突，球形、卵形或梨形，成熟后脱落(图 2-8)。绝大多数具寄生性，寄主范围广，可侵染植物的根、茎、叶和果实，引起组织腐烂和死亡。其中恶疫霉危害苹果，引起茎基腐、果腐；危害草莓引起湿腐；还可危害柑橘、凤仙花等植物。

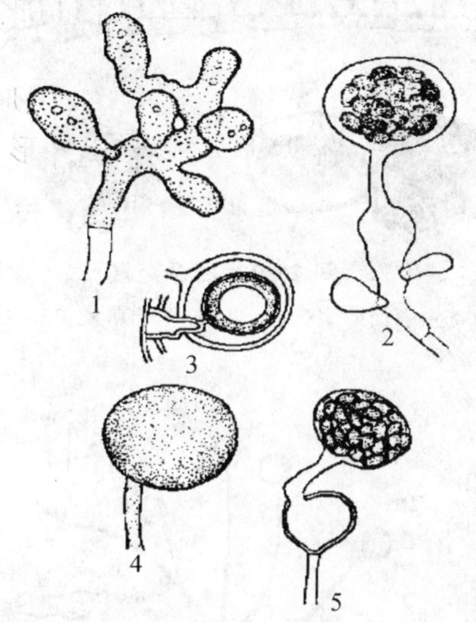

图 2-7　腐霉属

1. 姜瓣形孢子囊　2. 孢子囊萌发形成排孢管及泡囊
3. 雄器及藏卵器　4. 球形孢子囊　5. 孢子囊萌发

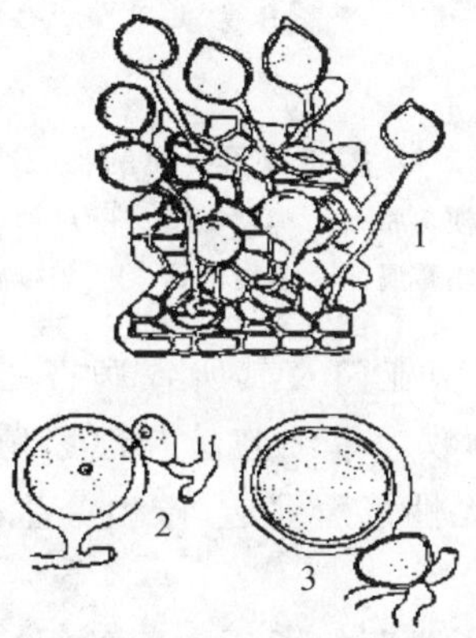

图 2-8　疫霉属

1. 孢囊梗及孢子囊　2. 雄器侧位
3. 雄器下位

霜霉属(*Peronospora*)：孢囊梗有限生长，形成二叉状锐角分枝，末端尖锐。孢子囊卵圆形，成熟后易脱落，可随风传播，萌发时一般直接产生芽管，不形成游动孢子(图 2-9)。都是陆生、专性寄生的活体营养生物，该类真菌可引起多种植物的霜霉病。

白锈属(*Albugo*)：孢囊梗平行排列在寄主表皮下，短棍棒形。孢子囊串生(图 2-10)。白锈属真菌均是专性寄生的活体营养生物，引起植物的白锈病。

(2)接合菌亚门及其所致病害　接合菌亚门真菌的共同特征是有性繁殖产生接合孢子。无性繁殖产生孢囊孢子，菌丝体无隔。接合菌几乎都是陆生的，多数腐生，少数弱寄生。与园艺植物病害有关的主要是根霉属(*Rhizopus*)和笄霉属(*Choanephora*)，引起花、果实、块根、块茎等贮藏器官的腐烂，病部初期产生灰白色，后期产生灰黑色的霉层。

根霉属(*Rhizopus*)：菌丝发达，有分枝，一般无隔，有匍匐丝与假根，孢囊梗从匍匐丝上长出，与假根对生，顶端形成孢子囊，其内产生大量孢囊孢子(图 2-11)。在成熟期和贮藏期引起瓜果、薯类的软腐病等，如甘薯软腐病、南瓜软腐病和百合鳞茎软腐病等。

笄霉属(*Choanephora*)：可形成大型孢子囊和小型孢子囊，造成瓜类、茄子花腐或幼果腐烂。

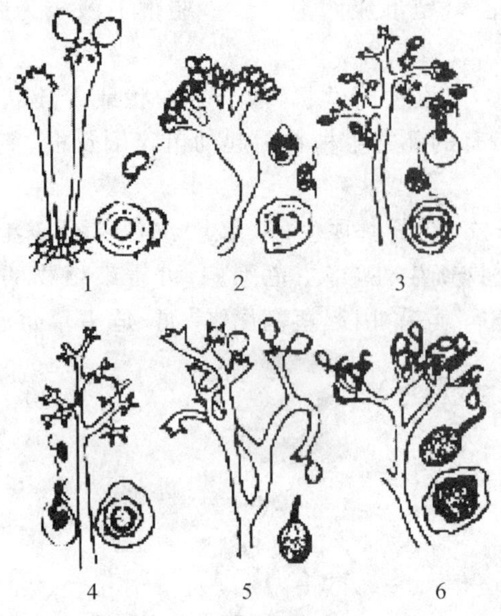

图 2-9　霜霉菌重要属的特征

1. 圆梗霉属　2. 指梗霉属　3. 单轴属
4. 拟霜霉属　5. 盘梗霉属　6. 霜霉属

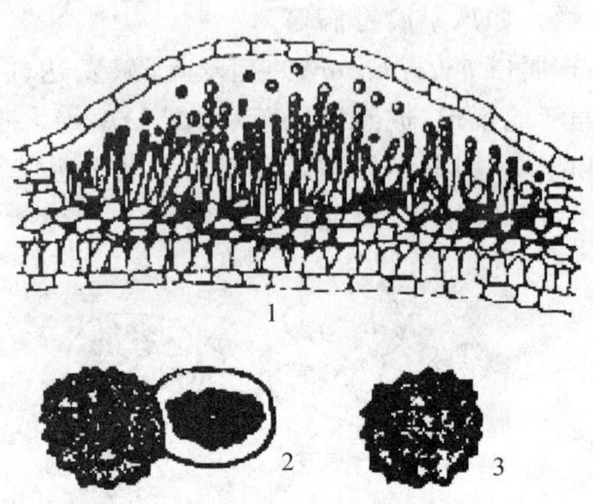

图 2-10　白锈菌属

1. 寄主表面的胞囊堆　2. 卵孢子萌发　3. 卵孢子

(3)子囊菌亚门及其所致病害　营养体为有隔菌丝体，少数为单细胞。有性繁殖产生子囊和子囊孢子。无性繁殖发达，产生分生孢子，可引起多次再侵染。

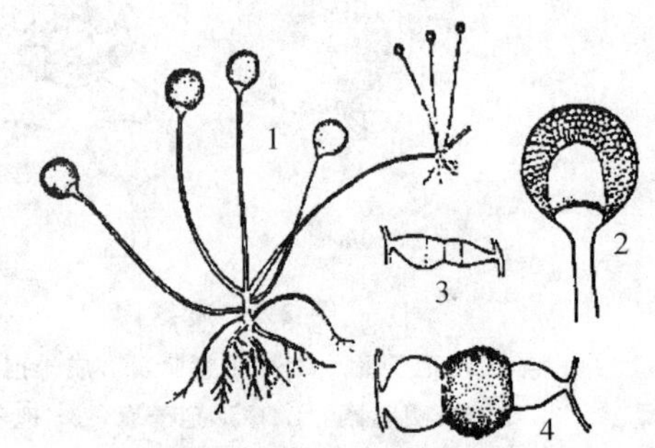

图 2-11　根霉属

1. 孢囊梗、假根及匍匐丝　2. 孢囊梗放大(示囊轴)
3. 配囊柄及原配子囊　4. 接合孢子

大多数子囊菌的子囊由菌丝组成的包被包围着，形成具有一定形状的子实体，称为子囊果。子囊果分 4 种类型：闭囊壳即子囊层外面的保护组织是完全封闭的，不留孔口；球形或瓶状、顶端有小孔口的称子囊壳；盘状或杯状、顶部开口大的称子囊盘；子囊着生于子座的空腔内，称子囊腔。子囊菌亚门根据是否形成子囊果、子囊果的类型和子囊结构进行分类。与园艺植物病害关系密切的有下列几个目：

外囊菌目(Taphrinales)：子囊裸生，平行排列在寄主组织表面形成栅状层，子囊长圆筒形，其中有 8 个子囊孢子，子囊孢子单细胞、椭圆形或圆形，侵染植物的叶、果和芽，引起畸形，如桃缩叶病、李袋果病和樱桃丛枝病等(图 2-12)。

白粉菌目(Erysiphales)：菌丝着生于寄主表面，以吸器伸入表皮细胞吸取养分，无性阶段发达，自菌丝体上产生分生孢子梗，分生孢子单生或串生，单细胞，无色。有性阶段产生闭囊壳，球形或扁球形，闭囊壳四周或顶端生有各种形状的附属丝(图 2-13)。其中单丝壳属(*Sphaerotheca*)、叉丝单囊壳属(*Podosphaera*)、球针壳属(*Phyllactinia*)、钩丝壳属(*Uncinula*)、白粉菌属(*Erysiphe*)、叉丝壳属(*Microsphaera*)易对园艺植物造成危害。白粉菌危害植物，病部表面通常有一层白色粉状物，后期可出现许多小颗粒，如黄瓜白粉病、蔷薇白粉病等。

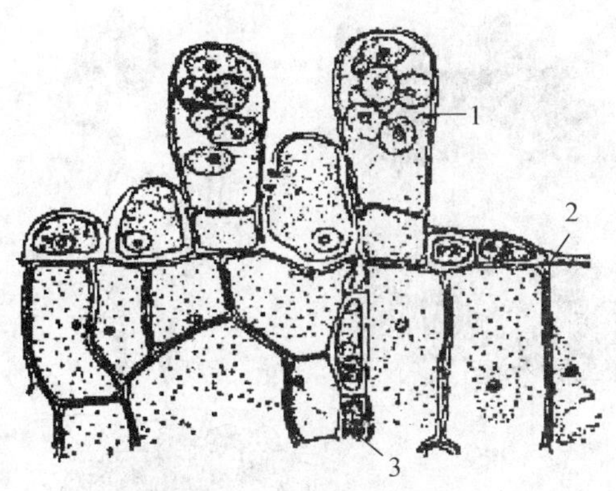

图 2-12 桃缩叶外囊菌

1. 子囊及子囊孢子 2. 角质层
3. 胞间菌丝

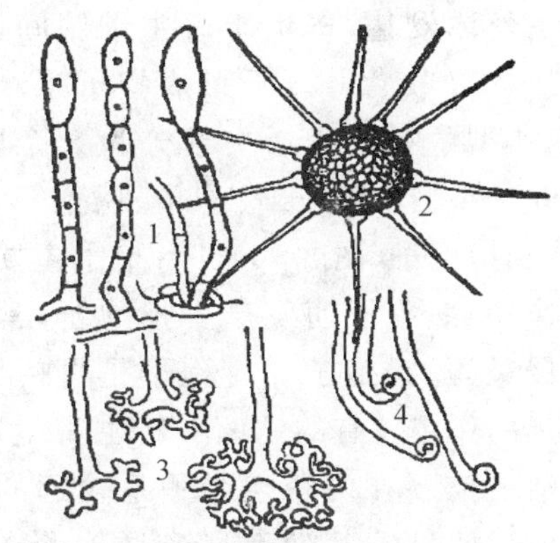

图 2-13 白粉菌

1. 分生孢子梗和分生孢子 2. 具针状附属丝的闭囊壳
3. 叉型附属丝 4. 钩状附属丝

球壳菌目(Sphaeriales):子囊壳多暗色,散生或聚生在基质表面或部分或整个埋在子座内,子囊孢子单胞或多胞,无色或有色。子囊间大多有侧丝。无性世代发达,形成各种形状的分生孢子。引起叶斑、果腐、烂皮和根腐等病害。其中小丛壳属(*Glomerella*)、黑腐皮壳属(*Valsa*)、间座壳属(*Diaporthe*)等常引起园艺植物坏死、腐烂(图 2-14),如柑橘炭疽病、梨树腐病、茄褐纹病等。

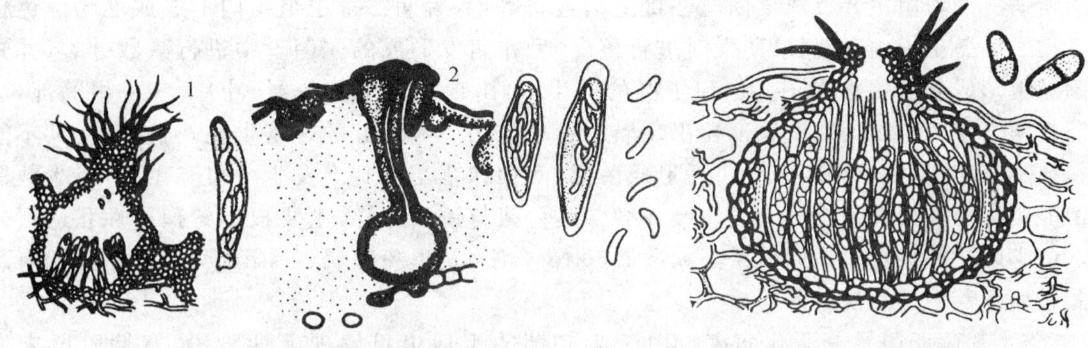

图 2-14 小丛壳属和黑腐皮壳属

1. 小丛壳属 2. 黑腐皮壳属

图 2-15 黑星菌属

座囊菌目(Dothideales):子囊果是子囊腔,子囊成束或平行排列在子囊腔内,子座内有一个或几个子囊腔,无性阶段发达,形成各种形状的分生孢子。如煤炱属(*Capnodium*)、黑星菌属(*Venturia*)、球腔菌属(*Mycrosphaerella*)、葡萄座腔菌属(*Botryosphaeria*)、球座菌属(*Guignardia*)等,其中有许多种能引起园艺植物严重病害(图 2-15),如葡萄黑腐病、瓜类蔓枯病等。

(4)担子菌亚门及其所致病害 担子菌是真菌中最高等的一个类群,全部陆生。营养体发达,有分隔,多数为双核菌丝。担子菌的有性繁殖产生担孢子,很少有无性繁殖。担孢子产生在由双核菌丝发育而成的担子上,高等担子菌的担子着生在担子果的子实层上。与园艺植物病害相关的担子菌主要是锈菌目和黑粉菌目,分别引起植物锈病和黑粉病。

锈菌目(Uredinales):全部为专性寄生菌。寄生于蕨类、裸子植物和被子植物上,引起植物锈病。菌丝体发达,寄生于寄主细胞间,以吸器穿入细胞内吸收营养。不形成担子果。生活史较复杂,典型的锈菌生活史可分为 5 个阶段,顺序产生 5 种类型的孢子:性孢子、锈孢子、夏孢子、冬孢子和担孢子(图 2-16)。冬孢子主要起休眠越冬的作用,冬孢子萌发产生担孢子,常作为病害的初侵染源;锈孢子和夏孢子是再侵染源,起扩大蔓延的作用。有的锈菌有转主寄生现象,即它的生活史需要在两种亲缘关系较远的植物上寄生完成。如梨锈病,性孢子和锈孢子在梨树叶片上为害,冬孢子在桧柏上形成冬孢子角。

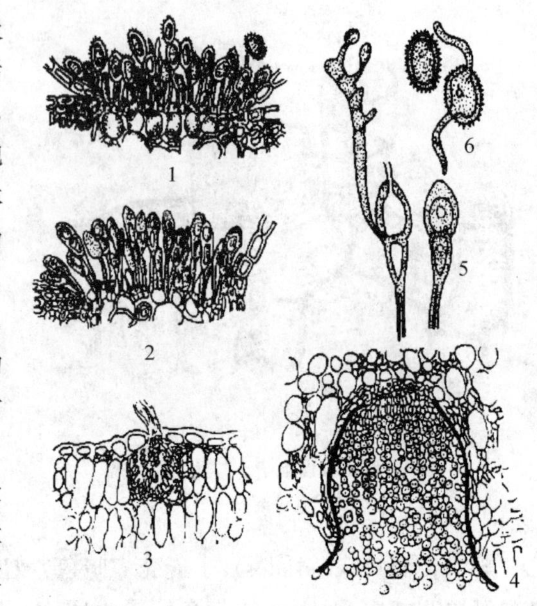

图 2-16　锈菌的各种孢子类型

1. 夏孢子堆和夏孢子　2. 冬孢子堆和冬孢子
3. 性孢子器和性孢子　4. 锈孢子腔和锈孢子
5. 冬孢子及其萌发　6. 夏孢子及其萌发

锈菌寄生在植物的叶、果、枝干等部位,在受害部位表现出鲜黄色或锈色粉堆、疱状物、毛状物等显著的病征。引起叶片枯斑,甚至落叶,枝干形成肿瘤、丛枝、曲枝等畸形现象。因锈菌引起的病害病征多呈锈黄色粉堆,故称为锈病。

黑粉菌目(Ustilaginales):其形成大量黑色的粉状孢子而得名。由黑粉菌引起的植物病害称黑粉病。黑粉菌主要以双核菌丝在寄主细胞间寄生,后期在寄主组织内形成成堆的黑色粉状冬孢子。冬孢子内含双核,萌发时进行核配,后在萌发形成的先菌丝中进行减数分裂,并先在菌丝上形成外生的担孢子。冬孢子群的产生,可出现在寄主的花器、叶片、茎或根等部位。被黑粉菌寄生的植物均在受害部位出现黑色粉堆或团。最常见的是寄生在花器上,使其不能授粉或不结实;植物幼嫩组织受害后形成菌瘿;叶片和茎受害其上发生条斑和黑粉堆;少数黑粉菌能侵害植物根部使它膨大成块瘿或瘤。黑粉菌与锈菌一样,主要根据冬孢子性状进行分类。危害园艺植物重要病原有条黑粉菌属(Urocystis)及黑粉菌属(Ustilago)等。常见的有葱类黑粉病及茭白黑粉病等。

(5)半知菌亚门及其所致病害　由于半知菌的生活史只发现无性阶段,有性阶段未发现,或不产生有性态,所以称为半知菌。半知菌营养体发达,有隔膜。其繁殖方式是从菌丝体上分化出特殊的分生孢子梗,由产孢细胞产生分生孢子,孢子萌发产生菌丝体。分生孢子梗分散着生在营养菌丝上或聚生在一定结构的子实体中。半知菌的无性子实体有以下几种(图 2-17):

分生孢子器:球形或烧瓶状,顶端具孔口结构的为分生孢子器。器内壁或底部的细胞长出分生孢子梗,一般较短和不分枝,但也有的梗较长而分枝。

分生孢子盘:扁平开口的盘状结构称分生孢子盘。盘基部凹面的菌丝团上平行着生分生孢子梗,有的分生孢子盘上长有黑色的刚毛。

分生孢子座:垫状或瘤状结构,其上着生分生孢子梗的称为分生孢子座。

半知菌亚门中有许多园艺植物病原菌,引起植物各种器官的病害。与园艺植物有关的重要半知菌有以下 5 个目:

①丝孢目(Hyphomycetales)　菌丝体发达,呈疏松棉絮状,有色或无色。分生孢子直接

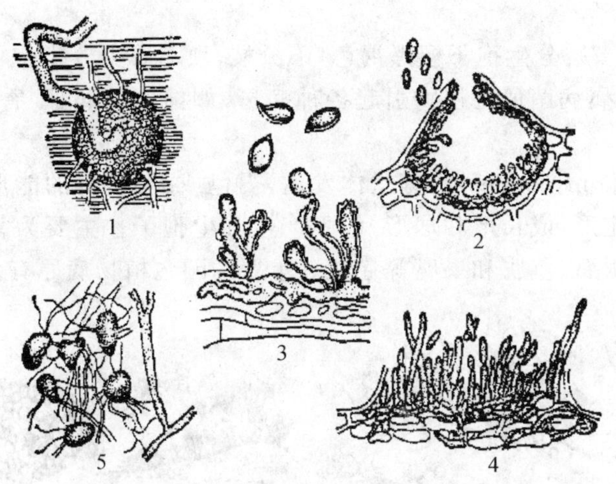

图 2-17 半知菌的子实体及菌核

1. 分生孢子器外形 2. 分生孢子器剖面 3. 分生孢子梗
4. 分生孢子盘 5. 菌丝及菌核

从菌丝上或分生孢子梗上产生，分生孢子梗散生或簇生，不分枝或上部分枝。分生孢子与分生孢子梗无色或有色，重要的属有(图 2-18)：

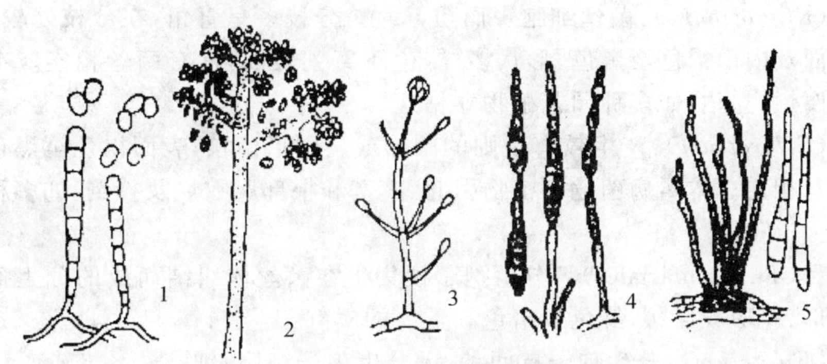

图 2-18 丝孢目重要属

1. 粉孢属 2. 葡萄孢属 3. 轮枝孢属
4. 链格孢属 5. 尾孢属

粉孢属(*Oidium*)：菌丝表面生分生孢子，单胞，椭圆形，串生。分生孢子梗丛生与菌丝区别不显著。本属病菌危害植物，病部形成白色粉状物，如多种园艺植物白粉病等。

葡萄孢属(*Botrytis*)：分生孢子梗细长，分枝略垂直，对生或不规则。分生孢子圆形或椭圆形，聚生于分枝顶端成葡萄穗状。本属病菌危害植物产生坏死病斑，引起腐烂，如多种园艺植物灰霉病等。

轮枝孢属(*Verticillium*)：分生孢子梗轮状分枝，孢子卵圆形、单生。本属病菌危害植物引起黄萎、枯死，维管束变色，如大丽花黄萎病、茄黄萎病菌等。

链格孢属(交链孢属)(*Alternaria*)：分生孢子梗深色，顶端单生或串生分生孢子。分生孢子多胞，具纵、横隔膜成砖格状，孢子长圆形或棒形，顶端尖细，串生，很多是常见的腐生菌。本属病菌危害植物产生叶斑及腐烂，病部产生霉状物，如梨黑斑病、香石竹叶斑病、番茄早疫病等。

尾孢属(*Cercospora*):分生孢子梗黑褐色,不分枝,顶端着生分生孢子。分生孢子线形,多胞,有多个横隔膜。本属病菌危害植物引起各种病斑,如柿角斑病、丁香褐斑病、桂花叶斑病、杜鹃叶斑病等。

②无孢菌目(Agonomycetales) 菌丝体发达,褐色或无色,有的能形成厚垣孢子,有的只能形成菌核。菌核无定形,或长形和球形,但不产生分生孢子。主要为害植物的根、茎基或果实等部位,引起立枯、根腐、茎腐和果腐等症状。重要的园艺植物病原有(图 2-19):

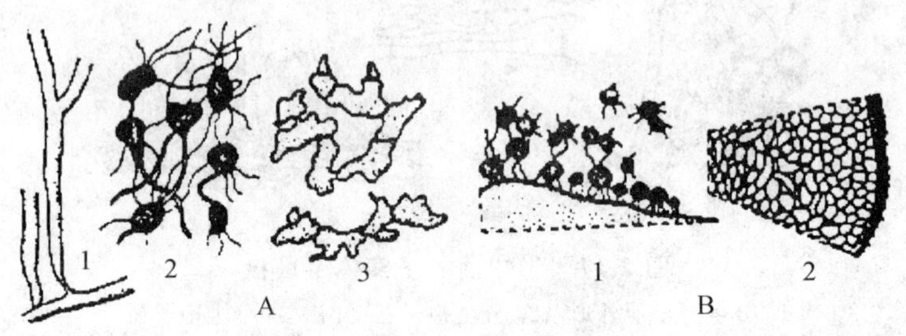

图 2-19 丝核菌属和小菌核属

A. 丝核菌属 1. 菌丝分枝基部隘缩 2. 菌核 3. 菌核组织的细胞
B. 小核菌属 4. 菌核 5. 菌核部分切面

丝核菌属(*Rhizoctonia*):菌丝细胞短而粗,褐色,分枝多呈直角,在分枝处较细缢,并有一隔膜。菌核表面及内部褐色至黑色,形状多样,生于寄主表面,常有菌丝相连。本属病菌危害植物引起根茎腐烂、立枯,如多种园艺植物立枯病。

小核菌属(*Sclerotium*):产生较有规则的圆形或扁圆形菌核,表面褐色至黑色,内部白色,菌核之间无菌丝相连。本属病菌危害植物引起,茎基和根部腐败烂及猝倒,如多种园艺植物及花木白绢病。

③瘤座孢目(Tuberculariales) 分生孢子梗集生在菌丝体纠结而成的分生孢子座上。分生孢子座呈球形、碟形或瘤状,鲜色或暗色。重要的属有:

镰刀菌属(*Fusarium*):分生孢子有两种,大分生孢子多胞、细长、镰刀形;小分生孢子卵圆形、单胞,着生在子座上,聚生呈粉红色。本属种类多,分布广,腐生、弱寄生或寄生,能为害多种不同植物,引起根、茎、果实腐烂,穗腐,立枯,或破坏植物输导组织,引起萎蔫。如黄瓜枯萎病、香石竹枯萎病等(图 2-20)。

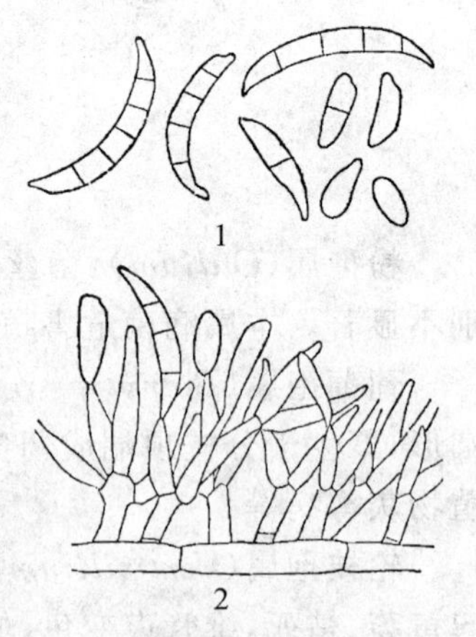

图 2-20 镰刀菌属

1. 大、小型分生孢子
2. 分生孢子梗和分生孢子

④黑盘孢目(Melanconiales) 分生孢子梗产生在孢子盘上。其中刺盘孢属、盘多毛孢属引起园艺植物多种炭疽及各种叶斑病。重要的属有:

炭疽菌属(*Colletotrichum*):分生孢子盘有刚毛,孢子单胞,无色,圆形或圆柱状。本属病菌危害植物产生坏死病斑或腐烂,后期病部产生小黑点,如多种园艺植物炭疽病等(图 1-21)。

痂圆孢属(*Sphaceloma*):分生孢子盘半埋于寄主组织内,分生孢子较小,单胞,无色,椭圆形,稍弯曲。本属病菌危害植物引起畸形、疮痂等病斑,如葡萄黑痘病、柑橘疮痂病菌等(图 2-21)。

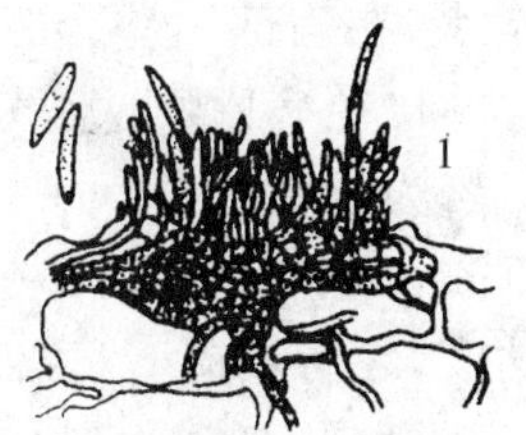

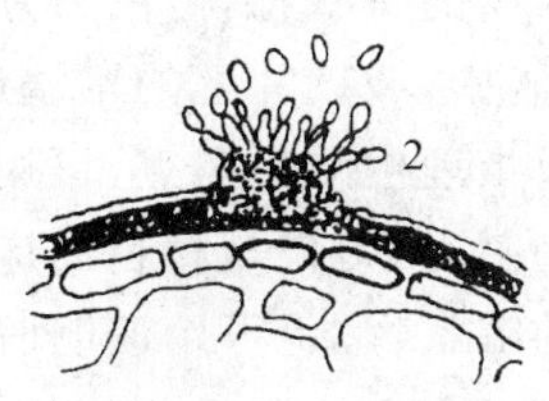

图 2-21 黑盘孢菌的分生孢子器和分生孢子

1. 炭疽菌属 2. 痂圆孢属

盘多毛孢属(*Pestalotia*):分生孢子多胞,两端细胞无色,中部细胞褐色,顶端有 2~3 根刺毛。本属病菌危害植物引起叶斑,如山楂灰斑病菌等。

⑤球壳孢目(Sphaeropsidales) 分生孢子梗着生在分生孢子器内。大茎点属(*Macrophoma*)、茎点属(*Phoma*)、壳针孢属(*Sptoria*)和叶点霉属(*Phyllosticta*)常引起枝枯及各种叶斑病(图2-22)。

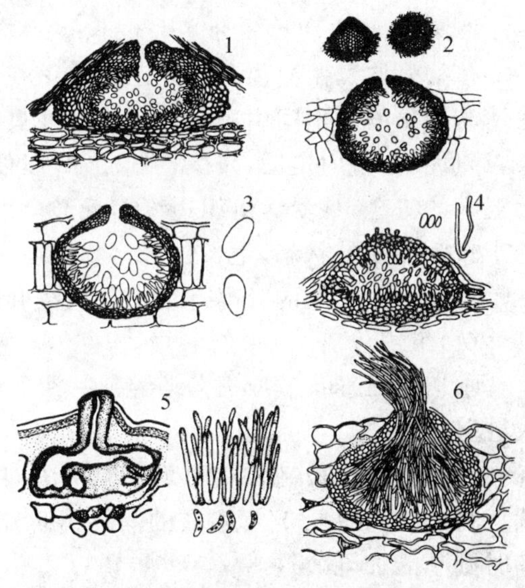

图 2-22 球壳孢菌的分生孢子器和分生孢子

1. 叶点霉属 2. 茎点霉属 3. 大茎点霉属

4. 拟茎点霉属 5. 壳囊孢属 6. 壳针孢属

叶点霉属(*Phyllosticta*):分生孢器暗色,扁球形至球形,具有孔口,埋生于寄主组织内,部分突出,或以孔口突破表皮外露。分生孢子梗短,孢子小,单胞,无色,卵圆形至长椭圆形。病菌寄生性强,主要在植物叶片上,产生各种坏死斑。如荷花斑枯病、苹果斑点病等。

壳针孢属(*Septoria*):分生孢子器暗色,散生,近球形,生于病斑内,孔口露出。分生孢梗短,分生孢子无色,多胞,细长至线形。病菌寄生引致菊花褐斑病、番茄斑枯病等。

半知菌生活史一般比较简单,分生孢子萌发产生菌丝体,菌丝体上再产生分生孢子。在生长季节中重复若干代后,以分生孢子、菌丝体或菌核越冬。由于分生孢子量大,迅速成熟和传播,再侵染次数多,而且潜育期短,所以常造成病害流行。

(二)植物病原真菌的观察

1. 植物病原真菌形态观察

(1)临时玻片标本制作 取清洁载玻片,中央滴加蒸馏水半滴,用挑针挑取少许病菌菌丝或子实体放入水滴中,然后自水滴一侧用挑针支持,慢慢加盖玻片即成。注意加盖玻片时不宜太快,以防形成大量气泡,影响观察。

植物病害的病征类型各不相同,因此观察的方法也有所区别,只有采用合适的制片方法,才能较好的观察病原物。

常用的方法有:挑、刮、切、粘等。

挑:对生长茂密的霉状物或在表面生长的小黑点,可用挑针挑取少量病症制片,所挑材料越少越好,以免材料重叠,观察不清。

刮:对生长十分稀少的霉状物,可用刀片蘸少量水,在病部顺一个方向刮 2～3 次,将刮取物沾在载玻片上的水滴中,载玻片上的水滴应尽量少,以免病原物过于分散,不易观察。

切:对在表皮下或半埋生的小黑点,可用此法。若为干燥材料,可先用水湿润,以免材料过于干涩,不便切割。切割时,刀口与材料面应保持垂直,切下的病组织应越薄越细越好。

粘:对生长稀少的霉状物,也可用透明胶带纸粘取,之后在镜下观察。

(2)植物病原真菌观察　选用番茄叶霉病、黄瓜霜霉病、瓜类白粉病、黄瓜灰霉病、辣椒疫病、辣椒炭疽病等当地园艺作物生产中常见病害,自制玻片标本,用于显微镜观察,观察真菌各类菌丝与孢子、孢囊与孢囊梗、子囊壳与闭囊壳等各类子实体的形态。

根据植物病原真菌五个亚门各代表属所致病害特点,挑取、刮取或切取主要代表属所致病害病原物制片,进行镜检,观察代表属病原物形态特征,并绘制病原物形态图。

2. 植物病原真菌的分离和培养

植物病原真菌分离和培养工作应该在专门的无菌操作室或超净工作台上进行,但是亦可在清洁和安静的房间中进行。工作时在桌面上铺一块蘸湿的纱布,所有工作用具放在湿纱布上,尽量少在室内走动,减少空气流动,以便减少污染。选用的分离材料应尽量新鲜,减少腐生菌混入的机会,从受病组织边缘靠近健全组织的部分分离,可减少污染,同时这部分病原生物处于较为活跃的状态,生长快,易分离成功。

植物病原真菌的分离有组织分离法和稀释分离法两种。

(1)组织分离法

①培养皿准备　取灭菌培养皿一个,置于湿纱布上,在皿盖上注明分离日期、材料和分离人姓名。

②培养皿平板制备　用无菌操作法向培养皿中加入 25%乳酸 1～2 滴(减少细菌污染),然后将熔化而冷至 45℃左右的马铃薯琼脂培养基倒入培养皿中,轻轻摇动使成平面(分离细菌时则不能加乳酸)。

③切取病组织小块(叶斑病类)　取新鲜病叶,选择典型的单个病斑,用剪刀或解剖刀从病斑边缘切取病组织若干小块(每块边长 3～5 mm)。

④表面消毒　将病组织小块放入 70%酒精中浸数秒钟后,按无菌操作法将病组织移入 0.1%升汞液中消毒 1～3 min,然后放入灭菌水中连续漂洗 3 次。也可用漂白粉精片(1～2 片),研磨后加灭菌水 10 mL,消毒 5～10 min。果实、块茎和枝杆等组织内部的病原菌可用脱脂棉蘸 70%酒精涂拭病部表面,通过火焰烧去表面酒精,重复进行 2～3 次,达到表面消毒。

⑤接种　用无菌操作法将病组织小块移至培养基平面上,每培养皿内可放 4～5 块。

⑥培养　翻转培养皿,放入 26～28℃恒温箱内培养,3～4 d 后观察结果。

⑦制片观察　用无菌操作法自培养皿中选择菌落,挑取少许菌丝及孢子,在显微镜下观察。如系玉米小斑病菌孢子,即可用接种针自菌落边缘挑取小块菌落移入斜面培养基,在26～28℃恒温箱内培养,3～4 d 后,观察菌落生长情况,如无杂菌生长,即得玉米小斑病菌纯菌种,可置于冰箱中保存。如有杂菌生长,需再次分离获纯培养后,方可移入斜面保存。

(2)稀释分离法　以棉花红腐病果为材料,按照下列步骤分离。

①取灭菌培养皿三个,平放在湿纱布上,分别编号(1、2、3),并注明日期、分离材料及分离者姓名。

②用灭菌吸管吸取灭菌水,在每一培养皿中分别注入 0.5～1.0 mL 灭菌水。

③用灭菌接种饵从棉花红腐病果上刮取病菌孢子，放入培养皿内的水滴中，配成孢子悬浮液。

④用接种饵蘸一饵孢子悬浮液，与第一个培养皿中的灭菌水混合，再从第一个培养皿移三饵孢子悬浮液到第二个培养皿中，混合后再移三饵孢子悬浮液到第三个培养皿中。每次移菌前，接种饵均需在酒精灯火焰上烧过。

⑤将熔化并冷却到 45℃左右的培养基，分别倒在三个培养皿中，摇动使培养基与稀释的菌液充分混匀，平置冷却凝固。

⑥将培养皿翻转后放入恒温箱 26～28℃中培养，3～4 d后观察菌落生长情况。

⑦获纯培养后，从菌落边缘挑取菌丝块移入斜面培养 3～4 d后，放入冰箱保存。

⑧要获得纯净培养，一般需经 3 次稀释分离(重复 3 次)，当培养物高度一致时才能作为纯培养的菌种保存。

⑨真菌的培养。植物病原真菌多为好气性真菌，在有丰富营养的培养基上能很好地生长，但它们对温度的要求差异较大，绝大多数的真菌可以在 20～30℃间正常生长，但少数要在 15～20℃间才能正常生长，少数真菌孢子必须在 5℃左右的低温下才能萌发。

(三)真菌病害的诊断

由植物病原真菌侵染植物后引起的病害有其典型的症状特点。真菌侵染植物后可以引起变色、坏死、腐烂、萎蔫和畸形等五大症状，其中以坏死和腐烂居多。病征多表现为粉状物、霉状物、霜状物、锈状物和点状物等。有的病害的子实体产生在枯枝、枯叶上，特别是一些果树病害，在秋季应多注意观察枯枝落叶上的子实体，同时还要注意区分腐生真菌在上面产生的子实体。对于常见的病害，根据病害在田间的分布和症状特点，可以基本确定是哪一类病害。

鞭毛菌亚门的许多真菌，如腐霉菌和疫霉菌等，大多生活在水中或潮湿的土壤中，经常引起植物根部和茎基部的腐烂或苗期猝倒病，湿度大时往往在病部生出白色的棉絮状物。高等的鞭毛菌如霜霉菌、白锈菌，都是活体营养生物，大多陆生，危害植物的地上部，引致叶斑和花穗畸形。霜霉菌在病部表面形成霜状霉层，白锈菌形成白色的疱状突起等病征。

接合菌亚门真菌引起的病害很少，而且都是弱寄生，典型的症状通常为薯、果的软腐或花腐。

子囊菌及半知菌引起的病害，一般在寄主的叶、茎、果上形成明显的病斑，并在发病部位产生各种颜色的霉状物或小黑点等病征。它们大多是死体营养生物，既能寄生，又能腐生。但是子囊菌中的白粉菌类则是活体营养生物，常在植物表面形成粉状的白色或灰白色霉层，后期霉层中夹有小黑点即闭囊壳。多数子囊菌或半知菌的无性繁殖比较发达，在生长季节产生一至多次的分生孢子，进行侵染和传播。它们常常在生长季节的后期进行有性生殖，形成有性孢子，以渡过不良环境，成为下一生长季节的初侵染来源。

担子菌中的黑粉菌和锈菌都是活体营养生物，在病部形成黑色或锈色粉状物的病征。黑粉菌多以冬孢子附着在种子上或落入土壤中或在粪肥中越冬，也有的如大、小麦散黑粉菌则以菌丝体在种子内越冬。越冬后的病菌可以从幼苗或花期侵入，引起系统病害；少数黑粉菌可以从植株的任何部位侵入，引起局部病害，如玉蜀黍黑粉菌。锈菌形成的夏孢子量大，可以通过气流作远距离传播。

在实验室，将病斑上已产生子实体的可以直接采用挑、撕、切、刮等技术制成的临时玻片，在显微镜下观察病菌的结构特征,或者将标本直接放在实体解剖镜下观察。有些真菌病害标本在刚采集到时,会因真菌的侵染阶段或环境条件(如干旱)等因素的影响,在发病部位看不到真菌的子实体,可以应用保湿培养镜检法缩短诊断过程。即摘取植物的病器官,用清水洗净置于保湿器皿内,在适温 22~28℃ 条件下培养 24~48 h,可以促使真菌产生子实体,然后进行镜检。要区分这些子实体是致病菌的子实体还是次生或腐生菌的子实体,较为可靠的方法是从病健交界的部位取样镜检。对于大多数常见的真菌类病害,通过田间症状观察结合室内病原菌的形态学镜检即可做出准确的诊断和鉴定。

二、植物细菌病害的诊断

(一)植物病原细菌的认知

植物细菌病害分布很广,目前已知的植物病害细菌有 300 多种,我国发现的有 70 种以上。

1. 细菌的一般性状

细菌属于原核生物界,是单细胞的微小生物。细菌基本形状可分为球状、杆状和螺旋状三种。植物病原细菌全部都是杆状,两端略圆或尖细,一般宽 0.5~0.8 μm,长1~3 μm。

细菌的结构比较简单。外层是有一定韧性和强度的细胞壁。细胞壁由肽聚糖、脂类和蛋白质组成。在细胞壁内是半透明的细胞膜,它的主要成分是水、蛋白质和类脂质、多糖等。细胞膜是细菌进行能量代谢的场所。细胞膜内充满呈胶质状的细胞质。细胞质中有颗粒体、核糖体、液泡、气泡等内含物等(图 2-23)。有些细菌可在菌体内形成具有很强抗逆能力的芽孢。芽孢的形态和在菌体内着生位置是分类的重要依据。芽孢对光、热、干燥及其他因素有很强的抵抗力。通常煮沸消毒不能杀死全部芽孢,必须采用高温、高压处理或间歇灭菌法才能杀灭。植物病原细菌通常无芽孢。

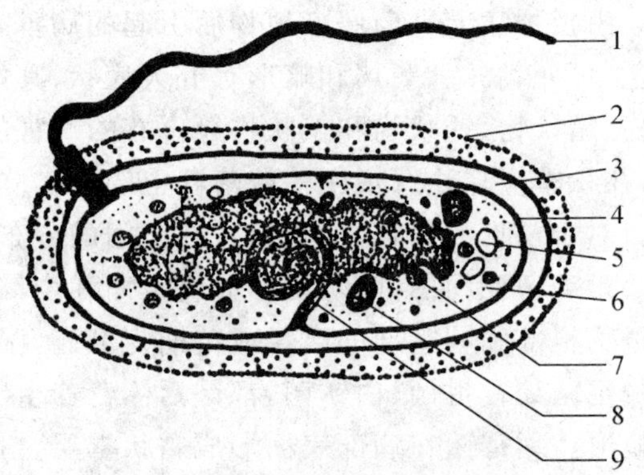

图 2-23　细菌内部结构

1. 鞭毛　2. 荚膜　3. 细胞壁　4. 原生质膜　5. 气泡　6. 核糖体　7. 核质　8. 内含体　9. 中心体

大多数植物病原细菌都能游动,其体外生有丝状的鞭毛。鞭毛数通常 3~7 根,多数着生在菌体的一端或两端,称极毛;少数着生在菌体四周,称周毛。细菌有无鞭毛和鞭毛的数目及着生位置是分类上的重要依据之一(图 2-24)。

细菌的繁殖方式一般是裂殖。即细菌生长到一定限度时,细胞壁自菌体中部向内凹入,胞内物质重新分配为两部分,最后菌体从中间断裂,把原来的母细胞分裂成两个形式相似的子细胞。细菌的繁殖速度很快,一般 1 h 分裂一次至数次,在适宜的条件下有的只要 20 min 就能分裂一次,在显微观察时会出现喷菌现象。

植物病原细菌都是非专性寄生菌,大多数植物病原细菌对营养的要求不严格,可在一般人工培养基上生长。在固体培养基上可形成各种不同形状和颜色的菌落,通常以白色和黄色的圆形菌落居多，也有褐色和形状不规则的。

大多数植物病原细菌是好气菌，少数是嫌气菌。细菌最适生长温度是26～30℃，细菌对高温比较敏感，一般致死温度是50～52℃。

革兰氏染色反应是细菌的重要属性。细菌用结晶紫染色后，再用碘液处理，然后用酒精或丙酮冲洗，洗后不褪色是阳性反应，洗后褪色是阴性反应。革兰氏染色能反映出细菌本质的差异，阳性反应的细胞壁较厚，为单层结构；阴性反应的细胞壁较薄，为双层结构。

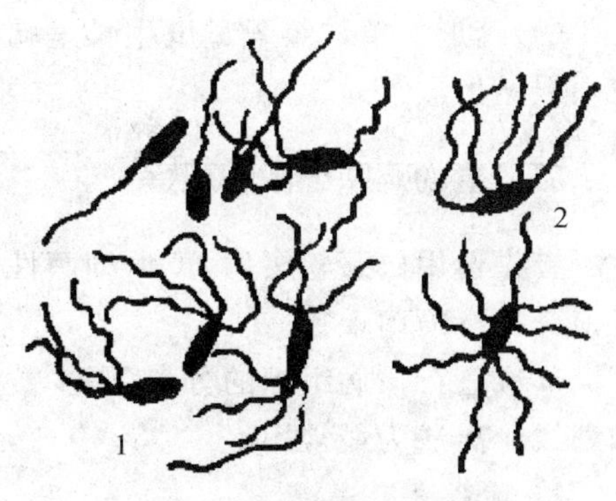

图 2-24 细菌的鞭毛

1. 极生鞭毛 2. 周生鞭毛

植物病原细菌一般在病残体或病株上越冬，主要通过雨水飞溅、流水、昆虫、线虫、风和带病原细菌的种苗、接穗、插条、球根或土壤进行传播。细菌只能从自然孔口和伤口侵入。一般在高温、多雨、高湿，特别是暴风雨过后有利于细菌病害的侵入、传播和流行。

2. 植物病原细菌的分类

细菌分类主要以形态特征、营养型及生活方式、培养特性、生理生化特性、致病性、症状特点、抗原构造、遗传学特性等作为依据。园艺植物细菌病害病原主要分属于以下5个属：土壤杆菌属、黄单胞杆菌属、假单胞杆菌属、欧文氏杆菌和棒形杆菌等。

(1)土壤杆菌属(*Agrobacterrum*) 菌体短杆状，鞭毛1～6根，周生或侧生。革兰氏染色反应阴性，无芽孢。病菌侵染后引起寄主产生肿瘤、畸形。如葡萄根癌病、桃根癌病等。

(2)黄单胞杆菌属(*Xanthomonas*) 菌体短杆状，单鞭毛，极生。革兰氏染色反应阴性。危害植物引起叶斑、叶枯。如柑橘溃疡病、桃细菌性穿孔病等。

(3)假单胞杆菌属(*Pseudomonas*) 菌体短杆状或略弯，鞭毛单根或多根，极生，无芽孢。革兰氏染色反应阴性。本属细菌多为腐生菌，也有一些重要的植物病原菌，危害植物引起叶斑、腐烂和萎蔫。如黄瓜细菌性角斑病等。

(4)欧文氏杆菌属(*Erwinia*) 菌体短杆状，周生多根鞭毛。革兰氏染色反应阴性。危害植物引起腐烂、萎蔫、叶斑及溃疡等。如白菜软腐病、梨火疫病等。

(5)棒形杆菌属(*Clavibacter*) 菌体短杆状或不规则杆状，无鞭毛。革兰氏染色反应阳性。危害植物造成萎蔫、维管束变褐等。如马铃薯环腐病。

3. 植物细菌病害的症状特点

植物细菌病害的主要症状有斑点、腐烂、枯萎、畸形等几种类型。

(1)斑点 病斑发生初期，常呈现半透明的水渍状，其周围形成黄色的晕圈，扩展到一定程度时，中部组织坏死呈褐色至黑色。有些细菌还能在寄主枝干韧皮部形成溃疡斑，如杨树细菌性溃疡病。病斑到了后期，常从自然孔口和伤口溢出细菌性黏液，成为溢脓。斑点症状大多由假单胞杆菌或黄单胞杆菌引起的。

(2)腐烂 植物多汁的组织受细菌侵染后，通常表现腐烂症状。腐烂主要是由欧氏杆菌引起。

(3)枯萎 细菌侵入维管束组织后，植物输导组织受到破坏，引起整株枯萎，受害的维管束组织变褐色。在潮湿的条件下，受害茎的断面有细菌黏液溢出。枯萎多由棒状杆菌属引起，在木本植物上则以青枯病假单胞杆菌最为常见。

(4)畸形　植物组织过度生长呈畸形，土壤杆菌属的细菌可以引起根或枝干产生肿瘤，或使须根丛生。

(二)植物病原细菌的观察

首先选用白菜软腐病、黄瓜细菌性角斑病等园艺作物病害材料作细菌学初步诊断，即经过镜检确认有喷菌现象。

其次进行该病组织的分离(因少数病例无喷菌现象)，病原细菌的分离方法以稀释分离法和划线分离法为最常用。

1. 稀释分离法

稀释分离法是最经典的标准分离法，方法与真菌孢子稀释分离法基本相同，但要将病组织放在灭菌水中用灭菌玻棒研碎并让组织碎块在水中浸泡 30～60 min(在灭菌培养皿中研碎并浸泡)，让细菌充分释放到灭菌水中成为细菌悬浮液再进行稀释分离。

2. 划线分离法

除上述稀释分离法以外，较为方便的方法是划线分离法，步骤如下：预先把 NA 培养基倒在培养皿中，凝成平板后，翻转放在 30℃恒温箱中 4～6 h，使表面没有水滴凝结→配制细菌悬浮液→在培养皿盖上写上分离材料名称、日期和姓名→用灭菌的接种饵蘸取细菌悬浮液在干燥的培养基平板表面划线→划过第一次线后的接种环应放在火焰上烧过，冷却后直接在第一次划线的末端向另一方向划线。同上，灭菌后再划第三、第四次线→翻转培养皿，放在 26～28℃恒温箱中培养，2～3 d 后观察有无细菌生长，在哪些地方有单菌落生长出来。

仔细挑取细菌的单菌落移至试管斜面，同时再用灭菌水把单菌落细菌稀释成悬浮液作第二次划线分离。如两次划线分离所得菌落形态特征都一致，并与典型菌落特征相符，即表明已获得纯培养，最好要经过连续三次单菌落的分离，确保纯化。

3. 细菌的培养

病原细菌的培养条件因种类不同而略异。棒状杆菌属细菌的生长适温较低为 20～23℃；假单胞菌中的青枯菌类则要求在较高的温度 35℃下才能良好地发育；软腐型欧氏杆菌在厌氧条件下生长比好气条件下生长更快，致病力更强。

(三)植物细菌病害的诊断

植物受细菌侵染后可产生各种类型的症状，如坏死、腐烂、萎蔫和瘤肿等，褪色或变色的较少，有的还有菌脓溢出。在田间，多数细菌病害的症状往往有如下特点：一是受害组织表面常为水渍状或油渍状；二是在潮湿条件下，病部有黄褐或乳白色、胶黏、似水珠状的菌脓；三是腐烂型病害患部往往有恶臭味。

除了根据症状、侵染和传播特点观察外，还可以进行显微镜观察，一般细菌侵染所致病害的病部，无论是维管束系统受害的，还是薄壁组织受害的，都可以通过徒手切片看到喷菌现象。喷菌现象为细菌病害所特有，是区分细菌与真菌、病毒病害的最简便的手段之一。通常维管束病害的喷菌量多，可持续几分钟到十多分钟；薄壁组织病害的喷菌持续时间较短，喷菌数量亦较少。

组织学生现场观察，观察当地常见园艺植物细菌性病害症状，取典型症状，如病茎，切取小段在显微镜下观察切口“喷菌”现象。

此外，在细菌病害的诊断和鉴定中，血清学检验、噬菌体反应和PCR技术等也是常用的快速诊断方法。

三、植物病毒病害的诊断

(一)植物病原病毒的认知

病毒是由核酸和蛋白质组成的一类非细胞结构分子生物。它是一类专性寄生物，只能在适合的寄主细胞内完成自身的复制，表现出生命特征。在自然界，病毒广泛寄生在人、动物、植物和微生物的细胞中。寄生植物的病毒称为植物病毒。植物病毒作为病原引起许多毁灭性的病害，对农业生产造成很大威胁。大田作物、果树及蔬菜上的许多重要病害，如烟草花叶病、香蕉束顶病、番茄病毒病等都是病毒病。

1. 植物病毒的一般性状

(1)病毒的形态结构　成熟的具有侵染力的病毒颗粒称为病毒粒子。在电子显微镜观察到的病毒粒子一般为棒状、球状、蝌蚪状和线状等多种形态，植物病毒多为线状和杆状，少数为球状(图2-25)。

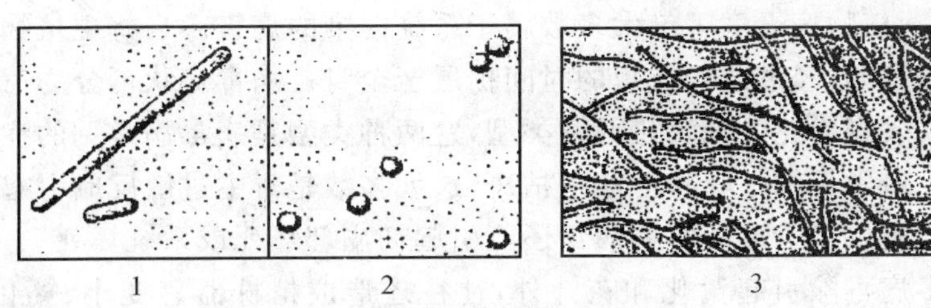

图2-25　植物病毒形态

1. 杆状　2. 球状　3. 纤维状

病毒粒子是由核酸和蛋白质两大部分组成，蛋白质在外形成衣壳，核酸在内形成轴心。绝大部分植物病毒的核酸是核糖核酸(RNA)，个别种类是脱氧核糖核酸(DNA)。RNA为单链，少数为双链。核酸携带着病毒的遗传信息，使病毒具有传染性。

(2)病毒的寄生性与致病性　病毒是一种专性寄生物，它的粒子只能存在于活的细胞中。病毒的寄生性和寄生专化性不完全不同，一般对寄主选择性不严格，因此它的寄主范围很广。如烟草花叶病毒能侵染36科的236种植物。不少植物感染某种病毒后不表现症状，其生长发育和产量不受显著的影响，这表明有的病毒在寄主上只具有寄生性而不具有致病性。这种现象称为带毒现象，被寄生的植物称为带毒体。

(3)病毒的复制和增殖　植物病毒的复制和增殖过程是植物病毒以被动方式通过伤口(由机械或介体造成)侵入寄主活细胞，脱壳后释放出病毒核酸。然后病毒核酸进行复制、转录和表达。通常，病毒的增殖过程也是病毒的致病过程。

(4)病毒的变异　植物病毒发生变异的现象是普遍的，有自然发生的，也有人工诱发的。最常见的是病毒通过不同的寄主，使种内的某些更适应的粒子分别得到增殖而形成若干变株。此外，化学和物理因素也能诱发病毒变异，如电离辐射以及高温、亚硝酸、羟胺等处理，特别是亚硝酸处理的作用最明显。不同的变株可能引起植物表现不同的症状。株系或变株之间在致病力、传毒介体、抗原特异性等方面也有差异，有的甚至粒子形状也不一样。因此，病毒的变异使鉴定、选育抗病品种及防治变得相当复杂。

(5)病毒对外界条件的稳定性　病毒对外界因子的影响，主要表现在以下几个方面：

①失毒温度(钝化温度)　将病毒汁液在不同温度下处理10 min后，使病毒失去致病力的最低温度，成为致死温度。病毒对温度的抵抗力比其他微生物高，也相当稳定。不同病毒具有不同的致死温度。如烟草花叶病毒(TMV)为90～93℃，黄瓜花叶病毒(CMV)为55～65℃。

②稀释终点　将病毒汁液加水稀释，直至仍能保持侵染力的最大倍数，称为稀释终点。病毒的稀释终点与病毒汁液的浓度有关，浓度越高，稀释终点也越大，而病毒的浓度往往受栽培条件、寄主植物的状况所影响。因此，同一病毒的稀释终点不一定相同，稀释终点只能作为鉴定病毒的参考指标。如烟草花叶病毒(TMV)为10^{-7}～10^{-4}倍。

③体外保毒期　病毒汁液离体后，在20～22℃条件下保持侵染力的最长时间，称为体外保毒期。不同植物病毒在体外保持致病力的时间长短不一，有的只有几小时或几天，有的可长达一年以上。如烟草花叶病毒(TMV)为1年以上，黄瓜花叶病毒(CMV)为1周。

此外，病毒对化学制剂如升汞、酒精、甲醛、硫酸铜等有较强的抗性，但肥皂等除垢剂可使许多病毒失去毒力。

2. 植物病毒病害的症状特点

(1)外部症状　植物病毒病害绝大多数属于系统侵染的病害。当寄主植物感染病毒后，症状发生总是从局部开始，经过或长或短的时间扩展至全身。病毒症状可分为三种类型：

①变色　主要表现为花叶和黄化两种类型，这两种类型是病毒病常见的症状。

②组织坏死　最常见的是叶片上产生枯斑，这大多数是寄主过敏反应引起的，它阻止了病毒侵入植物体后的进一步扩展。有些病毒还能引起韧皮部坏死或系统坏死。

③畸形　许多病毒除引起黄化和花叶外，往往还造成植株器官变小、矮化、节间缩短、丛枝、皱叶、蕨叶、卷叶、肿瘤等变态，这些变态常常是病毒病的最终表现。

(2)内部症状　植物受病毒侵染后除在外部表现一定的症状外，在感病植物细胞内也可以引起病变。某些植物被病毒侵染后在细胞组织中会形成内含体，在光学显微镜下可以见到。

环境条件对病毒病害的症状有抑制或增强作用。例如花叶症状在高温下常受到抑制，而在强光照下则表现得更明显。由于环境条件的关系，使植物暂时不表现明显的症状，甚至原来已表现的症状也会暂时消失，这种现象称为隐症现象。

3. 病毒病害的传播

病毒是专性寄生物，它必须在活体细胞内寄生活动，只能通过轻微的伤口侵入植物体。病毒的具体传播方式主要有以下几种：

(1)汁液传播　大风使病、健植株的叶片相互碰撞摩擦而产生轻微伤口，病毒随着病株汁液从伤口流出侵染健株。人工移苗、整枝、修剪、打杈等农事操作过程中，手和工具沾有病毒汁液可以传播病毒。

(2)嫁接传播　几乎所有的植物病毒都能通过嫁接的方式传播，植株根系间的自然接合也会造成病毒的株间传播。

(3)昆虫和螨类介体传播　植物病毒的媒介昆虫主要是刺吸式口器的昆虫，如蚜虫、叶蝉、飞虱和粉虱等。少数咀嚼式口器的甲虫、蝗虫也有传毒作用，有些螨类也是病毒的传播媒介。

(4)其他介体传播　植物病毒的传播介体除昆虫外，少数也可以由线虫、真菌及菟丝子等传播。

(5)种子和其他繁殖材料传播　大多数植物病毒是不通过种子传播的，只有豆科、葫芦科和菊科等植物上的某些病毒可以通过种子传播。有些植物种子是由于带有病株残体或病毒的颗粒而传毒。感染病毒的块茎、球茎、鳞茎、块根、插条、砧木和接穗等无性繁殖材料都可能传播病毒病害。

(二)植物病毒病害的观察与诊断

因植物受病毒侵染后在感病植株的发病部位无病征，在田间诊断中易与非侵染性病害混淆。植物病毒病害的病状主要表现为花叶、黄化、矮缩、丛枝等，少数为在发病部位形成坏死斑点。在田间，一般心叶首先出现症状，然后扩展至植株的其他部分。绝大多数病毒都是系统侵染，引起的坏死斑点通常较均匀地分布于植株上，而不像真菌和细菌引起的局部斑点在植株上分布不均匀。此外，随着气温的变化，特别是在高温条件下，植物病毒病时常会发生隐症现象。

在诊断时应从以下几方面分析：

(1)病毒病具传染性；

(2)多为系统侵染，新叶、新梢上症状最明显；

(3)有独特的症状，例如花叶、环斑、矮缩、斑驳等。

类病毒病害田间表现主要有畸形、坏死、变色等症状。许多植物感染类病毒后不显症，主要通过室内诊断。

病毒病害的诊断及鉴定要比真菌和细菌引起的病害复杂得多，通常要根据症状类型、寄主范围(特别是鉴别寄主上的反应)、传播方式、对环境条件的稳定性测定、病毒粒体的电镜观察、血清反应、核酸序列及同源性分析等进行诊断。

四、植物线虫病害的诊断

(一)植物病原线虫的认知

线虫属线形动物门线虫纲，它在自然界分布很广，种类繁多，有的可以在土壤和水中生活，有的可以在动植物体内营寄生生活。在植物体寄生的线虫称为植物病原线虫。植物受线虫为害后表现的症状与一般病害的症状相似，习惯上把植物线虫病原作为病原物来研究。

1. 植物病原线虫的一般性状

(1)形态和结构　植物病原线虫大多为雌雄同形，呈蠕虫状，长0.2～1.0 mm，宽0.015～0.035 mm。少数植物线虫是雌雄异体，雄虫为线形，雌虫可发育为梨形或球形。线虫不分节，虫体结构简单，虫体通常分为头部、颈部、腹部和尾部。体壁几乎是透明的。

头部的口腔内有吻针和轴针，用以刺穿植物并吮吸汁液(图2-26)。

(2)生活史　寄生线虫在土壤或植物组织中产卵，卵孵化后形成幼虫，幼虫侵入寄主危害。幼虫一生需蜕皮4次才能变成成虫，交配后雄虫死亡，雌虫产卵，线虫完成生活史的时间长短不一，有的需要一年，有的只需几天至几周。

(3)生态特性　最适宜线虫发育和孵化的温度为20～30℃，温度高达40～50℃时，线虫不活跃甚至死亡。土壤潮湿有利于线虫活动，但土壤水分过多不利于线虫存活，所以田间土壤积水，能杀死大多数线虫。多种线虫病在沙壤中比在黏性土壤中发生严重，这是因为沙壤土通气良好，有利于线虫的生活和活动。

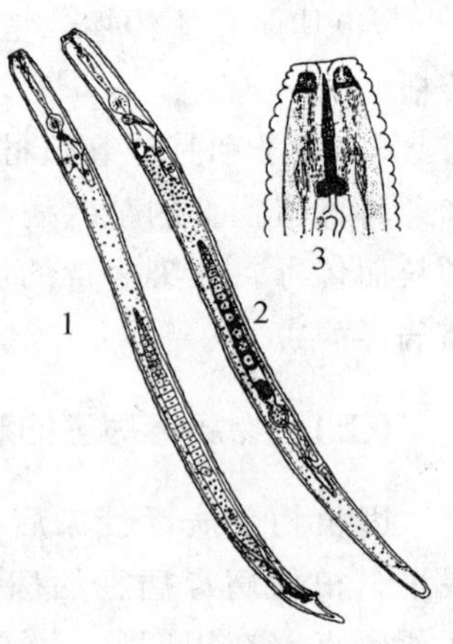

图2-26　线虫的形态和结构

1. 雄虫　2. 雌虫　3. 头部

(4)线虫传播　线虫主要靠种子、苗木作远距离传播，土壤灌溉水也可以传播线虫病，病株残体中的线虫也可借风、机具等作一定距离的传播。线虫自身只能作短距离的主动运动，在传播病害上意义不大。

(5)侵染特点　不同类群的线虫有不同的寄生方式，有的寄生在植物体内，称为内寄生；有的线虫只以头部或吻针插入寄主体内吸取汁液，虫体在寄主体外，称为外寄生；也有的线虫先行外寄生，再行内寄生。

线虫除直接引起植物病害外，还能成为其他病原物的传播媒介。现已证明寄生线虫中有三个属是病毒的传播者，如已发现一种美洲剑线虫能将马铃薯环斑病毒传给南美扁柏的根，但不表现症状。同时，因线虫危害常为其他根病的病原物开辟了侵入途径，甚至将病原物直接带入寄主组织内，例如香石竹萎蔫病是由一种假单孢杆菌和任何一种根线虫联合引起的，细菌是通过线虫造成的伤口侵入植物的。

2. 植物线虫病害的症状

线虫对植物的致病作用，除了吻针对寄主刺伤和虫体在寄主组织内穿行所造成的机械损伤之外，线虫还分泌各种酶和毒素，使寄主组织和器官发生各种病变。园艺植物线虫病害的主要症状表现为两种类型：

(1)全株性症状　植株生长衰弱矮小，发育缓慢，叶色变淡，甚至萎黄，类似缺肥，营养不良的现象。这种症状主要是根部受线虫危害所致。

(2)局部性症状　由于线虫取食时寄主细胞受到线虫唾液(内含多种酶如酰胺酶、转化酶、纤维酶、果胶酶和蛋白酶等)的刺激和破坏作用，常引起各种异常的变化，其中最明显的是瘿瘤、丛根及茎叶扭曲等畸形症状。

(二)植物线虫病害的观察与诊断

植物线虫病害的症状主要为植株生长衰弱，表现为黄化、矮化，严重时甚至枯死。因线虫类群的不同侵染和危害的部位及造成的症状也存在明显的差异，具体表现为地上部有顶芽和花芽的坏死，茎叶的卷曲和组织的坏死、形成种瘿和叶瘿；地下部症状为根部组织的畸形、坏死和腐烂等。对于一些雌雄异形的线虫(如胞囊类线虫或根结线虫)侵染植物后往往可以在寄主的根部直接(或通过解剖根结)观察到线虫膨大的雌虫，而对于大多数的植物寄生线虫往往需要通过对病组织及根围土壤的通过适当的方法分离才能获得病原线虫，线虫需经显微镜下的鉴定确定病原。

在进行植物线虫病害的病原诊断时，要对寄主植物进行全株的检查，既要注意植物的地上部，更要重视其地下部。另外，在土壤中植物的根际周围通常存在着大量的腐生线虫，在植物根部或地上部坏死和腐烂的组织内外都能看到，不要混同为植物病原线虫。另外，某些植物根的外寄生线虫需要从根际周围土壤中采样、分离，并要进行人工接种试验，才能确定其致病性。

五、寄生性种子植物的识别

(一)寄生性种子植物

少数植物由于根系或叶片退化，或者缺乏足够的叶绿素，必须从其他植物获取营养物质而营寄生生活，称之为寄生性植物，又称寄生性种子植物。

1. 寄生性植物的一般性状

(1)寄生性植物的寄生性　依据寄生方式可分为半寄生和全寄生两种。

①半寄生　植物本身具有叶绿素，能够进行光合作用来合成有机物质，但由于缺乏根系而需要从寄主植物中吸取水分和无机盐，其导管与寄主植物的导管相连，如槲寄生和桑寄生等。由于它们与寄主植物的寄生关系主要是水分和无机盐的依赖关系，故称为半寄生。

②全寄生　是指寄生性植物从寄主植物上获取它自身生活需要的所有营养物质，包括水分、无机盐和有机物质，如菟丝子和列当等。这些植物的根、叶均已退化，全身没有叶绿素，只保留茎和繁殖器官，它们的导管、筛管与寄生植物的导管和筛管相连，并从中不断吸取各种营养物质，它们的茎比较发达，对寄主植物危害比较严重，常导致植物提早枯死。

(2)寄生性植物的致病性　寄生性植物的致病作用主要表现对营养物质的争夺。一般全寄生植物比半寄生植物的致病能力强，可引起寄主植物黄化和生长衰弱，严重时造成寄主植物大片死亡，对产量影响极大；半寄生植物寄生初期对寄主生长无明显影响，当寄生植物群体较大时会造成寄主生长受阻。

(3)寄生性植物的繁殖与传播　寄生性种子植物靠种子繁殖。传播方式主要有风力传播、鸟类传播、随种子调运传播等。

2. 重要的寄生性植物

寄生性植物包括寄生性种子植物和寄生性藻类两大类，寄生性种子植物属于被子植物门中的桑寄生科桑寄生属、槲寄生属，菟丝子科菟丝子属，列当科列当属。

(1)桑寄生属(*Loranthus*)　桑寄生一般是桑寄生属总称，是一种常绿性寄生灌木(也有少数是落叶性的)。枝条褐色，圆筒状，有匍匐茎；叶为柳叶形，少数退化为鳞片状；两性花，多为总花序；浆果，种胚和胚乳裸生，包在木质化的果皮中。桑寄生的种子是鸟类传播的，当种子落到树上，便黏附在树皮上，在适宜的条件下萌发，萌发过程产生胚根，胚根与寄主接触后形成盘状吸盘，附着在树皮上，由吸盘产生初生吸根，从皮孔或侧芽侵入树皮的外层，当初生吸根接触到活的寄主皮层组织时，便形成分枝的假根，然后再产生与假根垂直的次生吸根，伸入木质部与寄主导管相连，吸取寄主的水分和无机盐，供桑寄生生长发育，在次生吸根及假根上，可以不断产生不定芽并形成新的枝条，又从茎基部的不定芽上长出匍匐茎，沿着主枝干背光面延伸并产生吸根侵入寄主树皮。被害植物树势衰退，严重者可使上部枝条枯死。该属在我国最常见的有桑寄生和樟寄生(褐背寄生)两种。

(2)槲寄生属(*Viscum*)　槲寄生是槲寄生属植物的总称，是一种绿色小灌木。茎圆柱形，多分枝，节间明显，无匍匐茎；叶片革质，对生或全部退化；花极小，单生或互生，雌雄异株，果实浆果，内果皮外有一层吸水性很强的黏性物质，内含槲寄生素，味涩，对种子有保护作用，果实成熟后，以其鲜艳的颜色招引鸟类啄食，种子自鸟嘴吐出或从粪便中排出，以此来传播。

槲寄生与寄主的关系与桑寄生相同，槲寄生能产生生长刺激物质，使寄主受害部位过度生长形成肿瘤。

(3)菟丝子属(*Cuscuta*)　菟丝子是菟丝子属植物的总称，全世界有100多种，我国发现有10余种。常见的有中国菟丝子和日本菟丝子。

中国菟丝子茎细，直径在1 mm以下；黄色，无叶；花小，聚生成无柄小花束；蒴果内有种子2～4枚。主要危害草本植物，以豆科植物为主，还寄生于菊科、黎科等植物。常危害大豆、一串红、长春花、扶桑等多种植物。

日本菟丝子茎较粗，黄白色，并有突起的紫斑；尖端及其下面三个节上有退化鳞片状的叶；花冠管状，白色，蒴果内有种子1～2枚。主要危害木本植物。它的寄主范围很广，在我国已发现80种以上的植物受害。

菟丝子的种子成熟后，脱落在地上，到第二年春天萌发，萌发的时期一般较寄主植物开始生长或萌发期晚，这样便于它营寄生生活，种子萌发时，种胚的一端先形成无色或黄色丝状幼芽，幼芽在空中旋转，当碰到寄主时，就缠绕在其上，在两者紧密结合处，菟丝子即产生吸盘伸向寄主组织，部分组织分化为导管和筛管，分别同寄主的导管和筛管连接。从寄主体内吸取养料，当寄生关系建立之后，原来的幼茎下部即枯死，菟丝子完全与土壤脱离关系，其上端继续产生分枝，又绕在寄主植物上产生新的吸器(图2-27)。菟丝子的蔓延速度很快，一株菟丝子在有利条件下经过3个月面积可以发展到20 m^2，其断茎能继续生长，进行营养繁殖。

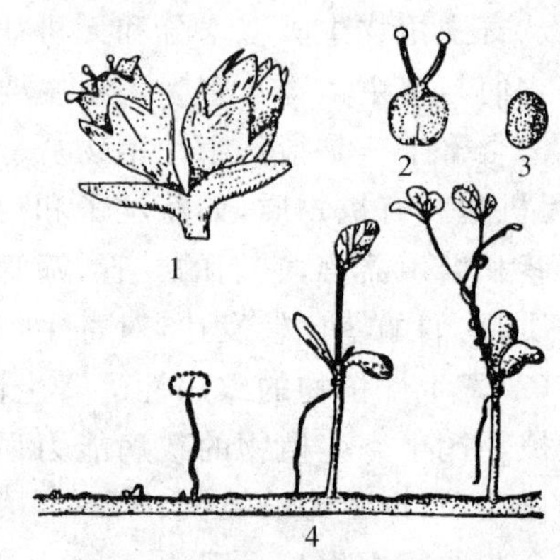

图2-27　菟丝子种子萌发及侵害方式

1. 花　2. 雌蕊　3. 种子
4. 种子萌发和侵害方式

(4)列当属(*Orobanche*)　列当根退化成吸根，以短须状次生吸器与寄主根部的维管束相连；茎肉质；叶片退化为鳞片状，无叶绿素；花两性，穗状花序；果为球状蒴果，成熟时纵裂出种子；种子极小，卵圆形，深褐色，表面有网状花纹。

列当种子落入土壤或混杂在作物种子中，遇适宜条件和植物根分泌物刺激可以萌发，产生幼根接触寄主根部后生成吸盘与寄主植物的维管束相连，吸取寄主植物的水分和养分，茎在根外发育并向上长出花茎，导致寄主植物生长不良，严重减产。主要种类有埃及列当和向日葵列当等，前者可危害哈密瓜、西瓜、甜瓜、黄瓜、烟草及番茄等，后者为害向日葵、烟草及番茄等。

3. 寄生性植物诊断

受寄生性种子植物侵染的病害往往可以在寄主植物上或根际看到寄生植物，如菟丝子、列当、槲寄生等。

(二)寄生性种子植物的观察与识别

现场观察寄生性植物：菟丝子、桑寄生、槲寄生和列当，描述它们的形态和寄生现象。

六、园艺作物病害诊断的程序

园艺植物病害的诊断，应根据发病植物的症状和病害的田间分布等进行全面的检查和仔细分析。对病害进行确诊，一般可按下列程序进行。

1. 田间观察

即进行现场观察。观察病害在田间的分布规律，如病害是零星的随机分布，还是普遍发生，有无发病中心等。这些信息常为我们分析病原提供必要的线索。进行田间观察还需注意调查询问病史，了解病害的发生特点、种植的品种和生态环境。

2. 症状的识别与描述

即对园艺植物病害标本作全面的观察和检查，尤其对发病部位、病变部分内外的症状作详细的观测和记载。应注意有无病征及病征的类型，注意对典型病征及不发病时期的病害症状的观察和描述。从田间采回的病害标本要及时观察和进行症状描述，以免因标本腐烂影响描述结果。有的无病征的真菌病害标本，可进行适当的保湿培养后，再进行病菌的观察。

3. 采样镜检观察

肉眼观察到的仅是病害的外部症状，对病害内部症状的观察需对病害标本进行解剖和镜检。同时，绝大多数病原生物都是微生物，必需借助于显微镜的检查才能鉴别。因此，诊断不熟悉的植物病害时，室内检查鉴定是不可缺少的必要程序。采样检查的目的在于识别有病植物的内部症状；确定病原类别；并对真菌性病害、细菌性病害、病毒性病害以及线虫所致病害的病原种类做出初步鉴定，进而为病害确诊提供依据。

4. 病原物的分离培养和接种

对某些新的或少见的真菌和细菌性病害，还需进行病原菌的分离、培养和人工接种试验，才能确定真正的致病菌。这一病害诊断程序按柯赫氏原则进行。即首先分离病原菌并进行扩大培养，获得接种材料，再将病原菌接种到相同的健康植物体上。如果通过接种试验，在被接种的植物上又产生了与原来病株相同的症状，同时又从接种的发病植物上重新分离获得该病原菌，即可确定接种的病原菌就是该种病害致病菌。

5. 提出适当的诊断结论

根据诊断结果进行综合分析，提出诊断结论，并提出防治对策。值得注意的是，植物病害的诊断程序不是呆板一成不变的，有时往往可以根据病害的某些典型症状即可诊断病害。对于某些新发生的或不熟悉的病害，严格按照上述程序进行诊断是很有必要的。同时，随着科学技术的不断发展，血清学诊断、分子杂交和PCR技术等许多崭新的分子诊断技术已广泛应用于植物病害的诊断，尤其是植物病毒病害的诊断。

任务训练

一、知识训练

(一)填空题

1. 真菌的无性孢子有(　　)、(　　)、(　　)、(　　)、(　　)和(　　)，有性孢子有(　　)、(　　)、(　　)和(　　)。

2. 真菌门一般分(　　)、(　　)、(　　)、(　　)和(　　)五个亚门。

3. 植物病原细菌大多为(　　)状,多数植物细菌具有(　　)毛,其侵入途径有(　　)、(　　)和(　　)。

4. 病毒为一类(　　)寄生物,植物病毒病的传播途径主要有(　　)、(　　)、(　　)、(　　)、(　　)。

5. 寄生性种子植物按寄生部位不同分为(　　)、(　　),按寄生方式不同分(　　)、(　　)。

6. 寄生性种子植物的传播方式主要有(　　)、(　　)、(　　)。

7. 对某些新的或少见的真菌和细菌性病害,还需进行病原菌的(　　)、(　　)和(　　)试验,才能确定真正的致病菌。

8. 随着科学技术的不断发展,(　　)诊断、(　　)和 PCR 技术等许多崭新的分子诊断技术已广泛应用于植物病害的诊断,尤其是植物病毒病害的诊断。

9. 细菌性病害典型症状是在发病部位有(　　),在显微镜下观察有(　　)现象产生。

10. 园艺植物线虫病害主要表现症状有(　　)和(　　)两种类型。

(二)选择题

1. 霜霉目真菌分属的主要依据是(　　)。

A. 卵孢子形态　　B. 孢子囊形态
C. 孢囊梗形态　　D. 游运孢子形态

2. 原核生物是(　　)的单细胞生物。

A. 既有细胞壁又有细胞核　　B. 只有细胞壁没有细胞核
C. 没有遗传物质　　D. 没有细胞壁

3. 细胞以(　　)方式进行繁殖。

A. 出芽繁殖　　B. 裂殖　　C. 产生孢子　　D. 卵生

4. 真菌是指(　　)的一类真核生物。

A. 有固定细胞核和细胞壁含叶绿素　　B. 产生孢子进行繁殖
C. 营养体通常为丝状体或单细胞　　D. 有固定的细胞核无细胞壁

5. 关于真菌生活史的正确说法是(　　)。

A. 所有真菌生活史都有无性阶段和有性阶段
B. 典型真菌生活史都有无性阶段和有性阶段
C. 有的真菌生活史中缺无性阶段
D. 有的真菌生活史中缺有性阶段

6. 植物线虫的生活史包括(　　)。

A. 幼虫和成虫两个阶段　　B. 卵和成虫两个阶段
C. 卵、幼虫、成虫三个阶段　　D. 卵、幼虫、蛹和成虫四个阶段

7. 真菌属于(　　)生物,细菌属于(　　)生物,病毒属于(　　)生物。

A. 真核　　B. 原核　　C. 无细胞结构　　D. 单细胞

8. 细菌性病害的主要传播方式是(　　)。

A. 昆虫传播　　B. 雨水传播　　C. 气流传播　　D. 线虫传播

9. 植物病毒病害的特是(　　)。

A. 有病状　　B. 有病状和病征　　C. 只有病状　　D. 只有病征

10.(　　)是真菌为渡过不良环境,而产生的繁殖体。

A. 菌核　　B. 菌索　　C. 菌丝　　D. 子囊孢子

(三)问答题

1. 简述植物病害诊断的程序。

2. 植物病原真菌、细菌、病毒性状特点区别是什么?

3. 如何诊断真菌、细菌、病毒性病害?

二、技能训练

1. 针对当地园艺植物主要病害,观察植物病害标本或病害图片 20 种,区分病状与病症类型,并进行描述和记录。

2. 学习使用生物显微镜,观察各类侵染性病害切片标本,认识各类病害病原形态特征,绘制病原形态图。

3. 进行植物病原真菌与细菌的分离与培养,学习徒手制片技术。

知识拓展

1. 1995 年国际植物病理学术界提出将类菌原体(mycoplasma like organisms)改名为植物植原体(phytoplasma),它是一类尚不能人工培养的植物病原菌,为无细胞壁、仅由三层单位膜包围的原核生物,专性寄生于植物的韧皮部筛管系统,引起枝条丛生、花器变态、叶片黄化、树皮坏死,以及生长衰退和死亡等病害症状。

2. 类病毒(viroid)是目前已知最小的可传染的致病因子,比普通病毒简单。类病毒是无蛋白质外壳保护的游离的共价闭合环状单链 RNA 分子,侵入宿主细胞后自我复制,并使宿主致病或死亡。类病毒的分子量很小,是已知的最小 RNA 卫星环死病毒大小的 1/4。1971 年首次报道的马铃薯纺锤形块茎病类病毒(PSTV)只有 359 个核苷酸,最小的草矮生类病毒(HSV)仅含 290～300 个核苷酸,较大的柑橘裂皮病类病毒(CEV)亦只含 371 个核苷酸。类病毒能耐受紫外线和作用于蛋白质的各种理化因素,比如对蛋白酶、胰蛋白酶、尿素等都不敏感("真病毒"均敏感),在 90℃下仍能存活("真病毒"在 50～60℃下失活)。类病毒现在仅在高等植物中发现,一般通过接触、擦伤、节肢动物和菟丝子传播。类病毒在传播方式上明显不同于"真病毒"的是可以通过花粉和种子垂直传播。迄今已发现的类病毒已有 18 种,其中多为植物类病毒。植物类病毒能引发多种疾病,例如番茄簇顶病、柑橘裂皮病、黄瓜白果病、椰子死亡病等,危害很大。防治的方法主要选择无感病的种子和繁殖体,以及防止机械传播。

学习任务 3　非侵染性病害的诊断

任务描述

通过知识传授和实践教学以及交流、探究等方法,熟知园艺作物非侵染病害的诊断方法,熟悉非侵染病害致病原因及其特点。通过基地现场与各种病害标本观察、观看视频、网络查询、知识传授及讨论相结合的方式,认识常见园艺作物缺素症、作物冻害与灼伤以及药害等,并能用所学知识在田间诊断非侵染性病害。

实施条件

1. 实施场所：多媒体实训室、农业应用技术示范园(大棚、温室)、生产基地。

2. 仪器用具：烧杯、量筒、喷雾器、注射器、化学分析器、相关化学元素、水培装置、蒸馏水、多媒体设备等。

3. 其他：各种非侵染性病害标本、PPT、视频、影像资料、教材、相关图书、网上资源等。

任务实施

引起园艺作物非侵染性病害发生的原因很多，主要有营养失调、温度不适、水分失调和有害化学物质毒害等。非侵染性病害的病株在群体间发生比较集中，发病面积大而且均匀，没有由点到面的扩展过程，发病时间比较一致，发病部位大致相同。如日灼病都发生在果、枝干的向阳面，除日灼、药害是局部病害外，通常植株表现全株性发病，如缺素病、旱害、涝害等。

一、缺素症与多素症的诊断

植物所必需的营养元素有氮、磷、钾、钙、镁和微量元素铁、硼、锰、锌、铜等十几种。缺乏这些元素时，就会出现缺素症；当某种元素过多时，也会影响园艺植物的正常生长发育。

(一)缺素症

常见的缺素症有以下几种：

(1)缺氮　植物生长不良，植株矮小，分枝较少，成熟较早，叶稀疏，小而薄，色变淡或黄化、早落。在酸性强、缺乏有机质的土壤中，常有氮素不足的现象。

(2)缺磷　植物生长受抑制，严重时停止生长，植株矮小。叶片初期变成深绿色无光泽，后渐呈紫色，叶片早落。磷元素在植物体内可以从老熟组织中转移到幼嫩组织中重被利用。所以症状一般从老叶上开始出现。

(3)缺钾　老叶先端黄化，后叶尖及叶缘发生焦枯，症状随生育期延长而加重，早衰。

(4)缺铁　先幼叶脉间部分失绿，叶脉仍为绿色，后叶片逐渐变白，叶脉变黄，导致叶片死亡。由缺铁引起的黄化病先从幼叶开始发病，逐渐发展到老叶黄化。

(5)缺硼　茎尖生长点受抑，节间缩短，根系发育不良，老叶增厚变脆，色深无光泽。常引起芽的丛生或畸形、萎缩，新叶皱缩、卷曲等症状。

(6)缺锌　病树新枝节间短，叶片变小且黄色，根系发育不良，结实量少。

(7)缺铜　幼叶褪绿、坏死畸形及叶尖枯死，植株纤细。果树发生顶枯、树皮开裂，同时还出现流胶及在叶或果上产生褐色斑点等症状。

(8)缺硫　缺硫的症状与缺氮相似，但以幼叶表现更明显。植株生长较矮小，叶尖黄化。

(9)缺钙　缺钙的症状多表现在枝叶生长点附近，引起嫩叶扭曲或嫩芽枯死。

(二)多素症

氮素过多则植物细胞大而壁薄，组织柔软，茎叶徒长，抗病抗倒伏能力减弱；植物贪青迟熟，子粒不充实，导致减产和品质下降。同时氮肥使用过多还会抑制植物对镁的吸收，引起缺镁症的发生。

磷过量对植物生长发育产生的不良影响在生产上较为少见。

钾过量对植物生长发育直接的不良影响颇为罕见。

生产上过量使用石灰时,有可能诱发植物锌、铁、锰、硼等元素的缺乏。

植物对硫的过量吸收一般不发生直接的毒害作用,但土壤还原条件强烈时,SO_4^{2-} 还原为 S^{2-} 后,后者形成硫化氢,对植物根系及地上部分产生毒害。

锰过量而出现的中毒症状主要是根系变褐坏死,叶片上出现褐色斑点,嫩叶上卷。锰过量还会抑制钼的吸收。

(三)缺素症与多素症的诊断

首先要利用各种缺素症标本、图片、多媒体视频及田间现场观察,熟悉园艺作物缺素症及肥害现象。

其次要在对病害进行现场观察和调查的基础上取土样或病株进行化学诊断和治疗试验。

(1)化学诊断 主要用于缺素症与盐碱害等。通常是对病株组织或土壤进行化学分析,测定其化学成分及含量,并与正常值相比,查明过多或过少的成分,确定病原。

(2)治疗试验 治疗试验一般用于土壤缺素症。可在土壤中增施所缺元素或用营养元素对病株喷洒、注射、灌根治疗,看其是否恢复正常。

二、干旱与涝害的诊断

水分直接参与植物体内各种物质的转化和合成,也是维持细胞膨压、溶解土壤中矿质养料、平衡植物体温度不可缺少的因素,植物正常的生理活动就是在不断吸水、传导、利用与散失中进行的。因此,土壤中水分不足或过多以及供应失调,都会对植物产生不良影响。

1. 旱害

在土壤干旱缺水条件下,植物生长受到抑制,组织中纤维细胞增加,引起叶片凋萎、黄化、花芽分化减少、落叶、落花、落果等现象。在植物苗期或幼株移栽定植后以及一些草本植物,在严重干旱的条件下,往往会发生萎蔫或死亡。

2. 涝害

土壤水分过多,会造成土壤缺氧,使植物根部呼吸困难,造成叶片变色、枯萎、早期落叶、落果,最后引起根系腐烂和全树干枯死亡。水分供应不均或变化剧烈时,可引起根菜类、甘蓝及番茄果实开裂,或使黄瓜形成畸形瓜、番茄发生脐腐病等。

3. 干旱与涝害的诊断

对干旱或涝害引起的园艺作物病害诊断要在观察病害症状的基础上,分析气候条件、地形和土壤含水量等情况。在长期干旱或水涝的情况下,植物会表现永久性萎蔫,根系变黑腐烂,植株枯死。

三、高温、低温与冻害的诊断

适当的温度是植物完成正常生长发育必不可少的环境条件。植物的生长发育都有各自的最低温度、最适温度和最高温度,超过两个极限温度范围,就可能造成不同程度的损害,甚至全株死亡。

1. 高温伤害

温度过高会使植物的茎、叶、果等组织产生局部灼伤。保护地栽培通风散热不及时，也会造成高温伤害。高温干旱常使辣椒大量落叶、落花和落果。土表温度过高，会使苗木的茎基部受灼伤，尤以黑色土壤的苗圃地上最为严重。

2. 低温与冻害

低温可以引起冷害和冻害，使植物体内发生冰冻而造成的危害。晚秋的早霜常使未木质化的植物器官受害。春季的晚霜易使幼芽、新叶和新梢冻死。在树木开花期间受晚霜危害，花芽受冻变黑，花器呈水浸状，花瓣变色脱落。一些喜温植物以及热带、亚热带和保护地栽培的植物，常发生寒害。寒害常见的症状是组织变色、坏死，也可以出现芽枯、顶枯及落叶等现象。

3. 高温伤害及低温与冻害的诊断

高温伤害及低温与冻害的诊断要根据气温变化情况结合田间植物表现的症状来确定，高温和低温对园艺作物造成的损害所表现的症状在一定范围内是成片的。高温灼伤多在植物的向阳面表现症状，低温冻害、冷害和霜害多在植物顶部嫩叶首先表现症状。可采用人工诱发办法，根据初步分析的可疑原因，人为提供类似发病条件，诱发病害，观察表现的症状是否相同。

四、药害与有害物质毒害的诊断

农药使用不当或环境中的有毒物质达到一定的浓度就会对植物产生有害影响。

1. 药害

农药使用不当对植物产生的伤害称为药害。施用和喷洒杀虫剂、杀菌剂或除草剂，浓度过高或使用方法不当，可直接对植物叶、花、果产生药害。农药在土壤中积累到一定浓度，可使植物根系受到毒害，影响生长，甚至死亡。

2. 有毒物质毒害

环境中的有毒物质达到一定的浓度就会对植物产生有害影响。

空气中的有毒气体包括二氧化硫、氟化物、臭氧、氮氧化物、乙烯、硫化氢等。植物受空气中有毒气体的危害有3种情况，即急性危害、慢性危害及不可见危害。

急性危害的受害叶片最初叶面呈水渍状，叶缘或叶脉间皱缩，随后叶片干枯，受害严重时叶片逐渐枯萎脱落，造成植株死亡；慢性危害主要表现为叶片褪绿近乎白色，这主要是叶片细胞中的叶绿素受破坏而引起的；不可见危害是在浓度较低的空气中有毒气体的影响下，植物受到轻度的危害，生理代谢受到干扰及抑制，使植物体内组织变性，细胞产生质壁分离，色素下沉。

各种植物受不同有毒气体危害所表现的症状并不一致。氟化物危害植物的典型症状是受害植物叶片顶端和叶缘处出现灼烧现象，这种伤害的颜色因植物种类而异，如唐菖蒲对氟化物最敏感，受害后首先是叶尖产生灼烧现象，然后逐渐向下延伸。植物受二氧化硫危害时，叶脉间出现不规则形失绿坏死斑。臭氧对植物的危害普遍表现为褪绿。氯化物对植物细胞杀伤力很强，能很快破坏叶绿素，使叶片产生褪色斑，严重时全叶漂白、枯卷，甚至脱落。

土壤及土壤水被有毒物质污染，如土壤中残留的一些石油、有机酸及重金属等，这些污染物往往使植物根系生长受到抑制，影响水分吸收，严重时会导致植物死亡。

3. 药害与有毒物质毒害的诊断

对药害与有毒物质的毒害诊断要进行环境分析，根据所表现的症状特点，分析喷药是否适当；发病田块是否靠近城市工厂三废排放口或污染源，分析土壤是否存在残留的农药、石油、有机酸及重金属等，同时，也可测定空气中氟化物、硫化物等有毒气体的含量，以便做出准确的诊断。

任务训练

一、知识训练

(一)填空题

1. 非侵染性病害通常植株表现全株性发病的有(　　)、(　　)、(　　)等。

2. 生产上过量使用石灰时，有可能诱发植物(　　)、(　　)、(　　)、(　　)等元素的缺乏。

3. 化学诊断主要用于(　　)与(　　)等。

4. 在土壤干旱缺水条件下，植物生长受到抑制，组织中纤维细胞增加，引起叶片(　　)、(　　)、(　　)、(　　)、(　　)、(　　)等现象。

5. 土壤水分过多，造成叶片(　　)、(　　)、(　　)、(　　)，最后引起根系腐烂和全树干枯死亡。

6. 温度过高会使植物的茎、叶、果等组织产生局部(　　)。

7. 低温可以引起(　　)和(　　)。

8. 低温冻害、冷害和霜害多在植物(　　)首先表现症状。

9. 农药使用不当对植物(　　)、(　　)、(　　)直接产生的伤害称为(　　)。

10. 空气中的有毒气体包括(　　)、(　　)、(　　)、(　　)、(　　)、(　　)、(　　)等。

11. 植物受空气中有毒气体的危害有3种情况，即(　　)、(　　)及(　　)。

12. 土壤中残留的一些(　　)、(　　)及(　　)等，这些污染物往往使植物根系生长受到抑制，影响水分吸收，严重时会导致植物死亡。

(二)选择题

1. 非侵染性病害的病原常见有(　　)。

A. 营养元素的缺乏　B. 日照过强　C. 温度过低　D. 真菌侵染

2. 植物缺氮症主要表现为(　　)。

A. 老叶黄化　B. 新叶黄化　C. 幼叶叶脉间失绿　D. 新叶皱缩

3. 植物缺磷症主要表现为(　　)。

A. 老叶黄化　B. 新叶黄化　C. 叶片呈紫色　D. 芽枯

4. 植物缺钾症主要表现为(　　)。

A. 老叶尖端黄化焦枯　B. 新叶小厚黄

C. 叶片呈紫色　D. 芽枯

5. 植物缺锌症主要表现为(　　)。

A. 老叶尖端黄化焦枯　B. 新叶小厚黄

C. 叶片呈紫色　D. 芽枯

6. 植物缺钙症主要表现为(　　)。

A. 老叶尖端黄化焦枯　　B. 新叶小厚黄

C. 叶片呈紫色　　D. 芽枯

7. 植物缺铁症主要表现为(　　)。

A. 老叶黄化　　B. 新叶黄化　　C. 幼叶叶脉间失绿　　D. 新叶皱缩

8. 低温冷害植物主要表现为(　　)。

A. 幼芽新叶变色　　B. 植株萎蔫　　C. 叶面局部灼伤　　D. 植株枯死

9. 农药使用不当或有毒物质超量植物表现叶片变色干枯脱落,则属于(　　)。

A. 急性危害　　B. 慢性危害　　C. 不可见危害　　D. 以上都不是

二、技能训练

1. 针对当地园艺作物非侵染病害发生情况,观察植物缺素症、旱害与涝害、高温灼伤与低温冻害以及药害等症状,并进行描述和记录。

2. 针对园艺作物某种缺素症进行治疗试验。

3. 调查当地工业“三废”对园艺作物的影响。

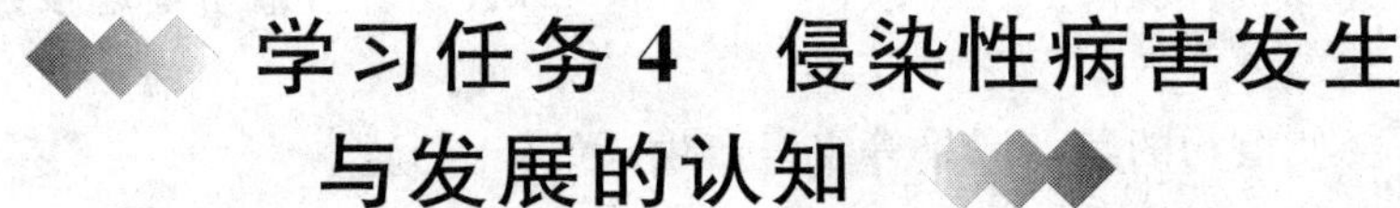

学习任务4　侵染性病害发生与发展的认知

任务描述

通过教材与文献查阅、课堂讲解和实践教学等方法,熟知病原物的寄生性、致病性和植物的抗病性;熟悉病原物的侵染过程,理解病害的侵染循环以及病害的流行规律。通过现场观察、生产基地调查、网络查询、知识传授及讨论相结合的方式,弄清园艺作物病害的侵染途径、传播途径、初侵染来源以及病害流行规律。

实施条件

1. 实施场所:实训室、农业应用技术示范园(大棚、温室)、生产基地。

2. 仪器用具:显微镜、扩大镜、玻片、蒸馏水、滴瓶、刀片、挑针等。

3. 其他:多媒体设备、PPT、视频、影像资料、教材、相关图书、网上资源等。

任务实施

园艺植物侵染性病害的发生与流行是园艺植物生态系统中病原物与寄主植物相互作用的结果。侵染性病害的延续发生,在一个地区首先要有侵染来源,病原物必须经过一定的途径传播到植物上,发病后在病部产生繁殖体,有些病害有再次侵染。病原物还要以一定的方式越冬和越夏,才能引起下一季节发病。这种从前一个生长季节开始发病,到下一个生长季节再度发病的过程称为病害侵染循环。

一、病原物的寄生性与致病性

(一)病原物的寄生性

病原物的寄生性是指病原物从寄主活的细胞和组织中获得营养物质的能力。不同的病原物从寄主上获得营养物质的能力是不同的,按照它们从寄主获得活体营养能力的大小,可以把病原物分为三种类型。

1. 专性寄生物(严格寄生物)

专性寄生物的寄生能力最强,只能从活的寄主细胞和组织中获得营养,所以也称为活体寄生物。该类病原物包括所有的植物病毒、植原体、寄生性种子植物,大部分植物病原线虫以及霜霉、白粉和锈菌等部分真菌。它们对营养的要求比较复杂,一般不能在普通的人工培养基上培养。

2. 兼性寄生物

兼性寄生物是一类寄生习性与腐生习性兼而有之的病原物,可分为强寄生物和弱寄生物两类。

强寄生物是寄生性仅次于专性寄生物,它们以寄生生活为主,但也有一定的腐生能力,在某种条件下,可以腐生生活。它们虽然可以在人工培养基上勉强生长,但难以完成生活史。如外子囊菌、外担子菌等多数真菌和叶斑性病原细菌属于这一类。

弱寄生物是兼性寄生物中寄生性较弱的病原物,又称为死体寄生物或低级寄生物。它们只能侵染生活力弱的活体寄主植物或处于休眠状态的植物组织或器官。在一定条件下,它们可在块根、块茎和果实等贮藏器官上营寄生生活。这类寄生物包括引起猝倒病的丝核菌和许多引起立木腐朽的真菌等,它们易于进行人工培养,可以在人工培养基上完成生活史。

3. 专性腐生物

专性腐生物不能侵害活的有机体,因此不是寄生物。常见的是食品上的霉菌,木材上的木耳、蘑菇等腐朽菌。

病原物寄生性的强弱与病害防治有关系密切,例如针对寄生性较强的病原物所引起的病害,培育抗病品种是很有效的防治措施;但对于许多弱寄生物引起的病害,一般就很难得到理想的抗病品种,应着重于提高植物抗病性。

寄主范围与寄生的专化性是由于病原物对营养条件要求的不同而对寄主具有选择性,有的病原物只能寄生在一种或几种植物上,如梨锈病菌;有的却能寄生在几十种或上百种植物上,如灰霉病菌。不同病原物的寄主范围差别很大,一般来说,专性寄生物的寄主范围较窄;弱寄生物的寄主范围较宽。同一寄生物的群体在其寄主范围内,常因对营养条件的要求不同而出现明显的分化,这就是寄生专化性。

在植物病害防治中,了解当地植物病害病原物的寄生专化性,对选育和推广抗病品种、分析病害流行规律和预测预报具有重要的实践意义。

(二)病原物的致病性

病原物的致病性是指病原物所具有的破坏寄主和诱发病害的能力。病原物的致病作用,因种类不同而异，通常可有以下情况：消耗寄主的营养和水分；分泌各种酶类，消解和破坏植物组织和细胞；分泌毒素，使植物组织中毒，引起褪绿、坏死、萎蔫等不同症状；分泌生长激素类，促使植物细胞分裂或抑制细胞生长，改变植物的代谢过程等。

从病原物的寄生性和致病性的关系来看，既有联系又有区别。通常病原物的寄生性越强，其对寄主组织的破坏性愈小；相反，寄生性弱的病原物对寄主组织的破坏力往往较大，这是病原物在系统发育过程中，适应营养条件而形成的特征。病害发生的程度，不仅决定于病原物的致病性，还取决于它们的繁殖效率、传播速度、危害的持久性以及病害对植物生长发育的影响等因素。掌握病原物致病性特征的目的，就在于对不同类型的寄生物采用不同的防治措施。

二、植物的抗病性

寄主植物抵抗病原物侵染的性能称为抗病性，这种能力是由植物的遗传特性决定的，按照抗病能力的大小，可划分为免疫、抗病、耐病、感病、避病等几种类型。

(1)免疫　寄主对病原物侵染的反应表现为完全不发病，或观察不到可见的症状。

(2)抗病　寄主对病原物侵染的反应表现为发病较轻。发病很轻的称为高抗。

(3)耐病　寄主对病原物侵染的反应表现为发病较重，但产量损失较小。即外观上发病程度类似感病，但植物的忍耐性较强。对此有人称为抗损害性或耐害性。

(4)感病　寄主对病原物侵染的反应表现为发病较重，产量损失较大。发病很重的称为严重感病。

(5)避病　寄主植物感病期与病原物侵染期错开，或者缩短寄主感病部分暴露在病原物下的时间，从而避免或减少了受侵染的机会。

三、侵染过程

病原物的侵染过程是指病原物与寄主接触、侵入到引起病害发生的全部过程。一般将侵染过程分为四个阶段，即侵入前期、侵入期、潜育期和发病期。

(一)侵入前期

侵入前期指病原物到达寄主植物表面或附近，受到寄主外渗物质影响，向寄主运动并产生侵入结构的时期。侵入前期病原物的活动主要有两种方式：

1. 被动活动

病原物从休眠场所依靠各种自然动力(气流、水流及介体)或人为传带，被动地传播到植物感病部位或其周围。

2. 主动活动

土壤中的某些病原真菌、细菌和线虫受植物根部分泌物的影响，主动向种子周围或根部移动积聚。

(二)侵入期

侵入期指病原物从侵入到与寄主建立寄生关系的时期。

1. 侵入途径和方式

主要有伤口、自然孔口和直接侵入三种途径。

伤口侵入:植物表面各种伤口如剪伤、虫伤、碰伤、落叶的叶痕等都是病原物侵入的门户。在自然界,一些病原细菌、病毒和许多寄生性较弱的真菌往往由伤口侵入,如番茄灰霉病和十字花科蔬菜软腐病由伤口侵入。

自然孔口侵入:植物体表的自然孔口,有气孔、皮孔、水孔、蜜腺等,绝大多数真菌和细菌都可以通过自然孔口侵入,如番茄晚疫病从气孔、松树溃疡病从皮孔侵入。

直接侵入:一部分真菌可以从健全的寄主表皮直接侵入,如梨黑星分生孢子、树木根腐密环菌以根状菌索直接侵入。

2. 影响侵入的条件

湿度对于侵入的影响最大,真菌除白粉菌外,孢子萌发的最低相对湿度都在80%以上,鞭毛菌的游动孢子和能动的细菌在水滴中最适宜于侵染。

温度影响孢子萌发和菌丝生长的速度,如杨树灰斑病菌分生孢子萌发最低、最适、最高温度分别是3℃、23~27℃、38℃;杉木炭疽病菌的分生孢子为12℃、20~24℃和32℃。

应当指出,在病害能够发生的季节里,温度一般能满足侵入要求,而湿度则变化较大,常常成为病害侵入的限制因素。

光照可以决定气孔的张闭,因而可影响病菌的气孔侵入。

(三)潜育期

从病原物侵入与寄主建立寄生关系开始,直到表现明显的症状为止称为潜育期。

潜育期是病原物在植物体内进一步繁殖和扩展的时期,也是寄主植物调动各种抗病因素积极抵抗病原繁殖和扩展的时期。各种病害潜育期长短不一,短的只有几天,长的可达一年,有些果树病害,病原物侵入后要经过几年才发病。每种病害潜育期长短可因病原物致病力强弱、植物的反应和状态,以及外界条件的影响而改变,一般寄主植物生长健壮,抗病力增强,潜育期相应延长。

在环境条件中以温度对潜育期的影响最大,温度越接近病原物要求的最适温度,潜育期越短,反之延长。如毛白杨锈病,在13℃潜育期8 d,15~17℃时13 d,20℃时7 d。

值得注意的是,有些病原物侵入寄主植物后,由于寄主和环境条件的限制,暂时停止生长活动而潜伏在寄主体内不表现症状,但当寄主抗病性减弱,环境有利于病菌生长,病菌可继续扩展并出现症状,这种现象称为潜伏侵染。有些病害出现症状后,由于环境条件不适宜,症状可暂时消失,称为隐症现象。有些病毒侵入一定寄主后,在任何条件下都不表现症状称为带毒现象。有些植物病害的发生是由于两种以上的病原物同时或先后侵染而引起的,这种现象称为复合侵染。

潜育期的长短与病害流行有密切关系,潜育期越短,在一个生长季节中重复侵染的次数就会增加,病害就容易大发生。

(四)发病期

受病植物症状的出现,表示潜育期的结束,发病期的开始。也就是说,从寄主植物表现出症状后,到症状停止发展这一阶段称为发病期。

在发病期中，病原物仍有一段或长或短的扩展时期，其症状也随着有所发展，严重性不断增加。最后，病原物产生繁殖器官（或休眠），症状便停止发展，一次侵染过程至此结束。许多病害症状不仅表现在病原物侵入和蔓延的部位，有时还可以影响到其他部位，甚至引起整株植株死亡。湿度较大的条件下，大多数病原真菌和细菌引起的病害的扩展速率快，并在病部产生大量的繁殖体或营养体，造成病害大面积流行。

四、侵染循环

侵染循环是指病害从前一生长季节开始发病，到下一生长季节再度延续发病的过程，它包括病原物的越冬和越夏、病原物的传播以及初侵染和再侵染 3 个环节，切断其中任何一个环节，都能达到防治病害的目的。

（一）病原物越冬和越夏

病原物的越冬和越夏是指病原物在一定场所度过寄主休眠阶段，抵抗不良环境的过程。越冬和越夏是侵染循环中的一个薄弱环节，是某些病害防治的关键问题。病原物越冬和越夏的场所也是病害的初次侵染来源。不同病原物的越冬、越夏场所和方式各异。

1. 田间病株

病原物可在多年生、二年生或一年生的寄主植物上越冬、越夏。如病菌可在寄主枝干的病斑内或潜伏在芽鳞内越冬；有些植物病毒可在栽培或野生的中间寄主上越冬、越夏；对许多园艺植物病害来说，保护地的病株也是病原物的越冬场所。

2. 病株残体

绝大部分非专性寄生的真菌、细菌都能在枯死的枯枝、烂皮、落叶、落花、落果和死根等植株残体内存活成为发病来源，因此彻底清除病株残体有利于消灭和减少初侵染来源。

3. 种子苗木和其他繁殖材料

种子及果实表面和内部，其他繁殖材料如块根、块茎、鳞茎、苗木、接穗和插条等，都可携带病原物，在播种和移栽后即可在田间形成发病中心，如将其作远距离的调运，则成为病害得以远距离传播的重要原因。

4. 土壤和粪肥

土壤、粪肥也是多种病原物越冬、越夏的主要场所，侵染植物根部的病原物尤其如此。病原物可以厚垣孢子、菌核等在土壤中休眠越冬，有的可存活数年之久。根据病原物在土壤中存活能力的强弱，可以分为土壤寄居菌和土壤习居菌。土壤寄居菌必须在病株残体上腐生生活，一旦寄主残体分解，便很快在其他微生物的竞争下丧失生活能力；土壤习居菌有很强的腐生能力，当寄主残体分解后能直接在土壤中腐生生活。

作物秸秆、枯枝落叶、野生杂草等残体是堆肥和沤肥的原料，病菌常随各种残体混入肥料越冬或越夏，因此有机肥在未经充分腐熟的情况下，即可成为多种病害的侵染来源。

5. 昆虫及其他传播介体

昆虫及其他介体是病毒和细菌等病原物的介体，也是病原物的越冬场所之一。如十字花科蔬菜病毒病可在蚜虫体内潜伏而成为病害侵染来源。

(二)病原物的传播

在植物体外越冬的病原物,必须传播到植物体上才能引起侵染,在植株之间传播则能引起再次侵染。有许多病原物如带鞭毛的细菌、游动孢子等都有主动传播的能力。但是,这种主动传播的距离极为有限,病原物的传播主要依赖外界因素被动传播。

1. 风力传播(气流传播)

真菌的孢子数量多,体积小,易于随风飞散。气流传播的距离较远,范围也较大,但可以传播的距离并不就是有效距离,因为部分孢子在传播的途径中死去,而且活的孢子还必须遇到感病的寄主和适当的环境条件才能引起侵染,传播的有效距离受气流活动情况、孢子的数量和寿命以及环境条件的影响。

借风力传播的病害,防治方法比较复杂,在注意消灭当地的病原物的同时,还要防止外地病原物的传入。确定病原物的传播距离,在防病上很重要,转主寄主的砍除和无病苗圃的隔离距离都是由病害传播距离决定的。

2. 雨水传播

植物病原细菌和生存在土壤中的一些病原真菌,如低等鞭毛菌的游动孢子、黑盘孢目和球壳孢目的分生孢子多半是由雨水、灌溉和排水传播的,传播的距离一般都比较近,病害蔓延不是很快。

3. 昆虫和其他动物传播

许多昆虫是传播病毒、病原细菌和真菌的介体,同时给植物造成伤口,为病原物的侵入创造了有利条件。此外,线虫、鸟类等动物也可传带病菌。

4. 人为传播

人们在育苗、嫁接、栽培管理及运输等各种农事活动中,常常无意识传播病原物。种子、苗木、农林产品以及货物包装用的植物材料,都可能携带病原物。人为传播往往是远距离的,而且不受外界条件的限制,这是实行植物检疫的原因。

(三)病害的初侵染和再侵染

由越冬、越夏的病原物在植物生长期引起的初次发病称初侵染。在初侵染的病部产生的病原体通过传播引起植物再次发病称为再侵染。在同一生长季节,再侵染可能发生多次。病害的侵染循环,可按再侵染的有无分为两大类。

1. 多病程病害

一个生长季节中除初侵染过程外还有再侵染过程,如梨黑星病、各种白粉病和炭疽病等属于这类病害。

2. 单病程病害

一个生长季节只有一次侵染过程,如松落叶病、梨锈病属于这类病害。

对于单病程病害每年的发病程度取决于初侵染源数量多少,只要集中消灭初侵染来源或防止初侵染,这类病害就能得到防治。对于多病程病害,情况就比较复杂,其发生的轻重除了受初侵染源数量多少的影响外,还要看气候条件影响再侵染发生的程度,往往后者的作用更大,一般流行性病害多是多病程病害。

五、病害的流行

病害在植物群体中大量发生,危害严重,对农业生产造成极大损失的现象,称为病害的流行。经常流行的病害称为流行性病害。

(一)病害流行的条件

传染性病害的流行必须具备三个方面的条件,即有大量致病力强的病原物,有大量感病的寄主以及对病害发生极为有利的环境条件。三方面因素相互联系,互相影响。

1. 大量的感病寄主

易于感病的寄主植物大量而集中的存在是病害流行的必要条件。感病品种一般病害潜育期缩短,再侵染频繁,病菌产孢量大,传染速率快,极易导致病害流行。大面积种植单一化或遗传同质化品种,如果原来是感病的,往往招致某些病害的流行;如果原来是抗病的,也会因为病原物出现新的致病力强的菌系或寄主抗病性的消失,而孕育着病害流行的危险。

2. 致病力强的病原物

病害的流行必须有大量的致病力强的病原物存在,并能很快地传播到寄主体上。病原物越冬或越夏的数量,即初侵染来源的多少,对病害流行起决定作用。对于再侵染的病害,除初侵染来源外,侵染次数多,潜育期短,繁殖快,对病害流行常起很大的作用。病原物的寿命长以及有效的传播方式,也可加速病害流行。

3. 适宜的发病条件

环境条件影响着寄主的生长发育、遗传变异和抗病能力,同时还影响病原物的生长发育、传播和生存。气象条件(温度、湿度、光照、风等)、土壤条件以及栽培条件(种植密度、肥水管理、品种搭配)等均与病害流行有密切关系。

上述三方面因素是病害流行必不可少的条件,但各种流行性病害由于病原物、寄主和它们对环境条件的要求等方面的特性不同,在一定地区、一定时间内分析病害流行条件时,不能把三个因素同等看待,可能其中某些因素基本具备,变动较小,而其他因素变动幅度较大,不能稳定地满足流行的要求,限制了病害流行。因此,把这种易变动的限制性因素称为主导因素。如杨树腐烂病,在北方的某些地区,感病的寄主大量而集中存在着,病原物也普遍地附生于枝干树皮表层,这时病害流行取决于环境条件,如遇突然的干旱或冻害,病害便随即流行起来。在另外一些病害里,病原物或大量的感病寄主的存在可能是流行的决定条件。

(二)病害流行的动态

植物病害的流行是随着时间而变化的,病害数量亦有一个由少到多、由点到面的发展过程。研究病害数量随时间而增长的发展过程,叫作病害流行的时间动态;研究病害分布由点到面的发展变化,叫作病害流行的空间动态。

1. 病害流行的时间动态

病害流行过程是病原物数量积累的过程,不同病害的积累过程所需时间各异,大致可分为单年流行病害和积年流行病害两类。单年流行病害在一个生长季节中就能完成数量积累过程,引起病害流行;积年流行病害需连续几年的时间才能完成该数量积累的过程。

单年流行病害大都是有再侵染的病害，故又称为多循环病害。其特点是潜育期短，再侵染频繁，一个生长季节可繁殖多代；多为气流、雨水或昆虫传播的病害；多为植株地上部分的叶斑病类；病原物寿命不长，对环境敏感；病害发生程度在年度之间波动大，大流行年之后，第二年可能发生轻微，轻病年之后又可能大流行。属于这一类的有许多作物的重要病害，如锈病、白粉病、马铃薯晚疫病、黄瓜霜霉病等。

积年流行病害又称单循环病害，其发生特点是无再侵染或再侵染次数很少，潜育期长或较长，多为全株性或系统性病害，多为种传或土传病害，包括茎基部及根部病害；病原物休眠体往往是侵染来源，对不良环境的抗性较强，寿命也长，侵入成功后受环境影响小；病害在年度间波动小，上一年菌量影响下一年的病害发生数量。属于该类病害的有黑穗病、粒线虫病、多种果树根病等。

2. 病害流行的空间动态

病害流行过程的空间动态是指病害的传播距离、传播速度以及传播的变化规律。病害传播的规律因病原种类和传播方式不同而异。气传病害的传播距离较远，土传病害一般传播距离较短，种传病害主要受人类活动的制约，虫传病害主要取决于传病昆虫种群数量、活动、迁飞能力以及病原与传病介体之间的相互关系。

病害在田间的扩展和分布型与病原物初侵染来源有关。若初侵染源位于本田内，在田间有一个发病中心或中心病株，则病害在田间的扩展过程由点到片，逐步扩展到全田，传播距离由近及远，发病面积逐步扩大，病害在田间的分布呈核心分布。若初侵染源为外来菌源，病害初发时在田间一般是随机分布或接近均匀分布。如果外来菌量大、传播广，则全田普遍发病。

任务训练

一、知识训练

(一)名词解释

寄生性、专性寄生物、致病性、免疫、抗病、耐病、感病、侵染过程、侵染循环、病害的流行。

(二)填空题

1. 按照从寄主获得活体营养能力的大小，可以把病原物分为 3 种类型，即(　　)、(　　)、(　　)。

2. 病原物的致病性是指病原物所具有的(　　)和(　　)的能力。

3. 病原物的致病作用，一是(　　)；二是(　　)；三是(　　)；四是(　　)，促使植物细胞分裂或抑制细胞生长，改变植物的代谢过程等。

4. 按照植物抗病能力的大小，可划分为(　　)、(　　)、(　　)、(　　)和(　　)等几种类型。

5. 一般将病害侵染过程分为四个阶段，即(　　)、(　　)、(　　)和(　　)。

6. 病原物的侵染循环包括病原物的(　　)、(　　)以及(　　)3 个环节。

7. 病害的侵染循环，可按再侵染的有无分为两大类，即(　　)和(　　)。

8. 传染性病害的流行必须具备三个方面的条件，即有(　　)，有大量(　　)以及对病害发生极为有利的(　　)。三方面因素相互联系，互相影响。

9. 单年流行病害大都是有(　　)的病害，故又称为(　　)病害。

10. 积年流行病害又称(　　)病害，其发生特点是(　　)或(　　)。

11. 病害流行过程的空间动态是指病害的(　　)、(　　)以及(　　)。

12. 气传病害的传播距离(　　),土传病害一般传播距离(　　),种传病害主要受(　　)活动的制约,虫传病害主要取决于(　　)、活动、(　　)以及病原与传病介体之间的相互关系。

(三)选择题

1. 植物的侵染性病害是由(　　)引起。

A. 农药使用不当　B. 真菌侵染　C. 生物因素　D. 冻害

2. 寄主植物完全不发病的称为(　　)。

A. 免疫　B. 抗病　C. 耐病　D. 避病

3. 具有直接侵入寄主植物能力的病原物有(　　)。

A. 真菌、线虫及寄生性植物　B. 真菌和细菌

C. 真菌和病毒　D. 真菌和线虫

4. 病原物侵入寄主植物的途径主要有(　　)。

A. 伤口侵入1种　B. 伤口和自然孔口2种

C. 自然孔口和直接侵入2种　D. 伤口、自然孔口和直接侵入3种

5. 田间的传毒昆虫主要是(　　)。

A. 蚜虫　B. 蝗虫　C. 棉铃虫　D. 蝼蛄

6. 对病原物侵入影响最大的环境条件是(　　)。

A. 植物的抗病性　B. 温度　C. 湿度　D. 光照

7. 植物病原物为专性寄生物的越冬越夏场所主要是(　　)。

A. 田间病株　B. 病株残体　C. 种子苗木　D. 土壤肥料

8. 植物病原物为专性寄生物的主要传播途径为(　　)。

A. 风力传播　B. 雨水传播　C. 种子苗木　D. 昆虫传播

9. 减少病害流行的主要栽培措施是(　　)。

A. 轮作　B. 连作　C. 多品种种植　D. 单品种种植

10. 寄主植物主要表现为发病较重,但产量损失较小的则称为(　　)。

A. 抗病　B. 感病　C. 耐病　D. 免疫

二、技能训练

组织学生进行园艺作物病原物的越冬场所调查。

学习情境3

园艺作物病虫害田间调查及测报

知识目标

◆明确园艺作物病虫害田间调查和预测内容。

◆熟悉病虫害田间调查取样、数据记载的方法。

◆熟悉资料整理、统计与分析和预测方法。

能力目标

◆熟练进行园艺作物主要病虫害田间调查并准确记录。

◆能对获得的数据进行统计分析做出病虫害发生短期测报。

学习任务1　园艺作物病虫害田间调查

任务描述

通过对目标实地田间病虫害调查，摸清目标虫情(病情)的分布、发生面积和受害程度，在掌握园艺作物病虫害田间调查的内容、取样方法、调查资料整理与数据统计方法的基础之上，完成当地某主要病虫害情况实地调查，撰写调查报告。

实施条件

1. 实施场所：校内外园艺作物生产基地、当地有关农业与气象部门。

2. 仪器用具：病虫调查统计器、温度计、米尺、天平、手持放大镜、调查记录册、记录笔、诱集器械等。

3. 其他：多媒体设备、相关农业生产资料、当地气象资料、相关图书、教材、PPT、视频、影像资料、网上资源等。

任务实施

要管理好园艺作物生产，预防病虫害发生，能有效地利用有利条件进行有益的控制，摸清目标病虫的基本资料和当前种群动态是十分重要的。这就要通过科学方法，对病虫的实际情况进行调查，取得科学的数据，作为发现问题、分析问题、解决问题的依据。

一、确定园艺作物病虫害的调查类型

园艺作物病虫害的调查可分为一般调查、重点调查和调查研究三种类型。

1. 一般调查

当一个地区有关植物病虫害发生情况的资料很少时，应先做一般调查。调查的内容广泛，有代表性，但不要求精确。为了节省人力、物力，一般在植物病虫害发生的盛期调查1～2次，对植物病虫害的分布和发生程度进行初步了解。

2. 重点调查(专题调查)

在对一个地区的植物病虫害发生情况进行大致了解之后，对某些发生较为普遍或严重的病虫害可做进一步的调查。这次调查较前一次的次数要多，内容要详细和深入，如分布、发病率、损失程度、环境影响、防治方法和防治效果等。调查某一具体病害的发生发展规律及防治效果等，其调查项目、次数、时间和要求则因调查目的而异。

3. 调查研究

调查研究是解决病虫害中的怀疑问题，如侵染循环、发病因子、发生代数、生活习性、寄主范围和防治方法等。调查的区域不一定广，但要深入，除田间观察外，更要注意访问和座谈。

二、确定园艺作物病虫害的调查内容

1. 发生和为害情况调查

主要了解一个地区或某一生活小区在一定时间内某种作物上的病虫种类发生时间、发生数量及为害情况等。一般调查主要了解当地的病虫害种类、发生时期与发生量及为害程度等，以田间调查为主；重点调查主要了解当地主要病虫害的始发期、盛发期、盛发末期及数量消长规律等，为确定防治适期和防治对象提供依据；调查研究主要针对某种病虫，除调查发生时间和数量危害程度外，还要详细调查该病虫的生活习性、发生特点、侵染循环、发生代数、寄主范围等，为预测预报病虫提供依据。

2. 病虫、天敌发生规律的调查(分布的调查)

查明一种病害、害虫或益虫的地理分布，以及不同分布区的数量对比。依次明确病害与害虫的分布范围和分布趋势，以及不同地区的发生程度而制定防治区划(防治地区和防治地块)，及益虫的利用地区、释放田块等。如调查寄主范围、发生世代、病虫越冬场所、越冬基数、越冬虫态、病原菌越冬方式，可为制定防治措施和保护利用天敌，开展预测预报提供依据。

3. 受害程度的调查

为弄清作物受害程度轻重而确定防治的必要性，衡量防治措施效果以及对经济效益的影响程度等提供依据。以被害率、被害指数、损失率、商品率等指标表示植物受害程度。

4. 防治效果调查

施药前后的病虫发生程度或密度的对比调查；施药区与对照区的发生程度对比及不同防

治措施、时间、次数的对比调查，为选择有效防治措施提供依据。

三、确定园艺作物病虫害的调查方法

进行园艺作物病虫害调查时，可根据调查目标地点病虫害发生实际情况，按一般调查、重点调查和调查研究顺序，对目标地进行实地田间调查。但不可能对全部或全体事物例如田块或植株作逐个调查。而且，由于不同种类的害虫的生物学特性不同，它们的发生、为害有其各自的规律性，即使同种害虫不同虫期也有各自的特点，同种害虫在不同寄主作物上的情况常常也有很大差异。因此，必须从中选取一部分作为代表，从局部推测全局，即所谓抽样调查。

抽样调查是田间实际调查最基本的方法。要使所取样本尽量接近全局的实际，必须坚持均匀、有代表性，切忌带有主观片面性。但由于病虫害的生物学特性及田间环境因素比较复杂，因此要使取样结果与全局实际情况的差别减少到最低程度，还必须根据取样的原理，确定采取适宜的取样方法，以期用最少的人力、物力，达到最大限度地代表全局实际。

(一)昆虫种群的田间分布

昆虫种群田间分布受种类、虫期、虫口密度的不同而变化，同时还受地形、土壤、植被及寄主作物种类、栽培方式、农田小气候等多种环境条件的影响。因此，进行害虫田间调查取样，必须根据不同的分布型选择相适应的取样方式，这样才能使取样具有代表性。昆虫在田间分布型，最常见的有以下三种(图 3-1)。

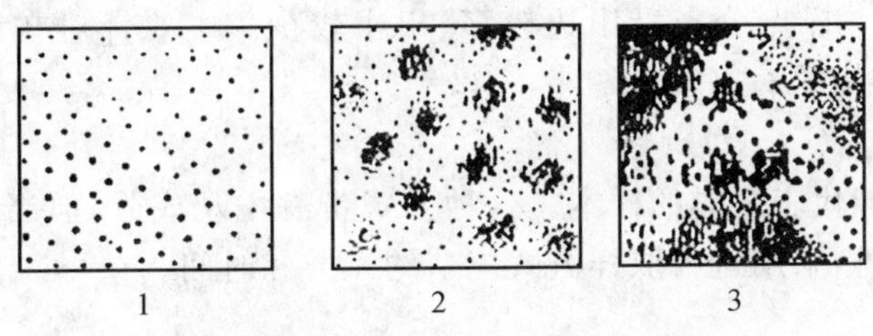

图 3-1 昆虫田间分布型示意图

1. 随机型 2. 核心型 3. 嵌纹型

1. 随机分布型

昆虫种群内各个体具有相对独立性，不相互吸引或相互排斥种群中的个体占据空间任何一点的概率相等，任何个体的存在决不影响其他个体的分布。由于这种分布型在田间分布比较均匀，调查取样时每一个体在取样点内出现的机会相似。因此取样数量可少些，每个取样点可稍大一些。五点式、对角线、棋盘式取样，均适用于这种分布型的害虫。

2. 核心分布型

昆虫在田间分布呈不均匀的状态，个体形成许多相同或不同大小的集团或核心，并向四周作放射状扩散蔓延，核心之间是随机分布的。这种分布型往往是由昆虫成虫以卵块产卵，或幼虫有聚集习性造成的，取样点数量可多一些而取样点可小一些。

3. 嵌纹分布型

也是一种不随机的分布，昆虫在田间分布疏密互间，密集程度极不均匀，呈嵌纹状。这种分布型通常是由很多密度不同的随机分布混合而成，或由核心分布的几个核心联合而成。调查取样时个体在各取样单位中出现机会不相等。这种分布型的取样数量应多一些，每个样点可适当小一些。

(二)调查取样方式

1. 随机取样

随机取样并不是随便取样，而是根据田块面积的大小，按照一定的取样方法和间隔距离选取一定数量的样本单位。一经确定必须严格执行，不能任意改变，切忌带有任何的主观成分。

随机取样的方法有：五点式取样、棋盘式取样、单对角线式取样、双对角线式取样、"Z"字形式取样、平行线式取样等。

(1)五点式取样　适用于密集或成行种植的作物。这种方法比较简便，取样数量较少，样点可稍大，适合于较小或近方形的田块。

(2)对角线式取样　可分单对角线式和双对角线式两种。与五点式取样法同样，取样数较少，每一样点可稍大。

(3)棋盘式取样　将田块划成等距离、等面积的方格。每隔一个方形的中央取一个点，相邻行的样点交错分开。取样数可较多，比较准确，但较费工。适宜密集或成行的植物和随机分布结构的病虫害的取样，及较大呈长方形的田块取样。

(4)分行线式取样　适宜成行的植物和核心分布的结构的病虫害取样。样点较多，分布较均匀。

(5)"Z"字形取样　样点分布沿田边较多，田中较少。主要针对在田间分布不均匀的害虫，适宜于嵌纹分布结构的病虫害。

2. 典型取样

即主观选定一些能代表全局的样本。这种方式带有主观成分，但当我们对全局和全局的个体情况已熟悉和了解，采用这种取样方式能节约人力和时间。

3. 分段取样

当全局中某一部分与另一部分具有明显的差异时，可采取这种取样方式。即从每一分段里分别随机取样或顺序取样调查，最后加权平均。

(三)调查取样单位

1. 病害调查

应随植物种类和病害特点而相应变化。一般以面积或长度为取样单位。取样数量是在每一调查点上取100～200株或20～30张叶片。叶片病害，根据分布情况，每点可检查20～30张叶片。叶片取样，可随机取样，也可在一定部位联系一定情况来确定取样单位。

2. 虫害调查

根据害虫种类或虫态以及作物种类和栽培方式不同，确定合适的取样单位是田间抽样调查的又一重要因素。一般常用的单位有：

(1)长度　多用于调查条播的密植作物上的虫口密度或受害程度。可以调查若干米的作物中的虫数，再根据播幅和行距折合成每亩虫数。

(2)面积 多用于调查土壤中的害虫和密集作物的害虫。例如 1 m^2 内的害虫数或虫害损失程度。

(3)体积 地下害虫、贮粮害虫及木材害虫多以体积为单位统计。例如每立方米的含虫量。

(4)重量 用以调查贮粮、种子中的害虫。例如统计每千克重量中的虫数。

(5)时间 多用于调查活动性大的害虫，按一定时间内所见到的虫数作相对的计量单位，或用捕虫网，按一定的网捕次数来计量。

(6)植株及植株上部分器官或部位 例如以每株作物上的虫数，或一株作物上的叶片、花和蕾铃、枝条、果实为单位计算虫数。

(7)诱集器械 如灯光诱虫，可以一定光度的灯，在一定时间内诱获的虫数为计算单位；糖醋诱集可以标准盆为单位。

(四)调查取样数量

取样数量越多估计值越接近实际情况，但取样过多必然会浪费人力和物力，如过少又会使调查结果不准确。因为取样数量是影响抽样调查结果和总体估计值最显著的因素。因此，适宜的取样数量对保证取样质量和节约人力与时间都是很重要的。

取样数量的多少，决定于害虫田间分布均匀程度及虫口密度大小。一般虫口密度大时样点数量可适当少些，每个样点可稍大些，相反，则应增加样点数而每个样点可稍小些。在确定取样数量时还必须考虑调查时所要求的精确程度高低，即在取样估计值中我们能允许的误差范围的大小。一般 1 m^2 作为一个样点，样点面积一般应占调查总面积的 0.1%～0.5%。

四、园艺作物病虫害调查记录与数据统计

(一)园艺作物病虫害调查记录

1. 一般调查

在一般调查时要对各种作物、各种病虫害的发生进行了解，尤其是发生盛期，但由于各种病虫害发生的时期不同，如地下害虫、猝倒病等应在作物的苗期进行调查，黄瓜枯萎病、霜霉病则在结瓜期后才陆续出现，苹毛金龟子在苹果、李子开花期前后是为害盛期，错过便很难调查到，因此，可选择作物的几个重要生育期如苗期、花期、结果期、采收期进行集中调查，可同时调查多种植物病虫害的发生情况。调查记录内容可参考表 3-1。

表 3-1 植物病(虫)害调查表(一)

调查人： 调查地点： 年 月 日

病虫害名称	植物名称和生育期	发生地块									
		1	2	3	4	5	6	7	8	9	10

2. 重点调查

调查记录内容可参考表 3-2、表 3-3、表 3-4。

表 3-2　植物病(虫)害调查表(二)

调查人:　　　　　　　　　　　　　　　　　　　　　　　　年　月　日

调查地点:

病虫害名称:　　　　　　　　发病(被害)率:

田间分布情况:

寄主植物名称:　　　　　　　品种:　　　　　　　　　　种子来源:

土壤性质:　　　　　　　　　肥沃程度:　　　　　　　　含水量:

栽培特点:　　　　　　　　　施肥情况:　　　　　　　　灌、排水情况:

病虫害发生前温度和降雨:　　病虫害盛发期温度和降雨:

防治方法:　　　　　　　　　防治效果:

群众经验:

其他病虫害:

表 3-3　植物病(虫)害调查表(三)

调查日期	调查地点	样地号	植物种类	样株号	病害名称	叶总数	病叶数	发病率	病害分级					病情指数	备注
									1	2	3	4	5		

表 3-4　植物病(虫)害调查表(四)

调查日期	调查地点	样地号	样地概况	害虫名称	主要虫态	样株号	害虫数量						危害情况	备注
							健康	死亡	被寄生	其他	总计	虫口密度/(头/株或头/m^2)		

(二)园艺作物病虫害调查数据统计

在对植物病虫害发生情况进行调查统计时,经常要用发病率、病情指数、被害率、被害指数等来表示植物病虫害的发生程度和严重度。

1. 园艺作物病害调查结果统计

(1)发病率　按照植株或器官是否发病进行统计,以调查发病田块、植株、器官占所有调查数量的百分比。不能表示病害发生的严重程度，只适用于植株或器官受害程度大致相仿的病害，如系统感染的病毒病、全株发病的猝倒病、枯萎病、线虫病等，及因局部发病而影响全株的瓜果腐烂病等。

$$发病率=\frac{病株(叶、果等)数}{调查总株(叶、果等)数}\times 100\%$$

如大白菜病毒病，调查200株，发病株为15株，发病率为15/200×100%=7.5%

(2)病情指数　植物病害发生的轻重，对植物的影响是不同的。如叶片上发生少数几个病斑与发生很多病斑以致引起枯死的，就会有很大差别。因此，仅用发病率来表示植物的发病程度并不能够完全反映植物的受害轻重。将植物的发病程度进行分级后再进行统计计算，可以兼顾病害的普遍率和严重程度，能更准确地表示出植物的受害程度。

病情指数的计算，首先根据病害发生的轻重，进行分级计数调查，然后根据数字按下列公式计算：

$$病情指数=\frac{\sum(各级病株(叶、果等)数\times 各级代表数值)}{调查总株(叶、果等)数\times 最高分级级数}\times 100\%$$

现以黄瓜霜霉病为例，说明黄瓜霜霉病的病情指数，其分级标准如下：

0级：无病斑；

1级：病斑面积占整个叶面积的5%以下；

3级：病斑面积占整个叶面积的6%～10%；

5级：病斑面积占整个叶面积的11%～25%；

7级：病斑面积占整个叶面积的26%～50%；

9级：病斑面积占整个叶面积的50%以上。

如调查黄瓜霜霉病叶片200片，其中0级25片、1级75片、3级50片、5级40片、7级10片。

$$病情指数=\frac{25\times 0+75\times 1+50\times 3+40\times 5+10\times 7}{200\times 9}\times 100\%=27.5\%$$

病情指数越大，病情越重；病情指数越小，病情越轻。发病最重时病情指数为100%，没有发病时，病情指数为0。

2. 园艺作物虫害调查结果统计

(1)虫口密度　指单位面积或单个植株上害虫的平均数量，它表示害虫发生的严重程度；有虫株率是指有虫株树占调查总株数的百分数，它表明害虫在园内分布的均匀程度。

$$虫口密度(头/m^2)=\frac{调查总活虫数}{调查总面积}$$

(2)被害率　表示植物的植株、茎秆、叶片、花和果实等受害虫为害的普遍程度，不考虑受害轻重，常用被害率来表示。

$$被害率=\frac{被害株(茎,叶,枝\cdots)数}{调查总株(茎,叶,枝\cdots)数}\times 100\%$$

如调查桃小食心虫蛀食苹果的蛀果率(被害率),调查 500 个果,其中被蛀果实 35 个,蛀果率(被害率)为 35/500×100%=7%。

(3)被害指数　许多害虫对植物的为害只造成生物产量或单株产量的部分损失,植株之间受害轻重程度不等,用被害率表示并不能说明受害的实际情况,可采用与病害相似的方法,将害虫为害情况按植株受害轻重进行分级,再用被害指数来表示受害情况。

$$被害指数=\frac{\sum(各级株,茎,叶,花,果数\times 各级代表数值)}{调查总株,茎,叶,花,果数\times 最高分级级数}\times 100\%$$

现以蚜虫为例,说明被害指数的计算方法。蚜虫为害分级标准为:

0 级:无蚜虫,全部叶片正常;

1 级:有蚜虫,全部叶片无蚜虫异常现象;

2 级:有蚜虫,受害最重叶片出现皱缩不展;

3 级:有蚜虫,受害最重叶片皱缩半卷,超过半圆形;

4 级:有蚜虫,受害最重叶片皱缩全卷,呈圆形。

调查蚜虫为害植株 100 株,0 级 53 株,1 级 26 株,2 级 18 株,3 级 3 株。

$$被害指数=\frac{53\times 0+26\times 1+18\times 2+3\times 3}{100\times 4}\times 100\%=17.75\%$$

被害指数越大,植株受害越重;被害指数越小,植株受害越轻。植株受害最重时被害指数为 100%;植株没受害时,被害指数为 0。

3. 园艺作物病虫害为害结果统计

(1)损失率　被害指数只能表示受害轻重程度,但不直接反映产量的损失。产量损失应以损失率表示。

$$损失率=损失系数\times\frac{被害率}{100}$$

其中:

$$损失系数=\frac{健株单株产量-被害株单株产量}{健株单株产量}\times 100\%$$

具体应用中,应根据调查的需要和相应的目的,对公式的重点加以突出,使其更符合于客观要求。

(2)商品率　园艺植物产品的商品性要求很高,有时产量的损失可能意味着商品价值的彻底丧失。这样,再高的产量也无济于事。如鲜食水果,高档次不允许果面有任何害虫的为害痕迹,否则,价格的巨大差异会使收入损失惨重。一般的商品率指能够符合市场一般要求以上的产品商品性。其计算应根据具体情况与市场要求而定。

任务训练

一、知识训练

(一)填空题

1. 园艺植物病虫害调查可分为(　　)和(　　)。(　　)一般是在(　　)的基础上进行的。

2. 昆虫在田间的分布型有(　　)、(　　)和(　　)三种。

3. 病虫害的调查方法有(　　)、(　　)和(　　)三种。

4. 病虫害的调查内容有(　　)、(　　)、(　　)和(　　)。

5. 随机取样的方法有(　　)、(　　)、(　　)、(　　)、(　　)和平行线式取样。

6. 虫害调查最后要统计出(　　)和(　　);病害调查最后要统计出(　　)和(　　)。

7. 抽样调查时,一般(　　)m^2 一个样地,样地面积一般应占调查总面积的(　　)。

8. 病情指数又称(　　),在(　　)之间,其既表明病害发生的(　　),又表明病害发生的(　　)。

9. 被害指数只能表示(　　),但不能直接反映(　　)。产量的损失以(　　)来表示。

10. 园艺作物发病最重时病情指数为(　　),没有发病时病情指数为(　　)。

(二)选择题

1. 昆虫产卵是呈(　　)分布的。

A. 均匀分布　B. 随机分布　C. 聚集分布　D. 核心分布

2. 取样时当总体中某一部分与另一部分明显不同时,常用(　　)方法。

A. 巢式取样　B. 分段取样　C. 主观取样　D. 随机取样

3. 用(　　)方法来表示株、杆、叶、花、果实等受害的普遍程度。

A. 发病率　B. 严重度　C. 病情指数　D. 被害率

4. 害虫的发生程度或危害程度一般分为(　　)级。

A. 4 级　B. 5 级　C. 6 级　D. 7 级

5. 园艺作物病虫害的一般调查多在(　　)进行 1~2 次。

A. 发生始期　B. 发生盛期　C. 发生末期　D. 以上都进行

6. 园艺作物病虫害在进行田间调查时,一个样点的面积约为(　　)。

A. 0.5 m^2　B. 1 m^2　C. 100 株　D. 50 株

7. 园艺作物叶部病害的病斑占整个叶面积的 5%以下,则病情指数为(　　)。

A. 0 级　B. 1 级　C. 2 级　D. 3 级

8. 园艺作物无虫害,全部叶片正常,则被害指数为(　　)。

A. 0 级　B. 1 级　C. 2 级　D. 3 级

(三)问答题

1. 为什么要进行田间调查?

2. 园艺植物病虫害调查有哪些取样方法?各有什么特点?

3. 什么是病情指数?怎样表示?

二、技能训练

1. 以 2 种发生普遍的害虫为例,采取正确的取样方法,调查虫株率和虫口密度。

2. 以 2 种发生普遍的病害为例,采取正确的取样方法,调查发病率和病情指数。

3. 对当地某一目标植物发生的病虫害进行调查,并写出调查报告。

 学习任务2 园艺作物病虫害的测报 

任务描述

通过对调查资料进行整理分析，结合作物、气象等因素，参考当地病虫害发生的历史资料，做出病虫害发生期以及害虫发育（病害发展）进度推断，编写短期病虫害测报单，制定防治方案，指导农户进行防治，将病虫害的为害控制在经济允许水平之内。

实施条件

1. 实施场所：校内外园艺作物生产基地、多媒体实训室。

2. 仪器用具：虫情测报灯、手持放大镜、诱集器械等。

3. 其他：多媒体设备、调查记录册、当地气象资料、害虫各虫态历期的形态特征指标与病害发病特征指标参考资料、相关图书、教材、PPT、网上资源等。

任务实施

一、园艺作物病虫害测报的认知

（一）病虫害预测的依据

病虫种群数量动态变化及对作物的危害，都有自身的规律和本质的原因，它们都是在一定环境下矛盾斗争的产物。不同种类的病虫，其发生发展规律和造成作物损失的程度有所不同，即使同种病和虫在不同时间和空间条件下它们的发生、为害也常常不完全一致，这与病虫的生物学特性和环境条件的关系有关，病虫种群数量的动态变化就是病虫的生物学特性在一定外界环境条件下的综合影响结果。因此，病虫害的预测预报，就是根据在不同的时间、空间的条件下两者相互关系的变化，来分析病虫种群数量的动态趋势。

病虫造成为害的过程以及为害程度的大小、不同种类的病虫以及同种病虫在不同时间和空间条件下的差异，总是受着病虫源、外界环境条件和作物易受害的危险生育期等三方面因素的影响。因此病虫害的预测预报就是具体调查和分析这三方面在时间、空间和数量上的相互关系，从而对病虫害的发生、分布和为害作出判断。

病虫害的预测预报具有十分明确的实践性，因此，预测预报无论期限的长短或是内容要求的区别，应当将“预防为主，综合防治”的方针和病虫害防治的策略原则作为重要的依据。使测报结果对于确定防治的必要性、防治的规模和范围、防治措施和防治关键时期的选择以及全面防治工作的部署等问题，能够符合经济简便、安全有效的防治目的。

(二)病虫害预测的类型

1. 据测报期限长短可分为短期测报、中期测报和长期测报

(1)短期测报　根据害虫的前一两个虫态的发生时期推测下一个虫态的发生期和数量,作为当前防治措施的依据。预测期限较短,距离防治适期 10 d 内的预报,仅在一个世代。例如从产卵高峰预测孵化盛期。

(2)中期测报　根据上一个世代的发生情况,预测下一个世代的发生情况。一般都是跨世代的,预测期限的长短有很大差别,随害虫种类而异,1 年发生 1 代的害虫为 1 年,1 年发生几代的则为 1 个月或 1 个季度。

(3)长期测报　是对两个世代以后的虫情测报,期限一般达数月,甚至跨年。作长期测报需要多年的系统资料积累。

中长期测报通常应用于指导防治策略的研究,为制定防治方针、进行物质准备和改进防治技术提供依据。短期预报则主要用于指导具体防治措施的实施,以提高防治效果。

2. 据测报内容可分为发生期预测、发生量预测和分布蔓延预测

(1)发生期预测　是指对害虫的卵、幼虫(或若虫)、蛹、成虫等某一虫态(虫龄)出现时期或危害期的预测,以此作为确定防治适期的依据。

(2)发生量预测　是对害虫可能发生的数量或虫口密度进行预测,主要是估计害虫数量是否有大发生的趋势和是否会达到防治指标,以确定是否开展防治工作。

(3)分布蔓延预测　是对测报对象可能分布和蔓延危害的地区进行预测,以确定采取控制其扩展、蔓延危害的措施。

(三)病虫害预测预报的方法

病虫害的预测预报的方法很多,常用的有以下几种。

1. 期距法

“期距”是害虫各虫态的时间距离,即害虫从前一个虫态发育到后一个虫态,或前一个世代发育到后一个世代所经历的天数。只要知道了这个期距的天数,就能根据前一个虫态发生期,加上期距天数,推算后一个虫态的发生期。也可以根据前一个世代的发生期,加上一个世代的发生期,推算后一个世代同一虫态的发生期。用期距法做预测预报工作,必须了解所预测对象的各虫态在正常情况下的历期,否则就无法预测预报。

测定期距常用的方法有:

(1)诱集法　利用昆虫的趋光性、趋化性以及取食、潜藏、产卵等习性进行诱测。如设置黑光灯、性引诱剂、糖醋液诱蛾等。在害虫发生时期经常诱集统计,这样便可以看出它们在本地区一年中各代出现的始期、盛期、末期的期距。

测报中常用的期距一般是指盛期至盛期的天数。有了这个基本数据,在以后的各年中,便可根据当年第一代出现的盛期加上期距天数,推测出第二代出现的盛期。也可推算虫期或为害期。

例如,用糖醋液诱测小地老虎越冬代成虫盛发期与第一代卵盛孵期的期距一般为 15 d,距严重为害期为 25～30 d。如果当年诱测知道小地老虎成虫盛期是 4 月 5 日,那么可推知第一代卵盛孵期是 4 月 20 日左右,严重为害期在 5 月 1 日以后。

(2)饲养法　有些预测对象的成虫或其他虫态，依靠诱集法是不能达到目的的，需用饲养补充。一般是从野外采集一定数量的卵、幼虫或蛹，在人工饲养下，观察统计其发育变化历期，根据一定数量的个体，求出平均发育期。以这样的平均历期，作为期距，进行期距预测。从前一虫态的发生期，预测以后虫态的发生期。

饲养时要记载饲养条件的温、湿度，对饲养的个体要记载清楚各虫态变化的日期。

(3)调查法　一般都是选择有代表性的虫源田进行定期调查，由某一虫态出现期开始前，逐日或每隔 1～5 d 取样调查，统计出现数量，计算出发育进度，直至终期为止。下一虫态也是这样，依次类推。根据实际调查的资料，可以看出同一世代中孵化进度、化蛹进度、羽化进度的期距，以及一年中不同世代同一虫态发育进度的期距。例如调查一些鳞翅目害虫的化蛹盛期时，可以按下列公式统计逐日的化蛹百分率及羽化百分率：

$$化蛹百分率=\frac{活蛹数+蛹壳数}{活幼虫数+活蛹数+蛹壳数}\times 100\%$$

$$羽化百分率=\frac{蛹壳数}{活幼虫数+活蛹数+蛹壳数}\times 100\%$$

化蛹盛期(50%化蛹)与羽化盛期(50%羽化)的时间间距，就是蛹的历期或蛹期。

2. 物候法

是指在自然界中各种随着季节变化出现的生物现象。例如燕子飞来、黄莺鸣叫、桃树开花等，都表现出一定的季节规律性，这些物候现象代表了大自然的气候已经进入到一定的节令。害虫的生长发育受自然气候的影响，每种害虫某一虫期，在自然界中也是在一定的节令才出现。由于自然界各种动植物的相互联系，我们可以经过观察，找出某种动植物某一发育阶段或活动的出现和害虫某一虫态出现在时间顺序上的标志，来预测害虫某一虫态的出现期。例如对小地老虎的观察证明："桃花一片红，发蛾到高峰；榆钱(果)落，幼虫多。"我们在测报上就是利用这种相关性，借助其他生物的活动规律，来预知害虫的出现期。

利用物候法作为害虫发生期的短期测报是有实际意义的，因为它容易为群众掌握，便于推广。但是在害虫测报上，仅仅停留在同一时间的物候现象上是很不够的，必须把观察的重点放在害虫出现以前的物候上，找出其间的期距，在防治害虫上才更为主动。

3. 有效积温法

就是利用有效积温法则进行预测预报。例如预测小地老虎的发生期，已知小地老虎卵的发育起点为 11.64℃，有效积温为 46.64 日度，5 月 8 日卵产下时的平均温度为 20℃，根据公式：$N=k/(T-C)$则发育天数 $N=46.64/(20-11.64)=5.58$(d)即 6 d，则从调查的 5 月 8 日，往后推 6 d，即 5 月 14 日，卵可孵化。

同理，利用公式 $T=C+k/N$ 计算出室内饲养的益虫或害虫所需的温度，进而达到掌握或控制其发育速度。

根据有效积温法则，可推算出某虫在某地一年中发生的代数。

$$世代数=\frac{某地全年有效积温总和}{某虫完成一个世代的有效积温}\times 100\%$$

但有效积温法则的应用，有一定的局限性，对一年一代或多年一代的害虫不适用；对发育过程中有明显滞育现象和某些迁飞性害虫也不适用。

4. 有效基数预测法

依据有效基数预测害虫的发生量是应用较普遍的一种方法。一般对年发生世代较少和第一、二代害虫的预测效果比较好。害虫的发生量通常与前一世代的虫口基数有密切关系，基数大下一世代发生可能多，反之则少。因此，许多害虫越冬后在早春进行有效基数的调查，可作为第一代发生数量的依据。在实际运用中，根据害虫的有效基数，推测后一世代的发生数量，常用下列公式：

$$P = P_0[L \times f/(m + f) \times (1 - M)]$$

式中：P——繁殖数，即下一世代的发生量；

P_0——上一世代基数；

L——每头雌虫平均产卵量；

f——雌虫所占比例；

m——雄虫所占比例；

M——死亡率。

例如，甘蓝夜蛾每平方米越冬蛹基数为0.5头，雌虫平均每头产卵700粒，雌雄比为1∶1，死亡率为85%，第一代幼虫发生量是：

$$P = 0.5 \times [700 \times 0.5/(0.5 + 0.5) \times (1 - 0.85)] = 0.5 \times 52.5 = 26.25(头/m^2)$$

5. 经验指数预测法

根据经验指数来估计未来害虫的数量消长趋势，常用的经验指数有温雨系数或温湿系数。

温湿系数 $ER = R/T$ 或 $R/(T - C)$　　温雨系数 $ER = P/T$ 或 $P/(T - C)$

式中：P——月或旬总降雨量；

T——月或旬平均温度；

R——月或旬平均相对湿度；

C——该害虫发育起点温度。

6. 昆虫形态特征、内部生理指标预测法

环境条件对昆虫的影响都要通过昆虫本身而起作用，昆虫对外界条件的适应也会从内外部形态特征上表现出来。如虫型的变化、脂肪体含量与结构、生殖器官的变异、雌雄性比等都影响到下一代或后一虫期的繁殖能力。可以依据这些内外部形态上的变化，来估计未来的发生量或迁飞的预测指标。例如蚜类、蚧类成虫有多型现象，环境条件有利时，无翅蚜多于有翅蚜；无翅雌蚧多于有翅雄蚧。因此，当种群中无翅蚜或无翅雌蚧比例高时，数量将会大发展。又如某些种类的飞虱，其成虫有长翅型与短翅型之分，长翅型中雌性比例较低，寿命比短翅型短3～5 d，产卵量也比短翅型少一半左右，因此，当种群中短翅型增多时，即预示数量将增加。

二、园艺作物病虫害短期测报

(一)园艺作物病虫害短期测报

在园艺作物生产中，确定病虫害防治的规模与范围、防治措施与关键时期同对敌作战一样，必须掌握敌情，做好虫情调查研究，做到心中有数，知己知彼，百战百胜。病虫害短期测报具体步骤：

(1)根据所选预测病虫种类，确定调查园地，协商调查内容与实施方法，选择预测预报方法。

(2)认真核对害虫各虫态历期的形态特征指标(病害发病特征指标)参考资料。

(3)观测记录并统计本地气象因子。

(4)针对具体预测的病虫害种类，进行观测、调查、统计、分析。

(5)编写病虫害测报单，发出病虫发生期和发育(发展)进度通报，提出病虫害防治方案。(表 3-5)。

表 3-5　植物病(虫)情测报单

题目：×××测报
前言：根据预测类型概述本地区作物、病害的基本情况。
正文： 1. 简单介绍病害发生特点和危害情况； 2. 与历年资料对比分析，说明发生早晚和轻重； 3. 结合气象、作物等条件进行分析，做出发生期、发生程度或发生趋势的估计； 4. 提出有关防治时期和防治方法的建议。

注意：测报结果对于进行防治非常重要，对防治规模、防治范围、防治措施和防治关键时期的选择、全面防治工作的部署等问题要阐述清楚，符合经济简便、安全有效的防治目的。预报内容要短小精悍。

(二)园艺作物虫害短期测报

以桃小食心虫的预测预报为例。

1. 桃小食心虫发生特点

桃小食心虫属鳞翅目果蛀蛾科，简称桃小。主要为害桃、苹果、梨、山楂、海棠等树种，是危害果树严重害虫之一。

桃小食心虫在河北省一年发生两代，少数年份一年一代(各地发生代数有差异，应参考当地发生情况)。以老熟幼虫在树结扁圆形茧越冬。

越冬幼虫出土时期与气温、雨量有直接的关系。如出土前一周平均气温达 16.9℃，地温为 19.7℃，土壤含水量在 10%左右即可出土。越冬幼虫从出土至羽化成虫约需 14 d，羽化期在 6 月中旬，7 月上旬为羽化盛期。成虫羽化后 2～3 d 即可产卵，卵期 6～7 d，蛀果期从 6 月下旬开始，蛀果盛期在 7 月上、中旬。第二代卵盛期在 8 月中、下旬，8 月下旬至 9 月上旬是老熟幼虫脱果越冬的时间。具体为害时期见表 3-6。

2. 桃小食心虫预测方法

(1)越冬幼虫出土期的预测　预测越冬幼虫出土，是指导地面防治适期的手段。越冬幼虫出土期的调查，可用田间调查出土虫数与盆内观察出土的方法相结合。

表 3-6 桃小食心虫在苹果的为害时期

树种	越冬代出土期			越冬代成虫产卵期			第一代成虫产卵		
	始	盛	末	始	盛	末	始	盛	末
苹果	5上	5下至6中	7上、中	6下	7	7末至8初	—	8中、下	9中、下

田间调查幼虫出土法：选上一年受害严重的果园，固定调查树10株，将树盘内的杂草、石块等物清干净，土面耙平，然后在每株树下摆10～15块瓦片或砖块，诱集出土的越冬幼虫潜入下面结化蛹茧。每2～3 d调查一次瓦片附近有无出土的幼虫，发现有出土幼虫后，每日定时观察记载一直到结束为止。同时每日观察后的幼虫要捡出来，放在其他器皿中，用此观察成虫羽化情况。

盆内观察越冬幼虫的出土情况：在秋季收集脱果老熟幼虫，在树冠下埋几个大花盆，盆内装筛好的细沙质壤土压实，将收集的老熟幼虫置于花盆内，使其自然入土结茧越冬。翌年5月初，与田间调查一样经常观察有无幼虫出土，发现幼虫出土后每日定时检查出土数，可与田间调查情况相对照。在调查地点的附近设置地温表，每日记载地下5 cm、10 cm的土壤温度，做预报参考(表3-7)。

表 3-7 桃小食心虫出土时期调查

调查日期	越冬幼虫数	出土幼虫数	出土率/%	温湿度		
				地温		降水量/mm
				5 cm	10 cm	

(2)桃小食心虫成虫产卵期预测　饲养观察：备大号花盆3～5个，挖坑埋入树下，内放潮湿细土，将每日观察的出土幼虫移入花盆，而后每日观察成虫羽化虫数，同时记载土温及降水情况(表3-8)。

表 3-8 桃小食心虫成虫羽化始期调查

调查日期	移入幼虫数		羽化情况		温湿度			备注
	当日移入数	积累移入数	成虫羽化数	羽化率/%	地温		降水量/mm	
					5 cm	10 cm		

田间定果查卵：饲养的成虫开始羽化时，开始调查田间产卵情况。选上年为害严重的果园，确定易受害的品种5～10株为调查树，在每株树冠下部固定果实100～200个编号入档。每2～3日调查一次果上的产卵情况，记载产卵果及卵数。调查所发现的卵用针拨掉，以免下次重复(表3-9)。

3. 桃小食心虫的短期测报

由于桃小食心虫在进行药剂防治时，掌握两个关键时间，一是越冬幼虫出土盛期前，二是第一代成虫产卵盛期，因此预报可按此重点进行。

表 3-9　桃小食心虫产卵调查

调查日期	地块	品种	调查总果数	卵数	有卵果数	卵果率/%	备注

(1)越冬幼虫出土期防治适期的预报　当越冬幼虫连续出土时，再连续观察 2～3 d，发出开始防治预报。第一次喷药防治应在连续出土后 3～4 d 进行，第二代防治应在第一次喷药后 6～7 d 再喷一次为宜。

(2)第一代初孵幼虫时期的预报　根据田间查卵，当卵果率达到 0.5%～1%时，进行第一次药剂防治；根据培养越冬幼虫化蛹和羽化做预报时，成虫羽化率 25%左右进行。一般防治桃小食心虫要连续药治为宜，应每隔 10～12 d 喷一次。

(三)园艺作物病害短期测报

以蔬菜霜霉病病害预测为例。

1. 霜霉病发病症状与发病规律

参照学习情境 5 中的学习任务 1。

2. 霜霉病调查观测

(1)中心病株调查　定植后，选择地势低洼、通风排水不良、栽培较集中、早栽、易感病品种类型田 2～3 块，每 3～5 d 调查一次，采取对角线五点取样定点调查，每点查 5～20 株(调查发病叶片，从植株底叶查起)，查出发病始期、中心病株出现日期，将调查结果填入表 3-10。

表 3-10　瓜类霜霉病调查表

调查日期	调查地点	品种	发病始期及发病中心出现期	发病中心病株数	发病中心病株率/%	备注

(2)发病程度调查　当发现中心病株后，选择有代表性的类型田各 1～2 块，采取对角线 5 点取样法调查，每点查 10～20 株，每 10 d 调查一次，记录发病叶数、株数，计算病株率、病情指数，将结果填入表 3-11。

表 3-11　霜霉病田间发病程度调查表

调查日期	调查地点	品种	生育期	调查株数	发病株数	病株率/%	调查叶数	病叶率/%	各级发病叶数					病情指数	备注
									0 级	1 级	2 级	3 级	4 级		

3. 霜霉病预测

(1)发生期预测　当发现中心病株后，结合气象资料分析，及时发出第一次预报。如气候条件适宜，一般4～5 d 后，还可以出现较多的发病中心，约 15 d 后即可普遍发病。

(2)发生程度预测　根据病情调查、品种布局、天气预报等因素综合分析，作出病害发生程度的趋势预报。

田间易感病品种多，气温在20～22℃，湿度在85%以上，同时降雨次数多，露水重等天气，病害将迅速流行。相反，虽然有发病中心，但天气干旱无结露或湿度适宜，但气温超过30℃，该病则轻度流行。

任务训练

一、知识训练

(一)名词解释

随机取样，发病率，被害指数，虫口密度，有虫株率，损失系数，期距。

(二)填空题

1. 据测报内容分病虫害预测的类型有(　　)、(　　)和(　　)。
2. 据测报期限长短分病虫害预测的类型有(　　)、(　　)和(　　)。
3. 发生期预测主要是预测某种害虫某一虫态出现的(　　)、(　　)、(　　)期，以便确定(　　)。
4. 预测害虫发生量的方法有(　　)、(　　)和(　　)。
5. 害虫为害程度表示方法有(　　)、(　　)、(　　)和(　　)。
6. 测定害虫的期距常用方法有(　　)、(　　)和(　　)。
7. 利用有效积温法则进行园艺作物虫害预测预报，主要预测害虫的(　　)和(　　)。
8. 园艺作物病虫害的短期测报是指距离防治适期(　　)d内的测报。

(三)问答题

1. 预测害虫发生期的方法有哪些？各有何特点？
2. 举例说明如何计算害虫为害的损失系数。
3. 你所在地区有哪些物候现象和害虫的发生期有关？试举例说明。

二、技能训练

以小组为单位，在教师的指导之下，对当地园艺作物生产中发生的主要病虫害，选择一种病害和一种虫害实施短期的发生期与发育(发展)进度预测，编写病虫害发生的短期病虫情报单。

学习情境 4

园艺作物病虫害防治的基本方法

知识目标

◆理解综合治理的基本思想。

◆熟悉各种防治方法与常用药械的特点与特性。

能力目标

◆熟练运用园艺作物病虫害综合治理中的各项技术措施。

◆能根据园艺作物病虫害发生的具体情况，制订合理的防治方案，灵活运用各种防治措施。

◆具备团队协作精神与安全环保意识，并熟练进行药械的选择、配制与使用。

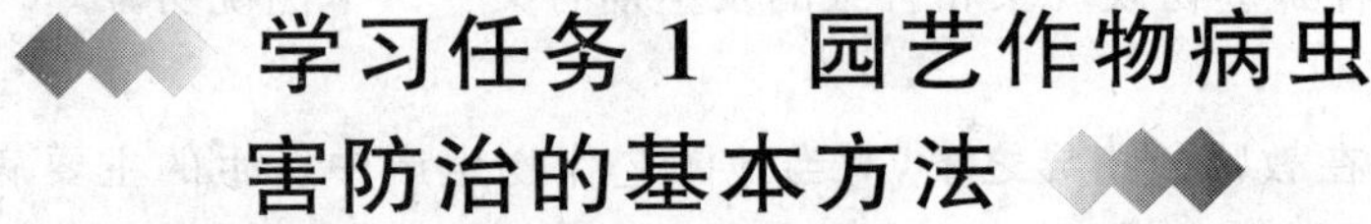

学习任务 1　园艺作物病虫害防治的基本方法

任务描述

通过到校内外实训基地或园艺作物生产中进行实地观摩、考查及标本观察、网络视频、知识传授等相结合的方式，熟知园艺作物病虫害综合治理中的农业技术防治、物理机械技术防治、生物技术防治中的各类方法和各项具体技术措施，能根据生产实地的需要，灵活选用并熟练操作常用的具体措施，如灯光诱杀、黄板诱杀、温汤浸种、中耕除草、清洁田园、保护利用天敌等，来指导和实践园艺作物病虫害的防治工作。同时还要理解综合治理的基本思想，了解植物检疫的工作原理和化学防治技术的特点。

实施条件

1. 实施场所：校内实验田、校外园艺作物生产基地（田园、温室、大棚）。
2. 仪器设备：多媒体设备、诱虫灯、黄板、植保机械等。
3. 药品用具：机油、常用农药、放大镜、捕虫网等。

4. 其他：天敌与害虫标本、相关图书、教材、PPT、视频、影像资料、网上资源等。

任务实施

一、园艺作物病虫害防治方法的认知

目前生产中防治园艺作物病虫害的方法与措施多种多样，归纳起来有植物检疫、农业技术防治、物理机械防治、生物防治及化学防治五大类。

（一）植物检疫

植物检疫也叫法规防治，是指一个国家或地方政府颁布法令，设立专门机构，禁止或限制危险性病虫、杂草等人为地传入或传出，或者传入后为限制其继续扩展所采取的一系列措施。它是防治病虫草害的基本措施之一，也是实施综合治理的有力保证。

1. 植物检疫的必要性

在自然情况下，病虫害、杂草等的分布虽然可以通过气流等自然动力和自身活动扩散，不断扩大其分布范围，但这种能力是有限的。再加上有高山、海洋、沙漠等天然障碍的阻隔，病虫、杂草的分布有一定的地域局限性。但是，一旦借助人为因素的传播，例如附着在种实、苗木、接穗、插条及其他植物产品上由一个地区传到另一个地区或由一个国家传播到另一个国家，原来制约其发生发展的一些环境因素被打破，条件适宜时，就会迅速扩展蔓延，猖獗成灾。例如葡萄根瘤蚜在 1860 年由美国传入法国后，经过 25 年，就有 10 万 hm^2 以上的葡萄园近于毁灭。又如我国的菊花白锈病、樱花细菌性根癌病均由日本传入，使许多园林蒙难。最近几年传入我国的美洲斑潜蝇、蔗扁蛾、薇甘菊等也带来了严重灾难。因而为了防止危险性病虫害及杂草的传播，各国政府都制定了检疫法令，设立了检疫机构，进行植物病虫害及杂草的检疫。

2. 植物检疫的任务

（1）禁止危险性病虫及杂草随着植物及其产品由国外输入或国内输出。

（2）将国内局部地区已发生的危险性病虫和杂草封锁在一定的范围内，防止其扩散蔓延，并积极采取有效措施，逐步予以清除。

（3）当危险性病虫和杂草传入新地区时，应采取紧急措施，及时就地消灭。

随着我国对外贸易的发展，园艺产品的交流也日益频繁，危险性病虫及杂草的传播机会越来越大，检疫工作的任务愈加繁重。因此必须严格执行检疫法规，高度重视植物检疫工作，切实做到"既不引祸入境，也不染灾于人"，以促进对外贸易，维护国际信誉。

3. 植物检疫的措施

（1）对外检疫和对内检疫　对外检疫（国际检疫）是国家在对外港口、国际机场及国际交通要道设立检疫机构，对进出口的植物及其产品进行检疫处理，防止国外新的或在国内还是局部发生的危险性病虫害及杂草的输入，同时也防止国内某些危险性的病虫害及杂草的输出。

对内检疫（国内检疫）是国内各级检疫机关，会同交通运输、邮电、供销及其他有关部门，根据检疫条例，对所调运的植物及其产品进行检验和处理，以防止仅在国内局部地区发生的危险性病虫害及杂草的传播蔓延。我国对内检疫主要以产地检疫为主，道路检疫为辅。

对内检疫是对外检疫的基础，对外检疫是对内检疫的保障，二者紧密配合，互相促进，以达到保护农林生产的目的。

(2)检疫对象的确定　确定检疫对象的依据及原则是：

①本国或本地区未发生的或分布不广，局部发生的病虫及杂草。

②危害严重，防治困难的病虫、杂草。

③可借助人为活动传播的病虫及杂草。即可以随同种实、接穗、包装物等运往各地，适应性强的病虫、杂草。

同时，必须根据寄主范围和传播方式确定应该接受检疫的种苗、接穗及其他植物产品的种类和部位。

检疫对象名单并不是固定不变的，应根据实际情况的变化及时修订或补充。

(3)划定疫区和保护区　有检疫对象发生的地区划为疫区，对疫区要严加控制，禁止检疫对象传出，并采取积极的防治措施，逐步消灭检疫对象。未发生检疫对象但有可能传入检疫对象的地区划定为保护区，对保护区要严防检疫对象传入，充分做好预防工作。

(4)其他措施　包括建立和健全植物检疫机构、建立无检疫对象的种苗繁育基地、加强植物检疫科研工作等。

4. 植物检疫对象名单

中华人民共和国进境植物检疫性有害生物名录中包括了435种(属)，在此不一一列举。全国农业植物检疫性有害生物名单中与园艺有关的有：菜豆象、柑橘小实蝇、柑橘大实蝇、蜜柑大实蝇、三叶斑潜蝇、椰心叶甲、四纹豆象、苹果蠹蛾、葡萄根瘤蚜、苹果棉蚜、美国白蛾、马铃薯甲虫、芒果果肉象甲、芒果果实象甲、蔗扁蛾、菊花滑刃线虫、腐烂茎线虫、香蕉穿孔线虫、柑橘黄龙病菌、番茄溃疡病菌、柑橘溃疡病菌、番茄细菌性叶斑病菌、瓜类果斑病菌、十字花科黑斑病菌、黄瓜黑星病菌、香蕉镰刀菌、枯萎病菌4号小种、马铃薯癌肿病菌、苹果黑星病菌、李属坏死环斑病毒、番茄斑萎病毒、黄瓜绿斑驳花叶病毒、豚草属、菟丝子属、列当属等。

5. 植物检疫的步骤

(1)对内检疫

①报检　调运和邮寄种苗及其他应受检的植物产品时，应向调出地有关检疫机构报验。

②检验　检疫机构人员对所报验的植物及其产品要进行严格的检验。到达现场后凭肉眼和放大镜对产品进行外部检查，并抽取一定数量的产品进行详细检查，必要时可进行显微镜检及诱发试验等。

③检疫处理　经检验如发现检疫对象，应按规定在检疫机构监督下进行处理。一般方法有：禁止调运、就地销毁、消毒处理、限制使用地点等。

④签发证书　经检验后，如不带有检疫对象，则检疫机构发给国内植物检疫证书放行；如发现检疫对象，经处理合格后，仍发证放行；无法进行消毒处理的，应停止调运。

(2)对外检疫　我国进出口检疫包括以下几个方面：进口检疫、出口检疫、旅客携带物检疫、国际邮包检疫、过境检疫等。应严格执行《中华人民共和国进出口动植物检疫条例》及其实施细则的有关规定。

6. 植物检疫的方法

植物检疫的检验方法按检验地点分现场检验、实验室检验和栽培检验三种。具体方法有直接检验、过筛检验、解剖检验、比重检验、荧光反映检验、染色检验、漏斗分离检验、洗涤检验、分离培养检验、血清检验、生物化学反应检验、萌芽检验、接种检验、隔离试种检验、软X光检验等。

(二)农业技术防治

农业技术防治就是通过改进栽培技术措施,使环境条件不利于病虫害的发生,而有利于园艺作物的生长发育,直接或间接地消灭或抑制病虫的发生与危害。这类方法不需要额外投资,有利于保持生态平衡,又有预防作用,可长期控制病虫害,因而是最基本的防治方法。但农业技术防治法中有的措施地域性、季节性较强,且防治效果缓慢,病虫害大发生时必须依靠其他防治措施。农业技术防治主要有以下措施:

1. 清洁田园、卫生作业

及时收集田园、棚室中带有病虫害的病株残体,并加以处理,深埋或烧毁。生长季节要及时摘除病、虫枝叶,清除因病虫致死的植株。园艺操作过程中应避免人为传染,如在嫁接、移栽、摘心时要防止工具和人手对病菌的传带。温室中带有病虫的土壤、盆钵在未处理前不可继续使用。无土栽培时,被污染的营养液要及时清除,不能继续使用。

2. 合理耕作制度

(1)合理轮作　轮作是古老而有效的防病措施,轮作植物须为非寄主植物。通过轮作,使土壤中的病原物因找不到食物"饥饿"而死,从而降低病原物的数量。

轮作时间应视具体病害而定,如鸡冠花褐斑病实行2年以上轮作即有效,而胞囊线虫病一般情况下要实行3～4年以上轮作。为预防西瓜枯萎病的发生,在不采取其他措施的情况下,农谚说"种西瓜十年不重茬。"

(2)科学间作　每种病虫对植物都有一定的选择性和转移性,因而在作物布局时,要考虑到寄主植物与害虫的食性及病菌的寄主范围,尽量避免相同食料及相同寄主范围的作物混栽或间作。如十字花科蔬菜混栽有利于菜青虫、小菜蛾等害虫的发生;桃、梅等与梨相距太近,有利于梨小食心虫的大量发生;多种花卉的混栽,会加重病毒病的发生。

3. 深耕改土

结合深耕土地,可将土壤深层的害虫和病菌翻至地表,日光暴晒或冷冻致死;将表层的害虫和病菌翻入深层,使其不能出土而死。如棉铃虫蛹在表层4～6 cm处越冬,深翻可破坏其蛹室损伤蛹而大量死亡。

4. 健身栽培

(1)合理密植　合理密植可以创造有利于园艺作物生长发育的环境条件,如保持良好的改善通风透光条件、降低湿度等,从而培育健壮植株、提高抗病虫能力,减轻病虫危害程度。

(2)改善环境条件　改善环境条件主要是指调节栽培地的温度和湿度,尤其是温室栽培植物,要经常通风换气、降低湿度,以减轻灰霉病、霜霉病等病害的发生。冬季温室温度要适宜,不要忽冷忽热。否则,各种园艺作物往往因生长环境欠佳,导致各种生理性病害及侵染性病害的发生。

(3)加强肥水管理　合理的肥水管理不仅能使植物健壮地生长,而且能增强植物的抗病虫能力。一是使用肥料时要注意氮、磷、钾及微量元素等营养成分的配合,讲究配方施肥,以防止施肥过量或出现缺素症。二是使用的有机肥要充分腐熟,否则,容易传播病菌、招引金龟子及种蝇等产卵为害。

浇水方式、浇水量、浇水时间等都影响着病虫害的发生。喷灌和洒水等方式往往容易引起叶部病害的发生，最好采用沟灌、滴灌或沿盆钵边缘注浇。浇水量要适宜，浇水过多易烂根，浇水过少则易使植物因缺水而生长不良，出现各种生理性病害或加重侵染性病害的发生。多雨季节要及时排水。浇水时间最好选择晴天的上午，以便及时地降低叶表湿度。

(4)适时间苗定苗、及时整枝打杈与合理修剪　适时间苗定苗、及时整枝打杈、合理修剪不仅可以改善通风透光、降低湿度、提高作物长势，同时还可直接消灭部分病虫，减轻其危害。例如秋冬季节结合修枝，剪去有病枝条，从而减少来年病害的初侵染源，如月季枝枯病、白粉病以及果树腐烂病等。

(5)中耕除草　中耕除草不仅可以保持地力，减少土壤水分的蒸发，促进植株健壮生长，提高抗逆能力，还可以清除许多病虫的发源地及潜伏场所。如杂草苋色藜是香石竹病毒病的中间寄主，铲除杂草可以起到减轻病害的作用；绿刺蛾、扁刺蛾、草履蚧等害虫的幼虫或蛹生活在浅土层中，通过中耕，可使其暴露于土表，便于杀死。

5. 选育抗病虫品种

(1)培育抗病虫品种　培育抗病虫品种是预防病虫害的重要一环。培育抗病虫品种的方法很多，有常规育种、辐射育种、化学诱变、单倍体育种等。随着转基因技术的不断发展，将抗病虫基因导入园艺作物体内，获得大量理想化的抗性品种已逐步变为现实。

(2)繁育健壮种苗　园艺作物上有许多病虫害是依靠种子、苗木及其他无性繁殖材料来传播的，因而培育无病虫的健壮种苗，可有效地控制该类病虫害的发生。

①无病虫苗床或圃地育苗　选取土壤疏松、排水良好、通风透光、无病虫危害的场所为苗床或育苗圃地。盆播育苗时应注意盆钵、基质的消毒，同时通过适时播种，合理轮作，整地施肥以及中耕除草等加强管理，使之苗齐、苗全、苗壮、无病虫危害。

②无病株采种(芽)　园艺作物的许多病害是通过种苗传播的，如辣椒炭疽病是由种子传播，菊花白锈病是由芽传播，只有从健康母株上采种(芽)，才能得到无病种苗，避免或减轻该类病害的发生。

③组培脱毒育苗　园艺作物中病毒病发生普遍而且严重，许多种苗都带有病毒，利用组培技术进行脱毒处理，对于防治病毒病十分奏效。如脱毒香石竹苗、脱毒兰花苗等应用已非常成功。

(三)物理机械技术防治

利用各种物理因素和机械设备来防治病虫害的方法称为物理机械技术防治。这类方法简单易行，经济安全，很少有副作用，但有的措施费力，或者防治效果不理想。

1. 捕杀法

利用人工或各种简单的器械捕捉或直接消灭害虫的方法称捕杀法。人工捕杀适合于具有假死性、群集性或其他目标明显易于捕捉的害虫。如多数金龟甲、象甲的成虫具有假死性，可在清晨或傍晚将其震落杀死；结合园圃日常管理，人工捏杀卷叶蛾虫苞、摘除虫卵、捕捉天牛成虫等。此法不污染环境，不伤害天敌，不需额外投资，便于开展群众性防治。

2. 诱杀法

利用害虫的趋性，人为设置器械或诱物来诱杀害虫的方法称为诱杀法。利用此法还可以预测害虫的发生动态。

(1)灯光诱杀　利用害虫对灯光的趋性,人为设置灯光来诱杀害虫的方法称为灯光诱杀。目前生产上所用的光源主要是黑光灯,此外,还有高压电网灭虫灯等。

黑光灯是一种能辐射出360 nm紫外线的低气压汞气灯。而大多数害虫的视觉神经对波长330～400 nm的紫外线特别敏感,具有较强的趋光性,因而诱虫效果很好,能诱集15目100多科的几百种昆虫,其中多数是农林害虫。利用黑光灯诱虫,诱集面积大,成本低,不仅能消灭大量虫源,降低下一代的虫口密度,还可用于预测预报和科学实验。

安置黑光灯时应以安全、经济、简便为原则。诱虫时间一般在5～9月份,选择闷热、无风、无雨、无月光的天气开灯,以21～22时诱虫最多。

(2)食物诱杀

毒饵诱杀:利用害虫的趋化性,在其所喜欢的食物中掺入适量毒剂来诱杀害虫的方法叫毒饵诱杀。例如蝼蛄、地老虎等地下害虫,可用麦麸、谷糠等作饵料,掺入适量敌百虫、辛硫磷等药剂制成毒饵来诱杀;诱杀地老虎、梨小食心虫成虫时,常以糖醋液作饵料,以敌百虫作毒剂来诱杀。

饵木诱杀:许多蛀干害虫,如天牛、小蠹虫等喜欢在新伐倒木上产卵繁殖,因而可在这些害虫的繁殖期,人为地放置一些木段,供其产卵,待卵全部孵化后进行剥皮处理,消灭其中的害虫。

植物诱杀:利用害虫对某些植物有特殊的嗜食习性,人为种植或采集此种植物诱集捕杀害虫的方法。如在田园周围种植蓖麻,可使金龟甲误食后麻醉,从而集中捕杀。

(3)潜所诱杀　利用害虫在某一时期喜欢某一特殊环境的习性,人为设置类似的环境来诱杀害虫的方法称为潜所诱杀。如在果树干基部绑扎草把或麻布片,可引诱某些蛾类幼虫前来越冬;在蔬菜田内堆集新鲜杂草,能诱集地老虎幼虫潜伏草下,然后集中杀灭。

(4)色板诱杀　将黄色黏胶板设置于园艺作物栽培区域,可诱黏到大量有翅蚜、白粉虱、斑潜蝇等害虫,其中以在温室保护地内使用时效果较好。田园设置蓝板可诱杀蓟马。目前介电吸虫板(筒)技术就是利用此原理,可引诱趋黄(蓝)色或蓝光的微小害虫着落,并通过介电极化力吸住而困死。

3. 阻隔法

人为设置各种障碍,以切断病虫害的侵害途径,这种方法称为阻隔法,也叫障碍物法。

(1)涂毒环、涂胶环　对有上、下树习性的幼虫可在果树干上涂毒环或涂胶环,以阻隔和触杀幼虫。胶环的制作可用以下配方:蓖麻油10份、松香10份、硬脂酸1份。

(2)挖障碍沟　对不能迁飞只能靠爬行扩散的害虫,为阻止其迁移危害,可在未受害区周围挖沟,害虫坠落沟中后予以消灭。对紫色根腐病等借助菌索蔓延传播的根部病害,在受害植株周围挖沟能阻隔病菌菌索的蔓延。

(3)设障碍物　有的害虫雌成虫无翅,只能爬到树上产卵,对这类害虫,可在上树前在树干基部设置障碍物阻止其上树产卵,如在树干上绑塑料布或在干基周围培土堆,制成光滑的陡面。

(4)土壤覆膜或盖草　许多叶部病害的病原物是在病残体上越冬的,蔬菜、花木栽培地早春覆膜或盖草(稻草、麦秸草等)可大幅度地减少叶部病害的发生。其原理是地膜或干草对病原物的传播起到了机械阻隔作用。

(5)纱网阻隔　对于保护地内栽培的园艺作物,可采用40～60目的纱网覆罩,不仅可以隔绝蚜虫、叶蝉、粉虱、蓟马等害虫的危害，还能有效地减轻病毒病的侵染。

此外，在目的植物周围种植高秆且害虫喜食的植物，可以阻隔外来迁飞性害虫的危害；土表或苗床覆盖银灰色薄膜，可使有翅蚜远远躲避，从而保护园艺作物免受蚜虫的危害并减少蚜虫传毒的机会。

4. 汰选法

利用健全种子与被害种子体形大小、比重上的差异进行器械或液相分离，剔除带有病虫的种子。常用的有手选、筛选、盐水选等。

带有病虫的种苗或苗木，有的用肉眼便能识别，因而引进、购买时，要汰除有病虫害的种苗或苗木，尤其是带有检疫对象的材料，一定要彻底检查，拒之于门外。

5. 温度处理法

利用高温或低温来防治病虫害的方法称温度处理法。生产上常用的是热处理法。

(1)种苗的热处理　种苗热处理的关键是温度和时间的控制，一般对休眠器官处理比较安全。热处理前应先进行试验。热处理时升温要缓慢，使之有个适应温热的锻炼过程。

温汤浸种是目前生产上最常用的热处理。有根结线虫病的植物可在45～65℃的温水中处理(先在30～35℃的水中预热30 min)处理0.5～2 h，然后将植株用凉水淋洗；有病虫的苗木可用热风处理，温度为35～40℃，处理时间为1～4周。

(2)土壤的热处理　现代温室土壤热处理是使用90～100℃热蒸汽，处理时间为30 min。蒸汽处理可大幅度降低地下害虫及多种土传病害的发生程度。在发达国家，蒸汽热处理已成为常规管理。

利用太阳能热处理土壤也是有效的措施。在7～8月将土壤摊平做垄，垄为南北向，浇水并覆盖塑料薄膜(25 μm厚为宜)，在覆盖期间要保证有10～15 d的晴天，耕层温度可高达60～70℃，能基本上杀死土壤中的病原物。温室大棚中的土壤也可照此法处理，当夏季棚室休闲后，将门窗全部关闭并在土壤表面覆膜，能较彻底地消灭棚室中的病虫害。

6. 近代物理技术的应用

近几年来，原子能、超声波、紫外线、红外线、激光、高频电流等，正普遍应用于生物物理范畴，其中很多成果在病虫害防治中得到应用。

(1)原子能的利用　原子能可用来防治病虫害，例如直接用32.2万伦琴的^{60}Co γ-射线照射仓库害虫，可使害虫立即死亡。即使用6.44万伦琴剂量，仍有杀虫效力，部分未被杀死的害虫，虽可正常生活和产卵，但生殖能力受到了损害，所产的卵粒不能孵化。

(2)高频、高压电流的应用　每秒3 000万周的电流称为高频率电流，每秒3 000万周以上的电流称为超高频电流。在高频率电场中，由于温度增高等原因，可使害虫迅速死亡。该法主要用于防治仓贮害虫、土壤害虫等。

高压放电也可用来防治害虫，国外设计一种机器，两电极之间可以形成5 cm的火花，在火花的作用下，土壤表面的害虫在很短时间内就可死亡。

如土壤电消毒灭虫技术就是通过高功率土壤放电来实现土壤消毒、灭虫、理化性质改良之目标的。土壤电消毒灭虫机利用脉冲电源快速为高压电容充电，再利用放电电极将高压电容贮存的电能通过高速点击开关迅速将电能释放到土壤-水混合区内(类似于土壤中形成的闪电)，区内的害虫就可迅速被土壤闪电消灭掉；此外土壤、水体在具有直流性质的脉冲电流作用下，离子发生移动，土壤溶液酸度增加，即可促进难溶矿物质养分的溶解、分解与转化，对土壤有很好的解毒效果，而电极附近的微生物会在脉冲电流和高酸高碱的作用下失活；土壤溶液中的含酚、氯化合物在电极作用下产生的含有大量酚类和原子氯气体，这些气体在土壤团粒缝隙逸散过程中可以有效杀灭引起土传病害的病原微生物；某些材质的电极自身的电解剥离作用会产生许多可以消毒的铜、银、铁的金属离子。

(3)超声波的应用　利用振动在20 000次/s以上的声波所产生的机械动力或化学反应来杀死害虫，例如对水源的消毒灭菌、消灭植物体内部害虫等。也可利用超声波或微波引诱雄虫远离雌虫，从而阻止害虫的繁殖。

(4)光波的利用　一般黑光灯诱集的昆虫有害虫也有益虫，近年根据昆虫复眼对各种光波具有很强鉴别力的特点，采用对波长有调节作用的"激光器"，将特定虫种诱入捕虫器中加以消灭。

(四)生物技术防治

利用有益生物及其代谢物质来控制病虫害称为生物技术防治。

生物技术防治的特点是对人、畜、植物安全，害虫不产生抗性，天敌来源广，且有长期抑制作用。但往往局限于某一虫期，作用慢，成本高，人工培养及使用技术要求比较严格。必须与其他防治措施相结合，才能充分发挥其应有的作用。

1. 利用有益动物防治害虫

(1)利用天敌昆虫防治害虫

①捕食性天敌昆虫　专以其他昆虫或小动物为食物的昆虫，称为捕食性天敌昆虫。这类昆虫用它们的咀嚼式口器直接蚕食虫体的一部分或全部；有些则用刺吸式口器刺入害虫体内吸食害虫体液使其死亡。这类天敌，一般个体较被捕食者大，在自然界中抑制害虫的作用十分明显。例如螳螂、瓢虫、草蛉、猎蝽、食蚜蝇、虎甲、蜻蜓等是最常见的捕食性天敌昆虫。

②寄生性天敌昆虫　一些昆虫种类，在某个时期或终身寄生在其他昆虫的体内或体外，以其体液和组织为食来维持生存，最终导致寄主昆虫死亡，这类昆虫称为寄生性天敌昆虫。其个体一般较寄主小，数量比寄主多，在1个寄主上可育出一个或多个个体。常见的类群有赤眼蜂、姬蜂、小茧蜂、蚜茧蜂、土蜂、肿腿蜂、黑卵蜂及寄蝇类等。

③天敌昆虫利用的途径和方法　当地自然天敌昆虫的保护和利用。自然界中天敌的种类和数量很多，要善于保护和利用。如化学防治时，选用选择性强或残效期短的杀虫剂，选择适当的施药时期和方法，以减少杀虫剂对天敌的伤害；搜集瓢虫、螳螂等越冬成虫在室内保护，翌春再放回田间，以保护天敌安全越冬；适当种植蜜源植物，改善天敌的营养条件等。

人工大量繁殖释放天敌昆虫。人工大量繁殖天敌，在害虫发生初期释放，可取得较显著的防治效果。目前已繁殖利用成功的有赤眼蜂、异色瓢虫、黑缘红瓢虫、草蛉、蜀蝽、平腹小蜂、管氏肿腿蜂等。

移殖、引进外地天敌。天敌移殖是指天敌昆虫在本国范围内移地繁殖。天敌引进是指从一个国家移入另一个国家。1978年我国从英国引进的丽蚜小蜂，在北京等地试验，控制温室白粉虱的效果十分显著。1953年湖北省从浙江移殖大红瓢虫防治柑橘吹绵蚧，获得成功，后来四川、福建、广西等地也引入了这种瓢虫，均获成功。

(2)利用其他有益动物防治害虫

①蜘蛛和螨类　蜘蛛为肉食性，主要捕食昆虫。捕食螨是指捕食叶螨和植食性害虫的螨

类。重要科有植绥螨科、长须螨科。如尼氏钝绥螨、拟长毛钝绥螨已能人工饲养繁殖并释放于温室和田间，对防治叶螨收到良好效果。

②蛙类　青蛙、蟾蜍等主要以昆虫及其他小动物为食，所捕食的昆虫，绝大多数为农林害虫。蛙类食量很大，如泽蛙 1 d 可捕食叶蝉 260 头。为发挥蛙类治虫的作用，除严禁捕杀蛙类外，还应加强人工繁殖和放养蛙类，保护蛙卵和蝌蚪。

③鸟类　据调查，我国现有 1 100 多种鸟，其中食虫鸟约占半数，对抑制园艺作物害虫的发生起到了一定作用。

2. 利用有益微生物防治病虫害

(1)以菌治虫　人为利用病原微生物使害虫得病而死的方法称为以菌治虫，能使昆虫得病而死的病原微生物有真菌、细菌、病毒、立克次氏体、原生动物及线虫等。目前生产上应用较多的是前 3 类。

①细菌　昆虫病原细菌已经发现的有 90 余种，多属于芽孢杆菌科、假单胞杆菌科和肠杆菌科。在害虫防治中应用较多的是芽孢杆菌属和芽孢梭菌属。病原细菌主要通过消化道侵入虫体内，导致败血症或由于细菌产生的毒素使昆虫死亡。被细菌感染的昆虫，食欲减退，口腔和肛门具黏性排泄物，死后虫体颜色加深，并迅速腐败变形、软化、组织溃烂，有恶臭味，通称软化病。

目前我国应用最广的细菌制剂主要有苏云金杆菌(包括松毛虫杆菌、青虫菌均其为变种)。这类制剂无公害，可与其他农药混用。并且对温度要求不严，在温度较高时发病率高，对鳞翅目幼虫防效好。

②真菌　病原真菌的类群较多，约有 750 种，但研究较多且实用价值较大的主要是接合菌中的虫霉属、半知菌中的白僵菌属、绿僵菌属及拟青霉属。病原菌以其孢子或菌丝自体壁侵入昆虫体内，以虫体各种组织和体液为营养，随后虫体上长出菌丝，产生孢子，随风和水流进行再侵染。感病昆虫常出现食欲锐减、虫体萎缩，死后虫体僵硬，体表布满菌丝和孢子。

目前应用较为广泛的真菌制剂是白僵菌，可有效地控制鳞翅目、同翅目、膜翅目、直翅目等害虫，而且对人畜无害，不污染环境。

③病毒　昆虫的病毒病在昆虫中很普遍，利用病毒来防治害虫，其主要特点是专化性强，在自然情况下，往往只寄生 1 种害虫，不存在污染与公害问题。昆虫感染病毒后，虫体多卧于或悬挂在叶片及植株表面，后期流出大量液体，但无臭味，体表无丝状物。

在已知的昆虫病毒中，防治应用较广的有核型多角体病毒(NPV)、颗粒体病毒(GV)和质型多角体病毒(CPV)三类。这些病毒主要感染鳞翅目、双翅目、膜翅目、鞘翅目等的幼虫。

④线虫　有些线虫可寄生地下害虫和钻蛀害虫，导致害虫受抑制或死亡。被线虫寄生的昆虫通常表现为褪色或膨胀、生长发育迟缓、繁殖能力降低，有的出现畸形。目前，国外利用线虫防治害虫的研究正在形成生防热点，我国线虫研究工作，起步虽晚，但进度很快。可以预料利用线虫进行生物防治，不久就会取得满意的效果。

⑤杀虫素　某些微生物在代谢过程中能够产生杀虫的活性物质，称为杀虫素。目前取得一定成效的有杀蚜素、T21、44 号、7180、浏阳霉素等。近几年大批量生产并取得显著成效的有阿维菌素、浏阳霉素等。该类药剂杀虫效力高、不污染环境、对人畜无害，符合当前无公害生产的原则，因而极受欢迎。

(2)以菌治病　某些微生物在生长发育过程中能分泌一些抗菌物质，抑制其他微生物的生长，这种现象称拮抗作用。利用有拮抗作用的微生物来防治植物病害，有的已获得成功。如利用哈氏木霉菌防治茉莉花白绢病，有很好的防治效果。目前，以菌治病多用于土壤传播的病害。

3. 利用昆虫激素防治害虫

昆虫的激素分外激素和内激素两大类型。

(1)昆虫外激素的应用　昆虫的外激素是昆虫分泌到体外的挥发性物质，是昆虫对它的同伴发出的信号，便于寻找异性和食物。已经发现的有性外激素、结集外激素、追踪外激素及告警激素，目前研究应用最多的是雌性外激素。某些昆虫如棉铃虫、马尾松毛虫、桃小食心虫、梨小食心虫、苹小卷叶蛾等的雌性外激素已能人工模拟合成，称之为性诱剂，在害虫的预测预报和防治方面起到了非常重要的作用。

①诱杀法　利用性引诱剂将雄蛾诱来，配以黏胶、毒液等方法将其杀死。

②迷向法　成虫发生期，在田间喷洒适量的性引诱剂，使其弥漫在大气中，使雄蛾无法寻找雌蛾，从而干扰正常的交尾活动。

③绝育法　将性诱剂与绝育剂配合，用性引诱剂把雄蛾诱来，使其接触绝育剂后绝育，从而起到灭绝后代的作用。

(2)昆虫内激素的应用　昆虫内激素是分泌在体内的一类激素，用以控制昆虫的生长发育和蜕皮。昆虫内激素主要有保幼激素、脱皮激素及脑激素。在害虫防治方面，如果人为地改变内激素的含量，可阻碍害虫正常的生理功能，造成畸形，甚至死亡。目前，人们已能人工模拟内激素合成多种特异性杀虫剂应用于生产中，如保幼炔(保幼激素类似物)、抑食肼(蜕皮激素)、灭幼脲及扑虱灵(几丁质合成抑制剂)等。

(五)化学技术防治

化学技术防治是指用各种有毒的化学药剂来防治病虫害、杂草等有害生物的防治方法。

化学技术防治具有快速高效，使用方法简单，不受地域限制，便于大面积机械化操作等优点。但也具有容易引起人畜中毒，污染环境，杀伤天敌，引起次要害虫再猖獗，并且长期使用同一种农药，可使某些害虫产生不同程度的抗药性等缺点。我们可以通过发展选择性强、高效、低毒、低残留的农药以及通过改变施药方式、减少用药次数等措施逐步加以解决，同时还要与其他防治方法相结合，扬长避短，充分发挥化学防治的优越性，减少其毒副作用。

二、综合治理方案的制订

综合治理是对有害生物进行科学管理的体系，它从农业生态系总体观念出发，根据有害生物与环境之间的相互关系，充分发挥自然因素的作用，因地制宜协调应用必要的措施，将有害生物控制在经济损失允许水平之下，以获得最佳的经济、生态和社会效益。

综合治理方案的制定是植保工作方针“预防为主，综合防治”的具体体现。它与病虫害的发生种类、发生发展规律、为害程度、环境条件与栽培条件、防治方法等有密切关系。作为一位农业工作者，应掌握制定综合防治方案的方法，能结合病虫害发生的实际情况撰写出技术水平较高和指导农业生产的综合防治方案，并能指导园艺物病虫害防治工作。

(一)综合治理方案制订遵循的原则

园艺作物病虫害综合治理是一个病虫控制的系统工程，即从生态学观点出发，在整个园艺作物生产管理过程中，都要有计划地应用改善栽植技术，调节生态环境，预防病虫害的发生，降低病虫害发生程度，不使其形成超出危害标准要求的策略及措施。要使自然防治和人为防治手段有机地结合起来，有意识地加强自然防治能力。

因此在综合治理方案制订过程中要始终遵循“安全、有效、经济、简便”的原则，将病虫害控制在经济损失允许之下。

安全：从病虫、植物、天敌、环境之间的自然关系出发，科学地选择及合理地使用农药。将对生态系统内外产生的副作用降到最低限度，既控制了病虫危害，又保护了人畜、天敌和植物的安全。

有效：针对不同的防治对象，采用不同的对策，协调运用各种防治措施，取长补短，在一定时期内取得最佳效果。

经济：防治病虫的目的是为了控制病虫的危害，使其危害程度降低到不足以造成经济损失，从而确定病虫的数量发展到何种程度，才能采取防治措施，以阻止病虫达到造成经济损失的程度，这就是防治指标。病虫危害程度低于防治指标，可不防治；否则，必须掌握有利时机，及时防治。

简便：从实际出发，目的明确，简单易行，便于掌握，具有可操作性。

(二)制订综合治理方案的步骤

1. 基本情况调查

(1)当地主要园艺作物的丰产栽培技术情况。

(2)当地园艺作物主栽品种的抗药性和抗虫性等情况。

(3)当地园艺作物常发生病虫害的种类、发生情况和发生规律。

(4)当地气候条件对该作物生长发育和对主要病虫害种类发生情况的影响。

(5)当地地势情况、土壤类型、机械力量、灌溉条件、资金状况、作物布局、农民技术水平、历年防治措施等。

(6)当地前茬作物种类、土壤状况及对园艺作物生产和主要病虫害发生发展的影响。

2. 确定综合治理的主要对象

以一种病虫为对象；或以一种园艺作物上所发生的病虫为对象；或以某个温室、大棚、生产单位、区域等为对象。

3. 明确主要防治对象的防治指标与防治措施

参照学习情境5中的学习任务2。

(三)园艺作物综合防治方案的基本内容

标题：×××综合防治方案

单位名称：

前言：概述本区域、园艺作物、病虫害的基本情况。

正文：

(1)基本生产条件。分析土壤肥力、气候条件、灌溉和施肥水平等基本生产条件。

(2)主要栽培技术措施。前茬作物种类、栽培品种的特性、肥料使用计划、灌水量及次数、田间管理的主要技术措施指标等。

(3)分析发生的主要病虫害种类及天敌控制情况。

(4)综合防治措施。根据当地具体情况,依据园艺作物及主要病虫害发生的特点统筹考虑、确定综合各种防治措施。

在正文中,以综合防治措施为重点,按照制定园艺作物病虫害综合防治方案的原则和要求具体撰写,要注意做到基本生产条件清楚;确定符合生产实际的防治措施;制定的防治措施全面、具体;措施可操作性强;方案结构合理;语言流畅、内容具体。

任务训练

一、知识训练

(一)名词解释

植物检疫、疫区、农业技术防治、灯光诱杀、色板诱杀、生物防治、综合治理。

(二)填空题

1. 根据检疫区域不同,植物检疫分为(　　)、(　　)。

2. 有检疫对象发生的地区划为(　　)区,未发生检疫对象但有可能传播进检疫对象的地区划定为(　　)区。

3. 按照取食方式的不同,天敌昆虫可分为(　　)和(　　)两大类。

4. 诱杀害虫的方法有(　　)、(　　)、(　　)和(　　)等。

5. 防治病虫常用的阻隔法有(　　)、(　　)、(　　)、(　　)等。

6. 利用(　　)或(　　)来防治园艺作物病虫害的方法称温度处理法。

7. 温室内设置黄色诱虫板主要诱杀(　　)类害虫,蓝色诱虫板主要诱杀(　　)类害虫。

8. 现代温室土壤热处理的常用方法为(　　)和(　　)。

9. 目前我国应用最广的细菌制剂主要有(　　),对(　　)目的幼虫防治好。

10. 园艺作物病虫害综合治理方案制定的基本原则为(　　)、(　　)、(　　)、(　　),将病虫害控制在(　　)之下。

(三)选择题

1. 昆虫病原微生物的种类很多,常用的苏云金杆菌属于(　　)。

A. 细菌　　B. 真菌　　C. 病毒　　D. 线虫

2. 使用黑光灯诱杀害虫是利用昆虫的(　　)。

A. 假死性　　B. 群集性　　C. 扩散性　　D. 趋光性

3. 利用害虫的趋光性、趋化性等习性杀灭田间害虫的方法称作(　　)。

A. 捕杀法　　B. 诱杀法　　C. 汰选法　　D. 阻隔法

4. 下列措施中属于物理机械技术防治的是(　　)。

A. 合理密植　　B. 植物诱杀　　C. 合理轮作　　D. 以菌治虫

5. 食蚜蝇属于(　　)。

A. 捕食性天敌　　B. 寄生性天敌　　C. 害虫　　D. 蜘蛛

6. 性诱剂是人工模拟合成的(　　)。

A. 性外激素　　B. 结集外激素　　C. 告警激素　　D. 追踪外激素

7. 下列措施中属于农业技术防治的是(　　)。

A. 以虫治虫　　B. 植物检疫　　C. 合理轮作　　D. 纱网阻隔

8. 温汤浸种防治病虫害属于(　　)。

A. 农业防治　　B. 物理防治　　C. 生物防治　　D. 化学防治

9. 利用有益生物及其代谢物质来控制病虫害的方法称为(　　)。

A. 农业防治　　B. 物理防治　　C. 生物防治　　D. 化学防治

10. 组培脱毒育苗预防病毒病的发生属于(　　)。

A. 汰选法　　B. 合理密植　　C. 诱杀法　　D. 繁育健壮种苗

(四)问答题

1. 对内检疫的步骤有哪些?
2. 从病虫害防治角度解释“种西瓜十年不重茬”。
3. 选育抗病虫品种有哪些措施?
4. 诱杀害虫的方法有哪些?
5. 常见的天敌昆虫有哪些?利用天敌昆虫防治害虫的主要途径有哪些?
6. 比较植物检疫、农业防治、物理机械防治、生物防治及化学防治的优、缺点。

二、技能训练

1. 在教师的指导下,安置黑光灯并观察诱杀效果。
2. 在教师的指导下,制作黄板以诱杀蚜虫等害虫。
3. 以小组为单位调查本地某种园艺作物上的天敌种类。
4. 以小组为单位调查本地生产上常用的一些园艺作物病虫害综合治理的方法。

学习任务2　农药与药械的使用

任务描述

通过到实训室或农药经销店进行实地观察学习、网络或视频观看、文献书籍查阅以及知识传授等相结合的方式,熟知园艺作物病虫害化学防治中常用的农药类型、剂型与品种,懂得只有通过科学用药才能生产出绿色农产品。熟悉背负式喷雾器、背负式机动喷雾喷粉机的工作原理。通过到实验田或园艺作物生产基地进行病虫害防治的实地操作和研究分析,学会背负式喷雾器、背负式机动喷雾喷粉机的使用与维护,能够根据防治对象正确选择合适的农药,并能够根据药剂的使用说明,会配制和施用各种农药。

实施条件

1. 场所:校内、外园艺作物生产基地(田园、温室、大棚)、农药经销店、实训室。
2. 仪器设备:多媒体设备、天平、背负式喷雾器、背负式机动喷雾喷粉机等。
3. 用具与药品:各种常用农药、量筒、容器、手套、口罩等防护用具等。

4. 其他:农药使用说明、相关图书、教材、PPT、视频、影像资料、网上资源等。

任务实施

一、农药种类与剂型的选用

(一)农药的分类

农药的种类很多,按照不同的分类方式可有不同的分法,一般可按防治对象、化学成分、作用方式进行分类。

1. 按防治对象分类

农药可分为杀虫剂、杀菌剂、杀螨剂、杀线虫剂、杀鼠剂、除草剂等。

2. 按化学成分分类

(1)无机农药　即用矿物原料加工制成的农药,如波尔多液等。

(2)有机农药　即有机合成的农药,如敌敌畏、三唑酮、骠马、克线磷等。

(3)生物源农药　即用生物或其代谢产物制成的农药,又分为:

植物源农药:即用天然植物制成的农药,如烟草、鱼藤、茴蒿素等。

动物源农药:即从动物体内提出的有毒物质制成的农药,如斑蝥素等。

微生物源农药:即用微生物或其代谢产物制成的农药,如白僵菌、苏云金杆菌等。

3. 按作用方式分类

(1)杀虫剂

①胃毒剂　通过消化系统进入虫体内,使害虫中毒死亡的药剂,如敌百虫,适合于防治咀嚼式口器的昆虫。

②触杀剂　通过与害虫虫体接触,药剂经体壁进入虫体内使害虫中毒死亡的药剂,如大多数有机磷杀虫剂、拟除虫菊酯类杀虫剂。触杀剂对各种口器的害虫均适用,但对体被蜡质分泌物的介壳虫、木虱、粉虱等效果差。

③内吸剂　药剂易被植物组织吸收,并在植物体内运输,传导到植株的各部分,或经过植物的代谢作用而产生更毒的代谢物,当害虫取食时使其中毒死亡的药剂,如氧乐果、吡虫啉等。内吸剂对刺吸式口器的昆虫防治效果好,对咀嚼式口器的昆虫也有一定效果。

④熏蒸剂　药剂以气体分子状态充斥其作用的空间,通过害虫的呼吸系统进入虫体,而使害虫中毒死亡的药剂,如磷化铝、溴甲烷等。熏蒸剂应在密闭条件下使用,效果才好。如用磷化铝片剂防治蛀干害虫时,要用泥土封闭虫孔;用溴甲烷进行土壤消毒时,须用薄膜覆盖等。

⑤其他杀虫剂　忌避剂,如驱蚊油、樟脑;拒食剂,如拒食胺;黏捕剂,如松脂合剂;绝育剂,如噻替派、六磷胺等;引诱剂,如糖醋液;昆虫生长调节剂,如灭幼脲Ⅲ。这类杀虫剂本身并无多大毒性,而是以其特殊的性能作用于昆虫。一般将这些药剂称为特异性杀虫剂。

实际上,杀虫剂的杀虫作用并不完全是单一的,多数杀虫剂往往兼具几种杀虫作用,如敌敌畏具有触杀、胃毒、熏蒸三种作用,但以触杀作用为主。在选择使用农药时,应注意选用其主要的杀虫作用。

(2)杀菌剂

①保护剂　在植物感病前，把药剂喷布于植物体表面，形成一层保护膜，阻碍病原微生物的侵染，从而使植物免受其害的药剂，如波尔多液、代森锌等。

②治疗剂　在植物感病后，喷洒药剂，以杀死或抑制病原物，使植物病害减轻或恢复健康的药剂，如三唑酮、甲基托布津。

(二)常用农药品种的选用

1. 常用杀虫、杀螨剂

(1)有机磷杀虫剂

①敌敌畏　具有触杀、熏蒸和胃毒作用，残效期1～2 d，对人畜中毒。对鳞翅目、膜翅目、同翅目、双翅目、半翅目等害虫均有良好的防治效果，击倒迅速。常见加工剂型有50%和80%乳油。用50%乳油1 000～1 500倍或80%乳油2 000～3 000倍液喷雾可防治花卉上的蚜虫、蛾蝶幼虫、介壳虫若虫及花木上的粉虱等，樱花及桃类花木忌用；温室、大棚内可用于熏蒸杀虫，具体用量为0.26～0.30 g/m^3。

②敌百虫　对害虫有很强的胃毒作用，兼有触杀作用，对植物有渗透性，但无内吸传导作用。在弱碱性溶液内可变成敌敌畏，但不稳定，很快分解失效。毒性低、防治范围广。主要用于防治菜青虫、小菜蛾等咀嚼式口器害虫。常见剂型有90%固体敌百虫和80%可溶性粉剂。一般使用90%固体敌百虫或80%敌百虫可溶性粉剂稀释500～800倍液喷雾。

③辛硫磷(肟硫磷、倍腈松)　具触杀和胃毒作用，对人畜低毒，可用于防治鳞翅目幼虫及蚜、螨、蚧等。常见剂型有3%与5%颗粒剂、25%微胶囊剂、50%与75%乳油。一般使用50%乳油1 000～1 500倍液喷雾；5%颗粒剂每公顷30 kg防治地下害虫。

④氧乐果(氧化乐果)　具触杀、内吸和胃毒作用，是一种广谱性杀虫、杀螨剂。主要用于防治刺吸式口器的害虫，如蚜、蚧、螨等，也可防治咀嚼式口器的害虫。该药对人畜高毒，对蜜蜂也有较高的毒性，使用时应注意。常见剂型有40%乳油和20%粉剂。一般使用40%乳油稀释1 000～2 000倍喷雾，也可用于内吸涂环。樱花、梅花及桃类花木忌用。

⑤乐斯本(毒死蜱、氯吡硫磷)　具触杀、胃毒及熏蒸作用，对人畜中毒，是一种广谱性杀虫剂，对于鳞翅目幼虫、蚜虫、叶蝉及螨类效果好，也可用于防治地下害虫。常见剂型有40.7%和40%乳油。一般使用40.7%乳油稀释1 000～2 000倍喷雾。

(2)有机氮杀虫剂

①杀虫双　具较强的内吸、触杀及胃毒作用，并有一定的熏蒸作用，对于鳞翅目幼虫、蓟马等效果好，对人畜中毒。常见剂型有25%水剂、3%颗粒剂和5%颗粒剂。一般使用25%水剂3 kg/hm^2，对水750～900 kg喷雾。

②吡虫啉(咪蚜胺)　属强内吸杀虫剂，对蚜虫、叶蝉、粉虱、蓟马等效果好，对鳞翅目、鞘翅目、双翅目昆虫也有效，特别适于种子处理和作颗粒剂使用，对人畜低毒。常见剂型有10%与15%可湿性粉剂，10%乳油。防治各类蚜虫，每1 kg种子用药1 g(有效成分)处理；叶面喷雾时，10%可湿性粉剂的用药量为150 g/hm^2。

③抗蚜威(辟蚜雾)　具触杀、熏蒸和渗透叶面作用，能防治对有机磷杀虫剂产生抗性的蚜虫，药效迅速，残效期短，对作物安全，对蚜虫天敌毒性低，是综合防治蚜虫较理想的药剂。对人畜中毒。常见剂型有50%可湿性粉剂、10%烟剂和5%颗粒剂。一般使用50%可湿性粉

剂,每公顷 150～270 g,对水 450～900 kg 喷雾。

④克百威(呋喃丹、虫螨威、卡巴呋喃) 具强内吸、触杀和胃毒作用,是一种广谱性内吸杀虫剂、杀螨剂和杀线虫剂。对人畜剧毒。能通过根系和种子吸收而杀死刺吸式口器、咀嚼式口器害虫、螨类和线虫。残效期长,在土壤中的半衰期为 30～60 d。我国主要剂型为 3%颗粒剂。一般使用量为 15～30 kg/hm^2 用于土壤处理或根施。但结果树及食用植物应特别注意,严禁对水喷雾使用。

(3)拟除虫菊酯类杀虫剂

①三氟氯氰菊酯(功夫、功夫菊酯) 具强触杀作用,并具胃毒和驱避作用,速效,杀虫谱广。对鳞翅目、半翅目、鞘翅目、膜翅目等害虫均有良好的防治效果。对人畜中毒。常见剂型有 2.5%乳油。一般使用 2.5%乳油稀释 3 000～5 000 倍喷雾。

②氯菊酯(二氯苯醚菊酯、除虫精) 具有触杀作用,兼有胃毒和杀卵作用,但无内吸性。杀虫谱广,对害虫击倒快,残效长,杀虫毒力比一般有机磷高约 10 倍。可防治 130 多种害虫,对鳞翅目幼虫有特效。对人畜低毒。常见剂型为 10%乳油,一般使用 1 000～2 000 倍液喷雾。该药为负温度系数的药剂,即低温时效果好。但对钻蛀性害虫、螨类、蚧类效果差。

③氰戊菊酯(中西杀灭菊酯、速灭杀丁) 具强触杀作用,有一定的胃毒和拒食作用。效果迅速,击倒力强。对人畜中毒,对鱼、蜜蜂高毒。可用于防治鳞翅目、半翅目、双翅目的幼虫。常见剂型为 20%乳油,每公顷用 300～600 mL 对水喷雾。

④顺式氰戊菊酯(来福灵) 具强触杀作用,有一定的胃毒和拒食作用,效果迅速,击倒力强。对人畜中毒。对鱼、蜜蜂高毒。可用于防治鳞翅目、半翅目、双翅目的幼虫。常见剂型为 5%乳油。一般使用 5%乳油稀释 2 000～5 000 倍喷雾。

(4)特异性杀虫剂

①灭幼脲(灭幼脲三号、苏脲一号) 广谱特异性杀虫剂,属几丁质合成抑制剂。具胃毒和触杀作用,迟效,一般药后 3～4 d 药效明显。对人畜低毒。对天敌安全,对鳞翅目幼虫有良好的防治效果,常见剂型有 25%、50%胶悬剂。一般使用 50%胶悬剂加水稀释 1 000～2 500 倍,每公顷施药量 120～150 g 有效成分。在幼虫 3 龄前用药效果最好,持效期 15～20 d。

②定虫隆(抑太保) 酰基脲类特异性低毒杀虫剂,主要为胃毒作用,兼有触杀作用,属几丁质合成抑制剂。杀虫速度慢,一般在施药后 5～7 d 才显高效。对人畜低毒。可用于防治鳞翅目、直翅目、鞘翅目、膜翅目、双翅目等害虫,但对叶蝉、蚜虫、飞虱等无效。常见剂型有 5%乳油。一般使用 5%乳油稀释 1 000～2 000 倍液喷雾。

(5)熏蒸杀虫剂

①磷化铝(磷毒) 多为片剂,每片约 3 g。磷化铝以分解产生的毒气杀灭害虫,对各虫态都有效。对人畜剧毒,可用于密闭熏蒸防治种实害虫、蛀干害虫等。防治效果与密闭好坏、温度及时间长短有关。山东兖州市用磷化铝堵孔防治光肩星天牛,每孔用量 1/8～1/4 片,效果达 90%以上。熏蒸时用量一般为 12～15 片/m^3。

②棉隆(必速灭) 在土壤及其他基质中易扩散。低毒,广谱,并兼治土壤真菌、地下害虫及杂草。制剂 98%～100%必速灭微粒剂,沙质土用 73.5～88.2 kg/hm^2 药,黏质土施用 88.2～102.9 kg/hm^2。撒施与沟施均可,深度为 20 cm 左右,施药后立即盖土,可洒水封闭或覆盖塑料薄膜,经过 10～15 d 再松土通气,然后播种。

(6)生物源杀虫剂

①阿维菌素(灭虫灵、爱福丁) 是土壤微生物的发酵代谢产物,为大环内酯抗生素类杀虫杀螨杀线虫剂。具有胃毒和触杀作用,并有传导作用,持效期长达10～15 d,对螨类可达1个月。害虫不易产生抗药性,对人畜、作物及天敌安全,不污染环境。对于鳞翅目、鞘翅目、同翅目、斑潜蝇及螨类有高效,是一种高效、广谱无公害生物农药。常见剂型有1.0%、0.6%和1.8%乳油。一般使用1.8%乳油稀释1 000～3 000倍液喷雾。

②苏云金杆菌(Bt) 该药剂是一种细菌性杀虫剂,杀虫的有效成分是细菌及其产生的毒素。原药为黄褐色固体,属低毒杀虫剂,为好气性蜡状芽孢杆菌群,在芽孢囊内产生晶体,有12个血清型,17个变种。它可用于防治直翅目、鞘翅目、双翅目、膜翅目,特别是鳞翅目的多种害虫,常见剂型有可湿性粉剂(100亿活芽/g),Bt乳剂(100亿活孢子/mL)可用于喷雾、喷粉、灌心等,也可用于飞机防治。如用100亿孢子/g的菌粉对水稀释2 000倍喷雾,可防治多种鳞翅目幼虫,30℃以上施药效果最好。苏云金杆菌可与敌百虫、菊酯类等农药混合使用,效果好,速度快。但不能与杀菌剂混用。

③白僵菌 该药剂是一种真菌性杀虫剂,无环境污染,害虫不易产生抗性,可用于防治鳞翅目、同翅目、膜翅目、直翅目等害虫。对人、畜及环境安全,对蚕感染力很强。其常见的剂型为粉剂(每1 g菌粉含有孢子50亿～70亿个)。一般使用浓度为菌粉稀释50～60倍喷雾。常见剂型有1.0%、0.6%和1.8%乳油。

④核多角体病毒 该药剂是一种病毒杀虫剂,具有胃毒作用。对人、畜、鸟、益虫、鱼及环境安全,对植物安全,害虫不易产生抗性,不耐高湿,易被紫外线照射失活,作用较慢。适于防治鳞翅目害虫。其常见的剂型为粉剂、可湿性粉剂。一般使用方法为每公顷用$(3\sim45)\times10^{11}$个核多角体病毒对水喷雾。

⑤茴蒿素 该药为一种植物性杀虫剂,主要成分为山道年及百部碱,主要杀虫作用为胃毒。可用于防治鳞翅目幼虫。对人畜低毒。其常见的剂型为0.65%水剂。一般使用0.65%水剂稀释400～500倍液喷雾。

⑥印楝素 该药为一种植物性杀虫剂,具有拒食、忌避、毒杀及影响昆虫生长发育等多种作用,并具有良好的内吸传导性,能防治鳞翅目、同翅目、鞘翅目等多种害虫,对人、畜、鸟类及天敌安全。生产上常用0.1%～1%印楝素种核乙醇提取液喷雾。

(7)杀螨剂

①浏阳霉素 为抗生素类杀螨剂,对多种叶螨有良好的触杀作用,对螨卵也有一定的抑制作用。对人畜低毒,对植物及多种天敌昆虫安全。其常见的剂型为触杀和胃毒作用,对于鳞翅目、鞘翅目、同翅目、斑潜蝇及螨类有高效。对人畜高毒。常见剂型为10%乳油。一般使用10%乳油稀释1 000～2 000倍液喷雾。

②扫螨净(牵牛星、哒螨酮) 具触杀和胃毒作用,可杀螨各个发育阶段,残效期长达30 d以上。对人畜中毒。常见剂型有20%可湿性粉剂、15%乳油。一般使用20%可湿性粉剂稀释2 000～4 000倍喷雾,在害螨大发生时(6～7月份)喷洒此药。除杀螨外,对飞虱、叶蝉、蚜虫、蓟马等害虫防效甚好。但该药也杀伤天敌,一年最好只用一次。

2. 杀菌剂及杀线虫剂

(1)非内吸性杀菌剂

①波尔多液 是用硫酸铜、生石灰和水配成的天蓝色胶状悬液,呈碱性,有效成分是碱式

硫酸铜，几乎不溶于水，应现配现用，不能贮存。波尔多液有多种配比，使用时可根据植物对铜或石灰的忍受力及防治对象选择配制。

波尔多液是一种良好的保护剂。防治谱广，但对白粉病和锈病效果差。在使用时直接喷雾，一般药效为15 d左右，应在发病前喷施。对易受铜素药害的植物，如桃、李、梅、鸭梨、苹果等，可用石灰倍量式波尔多液，以减轻铜离子产生的药害。对于易受石灰药害的植物，可用石灰半量式波尔多液。如葡萄上可用1∶0.5∶(160～200)的配比。在植物上使用波尔多液后一般要间隔20 d才能使用石硫合剂，喷施石硫合剂后一般也要间隔10 d才能喷施波尔多液，以防发生药害。

②石硫合剂　石硫合剂是用生石灰、硫黄和水煮制成的红褐色透明液体，有臭鸡蛋气味，呈强碱性，有效成分为多硫化钙，溶于水，易被空气中的氧气和二氧化碳分解，游离出硫和少量硫化氢。因此，必须贮存在密闭容器中，或在液面上加一层油，以防止氧化。

石硫合剂的理论配比是生石灰、硫黄、水按照1∶2∶10的比例，在实际熬制过程中，为了补充蒸发掉的水分，可按1∶2∶15的比例一次将水加足。

石硫合剂是一种良好的杀菌剂，也可杀虫杀螨。一般只用作喷雾，休眠季节可用3～5波美度。植物生长期可用0.1～0.3波美度。石硫合剂现已工厂化生产，常见剂型有29%水剂、20%膏剂、30%与40%固体及45%结晶。

③加瑞农　广谱性杀菌剂，具有预防及治疗作用。对于多种病害如叶斑病、炭疽病、白粉病、早疫病、霜霉病等防治效果好。对人畜低毒。常见剂型为47%和50%可湿性粉剂。一般使用47%可湿性粉剂稀释600～800倍液喷雾。

④氢氧化铜(可杀得、丰护安)　广谱性保护剂，通过释放出铜离子均匀覆盖在植物体表面，防止真菌孢子侵入而起保护作用。可防治霜霉病、叶斑病等多种病害。对人畜低毒。常见剂型有77%可湿性粉剂，61.4%干悬浮剂。常用浓度分别为500倍液和800倍液。一般使用61.4%悬浮剂稀释500～800倍液喷雾。

⑤代森锰锌(喷克、大生、大生富、新万生、山德生、速克净)　广谱性保护剂，对于霜霉病、疫病、炭疽病及各种叶斑病有效。对人畜低毒。常见剂型有25%悬浮剂、70%可湿性粉剂和70%胶干粉。一般使用25%悬浮剂稀释1 000～1 500倍液。

⑥百菌清(达科宁)　广谱性保护剂，对于霜霉病、疫病、炭疽病、灰霉病、锈病、白粉病及各种叶斑病有较好的防治效果。对人畜低毒。常见剂型有50%与75%可湿性粉剂、10%油剂、5%与25%颗粒剂、2.5%与10%及30%烟剂、40%达科宁悬浮剂。一般使用75%可湿性粉剂稀释500～800倍液喷雾，40%达科宁悬浮剂稀释500～1 200倍液喷雾。

(2)内吸性杀菌剂

①甲霜灵(瑞毒霉、灭霜灵、雷多米尔)　具内吸和触杀作用，在植物体内能双向传导，耐雨水冲刷，残效期为10～14 d，是一种高效、安全、低毒的杀菌剂。对霜霉病、疫霉病、腐霉病有特效，对其他真菌和细菌病害无效。常见剂型有25%可湿性粉剂、40%乳剂、35%粉剂、5%颗粒剂。一般使用25%可湿性粉剂500～800倍液喷雾；或用5%颗粒剂每公顷20～40 kg作土壤处理。可与代森锌混合使用，提高防效。

②三唑酮(粉锈宁、百里通)　高效内吸杀菌剂。对人畜低毒。对白粉病、锈病有特效，具有广谱、用量低、残效长的特点，并能被植物各部位吸收传导，具有预防和治疗作用。常见剂型有15%与25%可湿性粉剂、20%乳油。一般使用15%粉锈宁可湿性粉剂稀释700～1 500倍

喷雾每隔 15 d 喷药 1 次，共喷 2～3 次。10％烟雾剂在温室内用。

③福星（氟硅唑、农星） 广谱性内吸杀菌剂，对子囊菌、担子菌、半知菌有效，对卵菌无效，主要用于白粉病、锈病、叶斑病。对人畜低毒。常见剂型有 10％乳油和 40％乳油。一般使用 40％乳油稀释 8 000～10 000 倍喷雾。

④甲基硫菌灵（甲基托布津） 广谱性内吸杀菌剂，对多种植物病害有预防和治疗作用。残效期 5～7 d。常见剂型有 50％与 70％可湿性粉剂、40％胶悬剂。一般使用浓度为 50％的可湿性粉剂稀释 500 倍或 70％的可湿性粉剂稀释 1 000 倍。可与多种药剂混用，但不能与铜药剂混用。

⑤农用链霉素（硫酸链霉素、农用硫酸链霉素） 是一种高效、低毒、低残留抗生素制剂，有内吸作用，抗菌谱广，可防治多种植物细和真菌性病害。常见剂型有 72％可溶性粉剂、泡腾片、15％～20％可湿性粉剂。主要用于喷雾，也可作灌根和浸种消毒等，一般用 72％可溶性粉剂稀释 5 000～7 000 倍液叶面喷雾。

⑥多菌灵（棉萎灵、苯并咪唑 44 号） 高效、低毒、内吸性杀菌剂，具治疗和保护作用。广谱，对多种作物由真菌（如半知菌、多子囊菌）引起的病害有防治效果。常见剂型有 25％与 50％可湿性粉剂。一般用 50％可湿性粉剂 100～200 g 对水喷雾。

（3）杀线虫剂

①二氯异丙醚 为一具熏蒸作用的杀线虫剂，由于蒸气压低，气体在土壤中挥发缓慢，对植物安全，可在植物生长期使用，能防治多种线虫。对人畜低毒。残效期 10 d 左右，但土温低于 10℃时不宜使用。常见加工剂型有 30％颗粒剂和 80％乳油。可在播种前 10～20 d 处理土壤，也可在播种后或植物生长季节使用，施药量为 60～90 kg/hm^2 有效成分；也可在距根 15 cm 处开沟，沟深 10～15 cm，或在树干四周穴施，穴深 15～20 cm，穴距 30 cm，施药后覆土。

②克线磷（苯胺磷、力满库、苯线磷、线威磷） 具有触杀和内吸传导作用，对人畜高毒，是目前较理想的杀线虫剂，可用于农作物、蔬菜、观赏植物多种线虫病的防治，并对蓟马和粉虱有一定的控制作用。克线磷可在播种前、移栽时或生长期撒在沟、穴内或植株附近土中。常见剂型为 10％克线磷颗粒剂。一般用量为每公顷 45～75 kg。

（三）常用农药剂型的选用

为了方便使用，农药被加工成不同的剂型，常见的剂型有：

（1）粉剂 是用原药加入一定量的惰性粉，如黏土、高岭土、滑石粉等，经机械加工成为粉末状物，粉粒直径在 100 μm 以下。粉剂不易被水湿润，不能对水喷雾用，一般高浓度的粉剂用于拌种，制作毒饵或土壤处理用，低浓度的粉剂用作喷粉。

（2）可湿性粉剂 在原药中加入一定量的湿润剂和填充剂，经机械加工成的粉末状物，粉粒直径在 70 μm 以下。并加入一定量的湿润剂，如皂角、拉开粉等。可湿性粉剂可对水喷雾用，一般不用作喷粉。因为它分散性能差，浓度高，易产生药害，价格也比粉剂高。

（3）乳油 原药加入一定量的乳化剂和溶剂制成的透明状液体，如 40％氧乐果乳油。乳油适于对水喷雾用，用乳油防治害虫的效果比同种药剂的其他剂型好，残效期长，因此，乳油是目前生产上应用最广的一种剂型。

（4）颗粒剂 原药加入载体（黏土、煤渣、玉米芯等）制成的颗粒状物。粒径一般在 250～600 μm，如 3％呋喃丹颗粒剂，主要用于土壤处理，残效期长，用药量少。

(5)烟雾剂 原药加入燃料、氧化剂、消燃剂、引芯制成。点燃后燃烧均匀,成烟率高,无明火,原药受热气化,再遇冷凝结成飘浮的微粒作用于空间,一般用于防治温室大棚、林地及仓库病虫害。

(6)超低容量制剂 原药加入油质溶剂、助剂制成。专门供超低容量喷雾,使用时不用对水而直接喷雾,单位面积用量少,工效高,适于缺水地区。

(7)可溶性粉剂(水剂) 用水溶性固体农药制成的粉末状物。可对水使用,成本低,但不宜久存,不易附着于植物表面。

(8)片剂 原药加入填料制成的片状物,如磷化铝片剂。

(9)其他剂型 熏蒸剂、缓释剂、胶悬剂、毒笔、毒绳、毒纸环、毒签、胶囊剂等。

随着农药加工技术的不断进步,各种新的制剂被陆续开发利用,如微乳剂、固体乳油、悬浮乳剂、可流动粉剂、漂浮颗粒剂、微胶囊剂、泡腾片剂等。

二、常用农药的配制与施用

(一)农药的使用方法

农药的品种繁多,加工剂型也多种多样,同时防治对象的危害部位、危害方式、环境条件等也各不相同,因此,农药的使用方法也随之而多种多样。

1. 喷雾

喷雾是借助于喷雾器械将药液均匀地喷布于防治对象及被保护的寄主植物上。适合于喷雾的剂型有乳油、可湿性粉剂、可溶性粉剂、胶悬剂等。在进行喷雾时,雾滴大小会影响防治效果,一般喷雾直径最好在50～80 μm,喷雾时要求均匀周到,使目标物上均匀地有一层雾滴,并且不形成水滴从叶片上滴下为宜。喷雾时最好不要选择中午,以免发生药害和人体中毒。

2. 喷粉

喷粉是利用喷粉器械产生的风力,将粉剂均匀地喷布在目标植物上的施药方法。此法最适于干旱缺水地区使用。适于喷粉的剂型为粉剂。此法的缺点是用药量大,粉剂黏附性差,效果不如同药剂的乳油和可湿性粉剂好,而且易被风吹失和雨水冲刷,污染环境。因此,喷粉时,宜在早晚叶面有露水或雨后叶面潮湿且无风条件下进行,使粉剂易于在叶面沉积附着,以提高防治效果。

3. 土壤处理

是将药粉用细土、细沙、炉灰等混合均匀,撒施于地面,然后进行耧耙翻耕等,主要用于防治地下害虫或某一时期在地面活动的昆虫。如用5%辛硫磷颗粒剂1份与细土50份拌匀,制成毒土。

4. 拌种、浸种或浸苗、闷种

拌种是指在播种前用一定量的药粉或药液与种子搅拌均匀,用以防治种子传染的病害和地下害虫。拌种用的药量,一般为种子重量的0.2%～0.5%。

浸种或浸苗是指将种子或幼苗浸泡在一定浓度的药液里,用以消灭种子或幼苗所带的病菌或虫体。

闷种是把种子摊在地上,把稀释好的药液均匀地喷洒在种子上,并搅拌均匀,然后堆起重闷并用麻袋等物覆盖，经一昼夜后，晾干即可。

5. 毒谷、毒饵

利用害虫喜食的饵料与农药混合制成，引诱害虫前来取食，产生胃毒作用将害虫毒杀而死。常用的饵料有麦麸、米糠、豆饼、花生饼、玉米芯、菜叶等。饵料与敌百虫、辛硫磷等胃毒剂混合均匀，撒布在害虫活动的场所，主要用于防治蝼蛄、地老虎、蟋蟀等地下害虫。毒谷是用谷子、高粱、玉米等谷物作饵料，煮至半熟有一定香味时，取出晾干，拌上胃毒剂，然后与种子同播或撒施于地面。

6. 熏蒸

熏蒸是利用有毒气体来杀死害虫或病菌的方法：一般应在密闭条件下进行。主要用于防治温室大棚、仓库、蛀干害虫和种苗上的病虫。例如用磷化锌毒签熏杀天牛幼虫、用溴甲烷熏蒸棚内土壤等。

7. 涂抹、毒笔、根区撒施

涂抹是指利用内吸性杀虫剂在植物幼嫩部分直接涂药，或将树干刮去老皮露出韧皮部后涂药，让药液随植物体运输到各个部位。此法又称内吸涂环法。如在石楠上涂 40%氧乐果 5 倍液，用于防治绣线菊蚜，效果显著。

毒笔是采用触杀性强的拟除虫菊酯类农药为主剂，与石膏、滑石粉等加工制成的粉笔状毒笔，用于防治具有上、下树习性的幼虫。毒笔的简单制法是用 2.5%的溴氰菊酯乳油按 1∶99 与柴油混合，然后将粉笔在此油液中浸渍，晾干即可。药效可持续 20 d 左右。

根区撒施是利用内吸性药剂埋于植物根系周围。通过根系吸收运输到树体全身，当害虫取食时使其中毒死亡。如用 3%呋喃丹颗粒剂埋施于根部，可防治多种刺吸式口器的害虫。

8. 注射法、打孔法

用注射机或兽用注射器将内吸性药剂注入树干内部，使其在树体内传导运输而杀死害虫。一般将药剂稀释 2～3 倍，可用于防治天牛、木蠹蛾等。

打孔法是用木钻、铁钎等利器在树干基部向下打一个 45°角的孔，深约 5 cm，然后将 5～10 mL 的药液注入孔内，再用泥封口，药剂浓度一般稀释 2～5 倍。

总之，农药的使用方法很多，在使用农药时可根据药剂的性能及病虫害的特点灵活运用。

(二)农药的配制

农药浓度表示法有倍数法、百分比浓度(%)和摩尔浓度法(百万分浓度法)。目前，在生产上最常用的是倍数法。倍数法是指药液(药粉)中稀释剂(水或填料)的用量为原药剂用量的多少倍，或者是药剂稀释多少倍的表示法。通常有内比法和外比法 2 种配法。用于稀释 100 倍(含 100 倍)以下时用内比法，即稀释时要扣除原药剂所占的 1 份。如稀释 10 倍液，即用原药剂 1 份加水 9 份。用于稀释 100 倍以上时用外比法，计算稀释量时不扣除原药剂所占的 1 份。如稀释 1 000 倍液，即可用原药剂 1 份加水 1 000 份。

1. 按有效成分的计算

通用公式：原药剂浓度×原药剂重量＝稀释药剂浓度×稀释药剂重量

(1)求稀释剂重量

计算 100 倍以下时：$\text{稀释剂重量}=\dfrac{\text{原药剂重量}\times(\text{原药剂浓度}-\text{稀释药剂浓度})}{\text{稀释药剂浓度}}$

例:用40%福美砷可湿性粉剂10 kg,配成2%稀释液,需加水多少?

计算:10×(40%−2%)÷2%=190(kg)

计算100倍以上时:稀释剂重量$=\dfrac{\text{原药剂重量}\times\text{原药剂浓度}}{\text{稀释药剂浓度}}$

例:用100 mL 80%敌敌畏乳油稀释成0.05%浓度,需加水多少?

计算:100×80%÷0.05%=160(kg)

(2)求用药量

原药剂重量$=\dfrac{\text{稀释药剂重量}\times\text{稀释药剂浓度}}{\text{原药剂浓度}}$

例:要配制0.5%氧乐果药液1 000 mL,求40%氧乐果乳油用量。

计算:1 000×0.5%÷40%=12.5(mL)

2. 根据稀释倍数的计算

此法不考虑药剂的有效成分含量。

(1)计算100倍以下时:稀释药剂重=原药剂重量×稀释倍数−原药剂重量

例:用40%氧乐果乳油10 mL加水稀释成50倍药液,求稀释液重量。

计算:10×50−10=490(mL)

(2)计算100倍以上时:稀释药剂重=原药剂重量×稀释倍数

例:用80%敌敌畏乳油10 mL加水稀释成1 500倍药液,求稀释液重量。

计算:10×1 500=15(kg)

三、常用药械的使用与维护

用于化学防治园艺作物病虫害的植保机械一般分为喷雾机、弥雾机、超低量喷雾机、喷粉机和喷烟机等。其中,根据动力方式不同,又分为手动式、机动式、机引式和航空防治机械等。机动式采用固定的发动机带动植保机械工作,而机器本身的移动,须靠人力搬运。机引式则由拖拉机或自身供给动力,并被牵引作业。航空植保是指利用飞机及喷洒装置喷洒化学药剂的措施。下面就我国目前使用最广泛的背负式喷雾器与背负式机动喷雾喷粉机做以介绍。

(一)背负式喷雾器

背负式喷雾器是由操作者背负,用摇杆操作液泵的液力喷雾器。它是我国目前使用得最广泛、生产量最大的一种手动喷雾器。目前,虽然各种喷雾器的型号、品牌和生产厂家不同,结构却大同小异,基本上都是由药箱、唧筒和喷管、喷头几部分组成。

1. 工作原理

操作人员上下掀动摇杆,通过连杆机构的作用,使塞杆在泵筒内作往复运动。当塞杆上行时,皮碗从下端向上运动,皮碗下面,由于皮碗和泵筒所组成的腔体容积不断增大,因而形成局部真空。这时,药液箱内的药液在液面和腔体内的压力差作用下,冲开进水球阀,沿着进水管路进入泵筒,完成吸水过程。当皮碗从上端下行时,泵筒内的药液开始被挤压,致使药液压力骤然增高,进水阀关闭,出水阀被压开,药液即通过出水阀进入空气室。空气室里的空气被压缩，对药液产生压力，打开开关后，液体即经过喷头喷洒出去。

2. 使用与维护

背负式喷雾器除严格按照产品使用说明书的要求进行使用维护外，还应着重注意以下几点：

(1)喷雾器上的新牛皮碗在安装前应浸入机油或动物油(忌用植物油)浸泡 24 h。向泵筒中安装塞杆组件时，应注意将牛皮碗的一边斜放在泵筒内，然后使之旋转，将塞杆竖直，用另一只手帮助将皮碗边沿压入泵筒内，就可顺利装入，切忌硬行塞入。

(2)根据需要选用合适的喷杆和喷头。

(3)背负作业时，应每分钟掀动摇杆 18～25 次，不可过分弯腰，以防药液从桶盖处溢出溅到身上。

(4)加注药液，不许超过桶壁上所示水位线。如果加注过多，工作中泵筒盖处将出现溢漏现象。空气室中的药液超过安全水位线时，应立即停止打气，以免空气室爆炸。

(5)所有皮质垫圈，贮存时应浸足机油，以免干缩硬化。

(6)每天使用结束，应加少许清水喷射，并清洗喷雾器各部，然后放在室内通风干燥处。

(7)喷洒除草剂后，必须将喷雾器，包括药液箱、胶管、喷杆、喷头等彻底清洗干净，以免在下次喷洒其他农药时对作物产生药害。

(二)背负式机动喷雾喷粉机

背负式机动喷雾喷粉机是采用气流输粉、气压输液、气力喷雾原理，由汽油机驱动的机动植保机具。主要由机架、离心风机、汽油机、油箱、药箱和喷洒装置等部件组成。具有操纵轻便、灵活、生产效率高等特点，广泛用于较大面积的农林作物的病虫害防治工作。

1. 工作原理

背负式机动喷雾喷粉机种类较多，结构略有不同，但其工作原理基本相似。其喷雾的工作原理是：离心风机与汽油机输出轴直连，汽油机带动风机叶轮旋转，产生高速气流，并在风机出口处形成一定压力，其中大部分高速气流经风机出口流经喷管，而少量气流经出风筒、进气塞、进气管、过滤网组合流进药箱内，使药箱中形成一定的气压。药液在压力的作用下，经粉门、出水塞、输液管、开关流到喷头，从喷嘴周围的小孔以一定的流量流出，先与喷嘴叶片相撞，初步雾化，再与高速气流在喷口中冲击相遇，进一步雾化，弥散成细小雾粒，并随气流吹到很远的前方。

2. 操作步骤

机具作业前应先按汽油机有关操作方法，检查其油路系统和电路系统后进行启动。确保汽油机工作正常。

喷雾作业时，机具必须处于喷雾作业状态。加药前先用清水试喷一次，保证各连接处无渗漏；加药时不要过急过满，以免从过滤网出气口溢进风机壳里；药液必须干净，以免喷嘴堵塞；加药后要盖紧药箱盖。

启动发动机，使之处于怠速运转。背起机具后，调整油门开关使汽油机稳定在额定转速左右，开启药液手把开关即可开始喷药作业。

3. 喷药注意事项

(1)开关开启后，严禁停留在一处喷洒，以防对植物产生药害。

(2)应采用侧向喷洒方式,以免人身受药液侵害。

(3)喷药前首先校正背机人的行走速度,并按行进速度和喷量大小,核算施液量。喷药时严格按预定的喷量大小和行走速度进行。前进速度应基本一致,以保证喷洒均匀。

(4)大田作业喷洒可变换弯管方刚喷洒灌木丛时可将弯管口朝下,防止雾粒向上飞扬。

(5)在机具使用过程中,必须注意防毒、防火、防机器事故发生,尤其防毒应十分重视,作业时应注意:背机时间不要过长,应以3～4人组成一组,轮流背负作业;背机人必须佩戴口罩,口罩应经常洗换;避免顶风作业,禁止喷管在作业者前方以八字形交叉方式喷洒;发现有中毒症状时,应立即停止背机,求医诊治。

4. 故障排除

故障排除见表4-1。

表4-1 背负式机动喷雾喷粉机故障排除

故障	故障原因	故障排除方法
不能启动或启动困难	油箱无油	加油
	各油路不畅通	清理油道
	燃油过脏或油中有水	更换燃油
	气缸内进油过多	拆下火花塞空转数圈并将火花塞擦干
	火花塞不跳火,积炭过多或绝缘体被击穿	清除积炭或更新绝缘体
	火花塞、白金间隙调整不当	重新调整
	电容器击穿,高压导线破损或脱解,高压线圈击穿等	修复或更新
	白金上有油污或烧坏	清除油污或打磨烧坏部位
	火花塞未拧紧,曲轴箱体漏气,缸垫烧坏	应紧固有关部件或更新缸垫
	曲轴箱两端自紧油封磨损严重	更换
	主风阀未打开	打开主风阀
能启动但功率不足	供油不足,主量孔堵塞,空滤器堵塞等	应清洗疏通
	白金间隙过小或点火时间过早	应进行调整
	燃烧室积炭过多(特征是机体温度过高)	应清除积炭
	气缸套、活塞(环)磨损严重	应更换新件
	混合油过稀	提高对比度
发动机运转不平稳	主要部件磨损严重,运动中产生抖动现象	更换部件
	点火时间过早,有回火现象	检查调整
	白金磨损或松动	更新或紧固
	浮子室有水或沉积了机油造成运转不平稳	清洗浮子室

续表4-1

故障	故障原因	故障排除方法
运转中突然熄火	燃油烧完	加油
	高压线脱落	接好高压线
	油门操纵机构脱解	修复
	火花塞被击穿	更换火花塞
农药喷射不雾化	转速低	加速
	风机叶片角度变形,装有限风门的未打开	视情况处理
	超低量喷头内的喷嘴轴弯曲,高压喷射式的喷头中有杂物或严重磨损等	采取相应措施处理

四、绿色农产品的农药使用要求

(一)合理使用农药

农药的合理使用就是要求贯彻"经济、安全、有效"的原则,从综合治理的角度出发,运用生态学的观点来使用农药。在生产中应注意以下几个问题:

(1)正确选药　各种药剂都有一定的性能及防治范围,即使是广谱性药剂也不可能对所有的病害或虫害都有效。因此,在施药前应根据实际情况选择合适的药剂品种,切实做到对症下药,避免盲目用药。

(2)适时用药　在调查研究和预测预报的基础上,掌握病虫害的发生发展规律,抓住有利时机用药。既可节约用药,又能提高防治效果,而且不易发生药害。如一般药剂防治害虫时,应在初龄幼虫期。药剂防治病害时,一定要用在植物发病之前或发病早期,尤其需要指出保护性杀菌剂必须在病原物接触侵入植物体前使用,除此之外,还要考虑气候条件及物候期。

(3)适量用药　施用农药时,应根据用量标准来实施,如规定的浓度、单位面积用量等,不可因防治病虫心切而任意提高浓度、加大用药量或增加使用次数。否则,不仅会浪费农药,增加成本,而且还易使植物产生药害,甚至造成人畜中毒。另外,在用药前,还应搞清农药的规格,即有效成分的含量,然后再确定用药量。如常用的杀菌剂福星,其规格有10%乳油与40%乳油,若10%乳油稀释2 000~2 500倍使用,40%乳油则需稀释8 000~10 000倍。

(4)交互用药　长期使用一种农药防治某种害虫或病菌,易使害虫或病菌产生抗药性,降低防治效果,病虫害越治难度越大。这是因为一种农药在同一种病虫上反复使用一段时间后,药效会明显降低,为了提高防治效果,不得不增加施药浓度、用量和次数,这样反而更加重了抗药性的发展。因此,应尽可能地轮回用药,所用农药品种也应尽量选用不同作用机制的类型。

(5)混合用药　将2种或2种以上的对病虫害具有不同作用机制的农药混合使用,以达到同时兼治几种病虫、提高防治效果、扩大防治范围、节省劳力的目的。如灭多威与菊酯类混用、有机磷制剂与拟除虫菊酯混用、甲霜灵与代森锰锌混用等。农药之间能否混用,主要取决于农药本身的化学性质。农药混合后它们之间应不产生化学和物理变化，才可以混用。

(二)安全使用农药

在使用农药防治园艺作物病虫害的同时，要做到对人、畜、天敌、植物及其他有益生物的安全，要选择合适的药剂和准确的使用浓度。防治工作的操作人员必须严格按照用药的操作规程、规范工作。

1. 农药的毒性

农药对人的毒性分为急性与慢性。

急性毒性是指一次性或短时间里大量摄入农药而发生的急性病理反应。农药一般是通过消化道、皮肤、呼吸系统三个途径进入人体。

慢性毒性是指长期连续少量摄入农药最终发生病理反应。这种情况下农药主要是通过饮食进入体内。慢性毒性中致癌、致畸、致突变的"三致毒性"特别值得注意。有的农药品种有毒的有效成分及其有毒的降解物、衍生物、代谢物、合成副产物，或者被人体长期微量摄入，代谢与排泄量总少于摄入量，而在某些器官、组织中不断积存，称作"着积性毒性"；或者在农作物上及在环境中长期滞留、迁移与扩散，污染了农、畜产品及水源，污染了环境，形成农药残留问题，恶化了人们赖以生存的环境，毒物进入环境中的各种食物链并在食物中较高层次的生物体内富集，这些情况都会对人体构成慢性毒性的威胁。

2. 防止用药中毒

为了安全使用农药，防止出现中毒事故，须注意下列事项：

(1)用药人员必须身体健康，如有皮肤病、高血压、精神失常、结核病患者，药物过敏者，孕期、经期、哺乳期的妇女等，不能参加该项工作。

(2)用药人员必须做好一切安全防护措施，配药、喷药时应穿戴防护服、手套、风镜、口罩、防护帽、防护鞋等标准的防护用品。

(3)喷药应选在无风的晴天进行，阴雨天或高温炎热的中午不宜用药；有微风的情况下，工作人员应站在上风头，顺风喷洒，风力超过4级时，停止用药。

(4)配药、喷药时，不能谈笑打闹、吃东西、抽烟等，如果中间休息或工作完毕时，须用肥皂洗净手脸，工作服也要洗涤干净。

(5)喷药过程中，如稍有不适或头疼目眩时，应立即离开现场，寻一通风荫凉处安静休息，如症状严重，必须立即送往医院，不可延误。

3. 选择使用高效、低毒、低残留农药

在园艺生产中除贯彻综合治理方针和优先使用安全级和较安全级农药外，还需强调选用高效或超高效农药。其优点一是减少一次施药的用量，从而减少农药对生物和环境的毒性负荷；二是减少农药在作物上的起始残留浓度。

4. 严格遵守有关规定，做到安全用药

国家和农业部对农药的安全使用作出了明确规定，并以《农药安全使用标准》和《农药合理使用准则》的法规颁布，至1997年涉及用药140种，作物19种。在这些规定中明确了某种农药在具体作物上的使用剂型、常用药量或稀释倍数、最高用药量或稀释倍数、施药方法、最多使用次数和安全间隔期，即最后一次施药离收获的天数，在"准则"中还提出了该农药在作物上的最高残留限量(MRL)参照值。按这些规定使用农药一般不会造成农药对环境的严重污染和导致农作物中农药残留量超标，更不会发生农药的食品急性中毒事件。

5. 植物药害及其预防

药害是指因用药不当对园艺作物造成的伤害，有急性药害和慢性药害之分，急性药害指的是用药几小时或几天内，叶片很快出现斑点、失绿、黄化等；果实变褐，表面出现药斑；根系发育不良或形成黑根、鸡爪根等。慢性药害是指用药后，药害现象出现相对缓慢，如植株矮化、生长发育受阻、开花结果延迟等。

作物发生药害的原因很多，可从以下几个方面来分析：

(1)药剂种类选择不当。如波尔多液含铜离子浓度较高，多用于果园，蔬菜、花卉由于组织幼嫩，易产生药害。

(2)部分植物对某些农药品种过敏。如碧桃、寿桃、樱花等对敌敌畏敏感，桃、梅类对乐果敏感，桃、李类对波尔多液敏感等。

(3)在植物敏感期用药。如各种花卉的开花期是对农药最敏感的时期之一，用药宜慎重。

(4)高温、雾重及相对湿度较高时易产生药害。温度高时，植物吸收药剂及蒸腾较快，使药剂很快在叶尖、叶缘集中过多而产生药害；雾重、湿度大时，药滴分布不均匀也易出现药害。

(5)浓度高、用量大。为克服病虫害之抗性等原因而随意加大浓度、用量，易产生药害。

为防止园艺作物出现药害，除针对上述原因采取相应措施预防发生外，对于已经出现药害的植株，应先进行清水冲洗，以去除残留毒物，然后再施用能够促进作物健康生长、提高抗逆作用或解除药害的营养物质等，排毒解害，同时加强肥水管理，使之尽快恢复健康，消除或减轻药害造成的影响。

任务训练

一、知识训练

(一)名词解释

植物源农药、胃毒剂、急性毒性、安全间隔期、植物药害。

(二)填空题

1. 按防治对象，农药可分为(　　)、(　　)、(　　)、(　　)、(　　)、(　　)等。
2. 按作用方式，杀虫剂可分为(　　)、(　　)、(　　)和胃毒剂等。
3. 石硫合剂是用(　　)、(　　)和(　　) 等熬成的红褐色透明液体。
4. 背负式喷雾器基本上都是由(　　)、(　　)和(　　)、(　　)四部分组成。
5. 按化学成分，农药可分为(　　)、(　　)和(　　)三大类。
6. 生物源农药包括(　　)、(　　)、(　　)三种。
7. 阿维菌素属于(　　)杀虫剂，适用于防治(　　)、(　　)、(　　)的害虫。
8. 生产中常用农药的剂型有(　　)、(　　)、(　　)、(　　)等类型。
9. 农药常见的施用方法有(　　)、(　　)、(　　)、(　　)、(　　)等。
10. 百菌清是(　　)杀菌剂，常见剂型为(　　)，主要施用方法为(　　)。

(三)选择题

1. 将药液与种子拌后堆闷一定时间再播种称为(　　)。

A. 拌种　　B. 浸苗　　C. 闷种　　D. 浸种

2. 长期使用单一化学药剂防治，会导致病虫产生(　　)。

A. 抗生性　　B. 耐害性　　C. 适应性　　D. 抗药性

3. 波尔多液是一种保护性杀菌剂，最好应用在(　　)。

A. 发病中期　　B. 发病后期　　C. 发病初期　　D. 发病前

4. 下列农药中，不属于抗生素类的是(　　)。

A. 苏云金杆菌　　B. 阿维菌素　　C. 链霉素　　D. 春雷霉素

5. 将两种或两种以上农药轮换使用的方法是(　　)。

A. 交替用药　　B. 适时用药　　C. 适量用药　　D. 混合用药

6. 不能用来喷雾的农药剂型是(　　)。

A. 粉剂　　B. 乳剂　　C. 水剂　　D. 可湿性粉剂

7. 毒饵就是在防治对象喜食的饵料中加入混配一定比例的(　　)。

A. 胃毒剂　　B. 触杀剂　　C. 内吸剂　　D. 不育剂

8. 防治线虫病效果最好的是(　　)。

A. 多菌灵　　B. 灭线磷　　C. 乐果　　D. 百菌清

9. 下列药剂属于特异性杀虫剂的是(　　)。

A. 乐果　　B. 敌杀死　　C. 氯氢菊酯　　D. 灭幼脲

10. 下列杀虫剂中，熏蒸杀虫效果最好的是(　　)。

A. 敌百虫　　B. 敌敌畏　　C. 灭多威　　D. 敌杀死

11. 背负式机动喷雾喷粉器，是由汽油机作动力，(　　)、气力喷雾和气流输粉原理的植保机具。

A. 气压输氧　　B. 气压输液　　C. 气压灭菌　　D. 气压灭虫

12. 喷雾器使用结束后，应加入少量(　　)喷射，并清洗药剂接触的各部位，然后放入通风干燥的室内。

A. 汽油　　B. 清水　　C. 酒精　　D. 馏水

(四)问答题

1. 根据作用方式，杀虫剂分为哪几类？

2. 农药的使用方法有哪些？

3. 背负式机动喷雾喷粉机不能启动或启动困难的原因有哪些？如何排除？

4. 目前，无公害农产品正日益受到人们的青睐，请运用所学知识，论述怎样通过科学用药生产无公害农产品。

二、技能训练

1. 在教师的指导下，选用化学药剂防治生产上的某种病虫害。

2. 将所给农药正确分类，能正确辨识剂型，并说出各类任意一种的使用方法。

3. 在教师的指导下，每小组制作 2 kg 毒饵并施用。

4. 以小组为单位配制 70%的甲基托布津可湿性粉剂稀释 1 000 倍液进行喷雾。

5. 以小组为单位配制波尔多液和石硫合剂各 10 kg，进行田间施用。

学习情境 5

蔬菜主要病虫害及综合防治

知识目标

◆熟悉常见蔬菜病虫害的种类、分布、为害及发生规律。

◆掌握主要蔬菜病虫害的综合防治措施。

能力目标

◆具备对当地蔬菜病虫害的为害情况进行观察和分析的能力。

◆能正确识别病虫害种类并了解其发生规律。

◆能根据当地生产条件与蔬菜病虫害发生情况制定合理的防治方案。

◆能熟练运用各种防治措施进行病虫害防治。

学习任务 1　蔬菜主要病害的诊断与防治

任务描述

通过农业图书、文献查阅、网络查询及课堂讲解等方法，熟悉当地蔬菜主要病害发生的种类及为害特点；通过校内外蔬菜生产基地的现场观察与各种病害标本观察、视频观看、室内实验等方式，对当地蔬菜生产中常见病害的症状、病原、发生规律进行观察与诊断；在教师和专业技术人员的指导下制定其防治方案，熟练运用关键防治技术，实践操作，以达到预期的防治目标。

实施条件

1. 实施场所：校内外蔬菜生产基地、植保实训室、多媒体教室。

2. 仪器设备：生物显微镜、培养箱、多媒体设备等。

3. 药品用具：碱性品红、龙胆紫、95%酒精、碘液、苯酚、二甲苯、蒸馏水、培养皿、载玻片、盖玻片、挑针、镊子、小剪刀、解剖刀、扩大镜、小滴瓶、纱布块、洗瓶、酒精灯、滤纸、镜纸等。

4. 其他：各种病害标本、相关 PPT、教材、专业音像、专业图书、网上资源等。

任务实施

近年来，随着蔬菜种植业的发展，蔬菜种类、生产管理条件不断变化，导致蔬菜病虫害种类增多，对蔬菜安全的危害程度逐年加大。

一、蔬菜主要真菌类侵染性病害的防治

(一)幼苗猝倒病

蔬菜幼苗猝倒病，包括叶菜类、瓜类、茄果类、豆类、根菜类等蔬菜幼苗的苗床病害，属真菌性病害，由鞭毛菌亚门瓜果腐霉菌侵害引起，是早春蔬菜育苗期最严重的病害，发病后常造成幼苗成片死亡。

1. 症状

苗期露出土表的胚茎基部或中部呈水浸状，后变成黄褐色干枯缩为线状，往往子叶尚未凋萎，幼苗即突然猝倒，致幼苗贴伏地面，有时瓜苗出土胚轴和子叶已普遍腐烂，变褐枯死。湿度大时，病株附近长出白色棉絮状菌丝(彩图 5-1)。

2. 病原

Pythium aphanidermatum(Eds.) Fitzp.为瓜果腐霉，属鞭毛菌亚门真菌。菌丝体生长繁茂，呈白色棉絮状；菌丝与孢子囊梗区别不明显。

3. 传播途径和发病条件

病菌以卵孢子在 12～18 cm 表土层越冬，并在土中长期存活。第二年春，遇有适宜条件萌发产生孢子囊，以游动孢子或直接长出芽管侵入寄主。此外，在土中营腐生生活的菌丝也可产生孢子囊，以游动孢子侵染瓜苗引起猝倒。田间的再侵染主要靠病苗上产出孢子囊及游动孢子，借灌溉水或雨水溅附到贴近地面的根茎或果实引致更严重的损失。该病主要在幼苗长出 1～2 片真叶期发生，3 片真叶后，发病较少。结果期阴雨连绵，果实易染病。

4. 防治方法

(1)床土消毒。床土应选用无病新土，如用旧园土，有带菌可能，应进行苗床土壤消毒。可用拌种双消毒，用 50%拌种双 8～10 g/m^2，拌 10～15 kg 干细土配成药土，播种时取 1/3 药土垫底，2/3 药土盖种，种子夹在药土中间，防效明显，残效月余。

(2)加强苗床管理。做好保温工作，适当通风换气，出苗后尽量不浇水，必须浇水时一定选择晴天喷洒，不宜大水漫灌。不要在阴雨天浇水，保持苗床不干不湿。

(3)育苗畦(床)及时放风、降湿，阴天也要适时适量放风排湿，严防瓜苗徒长染病。

(4)果实发病重的地区，要采用高畦，防止雨后积水，黄瓜定植后，前期宜少浇水，多中耕，注意及时插架，以减轻发病。

(5)发病初期喷淋 72.2%普力克水剂 400 倍液 2～3 L/m^2，或 15%恶霉灵水剂 450 倍液 3 L/m^2，或 12%绿乳铜乳油 600 倍液 3 L/m^2。

(二)幼苗立枯病

蔬菜幼苗立枯病，俗称“霉根”，主要在蔬菜苗床发生，属真菌性病害，由半知菌亚门、立枯丝核菌侵害引起，严重时可造成大量死苗。该病可为害西瓜、甜瓜等 160 多种植物。

1. 症状

在幼苗出土后发病，于茎基部产生椭圆形暗褐色病斑，并逐渐凹陷，扩展后绕茎一周，造成病部缢缩、干枯，病苗初时萎蔫，继而逐渐枯死。由于病苗“枯而不倒”，故称立枯。湿度大时，病部常长出稀疏的淡褐色蛛丝状霉。

2. 病原

Rhizocctonia solani Kühn 为立枯丝核菌，属半知菌亚门真菌。该菌不产生孢子，主要以菌丝体传播和繁殖。初生菌丝无色，后为黄褐色，具隔，分枝基部缢缩，老菌丝常呈一连串桶形细胞。菌核近球形或无定形，无色或浅褐至黑褐色。有性阶段 *Pellicularia filamentosa* (Pat.) Rogers 为丝核薄膜革菌，不多见。

3. 传播途径和发病条件

病菌以菌丝体或菌核随病残体在土壤中越冬。病残体分解后，病菌还可以在土中腐生存活 2～3 年。在适宜条件下，病菌菌丝可直接侵入幼苗，引起发病。病菌通过雨水、灌溉水、农具和带菌粪肥传播，高温高湿利于病菌繁殖生长，又易引起幼苗徒长，降低幼苗抗病能力而利于发病。

4. 防治方法

(1)加强苗床管理，注意提高地温，科学放风，防止苗床或育苗盘高温高湿条件出现。

(2)用种子重量 0.2%的 40%拌种双拌种。

(3)苗床或育苗盘药土处理。可单用 40%拌种双粉剂，也可用 40%五氯硝基苯与福美双 1∶1 混合，苗床施药 8 g/m^2。

(4)发病初期喷淋 5%井冈霉素水剂 1 500 倍液、15%恶霉灵水剂 450 倍液；猝倒病、立枯病混合发生时，可用 72.2%普力克水剂 800 倍液加 50%福美双可湿性粉剂 800 倍液喷淋，2～3 L/m^2。视病情隔 7～10 d 喷 1 次，连续防治 2～3 次。

(三)蔬菜霜霉病

蔬菜霜霉病是一种世界性的真菌性病害，鞭毛菌亚门真菌古巴假菌侵染所致。主要危害黄瓜、丝瓜、菠菜、莴苣、莴笋、茴蒿、白菜、甘蓝、萝卜等多种蔬菜。下面以黄瓜霜霉病为例介绍。

1. 症状

苗期、成株期均可发病。主要为害叶片。子叶被害初呈褪绿色黄斑，扩大后变黄褐色。真叶染病，叶缘或叶背面出现水浸状病斑，早晨尤为明显，病斑逐渐扩大，受叶脉限制，呈多角形淡褐色或黄褐色斑块，湿度大时叶背面或叶面长出灰黑色霉层即病菌孢囊梗孢子囊。后期病斑破裂或连片，致叶缘卷缩干枯，严重的田块一片枯黄(彩图 5-2，彩图 5-3)。

2. 病原

Pseudoperonospora cubensis (Berk.et Curt.) Rostov.为古巴假霜霉菌，属鞭毛菌亚门真菌。孢子囊卵形或柠檬形，顶端具乳状突起，淡褐色，单胞。孢子囊可直接萌发，长出芽管，从寄主气孔或细胞间隙侵入，在细胞间蔓延，靠吸器伸入细胞内吸取营养。产生孢子囊适温15～20℃，萌发适温 15～22℃。

3. 传播途径和发病条件

病菌在病叶上越冬或越夏；北方冬季不种黄瓜地区，则靠季风从邻近地区把孢子囊吹去，孢子囊在温度15～20℃，空气相对湿度高于83%才大量产生，且湿度越高产孢越多，叶面有水滴或水膜，持续3 d，孢子囊萌发和侵入。试验表明：夜间由20℃逐渐降到12℃，叶面有水6 h，或夜温由20℃逐渐降到10℃，叶面有水12 h，此菌才能完成发芽和侵入。日均温15～16℃，潜育期5 d；17～18℃，4 d；20～25℃，3 d。田间始发期均温15～16℃，流行气温20～24℃，低于15℃或高于30℃发病受抑制。该病主要侵害功能叶片，幼嫩叶片和老叶受害少。对于一株黄瓜，该病侵入是逐渐向上扩展的。

4. 防治方法

(1)选择抗病品种。

(2)苗期防治。床土要用营养土，可采用电热线育苗，其具有温度高、湿度低、无结露的优点。一定要增施磷、钾肥。育苗期可以每隔7～10 d喷洒一次药肥混合药液防治，即每15 kg水中加入50%多菌灵15 g、90%疫霜灵30 g、磷酸二氢钾15 g配成混合液。

(3)定植后防治。定植后生长前期要适当控制浇水，结瓜后防止大水漫灌，注意及时排出积水。人为创造利于黄瓜生长而不利于霜霉病发生流行的生态环境，有利于降湿控制病害。

(4)药剂防治。主要用47%加瑞农可湿性粉剂600～800倍液，在发病初期喷一次，以后每隔7～10 d喷一次，叶片正、反面都喷湿透为止，不要在幼苗期和高湿时喷药；杜邦克露浓度为750倍液，每隔7 d喷一次，发病初期喷1～2次即可防治。

(四)蔬菜白粉病

白粉病是一种常发的真菌性病害，多以叶片上发病为主，在叶柄、茎、果实上的发生少(彩图5-4)。为子囊菌亚门真菌侵染所致。主要危害黄瓜、南瓜、苦瓜、番茄、茄子、蚕豆、豌豆、白菜、莴苣、莴笋等蔬菜作物。下面以西瓜白粉病为例介绍。

1. 症状

白粉病主要危害西瓜叶片，其次是叶柄和茎，一般不危害果实。发病初期叶面或叶背产生白色近圆形星状小粉点，以叶面居多，当环境条件适宜时，粉斑迅速扩大，连接成片，成为边缘不明显的大片白粉区，上面布满白色粉末状霉(即病菌的菌丝体、分生孢子梗和分生孢子)，严重时整叶面布满白粉。叶柄和茎上的白粉较少。病害逐渐由老叶向新叶蔓延。发病后期，白色霉层因菌丝老熟变为灰色，病叶枯黄、卷缩，一般不脱落。当环境条件不利于病菌繁殖或寄主衰老时，病斑上出现成堆的黄褐色的小粒点，后变黑(即病菌的闭囊壳)。

2. 病原

Sphaerotheca cucurbitae(Jacz.)Z. Y. Zhao称瓜类单囊壳和*Erysipe cucurbitacearum* Zheng&Chen称葫芦科白粉菌，均属子囊菌亚门真菌。菌丝体生于叶的两面和叶柄上，初生白圆形斑，后展生至全叶；分生孢子腰鼓形或广椭圆形，串生；子囊果球形，褐色或暗褐色，散生。

3. 传播途径和发病条件

在我国南方，周年可种植瓜类作物，白粉病菌不存在越冬问题，病菌以菌丝体或分生孢子在西瓜或其他瓜类作物上繁殖，并借助气流、雨水等传播，形成扩大侵染。在北方，病菌以闭囊壳在病残体遗留于土壤表层或温室的瓜类上越冬。分生孢子借肋气流或雨水传播落在寄主叶片上，分生孢子先端产生芽管和吸器从叶片侵入。菌丝体附生在叶表面，从萌发到侵入需24 h，每天可长出3～5根菌丝，5 d后在侵染处形成白色菌丝丛状病斑，经7 d成熟，形成分生孢子飞散传播，进行再次侵染。适宜温度15～30℃，相对湿度80%以上。白粉病的流行取决于湿度和寄主的长势;高温、高湿利于萌发侵入,干干湿湿的天气有利加快流行速度。

4. 防治方法

(1)选用抗病品种。

(2)生物防治。喷洒 2%农抗 120 或 2%武夷菌素(B0～10)水剂 200 倍液,隔 6～7 d 再防 1 次,防效 90%以上。

(3)物理防治。采用 27%高脂膜乳剂 80～100 倍液,于发病初期喷洒在叶片上,形成一层薄膜,不仅可防止病菌侵入,还可造成缺氧条件使白粉菌死亡。一般隔 5～6 d 喷 1 次,连续喷 3～4 次。

(4)发病初期喷洒 15%三唑酮(粉锈宁)可湿性粉剂 1 500 倍液,或 20%三唑酮乳油 1 500～2 000 倍液,技术要点是早预防,午前防,喷周到及大水量。

(5)保护地采用烟雾法。即用硫黄熏烟消毒,定植前几天,将棚室密闭,每 100 m^3 用硫黄粉 250 g,锯末 500 g 掺匀后,分别装入小塑料袋分放在室内,于晚上点燃熏 1 夜;此外,也可用 45%百菌清烟剂 200～250 g 熏棚。

(五)蔬菜灰霉病

灰霉病是发生在保护地(蔬菜大棚和日光温室)的一种特有的真菌性病害,主要危害黄瓜、番茄、韭菜、西葫芦等蔬菜,该病一旦发生危害严重,重者可损失 90%以上。该病目前已成为危害保护地的最主要病害。下面以番茄灰霉病为例介绍。

1. 症状

灰霉病可为害番茄的花、果实、叶片及茎。果实染病青果受害重,残留的柱头或花瓣多先被侵染,后向果面或果柄扩展,致果皮呈灰白色,软腐,病部长出大量灰绿色霉层,即病原菌的子实体,果实失水后僵化;叶片染病多始自叶尖,病斑呈"V"字形向内扩展,初为水浸状、浅褐色、边缘不规则、具深浅相间轮纹,后干枯表面生有灰霉致叶片枯死;茎部染病,始亦呈水浸状小点,后扩展为长椭圆形或长条形斑,湿度大时病斑上长出灰褐色霉层,严重时引起病部以上枯死(彩图 5-5,彩图 5-6)。

2. 病原

Botrytis cinera Pers.为灰葡萄孢,属半知菌亚门真菌。孢子梗数根丛生,具隔,褐色,顶端呈 1～2 次分枝,梗顶稍膨大,呈棒头状,其上密生小柄并着生大量分生孢子,分生孢子圆形至椭圆形或水滴形,单细胞,近无色,在寄主上通常少见菌核,但当田间条件恶化后,则可产生黑色片状菌核。

3. 传播途径和发病条件

主要以菌核在土壤中或以菌丝及分生孢子在病残体上越冬或越夏。第二年春条件适宜,菌核萌发,产生菌丝体和分生孢子梗及分生孢子。分生孢子成熟后脱落,借气流、雨水或露珠及农事操作进行传播,萌发时产生芽管,从寄主伤口或衰老的器官及枯死的组织上侵入,沾花是重要的人为传播途径。花期是侵染高峰期,尤其在穗果膨大期浇水后,病果剧增,是烂果高峰期。后在病部又产生分生孢子,借气流传播进行再侵染。本菌为弱寄生菌,可在有机物上腐生。发育适温 20～23℃,最高 31℃,最低 2℃。一般气温 20℃左右,相对湿度持续 90%以上多湿状态易发病。此外,密度过大,管理不当,都会加快此病的扩展。

4. 防治方法

(1)保护地主要是控制棚室温湿度。一般上午迟放风,超过30℃开始放风,当降到25℃时,中午继续放风,下午温度维持在20~25℃,至20℃时停止放风,以使夜间温度保持在15~17℃,阴天打开通风口换气。

(2)加强栽培管理。定植时施足底肥,避免阴雨天浇水,浇水后应放风排湿,发病后控制浇水,病果、病叶及时摘除并集中处理,拉秧后清除病残体,注意农事操作卫生,防止染病。

(3)药剂防治。重点抓住移栽前、开花期和果实膨大期三个关键用药。

①移栽前用50%速克灵可湿性粉1 500~2 000倍液喷淋幼苗。

②沾花药。定植后结合沾花施药,即在配好的2,4-D或防落素稀释液中加入0.1%的50%扑海因可湿性粉剂或50%多菌灵可湿性粉剂进行蘸花或涂抹。

③催果药。在浇催果水前或初发病时施药。

喷雾可选用50%速克灵可湿性粉剂2 000倍液;50%扑海因可湿性粉剂1 500倍液等。烟雾施药可选用10%速克灵烟剂或45%百菌清烟剂,每亩每次250 g。

(六)蔬菜疫病

蔬菜疫病分早疫病和晚疫病两种。属于真菌性病害,可为害果实、叶、茎,以茎叶分枝处最易发病,发病严重时因果实膨大后不能支持造成断枝,果实病斑一般发生在蒂部附近和有裂缝的地方,病部有霉状物。主要为害番茄、茄子、辣椒、马铃薯、瓜类等。下面以番茄早疫病和晚疫病为例介绍。

1. 番茄早疫病

(1)症状　苗期、成株期均可染病,主要侵害叶、茎、花、果。叶片初呈针尖大的小黑点,后发展为不断扩展的轮纹斑,边缘多具浅绿色或黄色晕环,中部现同心轮纹,且轮纹表面生毛刺状不平坦物,茎部染病,多在分枝处产生褐色至深褐色不规则圆形或椭圆形病斑,凹或不凹,表面生灰黑色霉状物,即分生孢子梗和分生孢子;叶柄受害,生椭圆形轮纹斑,深褐色或黑色,一般不将茎包住;青果染病,始于花萼附近,初为椭圆形或不定形褐色或黑色斑,凹陷,直径10~20 mm,后期果实开裂,病部较硬,密生黑色霉层(彩图5-7,彩图5-8)。

(2)病原　*Alternaria solani* (Ellis et Martin)Jones et Grout.异名*A. solaniSorauer* 称茄链格孢,属半知菌亚门真菌。菌丝丝状,有隔膜。分生孢子长卵形或倒棒形,淡黄色,顶端长有较长的喙,无色,多数具1~3个横隔。病菌发育温限1~45℃,26~28℃最适。该病潜育期短,侵染速度快,除为害番茄外,还可侵染茄子、辣椒、马铃薯等。

(3)传播途径和发病条件　以菌丝或分生孢子在病残体或种子上越冬,可从气孔、皮孔或表皮直接侵入,形成初侵染,经2~3 d潜育后现出病斑,3~4 d产出分生孢子,并通过气流、雨水进行多次重复侵染。当番茄进入旺盛生长及果实迅速膨大期,基部叶片开始衰老,病菌在番茄田上空得以积累,这时遇有持续5 d均温21℃左右,降雨2.2~46 mm,相对湿度大于70%的时数大于49 h,该病即开始发生和流行。因此,每年雨季到来的迟早,雨日的多少,降雨量的大小和分布,均影响相对湿度的变化及番茄早疫病的扩展。此外,该菌属兼性腐生菌,田间管理不当或大田改种番茄后,常因基肥不足发病重。

(4)防治方法

①大面积轮作。应与非茄科作物实行3年以上轮作。

②合理密植。

③施用45%百菌清烟剂或10%速克灵烟剂，每亩次200～250 g。

④按配方施肥要求，充分施足基肥，适时追肥，提高寄主抗病力。

⑤保护地番茄重点抓生态防治。由于早春定植时昼夜温差大，白天20～25℃，夜间12～15℃，相对湿度高达80%以上，易结露，利于此病的发生和蔓延。应重点调整好棚内温、湿度，尤其是定植初期，闷棚时间不宜过长，防止棚内湿度过大温度过高，减缓该病发生蔓延。

⑥发病前开始喷洒50%扑海因可湿性粉剂1 000～1 500倍液或75%百菌清可湿性粉剂600倍液，对早疫病防效高低的关键，在于用药的迟早。凡掌握在发病前看不见病斑即开始喷药预防的，防效70%以上；发病后用药虽有一定抑制作用，但不理想。

⑦采用粉尘法于发病初期喷撒5%百菌清粉尘剂，每亩次1 kg，隔9 d 1次，连续3～4次。

⑧番茄茎部发病除喷淋上述杀菌剂外，也可把50%扑海因可湿性粉剂配成180～200倍液，涂抹病部，必要时还可配成油剂，效果更好。

2. 番茄晚疫病

(1)症状　幼苗、叶、茎和果实均可受害，以叶和青果受害重。幼苗染病，病斑由叶片向主茎蔓延，使茎变细并呈黑褐色，致全株萎蔫或折倒，湿度大时病部表面生白霉；叶片染病，多从植株下部叶尖或叶缘开始发病，初为暗绿色水浸状纺锤形病斑，扩大后转为褐色。高湿时，叶背病健部交界处长白霉；茎上病斑呈黑褐色腐败状，引起植株萎蔫；果实染病主要发生在青果上，病斑初呈油浸状暗绿色，后变成暗褐色至棕褐色，稍凹陷，边缘明显，云纹不规则，果实一般不变软，湿度大时其上长少量白霉，迅速腐烂(彩图5-9，彩图5-10)。

(2)病原　*Phytophthora infestans*(Mont.) de Bary为致病疫霉，属鞭毛菌亚门真菌。菌丝分枝，无色无隔，较细，多核。孢子囊顶生或侧生，卵形或近圆形，无色，顶端有乳突，基部具短柄，卵孢子不多见。此菌只为害番茄和马铃薯，且对番茄的致病力强。

(3)传播途径和发病条件　番茄晚疫病菌主要在冬季栽培的番茄及马铃薯块茎中越冬，有时以厚垣孢子在落入土中的病残体上越冬。借气流或雨水传播到番茄植株上，从气孔或表皮直接侵入，在田间形成中心病株，病菌的营养菌丝在寄主细胞间或细胞内扩展蔓延，经3～4 d潜育，病部长出菌丝和孢子囊，借风雨传播蔓延，进行多次重复侵染，引起该病流行。尤其中心病株出现后，伴随雨季到来，病情扩展迅速，能否发病或流行取决于有无饱和的相对湿度或水滴。因此，降雨的早晚、雨日多少、雨量大小及持续时间长短是决定该病发生和流行的重要条件。高温低湿，孢子囊易失活，常温下，相对对湿度低于80%仅存活几小时。地势低洼、排水不良，致田间湿度大，易诱发此病。

(4)防治方法

①保护地番茄从苗期开始，严格控制生态条件，防止棚室高湿条件出现。

②种植抗病品种。

③与非茄科作物实行3年以上轮作，合理密植，采用配方施肥技术。加强田间管理，及时打杈。

④药剂防治。发现中心病株后，可选用以下方法和药剂：保护地采用烟雾法，可施用45%百菌清烟剂，每亩次200～250 g，预防或熏治；采用粉尘法、喷撒5%百菌清帮尘剂每亩次1 kg，隔9 d 1次；在番茄发病初期开始喷洒72.2%普力克水剂800倍液或64%杀毒矾可湿性粉剂500倍液，亩用对好的药液50～60 L，隔7～10 d喷1次，连续防治4～5次。

(七)蔬菜炭疽病

炭疽病为常发的真菌性病害,全国各地都有发生,主要为害叶片和叶柄,也可为害花梗、种荚等。主要危害黄瓜、西瓜、丝瓜、番茄、茄子、辣椒、菠菜、大葱、白菜、甘蓝、萝卜等多种蔬菜。夏季多雨年份常大发生。此病不但在生长期危害,影响产量和质量,而且在贮运期间染病部位可以继续蔓延,造成大量腐烂,加剧损失。下面以甜(辣)椒炭疽病为例介绍。

1. 症状

甜椒、辣椒炭疽病主要为害果实,叶片、果梗也可受害。果实染病,初现水浸状黄褐色圆斑,边缘褐色,中央呈灰褐色,斑面有隆起的同心轮纹,往往由许多小点集成,小点有时为黑色,潮湿时,病斑表面溢出红色黏稠物,被害果内部组织半软腐,易干缩,致病部呈膜状,有的破裂;叶片染病,初为褪绿色水浸状斑点,后渐变为褐色,中间淡灰色,近圆形,其轮生小点。果梗有时被害,生褐色凹陷斑,病斑不规则,干燥时往往开裂(彩图5-11)。

2. 病原

Colletotrrichum capsici(Syd) Butl.为辣椒刺盘孢及*C.coccodes*(Wallr.) Hughes为果腐刺盘孢,均属半知菌亚门真菌。辣椒刺盘孢分生孢子盘上生有暗褐色刚毛,刚毛具隔膜2～4个;分生孢子新月形,无色,单胞,引致黑色炭疽病。果腐刺盘孢刚毛少见,分生孢子顶生,单胞,无色,圆柱状,引致红色炭疽病。

3. 传播途径和发病条件

主要以菌核随病残体在地上越冬,也可以菌丝潜伏在种子里,或以分生孢子附着在种皮表面越冬,成为第二年初侵染源。越冬后的病菌,在适宜条件下产出分生孢子,借雨水或风传播蔓延,病菌多从伤口侵入,发病后产生新的分生孢子进行重复侵染。适宜发病温度12～33℃,其中27℃最适;孢子萌发要求相对湿度在95%以上;温度适宜,相对湿度87%～95%,该病潜育期3 d;湿度低,潜育期长,相对湿度低于54%则不发病;高温多雨则发病重。排水不良、种植密度过大、施肥不当或氮肥过多、通风不好,都会加重此病的发生和流行。

4. 防治方法

(1)种植抗病品种。

(2)无病株留种或种子用55℃温水浸30 min后移入冷水中冷却,晾干后播种。也可先将种子在冷水中预浸10～12 h,再用50%多菌灵可湿性粉剂500倍,浸1 h,捞出冲净后催芽播种。

(3)发病严重的地块实行与豆类蔬菜轮作2～3年。

(4)加强田间管理,避免密植;配方施肥,雨季注意开沟排水,并预防果实日灼。

(5)发病初期开始喷洒70%甲基硫菌灵(甲基托布津)性粉剂600～800倍液、50%苯菌灵可湿性粉剂1 400～1 500倍液,隔7～10 d喷1次,连续防治2～3次。

(八)蔬菜锈病

锈病为一种流行性较强的真菌性病害。可危害的蔬菜包括各种菜豆、豇豆、蚕豆、葱类、菊苣等多种蔬菜。下面以菜豆的锈病为例介绍。

1. 症状

菜豆的锈病一般发生在菜豆生长的中后期发生,主要侵害叶片,严重时茎、蔓、叶柄及荚均可受害。叶片和茎蔓染病，初现边缘不明显的褪绿小黄斑，直径 0.5～2.5 mm，后中央稍突起，渐扩大现出深黄色夏孢子堆，表皮破裂后，散出红褐色粉末，即夏孢子。后在夏孢子堆或四周生紫黑色泡斑，表皮破裂后，散出褐色孢子粉，即冬孢子堆和冬孢子，发病重的无法食用(彩图 5-12，彩图 5-13)。

2. 病原

Uromyces appendiculatus（Per.）Ung 为疣顶单胞锈菌，属担子菌亚门真菌。它可以在同一寄主菜豆上产生 5 种类型的孢子，即担孢子、性孢子、锈孢子、夏孢子、冬孢子。

3. 传播途径和发病条件

北方病菌以冬孢子在病残体上越冬，萌发时产生担子和担孢子，担孢子侵入寄主形成锈子腔阶段，产生的锈孢子侵染菜豆并形成疱状夏孢子堆，散出夏孢子进行再侵染，病害得以蔓延扩大，深秋产生冬孢子堆及冬孢子越冬。南方病菌主要以夏孢子越季，成为本病的初侵染源，一年四季辗转传播蔓延。北方该病主要发生在夏秋两季，尤其是叶面结露及叶面上的水滴是锈菌孢子萌发和侵入的先决条件。夏孢子形成和侵入适温 15～24℃，10～30℃均可萌发，其中以 16～22℃最适。日均温 24.5℃，相对湿度 84%，潜育期 9～12 d。菜豆进入开花结荚期，气温 20℃左右，高湿昼夜温差大及结露持续时间长此病易流行，苗期不发病，秋播菜豆及连作地发病重。南方一些地区春植常较秋植发病重。

4. 防治方法

(1)种植抗病品种。

(2)春播宜早，必要时可采用育苗移栽避病。

(3)清洁田园，加强管理，采用配方施肥技术，适当密植。

(4)发病初期喷洒 5%三唑酮性粉剂 1 000～1 500 倍液，或 50%萎锈灵乳油 800 倍液 4 000 倍液加 15%三唑酮可湿性粉剂 2 000 倍液隔 15 d 左右 1 次，防治 1 次或 2 次。

(九)蔬菜其他真菌性病害

蔬菜其他真菌性病害见表 5-1。

表 5-1　蔬菜其他真菌性病害的发生及防治要点

病害名称	症状及病原	发病规律	综防措施
西瓜枯萎病	植株萎蔫、干枯、死亡，维管束变褐(彩图 5-14)。西瓜尖镰孢菌，*Fusarium oxysporum* f. sp. *niveum*(E.F.Smith) Snyder et Hansen	主要以菌丝、厚垣孢子或菌核在未腐熟的有机肥或土壤中越冬，为第二年主要侵染源。或带病种子发芽后病菌即侵入幼苗，成为次要侵染源。该病系土传病害。	轮作、嫁接育苗，种子处理、土壤消毒，发病初期 12.5%增效多菌灵浓可溶剂 200～300 倍液灌根，100 mL/株。
番茄叶霉病	叶面淡黄色褪绿斑，叶背初白色霉，后灰褐色或黑褐色绒状霉层(彩图 5-15)。褐孢霉 *Fulvia fulva*(Cooke) Cif.异名为黄枝孢菌 *Cladosporium fulvum* Cooke	以病菌在病残体内或种子上或种皮内越冬。第二年适宜条件，产生分生孢子，借气流传播。气温 22℃左右，相对湿度高于 90%，发病重。	轮作、播前种子处理。加强棚内温、湿度管理。2%武夷菌素(B0～10)水剂 100～150 倍液防治。

续表5-1

病害名称	症状及病原	发病规律	综防措施
茄子黄萎病	又称半边疯、黑心病、凋萎病，病株萎蔫、叶缘上卷变褐脱落，病株枯死，有时植株半边发病(彩图 5-16，彩图 5-17)。大丽轮枝菌 *Verticilli-um dahliae* Kleb.	病菌随病残体在土壤中越冬，成为第二年的初侵染源。地势低洼、施用未腐熟的有机肥，灌水不当及连作地发病重。	轮作、嫁接育苗，种子处理，定植田亩用 50%多菌灵 2 kg 进行土壤消毒。
白菜黑斑病	又称黑霉病，叶片、叶柄、花梗、种荚等都能感病。叶片灰褐或褐色病斑，有同心轮纹，周围有黄晕。其他部位呈褐色斑，条状，凹陷(彩图 5-18，彩图 19)。芸薹链格孢菌 *Alternariabrassicae*(Berk.) Sacc.	在病残体、土壤、采种株或种子表面越冬。翌年借风雨传播侵染春菜，发病后进行再侵染，秋季病重。9～10 月份遇连阴雨天气或高湿低温(12～18℃)时易发病。	清除田间病残体，以减少菌源。发病初期喷施 3%农抗 120 水剂 100 倍液，或武夷霉素水剂 100 倍液隔 6～8 d 喷 1 次，共喷 2～3 次。
芹菜斑枯病	又称叶枯病。一种是老叶先发病。病斑中部褐色，外缘深红褐色，中间散生少量小黑点。另一种，病斑中部黄白或灰白色。边缘聚生很多黑色小粒点，病斑外有黄晕环(彩图 5-20，彩图 5-21)。*Sepforia apiicla* Speg.芹菜生壳针孢菌。	主要以菌丝体在种皮内或病残体上越冬。该病在冷凉和高湿条件下易发生，气温 20～25℃，湿度大时发病重。	选用无病种子或进行种子消毒；加强田间管理；发病初期用 64%杀毒矾可湿性粉剂 500 倍液防治 2～3 次。
萝卜根肿病	根部形成肿瘤，并逐渐膨大致地上生长变缓、矮小变黄后枯萎而死。肿瘤形状不定，主要生在侧根上(彩图 5-22)。*Plasmodiophora brassicae Woronin* 为芸薹根肿菌。	病菌能在土中存活 5～6 年，由土壤、肥料、农具或种子传播。低洼及水改旱菜地，发病常较重。	严格检疫。轮作。改良土壤酸度，整地时施入石灰 100 kg，低洼地及时排除积水，施用充分腐熟的有机肥。
大葱(洋葱)紫斑病	主要为害叶和花梗，病斑圆形或纺锤形，呈褐色或暗紫色，严重时致全叶变黄枯死或折断(彩图 5-23)。*Alternaria porri* (E11.) Ciferri 称香葱链格孢菌。	以菌丝体在寄主体内或随病残体在土壤中越冬，第二年产出分生孢子，借气流或雨水传播，经气孔、伤口或直接穿透表皮侵入。温暖多湿的夏季发病重。	施足基肥，加强田间管理，增强寄主抗病力。发病初期喷洒 75%百菌清可湿性粉剂 500～600 倍液，连续防治 3～4 次。

二、蔬菜主要细菌类侵染性病害的防治

(一)蔬菜细菌性角斑病

是一种细病害，其病原菌为丁香假单胞杆菌，属薄壁菌门假单胞菌属，常危害黄瓜、西瓜、

豆角、甜柿等。下面以黄瓜的角斑病为例介绍。

1. 症状

黄瓜角斑病主要为害叶片、叶柄、卷须和果实，有时也侵染茎。苗期至成株期均可受害。子叶染病，初呈水浸状近圆形凹陷斑，后微带黄褐色；真叶染病，初为鲜绿色水浸状斑，渐变淡褐色，病斑受叶脉限制呈多角形，灰褐或黄褐色，湿度大时叶背部有乳白色浑浊水珠状菌脓，干后具白痕，病部质脆易穿孔，别于霜霉病。茎、叶柄、卷须染病，侵染点出现水浸状小点，沿茎沟纵向扩展，呈短条状；湿度大时也见菌脓，严重的纵向开裂呈水浸状腐烂，变褐干枯，表层残留白痕。瓜条染病，出现水浸状小斑点，扩展后不规则或连片，病部溢出大量污白色菌脓，受害瓜条常伴有软腐病菌侵染，呈黄褐色水渍腐烂。病菌侵入种子，致种子带菌（彩图 5-24，彩图 5-25）。

2. 病原

Pseudomonas syringae pv.*lachrymans* (Smith et Bryan) Young, Dye & Wilkie 为丁香假单胞杆菌黄瓜角斑病致病型，属细菌。菌体短杆状相互呈链状连接，具端生鞭毛 1～5 根，有荚膜，无芽孢，革兰氏染色阴性。生长适温 24～28℃，最高 39℃，最低 4℃，48～50℃经 10 min 致死，除侵染黄瓜外，还侵染葫芦、西葫芦、丝瓜、甜瓜、西瓜等。

3. 传播途径和发病条件

病原菌在种子内、外或随病残体在土壤中越冬，成为第二年初侵染源。病种子带的菌可在种子内存活 1 年，土壤中病残体上的病菌可存活 3～4 个月，生产上如播种带菌种子，出苗后子叶发病，病菌在细胞间繁殖，棚室保护地黄瓜病部溢出的菌脓，借棚顶大量水珠下落，或结露及叶缘吐水滴落、飞溅传播蔓延，进行多次重复侵染。露地黄瓜蹲苗结束后，随雨季到来和田间浇水开始，始见发病，病菌靠气流或雨水逐渐扩展开来，一直延续到结瓜盛期，后随气温下降，病情缓和。发病温限 10～30℃，适温 24～28℃，适宜相对湿度 70%以上。塑料棚低温高湿利其发病，昼夜温差大，结露重且持续时间长，发病重。在田间浇水次日，叶背出现大量水浸状病斑或菌脓。有时，只要有少量菌源即可引起该病发生和流行。

4. 防治方法

(1)选用耐病品种。

(2)选用无病种子。制种田生产中，应从幼苗开始到成株都注意病情的发展，选择无病植株和无病瓜菜采种，对播用的种子可用 50～52℃温水浸种 20 min，或用 150 倍的甲醛溶液浸种 1～1.5 h，清水漂洗后催芽播种。

(3)与非瓜类作物实行 2 年以上轮作，加强田间管理，生长期及收获后清除病叶，及时深埋，无病土育苗。

(4)保护地黄瓜重点抓好生态防治，方法见霜霉病。须用药时可选粉尘法，5%百菌清每亩 1 kg/次。

(5)药剂防治。可选用 200 mg/kg 的农用链霉素在发病初期进行喷雾防治，注意重点喷布叶片的背面、茎蔓和瓜条，或选用铜皂液(1∶6∶700 倍)进行喷雾防治。

(二)蔬菜细菌性软腐病

主要由欧氏杆菌属(*Erwinia*)细菌引起的。可使植物的组织或器官发生腐烂。病菌均为弱寄生菌，主要为害植物的多汁肥厚的器官，如块根、块茎、果、茎基等。发病不限于田间，运输途中和贮藏期间也有发生，且为害更重。为害的作物种类甚多。主要为害白菜、甘蓝等十字花科作物及番茄、马铃薯、瓜类等蔬菜。下面以白菜软腐病为例介绍。

1. 症状

白菜类软腐病包括大白菜和普通白菜软腐病。大白菜软腐病，从莲座期到包心期发生。常见有3种类型：外叶呈萎蔫状，莲座期可见菜株于晴天中午萎蔫，但早晚恢复，持续几天后，病株外叶平贴地面，心部或叶球外露，叶柄茎或根茎处髓组织溃烂，流出灰褐色黏稠状物，轻碰病株即倒折溃烂；病菌由菜帮基部伤口侵入，形成水浸状浸润区，逐渐扩大后变为淡灰褐色，病组织呈黏滑软腐状；病菌由叶柄或外部叶片边缘，或叶球顶端伤口侵入，引起腐烂(彩图5-26)。

2. 病原

Erwinia carotovora subsp. *carotovora* (Jones) Bergey et al. 为胡萝卜软腐欧文氏菌胡萝卜软腐致病型，属细菌。菌体为短杆状，周围有鞭毛2～8根，大小(0.5～1.0)μm×(2.2～3.0)μm，无荚膜，不产生芽孢，革兰氏染色阴性反应。

3. 传播途径和发病条件

该菌主要在病株和病残组织中越冬。田间病株、带病的采种株、土壤及堆肥附近的病残体都含有大量病菌，是重要的侵染来源。病菌主要通过昆虫、雨水和灌溉水传播，以伤口侵入为主。由于病菌的寄主范围广，所以能从春到秋在田间各种蔬菜上传染繁殖，不断扩散，最后传到白菜、甘蓝、萝卜等秋菜上危害。

4. 防治方法

(1)避免与茄科、瓜类及十字花科蔬菜连作。

(2)清洁田园，深翻地，促进病残体腐烂分解。

(3)高畦栽培，防止大水漫灌。

(4)发病重的地区，选用抗软腐病的品种。

(5)适期播种，尽量减少人为伤口。

(6)药剂防治。用硫酸链霉素或72%农用链霉素可溶性粉剂3 000～4 000倍液，隔10 d 1次，连续防治2～3次。

三、蔬菜病毒类侵染性病害的防治

常见的各种蔬菜中，基本上都有病毒病发生。植物病毒病素有“植物癌症”之称，防治上十分困难。病毒在侵染寄主后，不仅与寄主争夺生长所必需的营养成分，而且破坏植物的养分输导，改变寄主植物的某些代谢平衡，使植物的光合作用受到抑制，致使植物生长困难，产生畸形、黄化等症状，严重的造成寄主植物死亡。下面以番茄的病毒病为例介绍。

1. 症状

番茄病毒病田间症状主要有：花叶型，叶片上出现黄绿相间或深浅相间斑驳，叶脉透明，叶片略有皱缩，病株较矮；蕨叶型，叶背叶脉呈紫色，叶片向上卷曲，变厚，变硬；条斑型，可发生在叶、茎、果上，病斑形状因发生部位不同而异，在叶片上为茶褐色的斑点或云纹，在茎蔓上为黑褐色斑块，变色部分仅处在表层组织，不深入茎、果内部；卷叶型，叶脉间黄化，叶片边缘向上方弯卷，中叶呈球形，扭曲成螺旋状畸形；黄顶型，病株顶叶色褪绿黄化，叶片变小，叶面皱缩，中部稍突起，边缘多向下或向上卷起，病株矮化，不定枝丛生(彩图5-27)。

2. 病原

引致番茄病毒病的毒源有20多种，主要有烟草花叶病毒（TMV）、黄瓜花叶病毒（CMV）、烟草卷叶病毒（TLCV）、苜蓿花叶病毒（AMV）等。烟草花叶病毒主要引起番茄花叶症状，在高温强光照下，或与马铃薯X病毒混合侵染时，产生条斑症状；病毒粒体杆状，失毒温度90～93℃/10 min。黄瓜花叶病毒（CMV）主要引起番茄蕨叶症状；病毒粒体球状，失毒温度65～70℃/10 min，与其他病毒混合侵染也会出现条斑或花叶的症状，表现出多种症状。卷叶型病株，则由烟草卷叶病毒侵染引起，其寄主范围较窄，主要侵染茄科、菊科；病毒粒体双球形，靠粉虱传毒，汁液接触不传播，主要发生在气温高的南方或北方的高温季节。

3. 传播途径和发病条件

烟草花叶病毒在多种植物上越冬，种子也带毒，成为初侵染源，主要通过汁液接触传染，田间操作如定植、整枝、打杈、绑蔓等通过摩擦将病株毒源传给健株，只要寄主有伤口，即可侵入，附着在番茄种子上的果屑也能带毒，此外土壤中的病残体、田间越冬寄主残体、田间杂草等均可成为该病的初侵染病。黄瓜花叶病毒主要由蚜虫传染，汁液也可传染，冬季病毒多在宿根杂草上越冬，春季蚜虫迁飞传毒，引致番茄发病。番茄病毒病的发生与环境条件关系密切，一般低温时，病毒病不表现症状或症状很轻，随气温升高，一般在20℃左右即表现花叶和蕨叶症状，高温干旱天气有利于病害发生。

4. 防治方法

防治番茄病毒病，积极采用以农业为主的综防措施。

(1)针对当地主要毒源，因地制宜选用抗病品种。

(2)实行无病毒种子栽培生产。播种前用清水浸种3～4 h，再用0.1%高锰酸钾浸种30 min，捞出后用清水冲净后再催芽播种，定植用地要选用未种番茄或未发生番茄病毒病的田块，对曾发生番茄病毒病的田块一定要进行深翻，促使带毒病残体腐烂，有条件的施用石灰，促使土壤中病残体上的烟草花叶病毒钝化。

(3)实行轮作换茬。避免间套作和连作，减少和避免番茄病毒病土壤和残留物的传毒，减轻病毒病的发生；育苗地和栽植棚地应彻底清除带毒杂草，减少病毒病的毒源；推广配方施肥技术，增强寄主抗病力。

(4)健康栽培的防病措施。一是适期播种，培育壮苗，苗龄适当，定植时要求带花蕾，但又不老化；二是适时早定植，促进壮苗早发，利用塑料棚栽培，避开田间发病期；三是早中耕锄草，及时培土，促进发根，晚打杈，早采收，尤其高温干旱季节要勤浇水，注意改善田间小气候。

(5)发病初期喷药控制。在发病初期（5～6叶期）开始喷药保护，药剂为3.85%病毒必克可湿性粉剂500倍液进行叶面喷雾，药后隔7 d喷1次，连续喷3次，对番茄病毒病的防治疗效可达75%～80%。

(6)早期防蚜、粉虱。育苗地和栽植地尽早应用吡虫啉或高效大功臣喷药防治杂草、周边蔬菜上的带毒蚜虫、粉虱，杜绝蚜虫、粉虱等昆虫媒介传播，尤其是高温干旱年份要注意及时喷药防治，减轻番茄病毒病的发生危害。

四、蔬菜根结线虫病类侵染性病害的防治

根结线虫病是发生在蔬菜上较为严重的病害之一，主要危害黄瓜、苦瓜、番茄、茄子、菜豆、

芹菜、菠菜、胡萝卜等多种常见蔬菜。近几年来其发生程度愈来愈严重,已经成为危及蔬菜生产和质量安全的主要病害之一。

1. 症状

根结线虫主要以 2 龄幼虫侵入蔬菜的根部,使根部形成根瘤,尤以侧根和须根被害严重,严重时在根结上部形成不定形的大肿瘤,根系加粗,表面不平,并且根部逐渐发生腐烂,植株因缺水而枯死(彩图 5-28)。被侵染后,发病轻者地上部症状表现不明显,重者地上部分也有明显的异常变化,发病植株发育不良,生长缓慢。严重时植株萎蔫似缺水,开始仅中午高温整株萎蔫,早晚还能恢复正常,后来植株萎蔫不能再恢复,最后致使枯萎死亡。

2. 侵染循环

病原线虫主要以卵、少数以 2 龄幼虫或雌虫随病残体在土壤和粪肥中越冬。翌年 3 月以后,当气温上升至 10℃时,在寄主根分泌物的引诱下,2 龄幼虫从近根冠的部位侵入。在 24～30℃时完成一代需 25～30 d。田间主要通过病土、病苗和灌溉水传播,农事操作及农具携带也能传播。由于近年来蔬菜温室大棚的推广,使得根结线虫全年都能发生危害。

3. 发病条件

病原线虫主要分布在深 20 cm 以内的耕作层中,以 3～15 cm 居多。适于线虫生长和繁殖的温度为 25～30℃,低于 10℃停止活动,北方根结线虫对气温的要求略偏低一些。通气性较好、结构疏松的沙质土壤以及连作、偏施无机化肥(特别是氮肥)地发病较重。在黏土、红壤土、水旱轮作地、增施有机肥料(有机复合肥)的地发病轻。低洼长期积水、板结、干燥情况下不易发病。连作时间越长,发病越重。

4. 防治方法

根结线虫主要危害蔬菜的根部,地上部症状不明显,常不能引起菜农的注意,等到地上部表现出明显的症状时,对其防治已基本没有任何意义了,只有毁苗重种,所以对根结线虫的防治应主要以预防为主,施行以农业防治为主,药剂防治为辅的防治方法,消灭虫源,减轻危害。

(1)轮作。一般轮作 2～3 年。对于轻病田可种植抗、耐病蔬菜品种(大葱、大蒜、韭菜、辣椒等),可减少土壤中根结线虫的虫口密度;对于重病田,与禾本科作物轮作效果好,尤其是水旱轮作,可有效减少土壤中根结线虫量。

(2)无病土育苗。选用没有发生根结线虫病的土壤育苗,有根结线虫病的土壤应先消毒后育苗,确保幼苗不受侵染,可减轻成株期发病程度。

(3)减少土壤中初侵染虫量。收获后彻底清除病根、残根和田间杂草,翻晒土壤,可减少土壤中越冬虫量。夏季高温天气,利用太阳能提高地温,进行土壤消毒。大棚栽培棚膜不拆,每 1 000 m^2 铺麦秸或稻草 1 500 kg,然后翻耕、灌水,再密闭大棚 15～20 d。对根结线虫及枯萎病等土传病害有较好的防治效果。蔬菜收获后,条件允许时,可灌水淹地几个月,可使根结线虫失去侵染力。有多种速生蔬菜,如白菜、菠菜等,能被根结线虫侵染危害,但由于生长时间短,根结线虫对其危害性较小。利用这些速生蔬菜,在发病田地或温室大棚中,于 5～10 月种植,栽种 1～1.5 个月即收获,诱使土壤中大部分根结线虫 2 龄幼虫侵入被捕捉,减少下茬蔬菜种植时初侵染的虫量,而减轻危害。

(4)田间管理。重施腐熟的有机肥,增施磷、钾肥,提高植株抗病力。基肥中增施石灰,叶面追施过磷酸钙浸出液,也可明显控制和减轻病害。

(5)药剂防治。防治药剂如噻唑磷、阿维菌素等。

五、蔬菜生理性病害的防治

(一)沤根

1. 症状

沤根是育苗期常见病害,发生沤根时,根部不发新根或不定根,根皮发锈后腐烂,致地上部萎蔫,且容易拔起,地上部叶缘枯焦。严重时,成片干枯,似缺素症(彩图 5-29)。

2. 病因

主要是地温低于 12℃,且持续时间较长,再加上浇水过量或遇连阴雨天气,苗床温度和地温过低,瓜苗出现萎蔫,萎蔫持续时间一长,就会发生沤根。沤根后地上部子叶或真叶呈黄绿色或乳黄色,叶缘开始枯焦,严重的整叶皱缩枯焦,生长极为缓慢。在子叶期出现沤根,子叶即枯焦;在某片真叶期发生沤根,这片真叶就会枯焦,因此从地上部瓜苗表现可以判断发生沤根的时间及原因。长期处于 5～6℃低温,尤其是夜间的低温,致生长点停止生长,老叶边缘逐渐变褐,致瓜苗干枯而死。

3. 防治方法

(1)畦面要平,严防大水漫灌。

(2)加强育苗期地温管理,避免苗床地温过低或过湿,正确掌握放风时间及通风量大小。

(3)采用电热线育苗,控制苗床温度在 16℃左右,一般不宜低于 12℃,使幼苗苗壮生长。

(4)发生轻微沤根后,要及时松土,提高地温,待新根长出后,再转入正常管理。

(二)番茄脐腐病

番茄脐腐病,又称蒂腐病,是番茄上常见的生理性病害之一。保护地、露地均有发生,但保护地重于露地。沿海(江)的沙壤土地区和干旱年份危害严重。发病严重时常造成果实黑斑、腐烂,直接影响产量和品质。

1. 症状

该病一般发生在果实长至核大时。最初表现为脐部出现水浸状病斑,后逐渐扩大,致使果实顶部凹陷、变褐(彩图 5-30)。病斑通常直径 1～2 cm,严重时扩展到小半个果实。在干燥时病部为革质,遇到潮湿条件,表面生出各种霉层,常为白色、粉红色及黑色。这些霉层均为腐生真菌,而不是该病的病原。发病的果实多发生在第 1、2 穗果实上,这些果实往往长不大,发硬,提早变红。

2. 病因

此病是由水分供应失调、缺钙、缺硼等原因导致的生理性病害。

3. 防治方法

(1)土壤中应施入消石灰或过磷酸钙作基肥。

(2)追肥时要避免一次性施用氮肥过多而影响钙的吸收。

(3)坐果后 30 d 内,可叶面喷施 1%的过磷酸钙或 0.1%氯化钙。

(4)浇足定植水,保证花期及结果初期有足够的水分供应。在果实膨大后,应注意适当给水。

(三)茄果类蔬菜筋腐病

1. 症状

主要发生在果实膨大至成熟期。果实受害,前期病果外形完好,隐约可见表皮下组织部分呈暗褐色,渐有自果蒂向果脐的条状灰色污斑,严重时呈云雾状,后期病部颜色加深,病健部界限明显,果实横切可见到维管束变褐,细胞坏死,严重时果肉褐色,木栓化,纵切可见白果柄向果脐有一道道黑筋,部分果实形成空洞(彩图 5-31,彩图 5-32)。

2. 病因

病害发生是由于土壤中氮肥过多,氮、磷、钾比例失调,土壤含水量高,施用未腐熟的人粪尿,光照不足,温度偏低,二氧化碳量不足,新陈代谢失常,维管束木质化而诱发筋腐病发生。植株结果期间低温光照差,植株对养分吸收能力差,影响光合产物积累,易发筋腐病。土壤板结,通透性差,妨碍根系吸收养分和水分,筋腐病重。另外,冬天气温较高,昼夜温差小也易诱导筋腐病。

3. 防治方法

(1)选用抗病品种。

(2)合理施肥。施用充分腐熟的有机肥,配方追肥,重病地块减少氮肥用量。坐果后喷施复合微肥,每隔 15 d 1 次,连续喷 2～3 次。

(3)科学浇水。浇水次数不要过多,每次灌水量不宜过大,每穗果浇 1 次水即可。

(四)甜椒、辣椒日灼病

1. 症状

日灼病是强光照射引起的生理病害,主要发生在果实向阳面上。发病初期被太阳晒成灰白色或浅白色革质状,病部表面变薄,组织坏死发硬(彩图 5-33);后期腐生菌侵染,长出灰黑色霉层而腐烂。

2. 病因

日灼病主要是果实局部受热,灼伤表皮细胞引起,一般叶片遮阴不好,土壤缺水或天气干热过度、雨后曝热,均易引致此病。

3. 防治方法

(1)选用抗日灼品种。

(2)栽培上要掌握适时灌水,尤应在结果后及时均匀浇水防止高温为害,浇水应在 9～12 时进行。

(3)双株合理密植,使叶片互相遮阴,或与高秆作物间作,避免果实暴露在阳光下。

(4)及时防治三落病,避免早期落叶,以减少本病的发生和为害。

(5)用遮阳网覆盖。

(五)大白菜干烧心

1. 症状

大白菜干烧心一般由心叶、内叶开始出现症状,心叶叶缘发黄变薄或腐烂,然后逐渐向中包叶、外包叶发展。可分为三种类型:一是心叶叶缘干枯,不向叶内扩展,俗称“镶金边”,这是一种最常见的症状;二是嫩叶卷曲,边缘变黄褐色,叶片似纸薄;三是叶片发病后就腐烂,即“烂叶病”(彩图 5-34)。

2. 病因

钙是组成大白菜细胞壁的主要成分。缺钙,影响细胞壁中果胶酸钙的形成,限制了细胞分裂,阻碍了大白菜的生长,又使植株体内水分失调,从而发生生理障碍。

3. 防治方法

(1)增施有机肥。有机肥既含有氮、磷、钾等元素,又富含钙、硅等元素,养分全面,肥效稳长,可作基肥施于全耕层。同时酸性土壤要施用硝石灰做底肥,以改良土壤和补充钙肥

(2)施用草木灰。草木灰含有大量钾素及丰富的氧化钙。中性、偏酸性土壤施用草木灰,补钾增钙,大白菜生长好。但要注意盐碱地勿施草木灰。

(3)合理排灌。土壤干旱缺水,钙的有效吸收性差;水分过多,抑制根系对养分的吸收,因此,大白菜全生育期应始终保持土壤湿润通爽。

(4)补充钙肥。大白菜结球期每隔 7～10 d 喷 1 次 0.7%氯化钙水溶液,连喷 2～3 次,防病率在 90%以上。若同时混喷 0.2%～0.3%磷酸二氢钾,防病作用更好。

(六)芹菜心腐病

1. 症状

芹菜心腐病主要表现在生长点上,症状为生长点受阻,幼嫩组织变黑,中心幼叶枯死,同时附近新叶的顶部叶脉间出现白色和褐色斑点,斑点扩大后表现出叶缘枯死状(彩图 5-35)。

2. 病因

芹菜心腐病也是由于缺钙而引起的生理性病害。发病原因也是土壤本身缺钙或土壤不缺钙但环境条件及栽培条件不适影响了根系对钙的吸收。这里要强调的是芹菜作为叶菜类蔬菜往往施氮肥较多,这更加重了心腐病的发生。

3. 防治方法

防治措施上也是从补钙和控制环境条件及栽培条件入手。但要注意芹菜在使用氮肥时不宜一次用肥量过大。最好还是以有机肥为主。

(七)黄瓜花打顶

1. 症状

在黄瓜苗期或定植初期最易出现花打顶现象,其症状表现为生长点不再向上生长,生长点附近的节间长度缩短,不能再形成新叶,在生长点的周围形成雌花和雄花间杂的花簇(彩图 5-36)。花开后瓜条不伸长,无商品价值,同时瓜蔓停止生长。

2. 病因

苗期水分管理不当,定植后控水蹲苗过度造成土壤干旱。地温高,浇水不及时,新叶没有发出,导致花打顶。如果土壤水分不足,溶液浓度过高,使根系吸收能力减弱,使幼苗长期处于生理干旱状态,也会导致花打顶。育苗期间遇到低温寡照天气,夜间温度低于 15℃,使叶片浓绿皱缩,造成叶片老化,光合机能急剧下降,而形成花打顶。另外,白天长期低温也易形成花打顶。在土温低于 10～12℃,土壤相对湿度 75%以上时,低温高湿,造成沤根,或分苗时伤根,长期得不到恢复,植株营养不良,出现花打顶。

3. 防治方法

(1)疏花。花打顶实际是植株生殖生长过于旺盛,营养生长太弱的一种表现,因此先要减轻生殖生长的负担,摘除大部分瓜纽。

(2)叶面喷肥。通过摘掉雌花等方法促进生长后喷施0.2%～0.3%的磷酸二氢钾。

(3)水肥管理。发生花打顶后,浇大水后密闭温室保持湿度,提高白天和夜间温度,一般7～10 d即可基本恢复正常,其间可酌情再浇1次水,以后逐渐转入正常管理。适量追施速效氮肥和钾肥(硝酸钾或硫酸钾)。

(4)温度管理。育苗时,温度不要过高或过低。应适时移栽,避免幼苗老化。温室保温性能较差时,可在未插架前,夜间加盖小拱棚保温。定植后一段时间内,白天不放风,尽量提高温度。

任务训练

一、知识训练

(一)填空题

1. 蔬菜霜霉病主要为害(　　)类蔬菜,主要的危害部位是(　　)。(　　)条件决定其发病的轻重,属于(　　)型病害。

2. 黄瓜霜霉病的菌丝体在(　　)上越冬,其传播途径有(　　)和(　　)。

3. 枯萎病苗期发病多表现为(　　)和(　　)。成株期发病,初期(　　),后(　　),最后(　　)。

4. 枯萎病的(　　)和(　　)在(　　)越冬。

5. 青枯病是(　　)性病害,病菌主要随(　　)在(　　)中越冬。主要通过(　　)传播。

6. 白菜软腐病的病原是(　　)、(　　)型,属(　　)门(　　)属。病菌在(　　)、(　　)、(　　)以及(　　)越冬。借(　　)、(　　)、(　　)、(　　)等传播。病菌易通过(　　)、(　　)和(　　)侵入。

7. 番茄病毒病是番茄生产上的重要病害之一,症状表现主要有三种类型,即(　　)、(　　)、(　　)。其中以(　　)造成的损失最严重。

8. 番茄晚疫病主要以(　　)在(　　)及(　　)越冬。次年春季,在适宜的条件下,产生(　　),借(　　)或(　　)传播。

9. 常见的危害蔬菜的真菌性病害有(　　)、(　　)、(　　)、(　　),细菌性病害有(　　)、(　　)、(　　),病毒性病害有(　　)。

10. 豆类锈病的病部前期产生(　　),后期产生(　　)。

(二)选择题

1. 番茄病毒病的防治策略是(　　)。

A. 防治蚜虫,加强栽培管理　B. 嫁接防病　C. 药剂防治为主　D. 土壤消毒

2. 番茄晚疫病在适宜的条件下流行性强的原因是(　　)。

A. 潜育期长,无再侵染　B. 潜育期短,有再侵染

C. 潜育期短,无再侵染　D. 潜育期长,再侵染次数少

3. 茄子黄萎病侵入寄主的途径是(　　)。

A. 根部　B. 叶片　C. 茎　D. 果实

4. 茄科蔬菜苗期沤根是(　　)。

A. 真菌病害　　B. 细菌病害　　C. 生理性病害　　D. 线虫病害

5. 防治瓜类白粉病的有效药剂是(　　)。

A. 甲霜灵　　B. 粉锈宁　　C. 病毒 A　　D. 农用链霉素

6. 黄瓜炭疽病的病原菌是(　　)。

A. 真菌　　B. 寄生性种子植物

C. 细菌　　D. 线虫

7. 在适宜发病的条件下,黄瓜霜霉病有(　　)。

A. 多次再侵染　　B. 无再侵染

C. 再侵染不重要　　D. 1～2 次再侵染

8. 瓜类白粉病不可能产生的病征是(　　)。

A. 白粉状物,小黑点　　B. 白粉状物　　C. 菌脓　　D. 小黑点

9. 适宜蔬菜灰霉病发生和流行的气候条件(　　)。

A. 高温干旱　　B. 持续高温　　C. 低温高湿　　D. 低温干燥

10. 蔬菜软腐病的病原为(　　)。

A. 真菌　　B. 病毒　　C. 细菌　　D. 线虫

(三)简答题

1. 试描述蔬菜霜霉病的主要病状和病症是什么?

2. 如何在田间诊断蔬菜青枯病?如何防治这种病害?

3. 白菜软腐病的主要症状特点是什么?怎样进行防治?

4. 在生产上如何识别和防治番茄病毒病?

5. 防治辣椒炭疽病应采取哪些措施?

6. 西瓜枯萎病的症状特点是什么?主要防治措施有哪些?

7. 防治番茄灰霉病应采取哪些具体措施?

二、技能训练

1. 以小组为单位,组织学生到当地温室蔬菜生产基地进行常见病害的诊断与防治,并提交一份诊断报告与综防方案。

2. 选择病害危害严重的菜园,采集病害标本,根据资料鉴定病害种类,并能正确描述病害症状。

学习任务 2　蔬菜主要虫害的识别与防治

任务描述

通过农业图书、文献查阅、网络查询及课堂讲解等方法,熟悉当地蔬菜主要虫害发生的种类及为害特点;通过校内外蔬菜生产基地的现场观察与各种虫害标本观察、视频观看、室内鉴定等方式,对当地蔬菜生产中常见虫害的危害症状、典型特征、种类、发生规律进行观察、识别

与了解；在教师和专业技术人员的指导下制定其防治方案，熟练运用关键防治技术，以达到预期的防治目标。

实施条件

1. 实施场所：校内外蔬菜生产基地、植保实训室、标本室。

2. 仪器设备：体视显微镜、扩大镜、养虫网（室、箱）、多媒体设备等。

3. 药品用具：75%酒精、蒸馏水、黏虫板、培养皿、挑针、镊子、广口瓶、指形管、烧杯、白瓷盘、捕虫网等标本制作用具。

4. 其他：各种虫害标本、相关 PPT、音像资料、专业图书、网上资源等。

任务实施

随着各地设施蔬菜栽培面积的不断扩大，蔬菜种类、品种不断增加，复种指数的不断提高，使蔬菜生长的生态环境发生了显著变化，从而危害蔬菜的害虫也发生着变化，一些次要害虫逐渐上升为主要害虫，主要害虫为害更猖獗。蔬菜害虫除昆虫外，还包括螨类和软体动物。受害最重的是十字花科蔬菜，其次是茄科、葫芦科、蝶形花科等蔬菜。为害十字花科蔬菜的主要害虫有菜蛾、菜粉蝶、菜蚜类、夜蛾类、跳甲类、猿叶甲类等。为害茄科蔬菜的害虫以螨类、粉虱类、棉铃虫、烟青虫为主。为害葫芦科蔬菜的害虫主要是黄守瓜、瓜螟、瓜实蝇及螨类。为害蝶形花科蔬菜的害虫以螨类、斑潜蝇、斜纹夜蛾等为主。根据蔬菜害虫以不同为害部位、不同取食特性进行防治。

一、蔬菜主要食叶类害虫的识别与防治

（一）菜粉蝶 *Pieris rapae* L.

属鳞翅目粉蝶科。全国各地均有分布，主要为害十字花科蔬菜，尤其甘蓝类受害严重，也能为害一串红、大丽菊、旱金莲、醉蝶花等花卉植物。

1. 为害特点

以幼虫为害，初孵幼虫取食叶肉，留下表皮，3 龄以后食叶成孔洞或缺刻，甚至吃光，仅留叶脉和叶柄。

2. 形态特征

成虫的虫体灰黑色，有白色绒毛，前翅基部和前缘灰黑色，顶角有三角形黑斑，中央有两个黑色圆斑，后翅近前缘有 1 个黑斑（彩图 5-37）。卵为瓶状，顶端较窄，基部较钝，卵面有纵棱 12～15 条；初产时淡黄色，后变黄色。幼虫虫体青绿色，故称菜青虫；背线淡黄色，体表密被瘤状小突起，上有细毛，各体节有 4～5 条横皱纹（彩图 5-38）。蛹纺锤形，两端尖细，中部膨大而有棱角状突起，尾部和腰间用丝连在寄主上；在叶上化蛹多呈绿色或黄绿色，在其他处化蛹为淡褐色、灰黄、灰绿色。

3. 发生规律

菜粉蝶 1 年发生多代。成虫夜间栖息在生长茂密的植物上，白天露水干后活动，以晴朗无风的中午最活跃，常在蜜源植物和产卵寄主之间来回飞翔。卵多散产在叶片上，初孵幼虫先吃

卵壳再食叶肉，幼虫共 5 龄，4～5 龄进入暴食期。老熟幼虫多在叶片上化蛹，化蛹时以腹部末端粘在附着物上，并吐丝系缚身体。

4. 防治技术

(1)清除枯枝落叶，集中处理，以减少虫源。

(2)人工捕杀受害植株上的幼虫和蛹。

(3)合理施药，保护利用天敌，如茧蜂、金小蜂等。

(4)在低龄幼虫期(即 3 龄前)用 5%农梦特乳油或 5%、卡死克乳油 1 000～1 500 液、Bt 乳剂 500 倍液药剂喷雾防治。

(二)黄凤蝶 *Papilio xuthus* Linnaeus

又称柑橘凤蝶、花椒凤蝶，属鳞翅目凤蝶科。全国各地均有分布，主要为害柑橘、柠檬、金橘、花椒等芸香科植物，是芸香科植物的主要害虫。

1. 为害特点

以幼虫为害，取食幼芽、嫩叶，3 龄后幼虫食量增大可将叶片全部吃光。

2. 形态特征

成虫的虫体黄绿色，翅上有许多黄绿色及黑色斑纹，边缘有黑色宽带，前翅宽带间 8 个黄绿色新月形斑，后翅有 6 个，前翅中部有 4 条黄白色带状纹，后翅臀角处有橙黄色圆纹，后角有一尾状突起(彩图 5-39)。卵为球形，初产时黄绿色，后变紫灰色。幼虫虫体表光滑，头部具黑纵纹，胸、腹各节背面具短黑横斑纹(彩图 5-40)。蛹黄色，纺锤形。

3. 发生规律

1 年发生 2 代。以蛹在灌丛和防风枝条上越冬，翌春 4～5 月羽化。第 1 代幼虫发生于 5～6 月，第 2 代幼虫发生于 7～8 月，卵散产于叶面。幼虫夜间活动取食，白天潜于叶背面。受触动时从胸前伸出臭角，渗出臭液。

4. 防治技术

(1)人工捕杀幼虫及蛹。

(2)合理用药，保护天敌。

(3)在幼虫低龄期(即 3 龄前)用 20%速灭杀丁乳油或 2.5%溴氰菊酯乳油 3 000 倍液、90%晶体敌百虫或 80%敌敌畏乳油 1 000 倍液药剂喷雾防治。

(三)小菜蛾 *Plutella xylostella* L.

属鳞翅目菜蛾科。属世界性害虫，全国各地均有分布。为害十字花科蔬菜，喜甘蓝类。

1. 为害特点

以幼虫为害，初孵幼虫潜入表皮取食叶肉，或集中心叶吐丝结网，取食心叶；3 龄后食叶成孔洞或缺刻，严重时叶片被吃成网状，降低蔬菜商品和食用价值。

2. 形态特征

成虫的虫体小，灰黑色，前后翅有长缘毛，前翅后缘有黄白色 3 度曲折的波状纹，停息时两翅折叠呈屋脊状，翅尖翘起似鸡尾，黄白色部分合并成 3 个斜方块。幼虫的虫体纺锤形，淡绿色，前胸背板上有由淡褐色无毛的小点组成的字形纹两个，腹部第 4～5 节膨大，臀足伸向后方(彩图 5-41)。卵椭圆形，稍扁平，初产时淡黄色，具光泽。蛹颜色多变，初化蛹为绿色，后变黄绿色，最后为灰褐色。蛹茧呈纺锤形，灰白色，丝质薄如网，可见蛹体。

3. 发生规律

幼虫共 4 龄，虫龄越大，食量越大，受害越严重，幼虫活泼，受惊倒退爬行或吐丝下垂。老熟时，在叶背或枯叶处结茧化蛹。成虫昼伏夜出，飞翔力弱，有趋光性，有趋向花蜜进行补充营养习性，卵多产在叶背近主脉凹陷处，卵散产。每雌可产卵 200 粒左右。

4. 防治技术

(1)避免十字花科植物连作或邻作，以减少虫源。

(2)清除枯枝落叶，集中处理。

(3)利用黑光灯或性诱剂诱杀成虫。

(4)低龄幼虫期用药喷雾防治，药剂应交替使用。常用药有 5%农梦特乳油或 5%卡死克乳油 1 000～1 500 液、Bt 乳剂 500 倍液、2.5%功夫乳油 3 000 倍液。

(四)草地螟 *Loxostege stictixalis* Linnaeus

又称黄绿条螟，属鳞翅目螟蛾科。食性广，可为害多种植物。在我国北方发生普遍。

1. 为害特点

以幼虫为害，初孵幼虫取食幼叶，留下表皮，并在植株上结网躲藏，为害草皮称“草皮网虫”，3 龄后将叶片吃呈缺刻或孔洞成网状，大发生时全部吃光。

2. 形态特征

成虫的虫体灰褐色，前翅灰褐色至暗褐色，翅中央近前缘有 1 个似长方形的淡黄或淡褐色斑，外缘黄白色并有 1 串淡黄色小点连成的条纹，后翅沿外缘有两条平行的黑色波状条纹，静止时双翅折合成三角形。幼虫的虫体灰黑或淡绿色。头部黑色，前胸背板黑色，有 3 条黄色纵纹，中后胸至腹部背部有两条黄色的断线条，两侧有鲜黄色纵条，体上有毛瘤，毛瘤上的刚毛基部黑色，外围有两个同心的黄白色环(彩图 5-42)。卵椭圆形，乳白色，有珍珠光泽。蛹黄色至黄褐色，茧口袋形，在土表直立，上端开口处用丝质物封盖。

3. 发生规律

以老熟幼虫在土中结丝茧越冬，次年春季化蛹，羽化。初孵幼虫先在杂草叶背取食叶肉，再转移到作物上取食。幼虫活泼，受惊扭动后退或吐丝下垂。2～3 龄幼虫多群集心叶在网内取食，3 龄幼虫出网取食。幼虫进入暴食期后，可将农田和草场的植物叶片吃光，被幼虫取食的叶片仅剩叶脉和叶柄。成虫白天潜伏在草丛及作物田内，受惊扰可短距离低飞，夜间 20～23 时成虫活动最旺盛，取食花蜜补充营养、交尾、产卵。有趋光性。气温适宜时，选择潮湿的地方产卵。

4. 防治技术

(1)利用成虫白天飞不远的特点，人工拉网捕捉。

(2)在低龄幼虫期用药喷雾防治。常用药有 25%钱藤精乳油 800 倍液、50%辛硫磷乳油 1 000 倍液、100 亿/g 活孢子的杀螟杆菌或青虫菌菌粉 2 000～3 000 倍。

(五)夜蛾类

常见的有甘蓝夜蛾 *Barathra brassicoe* L.、甜菜夜蛾 *Laphygma exigua* Hübner 和斜纹夜蛾 *Prodenia litura* Fabr，均属鳞翅目夜蛾科。在田间常混合发生，全国各地都有分布。

1. 为害特点

以幼虫为害，寄主广，喜食十字花科蔬菜。初孵幼虫取食叶肉，留下表皮呈透明斑，2 龄后分散为害，食叶成孔洞或缺刻，大发生时将叶片吃光。

2. 形态特征

各虫态特征见表 5-2。

表 5-2　3 种夜蛾各虫态特征

虫态	甘蓝夜蛾（彩图 5-43）	甜菜夜蛾（彩图 5-44）	斜纹夜蛾（彩图 5-45）
成虫	虫体灰褐色，前翅中央位于前缘附近内侧有一个灰黑色环状纹、灰白色肾状纹，外缘有 7 个小白点，下方有 2 个白点，前缘近端部有 3 个等距离白点；后翅外缘有一黑斑。	虫体深灰褐色，前翅外缘有一列黑色三角形斑，中央近前缘外方有肾形纹 1 个，内方有环形纹丝 1 个；后翅白色，翅缘褐色。	虫体深褐色，前翅灰褐色，其上多斑纹，在环状纹与肾状纹间，由前缘向后缘外方有 3 条白色斜纹，故名斜纹夜蛾；后翅白色。
幼虫	成熟幼虫体背各节在亚背线内侧有 1 倒“八”字形纹；气门下线为明显黄白色纵带，纵带末端直达腹末，通到臀足上。	成熟幼虫体色多变；气门下线为明显黄白色纵带，纵带末端直达腹末，不弯到臀足上。	成熟幼虫体背中胸至第 9 腹节在亚背线内侧有 1 对半月形或三角形黑斑。
卵	半球形，有放射状的三序纵棱，棱间有列下陷的横道隔成一行方格，初为黄白色，卵块无绒毛。	卵半球形，白色，卵粒重叠成块，表面覆盖有白色鳞毛。	卵扁半球形，初为白色，后变淡绿色，卵块外覆有灰黄色绒毛。
蛹	红褐色，蛹背面腹部第 1 节起至体末中央有深褐色纵行暗纹 1 条。	蛹黄褐，中胸气门深褐色，位于前胸后缘附近，显著向外突出。	蛹赭红色，腹部背面第 4～7 节近前缘处有小点刻。

3. 发生规律

各虫态特征见表 5-3。

表 5-3　3 种夜蛾各虫态发生规律

甘蓝夜蛾	甜菜夜蛾	斜纹夜蛾
初孵幼虫集中在叶背取食，3 龄以后则迁移分散，多在产卵植物周围的植株上，4 龄以后白天多隐伏在心叶、叶背或寄主根部附近表土中，夜间出来取食。成虫对黑光灯及糖液的趋性强。成虫羽化后即交配、产卵。成虫产卵对田间作物生长情况有一定的选择性。卵多长在叶背，成块，每雌虫平均产量 4～5 块。以蛹土中越冬，蛹多分布于寄主作物本田。	间歇性发生害虫。不同年份发生差异较大。1 年中以 7～8 月份为害较重。成虫夜间活动，有趋光性，成虫产卵期 3～5 d，卵期 2～6 d。幼虫共 5～6 龄，昼伏夜出，有假死性，虫源过大时，互相残杀。	初孵幼虫群集取食，3 龄前仅食叶肉，残留上表皮及叶脉，呈白纱状后变黄色。4 龄后进入暴食期，多在傍晚出来为害。老熟幼虫在 1～3 cm 表土内筑土室化蛹，土壤板结时可在枯叶下化蛹。成虫夜间活动，飞翔力强，有趋光性，卵多产于高大、茂密、浓绿的边际作物上，以植株中部叶片背面叶脉分叉处最多。

4. 防治技术

（1）在成虫盛发期，利用糖醋毒液或黑光灯诱杀成虫。

(2)结合田间管理,人工摘除卵块和初孵幼虫为害的叶片,集中处理。

(3)合理用药,保护天敌。

(4)在低龄幼虫期用药喷雾防治。常用药有 Bt 乳剂 500 倍液、10%吡虫啉乳油 1 500 倍液、50%辛硫磷乳油 1 000～2 000 倍液,在下午或傍晚喷雾。

(六)黄条跳甲

又称地蹦子,属鞘翅目叶甲科,是世界性害虫。为害蔬菜的黄条跳甲有 4 种:曲条跳甲 *Phyllotreta strialata* Fabr.、直条跳甲 *P. reetiIineata* Chen.、狭条跳甲 *P. vittula* Rede.、宽条跳甲 *P. humilis* Weise.,以曲条跳甲分布广,为害严重,主要为害十字花科蔬菜幼苗。

1. 为害特点

成虫、幼虫都能为害,还能传播软腐病。成虫食叶成孔洞,受害重的幼苗不能继续生长而死亡,造成缺苗毁种。幼虫在土内为害,蛀食根表皮形成弯曲虫道,咬断须根,使地上部分叶片变黄而萎蔫枯死,影响齐苗。

2. 形态特征

以黄曲条跳甲为例(彩图 5-46)。成虫的虫体小,椭圆形,黑色有光泽,每鞘翅中央有 1 黄色纵条纹,此纹外侧凹曲,内侧中部平直,两端向内弯曲,后足腿节膨大,善于跳跃。幼虫的虫体小,长圆筒形,头部及前胸背板淡褐色,其余黄白色,各节有突起的肉瘤。卵椭圆形,淡黄色。蛹为离蛹,乳白色,头部隐藏在前胸下,翅芽及足达第 5 腹节。

3. 发生规律

1 年发生 4～8 代。各地均以春秋两季发生严重,北方秋季重于春季,以成虫越冬。成虫善于跳跃,早、晚或阴雨天躲藏于叶背或土块下,中午前后活动最盛。有趋光性,对黑光灯敏感。产卵以晴天午后为多。卵散产于植物周围湿润的土隙中或细根上,也可在植株基部咬 1 小孔产卵于内。每雌产卵 200 粒左右。

4. 防治技术

(1)蔬菜栽培布局时,要与非十字花科的蔬菜轮作,以减轻为害。

(2)清除田间残株、落叶及杂草,以减少虫源。

(3)秋种前深耕晒土,消灭部分幼虫、蛹。

(4)成虫发生初期用药喷雾,从田边向田内喷药,常用药有 50%辛硫磷乳油 1 500 倍液、20%速灭杀丁或 2.5%敌杀死乳油 2 500 倍液;幼虫为害时,用药灌根,常用药有 50%辛硫磷乳油 1 500 倍液。

(七)黄守瓜 *Aulacophora indica* (Gmelin)

又称黄莹、黄油子、瓜叶虫,属鳞翅目叶甲科。全国均有分布,主要为害瓜类,也能为害豆类、十字花科及果树。

1. 为害特点

成虫、幼虫均可为害。成虫取食子叶及第 1～5 片真叶,咬成圆形或半圆形缺刻。幼虫在土内为害,咬食瓜根或钻入主根髓部及近地面茎内为害,造成瓜苗生长不良、萎蔫,甚至死亡;还能为害贴地的瓜果,造成腐烂,不能食用。

2. 形态特征

成虫的虫体及足橙黄色，前胸背板长方形，中央有一波状横沟，鞘翅上密布小点刻，腹末露在鞘翅外面(彩图 5-47)。幼虫的虫体黄白色，各体节有小黑点，上生细毛，腹部末端有 1 对肉质突起。卵近球形，黄色，卵壳表面有密布六角形皱纹。蛹为离蛹，纺锤形，乳白色，翅芽在腹部第 5 节。

3. 发生规律

1 年发生 1 代。以成虫在向阳处的草堆、土块及落叶中越冬。越冬期间遇气候温暖仍可活动。第 2 年 3 月下旬至 4 月上旬气温达 6℃时，越冬成虫开始活动。5 月中旬前后，瓜苗 3～4 叶时，集中前往瓜田为害。成虫 5～8 月份产卵，产卵盛期在 5 月下旬至 6 月上旬。6～8 月份为幼虫为害期，以 7 月份为害最重。成虫有假死性。成虫常将卵产在靠近寄主根部或瓜下的土壤缝隙中，散产或成堆。幼虫孵化后，很快潜入土壤中，为害寄主的支根，3 龄后可蛀食主根、根茎或贴地瓜果。老熟后在为害部位附近做土茧化蛹。

4. 防治技术

(1)瓜收获后及时耕地灭蛹。

(2)采用地膜栽培或在瓜苗附近土面撒秕糠、锯末、草木灰、废烟末，可防止成虫产卵。

(3)瓜苗移栽前后到 4～5 片真叶前，用药喷雾治成虫，常用药有 2.5%敌杀死乳油或 2.5%功夫乳油 3 000 倍液、50%辛硫磷乳油 1 000 倍液。

(4)幼虫为害重时，用药灌根毒杀，常用药有 50%辛硫磷乳油 1 000 倍液或 30 倍液的烟草水。

(八)马铃薯瓢虫 *Henosepilachna vigintioctomaculata* Motschulsky

为害马铃薯的瓢虫有马铃薯瓢虫和酸浆瓢虫 *H. sparsa* Herbst，两种均属鞘翅目瓢甲科。前者主要分布在我国北方，后者分布在长江以南，主要食害茄科植物，以马铃薯受害严重。

1. 为害特点

成虫、幼虫均可为害，取食叶肉留下表皮，形成透明密集的条状刻纹，受害叶常皱缩干枯，严重时，植物停止生长或枯萎。

2. 形态特征

两种瓢虫成、幼虫特征见表 5-4。

表 5-4　两种(植食性)瓢虫各虫态特征

虫态	马铃薯瓢虫(彩图 5-48)	酸浆瓢虫
成虫	虫体赤褐色，全体密被黄褐色细毛。前胸背板中央有 1 条较大的纵向剑状黑斑，两侧各有 2 个小黑斑；鞘翅各有 14 个黑斑，基部 3 个，其后方的 4 个黑斑不在一条直线上，两鞘翅合缝处有 1～2 对黑斑相连。	虫体黄褐色，前胸背板中央有 1 条横向双菱形黑斑，该斑后方有 1 黑斑，两侧各有 2 个较大黑斑；鞘翅各有 14 个黑斑，基部 3 个，其后方 4 个黑斑基本在一条直线上，两翅合缝处黑斑不相连。
幼虫	虫体淡黄色，体表有黑色枝刺，枝刺基部有淡黑色环纹。	虫体初龄时淡黄色，后变白色，体表有白色枝刺，枝刺基部有黑褐色环纹。

3. 发生规律

两种瓢虫发生规律见表 5-5。

表 5-5　两种(植食性)瓢虫发生规律

马铃薯瓢虫	酸浆瓢虫
1 年发生 2 代,以成虫在背风、向阳的石块、杂草、灌木等缝隙中过冬。越冬成虫翌年先在龙葵等野生茄科植物上取食,当马铃薯苗 17 cm 左右时,转移到马铃薯上取食。成虫早晚栖息叶背,白天取食交尾产卵。遇惊扰时假死坠地并分泌有特殊臭味的黄色液体。成虫有取食卵块,幼虫有自残的习性,卵多产于叶片背面。初孵幼虫群集于叶背,2 龄以后开始分散为害。幼虫 4 龄,在叶背取食。老熟后,在被害叶或附近的杂草上将腹部末端粘附于叶上蜕皮化蛹。	1 年发生多代。以成虫在杂草堆中、土缝内、树皮裂缝中或墙壁间隙等处越冬,散居为主,偶有群集现象。翌年先取食野生茄科植物,然后迁移到茄科作物上,因而茄子受害最重。成虫偏嗜马铃薯和茄子叶片,其次是甜椒和番茄叶片及果实。成虫有假死性,畏强光,喜栖息在叶背。卵块产于叶背。初孵幼虫群集为害,2～3 龄分散为害。幼虫畏强光,多栖息在叶背或其他隐蔽处,老熟幼虫在叶、茎或杂草上化蛹。

4. 防治技术

(1)马铃薯收后及时处理残株,压低虫源基数。

(2)结合田间管理,人工摘除卵块,捕杀成、幼虫。

(3)在成虫发生期或第一代幼虫孵化盛期,用药喷雾防治,常用药有 50%辛硫磷乳油1 000 倍液、20%杀灭菊酯乳油或多或 5%氯氰菊酯乳油 3 000 倍液。

(九)猿叶甲类

为害蔬菜的猿叶甲虫有两种:大猿叶甲 *Colaphellus bowringe* Baly 和小猿叶甲 *Phaedon brassicae* Baly,均属鞘翅目叶甲科。两种猿叶甲在我国除新疆、西藏外,各地均有分布,有为害,常混合发生,在北方大猿叶甲发生较多。主要为害十字花科蔬菜。

1. 为害特点

成虫、幼虫都能为害叶片,初孵幼虫取食叶肉,形成许多小凹斑痕,高龄幼虫及成虫取食叶片造成孔洞或缺刻,严重时仅留叶脉。

2. 形态特征

各虫态特征见表 5-6。

表 5-6　两种猿叶甲各虫态特征

虫态	大猿叶甲(彩图 5-49)	小猿叶甲(彩图 5-50)
成虫	虫体椭圆形,暗蓝黑色;中盾片三角形,光滑无刻点;后翅发达,能飞。	虫体卵圆形,蓝黑色,有强的金属光泽;小盾片近圆形,有小刻点;后翅退化,不能飞。
幼虫	虫体稍大,灰黑色稍带黄色;各体节有大小不等的肉瘤,气门下线及基线上的肉瘤最显著,瘤上无刚毛。	虫体初孵时淡黄色,后变褐色;各体节具黑色肉瘤 8 个,瘤上有刚毛,沿亚背线的一行肉瘤最大,越向下越小。
卵	长椭圆形,橙黄色。	长椭圆形,初产鲜黄,后变暗黄。
蛹	为离蛹,黄褐色,尾端分叉。	为离蛹,半球形,淡黄色,尾端不分叉。

3. 发生规律

各虫态发生规律见表 5-7。

表 5-7　两种猿叶甲发生规律

大猿叶甲	小猿叶甲
1 年发生 2～6 代。以成虫在枯叶、土隙、石块下越冬。卵多产在近根际土表或土隙间或产在植株心叶。卵成堆，排列不整齐。每雌可产卵 200～500 粒。成、幼虫均有假死性，昼夜取食。成虫耐饥力强，不善飞翔。幼虫受惊动时可分泌黄色液体。幼虫老熟后，即爬入枯叶、土隙、石块下化蛹。	1 年发生 3 代。以成虫越冬。天气炎热时开始夏眠。成虫无飞翔能力，全靠爬行迁移觅食。成虫寿命平均 2 年左右。每雌产卵 300 粒左右。卵散产于叶基部或幼根上，以叶柄上最多。产卵时，成虫先将植物组织咬 1 小孔，然后将卵产于孔中，多为 1 孔 1 卵。幼虫喜集中在心叶取食，昼夜活动，尤以晚上为甚。老熟即入土做土室化蛹。

4. 防治技术

(1)早春、秋季在播种前翻耕晒土，以消灭越冬或越夏的虫源。

(2)结合积肥，铲除田间及田边杂草，清除枯叶残株，以减少虫源。

(3)利用成虫在杂草上产卵习性，在田间或田边堆集杂草，诱集越冬成虫，集中烧毁。

(4)利用成虫假死性，用盛水或稀泥的浅口容器承接叶下，人工击落，集中杀死。

(5)在成虫发生时或幼虫盛发期，用药喷雾防治，或结合菜青虫、小菜蛾、黄条跳甲等的防治兼治。常用药有 20%速灭杀丁乳油或 2.5%溴氰菊酯乳油 3 000 倍液、90%晶体敌百虫或 80%敌敌畏乳油 1 000 倍液。

(十)黄翅菜叶蜂 *Athalia rosae* Linnaeus

又称玫瑰叶蜂、菜叶蜂、油菜叶蜂，属膜翅目叶蜂科。除新疆、西藏未见报道外，各省均有发生。寄主有甘蓝、油菜、萝卜等十字花科蔬菜和油料作物。

1. 为害特点

以幼虫取食花、嫩茎、嫩荚、叶片，将叶吃成孔洞或缺刻，严重时仅剩叶脉。

2. 形态特征

成虫的头、中胸背板两侧后部及后胸大部分为黑色，其余部分橙黄色，翅膜质透明，翅基半部黄褐色，向外渐淡至翅尖透明，前翅前缘有 1 黑带与翅痣相连(彩图 5-51)。幼虫的头为黑色，体灰蓝色或灰黑色，体上多皱褶，且密布颗粒状突起，胸部较粗，腹部较细。卵近圆形，乳白色变乳黄色。蛹初为黄白色。

3. 发生规律

1 年发生 6～7 代。以老熟幼虫在土中结茧越冬。越冬代于 3 月下旬至 4 月中旬化蛹，4 月上旬开始出现成虫并交尾产卵，4 月下旬至 5 月中旬为第 1 代幼虫为害盛期。各代成虫的发生时期为：越冬代 4 月上旬至 4 月下旬，第 1 代 5 月中旬至 6 月上旬，第 2 代 6 月中旬至 7 月上旬，第 3 代 7 月上旬至下旬，第 4 代 8 月上旬至中旬，第 5 代 9 月上旬至下旬。越冬代幼虫一般于 10 月中下旬老熟后在土中结茧越冬。卵期在春季和秋季为 11～14 d，夏季为 6～9 d。幼虫期第 1 代至第 4 代为 11～15 d，第 5～6 代为 20～27 d，蛹期 3～7 d。成虫产卵期为 1～2 d。完成 1 个世代为 25～45 d，越冬代为 180～200 d。

4. 防治技术

(1)作物采收后及时耕翻土地,消灭一部分虫源。

(2)利用幼虫假死性,振落捕杀。

(3)药剂防治,常用药有 50%辛硫磷乳油 1 000 倍液、2.5%功夫乳油 2 000 倍液、48%乐斯本乳油或 48%天达毒死蜱 1 000 倍液、2.5%溴氰菊酯乳油 1 000 倍液。

二、蔬菜主要吸汁类害虫的识别与防治

(一)温室白粉虱 *Trialeurodes vaporiorum* Westwood

属同翅目粉虱科。分布于我国的华南、西南、华中、华北等地及北方的温室,其寄主广,可为害蔬菜(葫芦科)、果树和花卉植物,是设施园艺作物栽培的重要害虫。

1. 为害特点

以成、若虫为害植物,刺吸寄主植物的汁液,受害叶片表现褪色、变黄、萎蔫,甚至死亡;传播植物病毒病;其分泌的蜜露能诱导烟霉病的大量发生,降低产量和商品价值。属于植物检疫对象。

2. 形态特征

成虫的虫体小,淡黄色,翅面有白色蜡粉,外观呈白色,前翅脉有分叉,左右翅合拢平坦(烟粉虱左右翅合拢呈屋脊状)(彩图 5-52)。若虫的虫体扁平,黄绿色,体表具有长短不一的蜡质丝状突起,4 龄若虫呈蛹壳状。卵初产时淡黄色,孵化前变为黑褐色。

3. 发生规律

1 年可发生 10 余代。以各种虫态在温室蔬菜上越冬,也可以成虫和蛹在露地背风向阳处及花卉、杂草上越冬。第 2 年春季,从越冬场所向阳畦和露地蔬菜迁移扩散。成虫有趋黄性,飞翔力差,喜群集在植株上部嫩叶背面。成虫羽化后第 2 天就可以产卵。在平滑的叶背上卵排列成圆环状,在绒毛较多的叶片上排列成半环状,在绒毛较厚的寄主上卵均散产。成虫除两性生殖外,还可以进行孤雌生殖。若虫孵化后,寻找适宜的部位刺吸为害。经蜕皮后,足和触角均退化,营固定生活。

4. 防治技术

(1)严格检疫。

(2)利用成虫趋黄色、避银色特性,用黄板诱杀成虫或银灰色膜驱虫。

(3)结合田间管理,摘除带虫枯枝、叶,以减少虫源。

(4)合理用药,保护天敌。

(5)在若虫孵化期交替喷药防治。常用药有 10%吡虫啉乳油 2 000～4 000 倍液、20%扑虱灵可湿性粉剂 1 500 倍液,或用 80%的敌敌畏乳油熏蒸。

(二)蚜虫

属同翅目蚜科。为害蔬菜的蚜虫很多,以为害十字花科蔬菜的蚜虫(又称菜蚜)最常见,且为害严重。其种类主要有桃蚜 *Myzuspersicae* Sulzer,又称桃赤蚜、烟蚜;萝卜蚜 *Lipaphis erysimi* Kaltenbach,又称菜蚜、菜缢管蚜;甘蓝蚜 *Brevicoryne brassicae* L.,又称菜蚜。它们

均为世界性害虫，在全国各地均有分布。

1. 为害特点

以成、若虫吸食寄主植物的汁液，受害叶发黄，呈不规则卷曲；还能传播植物病毒病；其排泄蜜露能引发烟霉病，污染蔬菜。

2. 形态特征

主要虫态特征见表5-8。

表5-8 3种蚜虫主要虫态特征

虫态	桃蚜(彩图5-53)	萝卜蚜(彩图5-54)	甘蓝蚜(彩图5-55)
有翅蚜	头、胸部黑色；腹部淡暗绿色，背面有淡黑色斑纹；额瘤发达且向内倾斜；腹管绿色，长，中部膨大，末端有明显缢缩。	头、胸部黑色；腹部黄绿色至绿色；额瘤不显著；第1、2节背面及腹管各有2条淡黑色横带；腹管暗绿色较短，中部稍膨大，末端稍缢缩。	头、胸部黑色；腹部黄绿色，有数条不明显的暗绿色横带，两侧各有5个黑点；无额瘤；腹管很短，中部稍膨大；全身覆盖明显白色蜡粉。
无翅蚜	虫体绿色、黄色至樱红色；额瘤和腹管同有翅蚜。	虫体黄绿色或稍覆白色蜡粉；胸部各节中央有一黑色横纹，并散生小黑点。腹管同有翅蚜。	虫体暗绿色，有明显的白色蜡粉；复眼黑色；无额瘤。腹管同有翅蚜。

3. 发生规律

主要虫态发生规律见表5-9。

表5-9 3种蚜虫主要发生规律

桃蚜	萝卜蚜	甘蓝蚜
1年发生30代左右。早春，越冬卵孵化为干母，在越冬寄主上营孤雌胎生，繁殖数代皆为干雌。当断霜以后，产生有翅胎生雌蚜，迁飞到十字花科、茄科作物等侨居寄主上为害，并不断营孤雌胎生繁殖出无翅胎生雌蚜，继续进行为害。直至晚秋，当侨居寄主衰老不利于桃蚜生活时，才产生有翅性母蚜，迁飞到越冬寄主上，生出无翅卵生雌蚜和有翅雄蚜，雌雄交配后，在越冬寄主植物上产卵越冬。	终年生活在同一种或近缘寄主植物上，属留守式蚜虫。北方地区，在秋白菜上产卵越冬，也可以成蚜、若蚜在菜窖内越冬或在温室内继续繁殖。在南方以无翅胎生雌蚜在蔬菜心叶等处连续繁殖为害。从北到南1年发生十余代至数十代。	终年在十字花科蔬菜上为害，属留守式蚜虫。北方地区以卵越冬，少数以成蚜、若蚜在菜窖内越冬。在温暖地区可连续孤雌胎生，不产越冬卵。北方地区1年可发生十余代。

4. 防治技术

(1)选用抗虫品种。

(2)利用黄板诱蚜或银色膜避蚜。

(3)在点片发生阶段，交替用药喷雾防治。常用药有10%吡虫啉乳油2 000～4 000倍液、2.5%功夫乳油3 000倍液、50%抗蚜威乳油2 000倍液。

(三)蝽类

属半翅目蝽科。常见为害蔬菜的蝽类害虫有斑须蝽 *Dolycoris baccarum* Linnaeus、菜蝽

Eurydema dominulus Socopoli，全国均有发生。寄主为玉米、麦类、水稻、棉花、蔬菜等多种作物。

1. 为害特点

以成虫和若虫刺吸嫩叶、嫩茎、花、嫩果汁液。茎叶被害后，出现黄褐色斑点，严重时叶片卷曲，嫩茎凋萎，影响生长。

2. 形态特征

各虫态形态特征见表5-10。

表5-10　两种蝽各虫态特征

虫态	斑须蝽(彩图5-56)	菜蝽(彩图5-57)
成虫	椭圆形，黄褐或紫色，体被细毛，密布粗大黑点；触角5节，各节先端黑色，基部黄白色；小盾片近三角形，末端钝圆，光滑淡黄色；前翅革质部淡红褐至暗红褐色，膜质部透明，稍带褐色。	椭圆形，橙黄或橙红色，全体密布刻点；头蓝黑色；前胸背板具大黑斑6个，小盾片上具"Y"形橙黄或橙红色纹，交汇处缢缩。
若虫	似成虫，仅有翅芽。	卵桶状，近孵化时粉红色。
卵	卵圆筒形，橘黄色。有圆盖，聚产成块。	头、触角、胸部黑色，头部具三角形黄斑，胸背具3个橘红色斑。

3. 发生规律

各虫态发生规律见表5-11。

表5-11　两种蝽各虫态发生规律

斑须蝽	菜蝽
以成虫在田间杂草、枯枝落叶、植物根际、树皮及屋檐下越冬。4月初开始活动，4月中旬交尾产卵，4月底5月初幼虫孵化。第1代成虫6月初羽化，6月中旬为产卵盛期。第2代于6月中、下旬至7月上旬幼虫孵化，8月中旬开始羽化为成虫，10月上、中旬陆续越冬。卵多产在植物上部叶片正面或花蕾上，多行整齐纵列。初孵幼虫群聚为害，2龄后扩散为害。	成虫在田边、地埂、荒地、林带、果园残枝落叶层中越冬。成虫寿命长，产卵期长。具有趋嫩、喜光特性，多栖息在植株顶端幼嫩处和阳光直射的枝叶上取食和交配。具有假死性，受惊后即假死坠落，或振翅飞走。雌虫一般每次产12粒卵形成1个卵块，每排6粒，共两排。卵期5～12 d，随温度高低而异。孵化前透过卵盖可见十分明显的红色眼点。若虫稍遇震动即纷纷爬散或假死坠落，1～2 min后才恢复活动。

4. 防治技术

(1)清理菜地，消灭部分越冬成虫。

(2)人工摘除卵块。

(3)为害严重时用药喷雾防治，常用药有灭杀毙乳油4 000倍液、2.5%保得乳油3 000倍液、50%辛氰乳油3 000倍液、20%增效氯氰乳油3 000倍液、功夫菊酯乳油3 000倍液。

(四)朱砂叶螨 *Tetranychus cinnabarinus* Boisduval

又称棉红蜘蛛，属蛛形纲蜱螨目叶螨科。是世界性害虫，在全国各地均有分布。主要为害茄科、葫芦科、豆类等蔬菜，也能为害花卉、果树。

1. 为害特点

以成、若螨吸食叶片汁液，受害叶片初期呈黄白色小斑点，严重时叶片卷曲，枯黄脱落(彩图 5-58)。

2. 形态特征

成螨体卵圆形，朱红色或锈红色，体侧有黑褐色斑纹，足 4 对(彩图 5-59)。幼螨体近圆形，半透明，取食后呈暗绿色，足 3 对。若螨体椭圆形，体色深，背侧显出块状斑纹，足 4 对。卵椭圆形，灰白色。

3. 发生规律

主要以受精雌成螨在土块缝隙、树皮裂缝及枯叶等处越冬。越冬时一般几个或几百个群集在一起。翌年春天温度上升时开始繁殖为害。在高温的 7～8 月发生重。10 月中、下旬开始越冬。主要为两性生殖，也能进行孤雌生殖。卵多产于叶背叶脉两侧。雌螨产卵期为14 d，平均寿命 30 d，越冬时可活 5～7 个月。

4. 防治技术

(1)及时清除枯枝落叶，集中处理，或深翻土壤，以减少虫源。

(2)合理用药，保护天敌。

(3)点片发生时或幼螨期，交替用药喷雾防治，常用药有 20%浏阳霉素乳油或 20%螨克乳油 1 000～2 000 倍液、20%哒螨酮可湿性粉剂 3 000～5 000 倍液。

(五)叶蝉类

属同翅目叶蝉科。为害蔬菜常见的叶蝉有大青叶蝉 *Cicadella viridis* Linnaeus，又称浮尘子；小绿叶蝉 *Empoasca flaoescens* Fab.，又称桃叶蝉、桃小浮尘子、桃小叶蝉、桃小绿叶蝉。两者在全国各地都有分布。寄主广泛，有蔬菜、果树、林苗木。

1. 为害特点

以成虫和若虫为害叶片，刺吸汁液，造成退色、畸形、卷缩，甚至全叶枯死。此外，可传播病毒病。

2. 形态特征

各虫态形态特征见表 5-12。

表 5-12　两种叶蝉各虫态特征

虫态	大青叶蝉(彩图 5-60)	小绿叶蝉(彩图 5-61、彩图 5-62)
成虫	虫体青绿色，其中头部、前胸背板及小盾片淡黄绿色；头的前方有分为两半的褐色皱纹区，接近后缘处有一对不规则的长形黑地。前胸背板的后半呈深绿色。前翅绿色并有青蓝色光泽，前缘色淡，端部透明，翅脉黄褐色。足橙黄色，后足排状刺的基部为黑色。	虫体淡黄绿至绿色；前胸背板、小盾片浅鲜绿色，常具白色斑点；前翅半透明，淡黄白色，周缘具淡绿色细边。后翅透明膜质。腹部背板色较腹板深，末端淡青绿色。
若虫	灰黄绿色，胸腹背面有 4 条褐色纵纹，仅有翅芽。	若虫体与成虫相似。
卵	卵长卵圆形，微弯曲，一端较尖，乳白至黄白色。	卵长椭圆形，略弯曲，乳白色。

3. 发生规律

各虫态发生规律见表5-13。

4. 防治技术

(1)灯光诱杀成虫。

(2)在若虫盛期用药防治，常用药有2%叶蝉散粉剂2 kg/667 m^2、50%杀螟松乳油1 000～1 500倍液、2.5%保得乳油2 000～3 000倍液、10%大功臣可湿性粉剂3 000～4 000倍液。

表5-13　两种叶蝉各虫态发生规律

大青叶蝉	小绿叶蝉
成虫有趋光性，夏季颇强，晚秋不明显。成虫、若虫日夜均可活动取食。产卵于寄主植物茎秆、叶柄、主脉、枝条等组织内。以产卵器刺破表皮成月牙形伤口，产卵6～12粒于其中，排列整齐，产卵处的植物表皮呈肾形凸起。每雌可产卵30～70粒。非越冬卵期9～15 d，越冬卵期达5个月以上。10月下旬为产卵盛期，直至秋后，以卵越冬。	以成虫在常绿花卉叶中或杂草中越冬。翌年3～4月开始从越冬处迁飞到嫩叶上刺吸为害。成虫产卵于叶背主脉内，以近基部为多，少数在叶柄内。每雌成虫产卵47～166粒。若虫孵化后，喜群集于叶背面吸食为害，受惊时很快横行爬行。第1代成虫翌年6月初发生，第2代成虫7月上旬，第3代成虫8月中旬，第4代成虫9月上旬。

(六)葱蓟马 *Thrips tabaci* Lindeman

又称烟蓟马、葱韭蓟马、韭菜蓟马、葱带蓟马，属缨翅目蓟马科。分布于我国的东北、北京、河北、浙江、江苏、贵州、广东、广西、海南、台湾、陕西、宁夏、新疆、内蒙古等地。寄主有大葱、小葱、洋葱(圆葱、葱头)、水葱、香葱、韭菜、大蒜等百合科蔬菜及烟草、棉花等作物。

1. 为害特点

成虫、若虫以锉吸式口器为害寄主植物的心叶、嫩芽，使葱形成许多长形黄白斑纹，严重时，葱叶扭曲枯黄。远看葱田一“旱象”，严重地影响了葱类的品质和产量，大葱在北方有生食之习惯，由于近年葱蓟马为害严重，致叶部食痕累累，已无法生食(彩图5-63)。

2. 形态特征

成虫呈浅褐色，翅狭长透明，翅脉稀少，周缘有很多细长的缨毛。雌虫淡棕色、触角第1节色淡，第2、第6、第7节灰棕，第3～5节淡黄棕，但第4、第5节末端色较浓(彩图5-64)。若虫1～2龄无翅芽，3～4龄翅芽明显。卵初为肾形，呈乳白色，后来逐渐变为卵圆形，呈黄白色。

3. 发生规律

初孵若虫活动力不强，多在叶背沿叶脉两侧取食危害，2龄后潜入土中蜕皮为前蛹，再次蜕皮为伪蛹。在干旱年份发生严重，久旱不雨是葱蓟马大发生的预兆。成虫极活跃，善飞，怕阳光，多躲在植物叶背面，早晚及阴天可在叶面上活动。成虫多在寄主上部嫩叶反面取食和产卵，卵产于嫩组织的表皮下或叶脉内。

4. 防治技术

(1)早春及时清除田间杂草和残株落叶，集中带出田外烧毁或深埋，可减少越冬虫源。

(2)大葱生长期间勤除草、勤浇水，可减轻蓟马的为害。

(3)在初期若虫聚集为害期，用药防治，常用药有10%吡虫啉可湿性粉剂2 500倍液、20%

杀灭菊酯乳油 3 000～4 000 倍液、2.5％溴氰菊酯乳油 2 500～3 000 倍液、21％增效氰・马(灭杀毙)乳油 4 000～5 000 倍液、40％乐果乳油 800～1 000 倍液、50％辛硫磷乳油灰水溶液，其比例是 1：0.5：50，进行喷洒，不仅有良好效果，而且是无公害防治。

三、蔬菜主要钻蛀类害虫的识别与防治

(一)美洲斑潜蝇 *Liriomyza sativae* Blanchard

属双翅目潜蝇科。分布在我国的华南、华北、华中、西南、东北等地区，为害葫芦科、豆科、菊科、十字花科蔬菜及多种花卉植物。属于植物检疫对象。

1. 为害特点

以幼虫为害，潜食叶肉形成蛇形虫道(彩图 5-65)，虫道内两侧有黑色虫粪，造成叶片早衰变黄、枯死，导致产量降低，品质下降，甚至死苗。

2. 形态特征

成虫的虫体淡灰黑色，头部和小盾片后缘鲜黄色，中胸部背面黑色，有光泽，小盾片半圆形黄色，两侧黑色；翅无色透明，中室小；腹部背面黑色，侧面和腹面黄色(彩图 5-66)。幼虫虫体蛆状，橙黄色，后气门有圆锥状突起，顶端有 3 个气孔，各开一个口。卵呈卵圆形，白色透明，孵化时呈浅黄色。蛹椭圆形，腹面稍扁平，初为鲜黄色，后变深褐色。

3. 发生规律

成虫具有较强的趋光性，有一定的飞翔能力。成虫喜吸取植株叶片汁液。卵产于叶肉中。初孵幼虫潜食叶肉，并形成隧道，隧道端部略膨大；老龄幼虫咬破隧道的上表皮爬出道外化蛹。成虫主要随寄主植物的叶片、茎蔓，甚至鲜切花的调运而传播。

4. 防治技术

(1)严格检疫，清洁田园，实行轮作。

(2)利用成虫趋黄特性，用黄板诱杀成虫。

(3)在卵孵化高峰期，用药喷雾防治，常用药有 73％潜克可湿性粉剂 2 500～3 000 倍液、10％赛波凯乳油或 1.8％害极灭乳油 3 000 倍液、50％蝇蛆净粉剂 2 000 倍液。

(二)夜蛾类

属鳞翅目夜蛾科。蛀食为害蔬菜的夜蛾类害虫，常见的有棉铃虫 *Helicoverpa armigera* Hübner、烟青虫 *H. assulta* Guenée，这两种害虫寄主广，为害普遍，除新疆、西藏外，全国各地均有分布，喜茄科蔬菜，尤以果实受害严重。

1. 为害特点

以幼虫为害，主要蛀食花蕾、果实，造成孔洞，并伴有粪便排除污染受害部位，也为害嫩叶造成孔洞、缺刻。

2. 形态特征

各虫态特征见表 5-14。

3. 发生规律

各虫态发生规律见表 5-15。

表 5-14　两种蛀果夜蛾各虫态特征

虫态	棉铃虫(彩图 5-67)	烟青虫(彩图 5-68)
成虫	虫体灰褐色,前翅环状纹、肾状纹、横线不清晰;后翅灰黄色,外缘两灰白色斑相连。	虫体棕黄色,前翅环状纹、肾状纹、横线清晰;后翅近外缘有 1 黑色宽带。
幼虫	体色多变,头部黄绿色,有不规则黄褐色网状纹;背线 2～4 条,体侧有白色横线;前胸气门下方的 1 对毛的连线穿过气门或与气门下缘相切。	体色多变,头部黄褐色;胸部每节有黑色毛片 12 个;腹部除末节外,每节有黑色毛片 6 个;前胸气门前的 1 对毛的连线不接触气门。
卵	半球形,顶部呈菊花瓣形,初产时乳白色,后顶部有紫黑色圈。	半球形,初产时乳白色,孵化前社为紫褐色。
蛹	黄褐色,腹部第 5～7 节背、腹面密集小的马蹄形刻点。	黄褐色,腹部第 5～7 节背面和腹面前缘密生小刻点。

表 5-15　两种蛀果夜蛾各虫态发生规律

棉铃虫	烟青虫
1 年发生数代。由北向南逐渐递增,一般 3～7 代。成虫白天潜伏,日落后 3 h 最活跃,主要到花上吸食花蜜。雌成虫产卵有趋向花、花蕾和生长高大茂密植株上部的习性。产卵期可延续7～8 d,每头雌蛾产卵 100～500 粒,一般 100～200 粒。1、2 龄幼虫有吐丝下垂习性,3、4 龄幼虫上午前爬至叶面静止不动。幼虫有互相残杀习性。老熟幼虫吐丝下垂,爬到土壤中做土茧化蛹,完成 1 个世代需 35～45 d。	1 年发生 2～6 代。世代重叠明显。成虫昼伏夜出,趋光性较弱,趋蜜源性较强,在叶片正、反面具绒毛处及嫩叶、嫩茎、花蕾和果实上产卵。后期成虫对杨树枝把的趋性明显。初孵幼虫先食卵壳,后吐丝下垂转移,取食烟叶。现蕾后蛀食花蕾、青果、取食花蕊或未成熟的种子。3 龄以后白天潜伏,夜间和清晨取食,幼虫有假死性和自残性。幼虫老熟后,入土吐丝连缀土作室。

4. 防治技术

(1)人工清除虫蕾,捕杀幼虫和蛹。

(2)设置黑光灯、性诱剂、枯萎杨树枝诱杀成虫。

(3)低龄幼虫尚未蛀果前,用药喷雾防治,常用药有 1.8%阿维菌素乳油 2 000～3 000 倍液、Bt 乳剂 500 倍液、10%吡虫啉乳油 1 500 倍液。

(三)豆荚野螟 *Maruca testulalis* Geyer

属鳞翅目螟蛾科,全国各地均有分布,是豆科蔬菜的主要害虫,喜食豇豆、菜豆、扁豆等表面少毛的豆类植物的花蕾、豆荚。

1. 为害特点

以幼虫蛀食花蕾、豆荚,蛀食花器造成落花,蛀食豆荚造成落荚;豆荚后期造成种子受害,蛀孔外堆集粪便,造成豆荚腐烂;还能吐丝缀卷几片叶并在其中蚕食叶肉,或蛀食嫩茎,造成枯梢。

2. 形态特征

成虫的虫体灰褐色;前翅暗褐色,自外缘向内有大、中、小透明斑一块;后翅前缘近基部有 2 块小褐斑,近外缘暗褐(彩图 5-69)。幼虫虫体黄绿至粉红色;中、后胸背板每节前排有毛片 4

个，各生2根细长刚毛，后排有斑2个，无刚毛；腹部背面的毛片有1根刚毛。卵呈椭圆形，扁平，初产淡黄绿色，孵化前橘红色。蛹初期绿色，后期茶褐色；翅芽伸至第4腹节，并能见成虫前翅的透明斑。茧丝质薄，白色。

3. 发生规律

在华北地区1年发生3～4代，华中地区4～5代，华南地区6～9代。以蛹在土中或茎秆中越冬。每年6～10月为幼虫危害期，在西北地区，6月下旬出现越冬代成虫，第1～3代成虫出现的时间为7月中旬、8月上旬和9月上旬。9月下旬至10月上旬发生第4代成虫，10月中旬开始以蛹越冬。成虫多在夜间羽化，白天停息在作物下部的叶背面等隐蔽处，天黑开始活动，以晚上22～23时活动最盛。成虫羽化2～4 d后即交尾。成虫一生交配1～4次。喜在黄昏交配，产卵期3 d左右。卵散产，也有2～4粒产于一处的。每雌平均产卵88粒。多将卵产在花瓣上或花萼凹陷处，也有将卵产在叶片上的。成虫有趋光性，飞翔力极强，寿命6～12 d。幼虫5龄，幼虫期8～12 d。初孵幼虫很快在花瓣上咬一小孔蛀食豆荚。

4. 防治技术

(1)实行玉米与豆科植物间作或水旱轮作，以减少虫源。

(2)及时清除田间落花、落荚，摘除被害的卷叶和果荚，消灭其中幼虫。

(3)利用黑光灯诱杀成虫。

(4)在低龄幼虫尚未钻蛀前，用药喷雾防治，常用药有1.8%阿维菌素乳油2 000～3 000倍液、Bt乳剂500倍液、10%吡虫啉乳油1 500倍液。

四、蔬菜主要地下害虫的识别与防治

(一)地蛆

又称根蛆，是为害农作物和蔬菜地下部分的花蝇科幼虫的统称。属双翅目花蝇科。常见的种类有种蝇 *Dalia platura* Meigan、葱蝇 *Dalia antigua* Meigan、萝卜蝇 *Dalia floralis* Fallen。

种蝇为多食性，为害葫芦科、豆科、百合科、藜科、十字花科等多种蔬菜，分布广。葱蝇分布在我国的北部、中部地区，仅为害百合科的大蒜、洋葱和葱类植物。萝卜蝇主要分布于华北北部、东北、西北和内蒙古等地区，仅为害十字花科蔬菜，以白菜、萝卜受害最重。

1. 为害特点

以幼虫为害，种蝇为害播种后的种子、幼根、地下茎和成株的根部，造成种子不能发芽，幼苗不能出入，或整株枯死。

葱蝇蛀食鳞茎、根部，引起鳞茎腐烂、缺苗断垄，地上部分叶片枯黄、萎蔫，甚至整株枯死。

萝卜蝇为害白菜基部及周围菜帮，或向下蛀食菜根或钻入包心蛀食；为害萝卜窜食表皮，留下大量不规则弯曲虫道，或钻入块根蛀食引起腐烂。

2. 形态特征

各虫态特征见表5-16。

3. 发生规律

各虫态发生规律见表5-17。

表 5-16　3 地蛆各虫态特征

虫态	种蝇(彩图 5-70)	葱蝇(彩图 5-71)	萝卜蝇(彩图 5-72)
成虫	前翅背基毛发达，与背中毛一样长；雄虫后足腿节全部生稀疏的长毛；雌虫腹部灰黄色，无斑纹。	前翅背基毛极小，不及背中毛的 1/2；雄虫后足胫节内下方中央生稀疏而等长的长毛；雌虫中足胫节外方有 2 根刚毛。	前翅背基毛极小，不及背中毛的 1/2；雄虫后足胫节内下方长有密的钩状毛；雌虫中足胫节上外方只有 1 根刚毛。
幼虫	腹部末端有 6 个突起，第 5 对突起很大，分为很深的 2 岔。	腹部末端有 7 对突起，不分岔，第 7 对极小；第 1 对突起在第 2 对突起的上内侧；第 6 对比第 5 对稍大。	腹部末端有 7 对突起，不分岔，第 7 对极小；第 1 对突起与第 2 对突起在同一高度；第 6 对和第 5 对一样大。
卵	长椭圆形	长椭圆形	长椭圆形
蛹	为围蛹，圆筒形，黄褐色，前端稍平，后端圆形有突起。	为围蛹，圆筒形，黄褐色，前端稍平，后端圆形有突起。	为围蛹，圆筒形，黄褐色，前端稍平，后端圆形有突起。

表 5-17　3 地蛆各虫态发生规律

种蝇	葱蝇	萝卜蝇
1 年发生 2～5 代。北方以蛹在土中越冬，南方长江流域冬季可见各虫态。产卵期初夏 30～40 d，晚秋 40～60 d。35℃以上 70%卵不能孵化，幼虫、蛹死亡。喜白天活动，幼虫多在表土下或幼茎内活动。	1 年发生 2～3 代。以蛹在韭菜、葱等寄主植物根际土中越冬。1 代幼虫发生盛期在 5 月上、中旬，2 代幼虫发生盛期在 6 月上、中旬。成虫白天活动，早晚多潜伏在土块缝隙中，成虫产卵前需取食花蜜和蜜露，对葱属植物的特有气味和腐烂的有机质有很强的趋性。	1 年发生 1 代，以蛹在受害株附近土中越冬。为害盛期在 9 月中、下旬。在日出前后及日落前或阴天活动。成虫产卵前需取食花蜜和蜜露，对腐烂的有机质有很强的趋性。在较潮湿的环境条件下发生重。

4. 防治技术

(1)不施用未经腐熟的粪肥和饼肥，而施用腐熟的肥，达到均匀、深施、种肥隔离，或施肥后覆土，或在粪肥中拌入有触杀和熏蒸作用的药。

(2)蔬菜生长期内不追施稀粪。

(3)在种蝇、葱蝇发生重的地块，用大水漫灌，以减轻虫源。

(4)瓜类、豆类在播种前进行催芽处理；大蒜选壮种，播种时剥去蒜皮。

(5)在幼虫发生为害初期，用药灌根或喷雾防治，常用药有 48%毒死蜱乳油或 50%辛硫磷乳油 1 500 倍灌根，2.5%功夫乳油 3 000 倍液在植物周围地面和根际旁喷雾 2～3 次。

(二)蝼蛄

属直翅目蝼蛄科。为害蔬菜地下部分的常见种类有东方蝼蛄 *Gryllotalpa orientalis* Burmeister 和华北蝼蛄 *G. unispina* Saussure，以东方蝼蛄分布广泛，全国各地都有分布。现以东方蝼蛄为例。

东方蝼蛄，又称土狗、地狗，属直翅目蝼蛄科。寄主有禾谷类、烟草、甘薯、瓜类、蔬菜等多种农作物播下的种子和幼苗。

1. 为害特点

成虫、若虫均在土中活动，取食播下的种子、幼芽或将幼苗咬断致死，受害的根部呈乱麻状。由于蝼蛄的活动将表土层窜成许多隧道，使苗根脱离土壤，致使幼苗因失水而枯死，严重时造成缺苗断垄。在温室，由于气温高，蝼蛄活动早，加之幼苗集中，受害更重。

2. 形态特征

成虫的体色为灰褐色，密被细毛，头圆锥形，中央有一个凹陷明显的暗红色斑；前翅灰褐色较短，仅达腹部中央，后翅长纵卷成筒状；前足为开掘足，中、后足小，后足胫节背面内侧具距3～4个(华北蝼蛄后足胫节背面内侧具距1～2个或无)，别于华北蝼蛄(彩图5-73)。若虫体色、体形与成虫相似。卵椭圆形，黄白色至黄褐色。

3. 发生规律

华北蝼蛄生活史较长，约3年完成1代。东方蝼蛄在华中、长江流域及以南各省每年发生1代，在华北、东北和西北地区约2年完成1代。两种蝼蛄均以成、若虫在冻土层以下和地下水位以上的土层中越冬。次年春天随气温回升，开始上升到表土层活动，形成一个个新鲜的虚土堆或10 cm长虚土隧道。春播作物苗期，蝼蛄活动为害最为活跃。天气炎热，蝼蛄潜入14 cm以下土层中产卵越夏。秋季作物播种和幼苗期，大批若虫和新羽化的成虫又上升到地表为害，形成秋季为害高峰。天气转冷，成、若虫陆续潜入深土层越冬。华北蝼蛄喜在植被稀少的盐碱地或干燥向阳的渠旁、路边、田埂产卵。东方蝼蛄喜欢潮湿，多集中在沿河两岸、池塘和沟渠附近沙壤土产卵。

4. 防治技术

(1)施用充分腐熟有机肥。

(2)利用灯光诱杀。

(3)当田间有蝼蛄0.3～0.5头/m^2时，进行防治。

①播种时，施用毒谷，用辛硫磷胶囊剂150～200 g/667 m^2，拌谷子等饵料5 kg，或辛硫磷乳油50～100 g/667 m^2，拌谷子等饵料3～4 kg，撒于种植沟中。

②施用毒饵，一般把麦麸饵料炒香，用量4～5 kg/667 m^2，加入90%敌百虫的30倍水溶液150 mL左右，再加入适量的水拌匀成毒饵，于傍晚撒于苗圃地面，施毒饵前能先灌水，保持地面湿润，效果尤好。

③药剂处理土壤或种子。常用药有40%乐果乳油0.5 kg，加水20 kg，拌种250～300 kg。

④生长期被害，可用50%辛硫磷或50%对硫磷或20%甲基异柳磷乳油2 000倍液浇灌。也可选用6%密达颗粒剂500 g/667 m^2，拌细土撒施。

(三)蛴螬

蛴螬，是鞘翅目金龟甲总科幼虫的总称。金龟甲按其食性可分为植食性、粪食性、腐食性三类，植食性种类中以鳃金龟科和丽金龟科的一些种类发生普遍，为害最重。分布于全国各地。

1. 为害特点

植食性蛴螬大多食性很杂，同一种蛴螬常可为害双子叶和单子叶粮食作物、多种瓜类和蔬菜、油料、芋、棉、牧草以及花卉和果、林等播下的种子及幼苗。幼虫终生栖居土中，喜食刚刚播下的种子、根、块根、块茎以及幼苗等，造成缺苗断垄。成虫则喜食害瓜菜、果树、林木的叶和花器，造成不规则缺刻。

2. 形态特征

蛴螬体肥大，体型弯曲呈 C 形，多为白色，少数为黄白色。体壁较柔软多皱，体表疏生细毛。头大而圆，多为黄褐色，生有左右对称的刚毛，刚毛数量的多少常为分种的特征。如华北大黑鳃金龟的幼虫为 3 对，黄褐丽金龟的幼虫为 5 对。蛴螬具胸足 3 对，一般后足较长。腹部 10 节，第 10 节称为臀节，臀节上生有刺毛，其数目的多少和排列方式也是分种的重要特征（彩图 5-74）。

3. 发生规律

蛴螬在华北地区 1～2 年 1 代，幼虫和成虫在土中越冬，成虫越冬深度 30～50 cm，到 4 月中旬土温上升到 14℃以上时，开始出土活动，5 月末是成虫出现盛期。成虫具有假死和趋光性，白天潜伏，黄昏活动，晚上 8～11 时最盛。成虫交配后 10～15 d 产卵，产在松软湿润的土壤内，深浅约 5～12 cm，每头雌虫可产卵 20～30 粒，多者达百余粒，卵期 9～12 d，6 月下旬开始孵化出小蛴螬，到秋季就可危害花生嫩果及薯类块根，9 月末以后 2～3 龄幼虫在土壤深 80～100 cm 处越冬，第 2 年土温达 10℃时上升到耕层进行为害，13～18℃时活动最盛，23℃以上则往深土中移动。8、9 月时 3 龄幼虫陆续下降到 30～50 cm 深处做成土室在内越冬，到第 3 年 4 月中旬开始活动。

4. 防治技术

(1)实行水、旱轮作；在玉米生长期间适时灌水。

(2)不施未腐熟的有机肥料。

(3)精耕细作，及时镇压土壤，清除田间杂草；大面积春、秋耕，并跟犁拾虫等。

(4)设置黑光灯诱杀成虫，减少蛴螬的发生数量。

(5)药剂处理土壤。用 50%辛硫磷乳油 200～250 g/667 m^2，加水 10 倍，喷于 25～30 kg 细土上拌匀成毒土，顺垄条施，随即浅锄，或以同样用量的毒土撒于种沟或地面，随即耕翻，或混入厩肥中施用，或结合灌水施入。或用 2%甲基异柳磷粉 2～3 kg/667 m^2 拌细土 25～30 kg 成毒土，或用 3%甲基异柳磷颗粒剂，3%呋喃丹颗粒剂，2.5～3 kg/667 m^2 处理土壤，都能收到良好效果，并兼治金针虫和蝼蛄。或用辛硫磷胶囊剂 150～200 g/667 m^2，拌谷子等饵料 5 kg 左右；或 50%辛硫磷乳油 50～100 g，拌谷子等饵料 3～4 kg，撒于种沟中，兼治蝼蛄、金针虫等地下害虫。

(6)药剂拌种。用 50%辛硫磷或 20%异柳磷药剂与水和种子按 1∶30∶(400～500)的比例拌种；用 25%辛硫磷胶囊剂或用种子重量 2%的 35%克百威种衣剂包衣，还可兼治其他地下害虫。

(7)毒饵诱杀。用辛硫磷胶囊剂 150～200 g/667 m^2，拌谷子等饵料 5 kg；或 50%辛硫磷乳油 50～100 g，拌谷子等饵料 3～4 kg，撒于种植物沟中。

(四)金针虫

金针虫，是叩头甲科幼虫的总称，又称铁丝虫，属鞘翅目。分布全国各地。主要为害禾谷类作物、薯类、豆类、棉、麻、瓜、苜蓿、果树、蔬菜及花卉等植物的幼芽和种子。其种类有沟金针虫 *Pleonomus canaliculatus* Faldermann，细胸金针 *Agriotes fuscicollis* Miwa，褐纹金针虫 *Melanotus caudex* Lewis。

1. 为害特点

以幼虫咬断刚出土的幼苗，也可钻入已长大的幼苗根里取食为害，被害处不完全咬断，断口不整齐。还能钻蛀较大的种子及块茎、块根、蛀成孔洞，被害株则干枯而死亡。

2. 形态特征

主要虫态特征见表 5-18。

表 5-18　3 种金针虫主要虫态特征

虫态	沟金针虫(彩图 5-75)	细胸金针虫(彩图 5-76)	褐纹金针虫(彩图 5-77)
成虫	球形隆起。	体细长，密生暗褐色短毛，圆筒形。	体细长黑褐色，生有灰色短毛，前胸背板不呈半球形隆起。
幼虫	金黄色，扁平，体节宽大于长，尾节两侧隆起，有 2 对锯齿状突起，尾端分叉并向上弯曲(彩图 2-46)。	淡黄色，体细长，各节长大于宽，尾节圆锥形，背面近前缘两侧各有 1 个褐色圆斑，末端中间有一红褐色小突起。	红褐色，圆筒形，体细长，各节长大于宽，尾节圆锥形，背面前缘有两个半圆形斑纹，末端有 3 个小突起。

3. 发生规律

主要虫态发生规律见表 5-19。

表 5-19　3 种金针虫主要虫态发生规律

沟金针虫	细胸金针虫	褐纹金针虫
以成虫及幼虫在土中越冬。雄成虫善飞，有趋光性。雌成虫无飞翔能力，卵产于土中，以 3～7 cm 深处居多，产量近百粒，到第 3 年 8 月份，老熟幼虫在土中 13～20 cm 作土室化蛹，成虫羽化后即在原处越冬。	在 6 月上旬土中有蛹，多在 7～10 cm 深处，6 月中、下旬羽化成虫，在土中产卵，卵散产。在旱地几乎不发生，早春土壤解冻即开始活动，10 cm 深土温达7～12℃时为为害盛期。	以成、幼虫在 20～40 cm 土层里越冬。翌年 5 月上旬土温 17℃，气温 16.7℃越冬成虫开始出土，成虫活动适温 20～27℃，下午活动最盛。成虫寿命 250～300 d，5～6 月进入产卵盛期，卵期 16 d。第 2 年以 5 龄幼虫越冬，第 3 年 7 龄幼虫在 7、8 月于 20～30 cm 深处化蛹，蛹期 17 d 左右，成虫羽化，在土中即行越冬。

4. 防治技术

(1)可进行水旱轮作，或精耕细作，深耕多耙，杀伤虫源。

(2)选发生较重的作物茬田进行挖土调查确定药剂防治适期，每点挖 50 cm×50 cm×30 cm土方，调查其中发生种类及数量，以确定是否防治，防治指标为金针虫 3～5 头/m^2。

(3)成虫盛发期，在田埂上堆青草，诱集成虫，清晨捕杀。

(4)药剂防治

①拌种。常用 50%辛硫磷乳油 0.5 kg，加水 20～25 kg，拌种 250～300 kg；25%辛硫磷或用 25%硫磷微胶囊缓释剂 0.5 kg，加水 12.5 kg，拌种 250 kg。以上配方对两种金针虫均有效，对高粱、谷子、玉米均适用。拌种时均应在暗处遮光下进行，闷 3～4 h 阴干后播种。

②撒毒土。常用 50%辛硫磷乳油或 25%辛硫磷或 25%对硫磷微胶囊缓释剂或 40%甲基异柳磷，用量 100 mL/667 m^2，加水 0.5 kg，混入过筛的细干土 20 kg 拌匀施用。

(五)小地老虎 *Agrotis ypsilon* Rottemberg

又称土蚕、黑土蚕,属鳞翅目夜蛾科。全国分布,为害严重。寄主有茄科、豆科、十字花科、葫芦科、百合科等蔬菜及烟草、多种林木、花卉及果树幼苗。

1. 为害特点

以幼虫为害寄主的幼苗,从地面截断植株或咬食未出土幼苗,亦能咬食植物生长点,严重影响植株的正常生长。

2. 形态特征

成虫的翅暗褐色,前翅前缘区黑褐色,基线浅褐色,内横线双线黑色波浪形,环纹黑色,有一个圆灰环,肾状纹黑色,其外侧有一明显的尖端向外的楔形黑斑,在亚缘线上侧有 2 个尖端向内的楔形黑斑,三斑相对,容易识别。后翅灰白色。幼虫全身暗褐色,体表粗糙,密布黑色小颗粒和皱纹。腹末节臀板黄褐色,有对称的 2 条深褐色纵带(彩图 5-78)。卵半球形,表面有纵横隆线。初产时乳白色,孵化前变灰褐色。蛹红褐色,腹部 4～7 节基部有一圈点刻,背面的点刻大而深。腹端具臀刺一对。

3. 发生规律

在我国 1 年发生 1～7 代,多数地区以第 1 代为害严重。成虫有迁飞性,在北方不能越冬,其虫源是从南方迁飞而来,在南方可以幼虫、蛹和成虫越冬。卵散产或堆产,多数产在土块及地面缝隙内,少数产在土面的枯草茎或须根、幼苗的叶背或嫩茎上。1～2 龄幼虫白天和夜间均在地面上生活,大多集中在植物心叶和嫩叶上,啃食叶肉,残留表皮。3 龄后白天躲在土层下,夜间活动为害,造成豆粒大小的洞孔或造成叶缘缺刻。4 龄以后为害时咬断幼苗嫩茎。5～6 龄幼虫食量剧增,每头一夜可咬断幼苗 3～5 株。

4. 防治技术

(1)清除杂草,消灭虫源。

(2)人工捕杀幼虫。

(3)糖、酒、醋、毒液诱杀成虫。诱剂配方为糖∶酒∶醋∶水＝6∶1∶3∶10,加少量 90％晶体敌百虫。

(4)杨树枝把或黑光灯诱杀成虫。

(5)药剂防治幼虫

①幼虫 3 龄前药液喷雾,常用药有 90％晶体敌百虫或 50％敌敌畏乳油 50％辛硫磷乳油 1 000 倍液,25％功夫乳油 3 000～5 000 倍液,40.7％乐斯本乳油 1 000～2 000 倍液,50％辛硫磷乳油 1 000 倍液喷浇苗间及根际附近的土壤。

②3 龄以后进行毒饵诱杀,常用药有 90％晶体敌百虫 0.5 kg,加水 2.5～5 kg 溶化,喷拌炒香的麦麸、米糠或铡碎的鲜草 50 kg 制成毒饵,傍晚施于幼苗旁;80％敌敌畏乳油或 50％辛硫磷乳油或 2.5％溴氰菊酯乳油等 2 000 倍液浇灌。

(六)网目拟地甲 *Opatrum subaratum* Faldermann

又称沙潜,属鞘翅目拟步甲科。分布东北、华北、西北。寄主蔬菜、豆类、小麦、花生等。

1. 为害特点

以成虫和幼虫为害蔬菜幼苗,取食嫩茎、嫩根,影响出苗,幼虫还能钻入根茎块根和块茎内食害，造成幼苗枯萎，以致死亡。

2. 形态特征

成虫体色羽化初乳白色，后逐渐加深，最后全体呈黑色略带褐色，一般鞘翅上附有泥土，外观看呈灰色；虫体椭圆形，头部较扁，背面似铲状，复眼黑色在头部下方；触角棍棒状 11 节，第 1、3 节较长，其余各节呈球形；前胸发达，前缘呈半月形，其上密生点刻如细沙状；鞘翅近长方形，前缘向下弯曲将腹部包住，故有翅不能飞翔，鞘翅上有 7 条隆起的纵线，每条纵线两侧有突起 5～8 个，形成网格状；前、中、后足各有距 2 个，足上生有黄色细毛(彩图 5-79)。幼虫体细长与金针虫相似，深灰黄色，背板色深。卵椭圆形，乳白色，表面光滑。蛹为裸蛹，乳白色并略带灰白，羽化前深黄褐色，腹部末端有 2 钩刺。

3. 发生规律

在东北、华北地区年发生 1 代，以成虫在土中、土缝、洞穴和枯枝落叶下越冬。翌春 3 月下旬杂草发芽时，成虫大量出土，取食蒲公英、野蓟等杂草的嫩芽，并随即在菜地为害蔬菜幼苗。成虫在 3～4 月活动期间交配，交配后 1～2 d 产卵，卵产于 1～4 cm 表土中。幼虫孵化后即在表土层取食幼苗嫩茎嫩根，幼虫 6～7 龄，历期 25～40 d，具假死习性。6～7 月份幼虫老熟后，在 5～8 cm 深处做土室化蛹，蛹期 7～11 d。成虫羽化后多在作物和杂草根部越夏，秋季向外转移，为害秋苗。喜干燥，一般发生在旱地或较黏性土壤中。成虫只能爬行，假死性特强。成虫寿命较长，最长的能跨越 4 个年度，连续 3 年都能产卵，且孤雌后代成虫仍能进行孤雌生殖。

4. 防治技术

(1)提早播种或定植，错开其发生期。

(2)土壤处理。在为害严重的地区于播种前或移植前，用 3% 米乐尔颗粒剂，2～6 kg/667 m^2，混细干土 50 kg，均匀地撒在地表，深耙 20 cm，也可撒在栽植沟或定植穴内，浅覆土后再定植。可有效地兼治金针虫、蛴螬、地老虎、跳甲幼虫、地蛆、根结线虫等地下害虫。

(3)药剂防治。可采用爱卡士 5% 颗粒剂拌种或 25% 爱卡士(喹硫磷)乳油 1 000 倍液喷洒或灌根处理。

(七)蟋蟀

又称蛐蛐，属直翅目蟋蟀科。常见种类有大蟋蟀 *Brachytrupes portentosus* Lichtenstein 和油葫芦 *Teleogryllus mitratus* Burmeister。蟋蟀食性杂，寄主有松、杉、栎、桉、茶、木麻黄、果树幼苗、蔬菜、豆类、花生等。大蟋蟀分布于我国的华南地区，油葫芦分布于我国的华北、华东和西南等地。

1. 为害特点

以成、若虫咬断嫩茎，1 头蟋蟀一晚能咬断拖走幼苗 10 多株，造成严重缺株。有时还爬上 1 m 高的苗木或幼树上部，咬断顶梢或侧梢，造成断梢现象。6 月中、下旬至 7 月上旬是蟋蟀大龄若虫发生盛期，9～10 月份是蟋蟀成虫的发生盛期，这两个时期是蟋蟀的主要危害期。蟋蟀多发生于沙壤土、沙土，植被稀疏或裸露、阳光充足的闲地；潮湿壤土或黏土少发生。

2. 形态特征

各虫态特征见表 5-20。

3. 发生规律

各虫态发生规律见表 5-21。

表 5-20 两种蟋蟀各虫态特征

虫态	大蟋蟀(彩图 5-80)	油葫芦(彩图 5-81)
成虫	虫体暗色或棕褐色;前胸背板有一纵沟,两侧各有圆锥形黄斑1个;后足胫节具刺4~5对。	虫体黑褐色有光泽;前胸背板有两个暗色的月牙斑,前翅淡褐色有光泽;后足胫节具刺6对,具距6个。
若虫	除翅和产卵器未长成外,其余形态似成虫,体色淡。	除翅和产卵器未长成外,其余形态似成虫。
卵	浅黄色,圆筒形,稍弯曲,两端钝圆。	长筒形,两端微尖。

表 5-21 两种蟋蟀各虫态发生规律

大蟋蟀	油葫芦
1年发生1代。以若虫在土穴内越冬,翌年3月上旬开始大量活动,5~6月成虫陆续出现,7月进入羽化盛期,10月间成虫陆续死亡。是夜出性地下害虫,喜欢在疏松的沙土营造土穴而居。洞穴深达2~15 cm,卵数十粒聚集产于卵室中,每一雌虫约产卵500粒以上,卵经15~30 d孵化。成、若虫白天潜伏洞穴内,洞口用松土掩盖,夜间拨开掩土出洞活动。	1年发生1代。以卵在土中越冬。翌年4~5月孵化为若虫,经6次蜕皮,于5月下旬至8月陆续羽化为成虫。9~10月进入交配、产卵期,交尾后2~6 d产卵,卵散产在杂草丛、田埂,深2 cm,雌虫共产卵34~114粒。成虫和若虫昼间隐蔽,夜间活动,觅食、交尾。成虫有趋光性。

4. 防治技术

(1)翻土埋卵。蟋蟀一般将卵产于1~2 cm的土层中,冬春季耕翻地,将卵深埋于10 cm以下的土层,若虫难以孵化出土,可明显降低卵的有效孵化率。

(2)堆草诱杀。若虫和成虫白天有明显的隐蔽习性,在田间或地头设置一定数量5~15 cm厚的草堆,可大量诱集成若虫,以集中捕杀,具有较好的控制效果。

(3)发生密度大的地块,可药剂喷雾防治。常用药有80%敌敌畏乳油或50%辛硫磷等稀释1 500~2 000倍液。

(4)采用毒饵。50 g上述药液,加少量水稀释后拌5 kg麦麸,撒施量1~2 kg/667 m^2;50 g上述药液,加少量水稀释后拌20~25 kg鲜草撒施;用60~70℃的水将90%的晶体敌百虫溶解成30倍液,取药液1 kg,与30~50 kg炒香的麦麸或米糠均匀拌合(拌时要加水,加水量通常为饵料重的1~1.5倍)后,在菜田撒施,用药量3~5 kg/667 m^2;用林丹粉2~2.5 kg/667 m^2,掺10 kg麦糠均匀撒施。

(5)用药灌洞。常用药有90%敌百虫晶体800倍液灌满洞后,用泥土封洞口;日间寻找蟋蟀洞穴,拨开洞口松土,灌入80%敌敌畏乳油1 000倍液,杀死洞内蟋蟀。

任务训练

一、知识训练

(一)填空题

1. 食叶性的蔬菜害虫中鳞翅目害虫有(　　)种,其中蝶类的是(　　)和(　　),属于(　　)科和(　　)科;蛾类的是(　　)、(　　)和(　　),属于(　　)科、(　　)科和(　　)科;其主要为害特点是(　　)。

2. 食叶性蔬菜害虫中鞘翅目同一个科的害虫是（　　）、（　　）和（　　），均属（　　）科，其为害特点是（　　）。

3. 食叶性蔬菜害虫中鞘翅目瓢甲科的害虫是（　　）和（　　），其为害特点是（　　）。

4. 蔬菜害虫属同翅目蚜科的有（　　）、（　　）和（　　）；粉虱科有（　　）；叶蝉科的有（　　）和（　　）；其共同的为害特点是（　　）。

5. 吸汁液的蔬菜害虫属蜱螨目的害虫是（　　），属于（　　）科，典型的为害特点是（　　）。

6. 钻蛀性蔬菜害虫属鳞翅目夜蛾科的是（　　）和（　　），其幼虫的主要区别是（　　），主要为害部位是（　　）。

7. 钻蛀性蔬菜害虫属鳞翅目的是（　　）、（　　）和（　　），分别属于（　　）和（　　）。

8. 为害蔬菜地下部分的害虫有（　　）类，其中属双翅目的是（　　）类；属鞘翅目金龟甲总科的是（　　）类和叩头甲科的是（　　）类；属鳞翅目夜蛾科的是（　　）；其共同的为害特点是（　　）。

(二)选择题

1. 以下属于食叶害虫的是（　　）。

A. 菜粉蝶　　B. 温室白粉虱　　C. 黄守瓜　　D. 小菜蛾

2. 小菜蛾的幼虫食性主要为（　　）。

A. 单食性　　B. 寡食性　　C. 多食性　　D. 腐食性

3. 有利于红蜘蛛类发生的气候条件是（　　）。

A. 春季高温干旱少雨　　B. 春季雨量充沛　　C. 夏季高温　　D. 夏季多雨

4. 下列害虫中，钻蛀害虫是（　　）、食叶害虫是（　　）、刺吸害虫是（　　）。

A. 蛴螬　　B. 美洲斑潜蝇　　C. 菜粉蝶　　D. 菜蚜

5. 马铃薯瓢虫以（　　）在背风、向阳的石块、杂草灌木等缝隙中越冬。

A. 成虫　　B. 幼虫　　C. 蛹　　D. 卵

6. 刺吸蔬菜汁液，并分泌蜜露诱发煤污病的害虫是（　　）。

A. 二斑叶螨　　B. 温室白粉虱　　C. 甘蓝蚜　　D. 大青叶蝉

7. 种蝇在北方 1 年发生（　　）代。

A. 1～2 代　　B. 2～5 代　　C. 5～10 代　　D. 10～20 代

8. 蛴螬属（　　）食性。

A. 单　　B. 杂　　C. 腐　　D. 寡

9. 温室白粉虱以（　　）在温室蔬菜上越冬。

A. 成虫　　B. 幼虫　　C. 卵　　D. 各种虫态

10. 可进行黄板诱杀的害虫是（　　），蓝板诱杀的害虫是（　　）。

A. 蚜虫　　B. 温室白粉虱　　C. 蓟马　　D. 叶螨

(三)判断题

1. 菜青虫和小菜蛾是同一类害虫。

2. 叶甲类的蔬菜害虫都属同一个科。

3. 为害蔬菜的地蛆害虫都是同一种的。

4. 吸汁液蔬菜害虫都是同一种。

5. 小地老虎、烟青虫、甘蓝夜蛾同属一科。

(四)简答题

1. 根据菜蛾的主要生活习性,应采取哪些措施进行防治?
2. 在田间如何判断作物是否被美洲斑潜蝇危害?
3. 当地露地蔬菜生产及温室蔬菜生产中害虫防治主要技术有哪些?
4. 食叶、钻蛀、吸汁和地下类蔬菜害虫在防治技术上的异同有哪些?
5. 菜粉蝶的发生为害特点是什么? 怎样进行防治?
6. 根据黄守瓜的主要生活习性,应采取哪些措施进行防治?

二、技能训练

1. 以小组为单位,对当地十字花科蔬菜某种主要害虫进行识别与防治。
2. 组织学生到当地温室蔬菜生产基地进行温室白粉虱的识别与防治。
3. 以小组为单位,对当地茄果类蔬菜的主要害虫进行识别与防治。
4. 以小组为单位,对当地瓜类蔬菜的主要害虫进行识别与防治。
5. 以小组为单位,对当地根菜类蔬菜的主要害虫进行识别与防治。
6. 以小组为单位,对当地豆类蔬菜的主要害虫进行识别与防治。
7. 选择害虫危害严重的菜园,采集害虫标本15种,根据资料鉴定种名,并能正确识别部分害虫的被害状。

学习情境 6

花卉主要病虫害及综合防治

知识目标

◆运用各种学习手段，了解常见花卉病虫害种类、分布、危害及发生规律。

◆掌握主要病虫害的综合防治技术。

能力目标

◆具备观察与分析问题的能力和自学能力，能够识别当地常见花卉病虫害种类。

◆在安全环保的前提下，会应用综合防治原理制定科学合理的防治方案。

◆具有团结协作与吃苦耐劳精神，并熟练进行常见病虫害的防治操作。

学习任务 1　花卉主要病害的诊断与防治

任务描述

通过教材、文献查阅并进行研究分析和知识传授等方法，熟悉常见花卉病害的种类及发病规律；通过基地现场与各种花卉病害标本观察、观看视频、网络查询、专家指导及讨论相结合的方式，在遵循安全与环保的有关规定内，拟定一套当地常见的某种花卉病害的综合防治方案，对当地花卉病害防治的主要技术要点熟悉并熟练操作，能对花卉病害防治任务进行详细记载，并上交一份总结报告。

实施条件

1. 实施场所：教室、植保实训室、农业应用技术示范园（大棚、温室）、校内外花卉生产基地。

2. 仪器设备：生物显微镜、培养箱、植保机械、多媒体设备等。

3. 药品用具：碱性品红、龙胆紫、95%酒精、碘液、苯酚、二甲苯、蒸馏水、常用农药、培养皿、载玻片、盖玻片、挑针、镊子、小剪刀、解剖刀、扩大镜、小滴瓶、纱布块、洗瓶、酒精灯、滤纸、镜纸等。

4. 其他:各种花卉病害标本、相关PPT、视频、影像资料、教材、专业图书图谱、网上资源等。

任务实施

随着花卉产业的发展,花卉病害已经成为困扰花卉产业生产和发展的重要问题,不仅影响花卉的产量,也严重影响花卉的观赏性,目前按花卉种类记载的病害有2 589种,发生普遍的有400种。

一、草本花卉主要病害的诊断与防治

(一)猝倒病

猝倒病是草花苗期重要病害,常导致死苗、烂苗,发病的幼苗成片倒伏。主要危害的草花有三色堇、多种菊花、金鱼草、一串红、鸡冠花、凤仙花、蒲包花、百日草、美女樱、紫罗兰、旱金莲、矮牵牛、石竹、马蹄莲等。现以翠菊猝倒病为例介绍。

1. 症状

幼苗大多从茎基部感病,初为水渍状,并很快扩展、溢缩变细,病部不变色或呈黄褐色,病势发展迅速,在幼苗仍为绿色、萎蔫前即从茎基部(少有蘖中部)倒伏。环境湿度大时,病残体及周围床土上可生一层白色絮状物,即菌丝体。出苗前染病,可引起子叶、幼根及幼茎变褐腐烂,即为烂种或烂芽。病害开始往往从个别幼苗发病,条件适合时以这些病株为中心,迅速向四周扩展,形成一块一块的病区。

2. 病原

有多种引起猝倒病的病菌,最主要的是瓜果腐霉菌 *Pythiuma phanidermatum*(Eds.) Fitzp,属鞭毛菌亚门真菌,腐霉属。

3. 发病规律

病菌以卵孢子在土壤或病残体上越冬,腐生性较强,能在土壤中长期存活。在适宜的环境条件下,卵孢子萌发,产生孢子囊或游动孢子,借气流、灌溉水和雨水传播,也由带菌的播种土和种子传播。当育苗土湿度过大、播种过密时,有利于猝倒病的发生。尤其苗期遇有连续阴雨雾天,光照不足,幼苗生长衰弱发病重。连作或重复使用病土,发病严重。该病是典型的土壤传染病害。

4. 防治方法

(1)选择地势高、地下水位低、排水好、通风透光地育苗,苗期要控制浇水量,不宜过湿,加强通风;播种不宜过密。苗期喷施500～1 000倍磷酸二氢钾,或1 000～2 000倍氯化钙等,可提高抗病力。

(2)病害严重地区,避免连作或在播种前对土壤进行消毒。土壤消毒要在播种前2～3周进行,将床土耙松,每平方米苗床土用40%福尔马林30 mL加水2～4 kg均匀喷洒于床面,并用薄膜覆盖,4～5 d后揭去薄膜,耙松床土,待药味充分散尽后再播种。也可使用50%多菌灵可湿性粉剂或50%福美双可湿性粉剂,每平方米用药6～8 g,加水60～100倍喷施,用塑料布覆盖7 d左右。

(3)出苗后发病的，应将病株及周围的土壤铲除，再撒585雷多米尔·锰锌500倍液，或应用甲基托布津、甲霜灵等拌草木灰或干细土撒治。发病前或发病初期，使用25%甲霜灵可湿性粉剂800倍液，或40%疫霜灵可湿性粉剂200～400倍液，或75%百菌清可湿性粉剂600倍液喷施。为减少苗床湿度，应在上午喷药。

(二)灰霉病

灰霉病可危害多种花卉植物的叶、茎、鳞茎、球茎、花、果等部位，造成叶斑、溃疡、腐烂等症状。灰霉病菌可侵染仙客来、一串红、多种菊花、三色堇、石竹、金鱼草、牡丹、月季、郁金香等多种观赏植物。现以仙客来灰霉病为例介绍(彩图6-1)。

1. 症状

主要危害叶片、叶柄和花器。叶片染病先在叶缘出现暗绿色水渍状斑纹，后逐渐向叶内扩展，最后全叶呈褐色干枯状，干燥条件下叶斑呈"V"字形褐斑，湿度大时长满灰霉。叶柄、花梗染病基部产生水渍腐烂并生有灰霉。花器染病白色花瓣品种上的病斑上呈浅褐色，红色花瓣褪色成水渍状斑点。湿度大时，各发病部位均密生灰色霉层，即分生孢子梗和分生孢子。病害严重时，叶片枯死，花器腐烂，霉层密布。

2. 病原

灰葡萄孢菌 *Botrytis cinerea* Pers.，属半知菌亚门真菌，葡萄孢属。

3. 发病规律

以菌核在地上或土壤中越冬或以分生孢子在病残体上越冬，成为该病的初侵染源。遇温度15～20℃，湿度高于90%天气易发病。发病后病部产生大量分生孢子，借气流传播进行多次再侵染。病花落到叶片上，造成叶片发病。早春或晚秋气温低、湿度大时，该病易流行。

4. 防治方法

(1)农业防治。及时清除病残体；适时通风，也可采用增温降湿方法；露地栽培注意避雨，注意通风透光，不要从花顶部浇水，雨后及时排水。

(2)喷雾法防治。发病初期喷1∶1∶200波尔多液或65%代森锌可湿性粉剂500倍液，每2周喷1次。用65%甲霜灵800～1 250倍液对防治灰霉病有特效，或用50%多霉灵600～800倍液，也可用50%灭霉灵可湿性粉剂800倍液，或50%扑海因可湿性粉剂1 000倍液，从发病初期开始，每隔10 d喷药1次，共用3次。

(3)粉尘法防治。傍晚关闭棚室门后，用喷粉器喷撒5%灭霉灵粉尘剂或6.5%甲霜灵粉尘剂，每1 000 m^2 用量1 kg，喷后粉尘弥漫杀灭灰霉菌。

(4)烟雾法防治。用10%速克灵烟剂或45%百菌清烟剂，每1 000 m^2 用量200 g，密闭后点燃熏3～4 h。

(三)叶斑病

草本花卉叶斑病是指发生在叶部，包括黑斑、褐斑、圆斑、轮斑、角斑等真菌性病害，以黑斑和褐斑最为常见。草本花卉叶斑病菌可侵染菊花、一串红、三色堇、石竹、金鱼草、芍药、蜀葵、长春花、仙客来、水仙花、君子兰等多种草本花卉。现以菊花褐斑病为例介绍(彩图6-2)。

1. 症状

主要危害菊花的叶片。先从接近地面的老叶开始发病，逐渐向上蔓延。发病初期，在叶面上出现近圆形的小黑点，后扩展成直径5～10 mm的圆形、椭圆形黑斑，中间灰黑色，并有黑色小点。严重时，病斑连成大斑块，叶片焦黑脱落，有的则卷成筒状下垂，叶面凹凸不平，一碰即落，整株枯死。

2. 病原

菊壳针孢菌 *Septoria chrysanthemella* Sacc.，属半知菌亚门真菌，壳针孢属。

3. 发病规律

病菌以菌丝体和分生孢子器在病残体上越冬，翌年4～5月，当气温适宜时，以分生孢子借风、雨传播。病菌发育最适温度24～28℃，潜育为20～30 d。整个生长期均可发病，在高温多雨季节或植株种植过密时，发病迅速。北方地区，8～9月为发病高峰期；华南地区，5～10月发病较重。

4. 防治方法

(1)选育和使用抗病品种。对于菌源较多的地区要注意选用抗病品种栽培，感病的品种有紫蝴蝶、新大白、火舞、紫露凝霜、蟹爪黄、香白梨、西施醉舞和归田乐等；抗病力较强的品种有湖上月、迎春舞、秋色、玉桃、紫雁飞霜、紫桂等。

(2)加强养护管理，增强植株抗病能力。合理施肥和轮作，种植密度要适宜，避免喷灌，盆土要及时更新或消毒。

(3)消灭初侵染来源。彻底清除病残体，休眠喷施3～5波美度石硫合剂。

(4)发病期间药剂防治。在发病初期及时喷施杀菌剂，如47%加瑞农可湿性粉剂600～800倍液，或40%福星乳油8 000～10 000倍液，或10%多抗霉素可湿性粉剂1 000～2 000倍液，或6%乐比耕可湿性粉剂1 500～2 000倍液。

(四)白粉病

草本花卉白粉病菌可侵染凤仙花、瓜叶菊、金盏菊、美女樱等。现以凤仙花白粉病为例介绍(彩图6-4)。

1. 症状

主要危害叶、茎和花。菌丝体生在叶两面，形成白色放射圆形毡毛状斑片，后来相互汇合成大片，病斑上布满白粉。后期，病部产生黑褐色小点，即病原菌子囊壳。茎、花染病产生与叶片类似的症状。

2. 病原

凤仙花单囊壳 *Sphaerotheca balsaminae* (Wallr.) Kari. 和凤仙花科内丝白粉菌 *Leveillula balsaminacearum* Golov，均属子囊亚门真菌。

3. 发病规律

病菌以闭囊壳在病残枯叶中越冬，翌年夏季产生子囊孢子，借风雨传播。发病后病部形成分生孢子进行多次再侵染。北京地区一般在5～10月均可发病，以8～9月为发病盛期。该病在包头7～9月发生、河南5～6月及10～11月发生，浙江多发生在9～10月间。通风不良发病更重。

4. 防治方法

(1)秋季清除病残体，集中烧毁。栽植不易过密，要适当通风，加强肥水管理。

(2)发病初期喷撒5%多硫化钡或50%甲基硫菌灵可湿性粉剂1 000倍液，或40%达科克宁悬浮剂600～700倍液，或20%三唑酮乳油2 000倍液，对三唑酮产生抗药性的地区，改用12.5%腈菌唑乳油3 000～3 500倍液，或40%福星乳油7 000倍液。在32℃以上的高温避免喷药，以免发生药害。

(五)枯萎病

翠菊枯萎病是常见的严重病害，植株发病后迅速枯萎死亡。

1. 症状

苗期染病，叶片变黄萎蔫，根系发生不同程度腐烂。成株染病，叶、芽、头状花序萎蔫而主茎长久呈绿色。初发病时叶片变为黄绿色，下部叶片首先萎蔫，根系常全部腐烂，导致全株枯死。剖开病茎，可见维管束变褐。病茎基部可见粉红色霉层，近地表或土层中较明显，即为病原菌的分生孢子梗和分生孢子。此病在夏季高温地区表现枯萎且严重，而在夏季低温地区则表现为茎腐。

2. 病原

为尖镰孢菌翠菊专化型 *Fusarium oxysporum* Schlecht. var. *callistephii* (Beach) Snydre & Hansen，属半知菌亚门真菌。

3. 发病规律

病菌以菌丝体及厚垣孢子在土壤及病残体中越冬，病残体中的病原菌可存活数年。病菌通过土壤和灌溉传播，在高温多雨季节发病较重。此病的发生常与大水漫灌、施肥不当、连作、地下害虫有关。

4. 防治方法

(1)选种抗病品种，实行4年以上轮作，选择高燥地块种植，氮肥不宜施用过多，雨后及时排水，及时清除病残体。

(2)土壤消毒。用80%绿亨2号可湿性粉剂，3～4 g/m^2 稀释600～800倍液淋施或喷雾。

(3)种子消毒。30℃水浸种30 min后，捞起浸入1%升汞中，在40℃经过30 min，然后沥干种子，再用冷水洗涤干燥备用。也可用0.25%福尔马林浸种20 min。

(4)发病初期，喷洒50%苯菌灵可湿性粉剂1 000倍液，或36%甲基硫菌灵悬浮剂600倍液，或47%加瑞农可湿性粉剂700倍液，80%多·福·锌(绿亨2号)600～800倍液。

(六)病毒病

花卉病毒病是一类常见病害，发病植株常表现畸形、变色、坏死等症状。开花植株花少，花朵小，呈现退化现象。病毒可侵染多种花卉，如唐菖蒲、美人蕉、菊花、香石竹、一串红、大丽花等。现以唐菖蒲花叶病毒病为例介绍(彩图6-3)。

1. 症状

发病初期，叶片上出现褪绿斑驳或线纹，因病斑扩展限制而多呈多角形，最后变为褐色。病株矮小，病叶黄化、扭曲，花穗短小，花小而少，发病严重的植株抽不出花穗。有些品种的花瓣变色，呈碎色。初夏时，新叶上的症状特别明显，盛夏时症状不明显，有隐症现象。

2. 病原

有2种，BYM菜豆花叶病毒 *Bean yellow mosaic* virus 和CMV黄瓜花叶病毒 *Cucumber mosaic* virus。

3. 发病规律

两种病毒均在病球茎及病植株体内越冬，成为次年的初侵染源。均由汁液和蚜虫传播，通过微伤口侵入。两种病毒的寄主范围均较广。

4. 防治方法

(1)选用无病的繁殖材料。对带毒的鳞茎可在45℃温水中浸泡1.5～3 h。采取茎尖组培脱毒法得到无毒种苗，从而减轻病毒的发生。

(2)及时清除病株，防止通过田间操作人为传毒。在田间日常管理中，如摘心、掰芽、整枝等过程中，要用3%～5%的磷酸三钠或热肥皂水对手和工具进行消毒。

(3)发现蚜虫为害及时喷洒40%氧化乐果乳油1 500倍液或25%抗蚜威乳油3 000倍液，消灭传毒蚜虫。

(4)必要时可喷洒10%增抗剂100倍液或5%菌毒清水剂400倍液、0.2%高锰酸溶液、10%病毒王水剂500倍液，10 d左右1次，共喷4～5次。

(七)细菌性软腐病

病原细菌可为害君子兰、大丽花、菊花、仙客来、花叶万年青、秋海棠等多种花卉，可为害花卉的叶片、鳞茎、根和块根等，常导致植物腐烂、溃疡、枯萎，甚至全株萎蔫枯死。潮湿时，病部常有菌脓溢出。现以君子兰细菌性软腐病(根茎腐烂病)为例介绍(彩图6-5)。

1. 症状

主要危害假鳞茎和叶片。茎染病多始于靠近土面的部位。初生暗绿色水浸状不规则形斑，茎部组织很快变软腐烂，致全株折倒，也常扩展到根部，并造成全根腐烂。叶片染病多始于叶基，初期叶片失去光泽，叶两面均可生暗绿色水渍状不规则形斑，沿叶脉从下向上扩展，病部发软腐烂，叶片下垂或掉下。

2. 病原

病原细菌有两种，软腐欧文氏菌黑茎病变种 *E. carotovora* var. *atroseptica* (Hellmers et Dowson) Dye 和菊欧文氏菌 *Erwinia chrysanthemi burknoldoer* Mcfadden et Dimock。

3. 发病规律

病原菌在病株或病残体上存活，从伤口侵入。高温高湿条件有利发病，空气不流通易发病，受介壳虫危害的发病重。夏季，君子兰茎心部淋雨，或喷水不慎灌入茎心内，都是软腐病发生的主要因素。

4. 防治方法

(1)精心养护。移栽时最好选用经高温消毒的腐殖土。浇水要选在上午，避免从顶部浇水，从盆沿慢浇，防止把水浇进心叶，室内要保持通风良好。

(2)发现叶上长有介壳虫时，要及时喷杀虫剂防治。

(3)发病初期，病部涂抹硫酸链霉素1 000倍液，或喷洒30%绿得保悬浮剂400倍液，或47%加瑞农可湿性粉剂800倍液，或医用硫酸链霉素3 000倍液，或1∶0.5∶100波尔多液。避免波尔多液与呋喃丹混用，以免引起烂心。

(八)其他病害

其他病害见表6-1。

表 6-1　草本花卉其他病害

病害名称	症状及病原	发病规律	综防措施
金鱼草丛枝病	全株呈丛枝状。植物菌原体 *Phytoplasma*	各地普遍发生，植物菌原体在病株上越冬，叶蝉可以传染。	早除病株；喷洒 50%杀冥松防叶蝉；喷洒医用四环素 3 000～4 000 倍液防治。
金盏菊菌核病	后期病部长有黑色鼠粪状菌核。真菌，核盘菌 *Sclerotinia sclerotiorum*	病菌在土壤和种子中越夏或越冬，借风雨传播，低温高湿时发病重。	与禾本科作物进行 2 年以上轮作；用种子重量 0.2%～0.5%的速克灵或扑海因可湿性粉剂拌种。
瓜叶菊萎蔫和根腐病	根毛发锈或变褐，严重时呈褐色湿腐。真菌，瓜果腐霉 *Pythium aphanidernatum*	生理因素和真菌引起的萎蔫两种病害，是沤根伴随发生的根腐病，育苗期低温高湿发病重。	适当蹲苗，合理光照和追肥；可喷施 72.2% 普力克水剂 400 倍液防治。
中国石竹黄化病	叶芽增多或丛生，叶片直立或狭窄，叶柄细长，花朵小。植物菌原体 *Phytoplasma*	春夏之交通过二点叶蝉传播，嫁接可传播，种子、汁液和土壤不能传播。	及时铲除病株，可喷施 50%马拉硫磷乳油 1 000 倍液，或 40%速灭杀乳油 1 500 倍液防治二点叶蝉。
菊花锈病	初期叶片上现浅黄色小斑点，叶背生出小褪绿斑，后产生疱状物，破裂散出黄褐色粉状物。真菌，菊柄锈 *Puccinia chrysanthemi* 和蒿层锈 *Phakopsora artemisiae*	锈菌潜伏在新芽中越冬，随苗传播，从气孔侵入，露地栽培在秋末多雨条件下发病重。	清除病残体，加强通风降湿，增施磷钾肥。药剂可选用 15%三唑酮可湿性粉剂，25%敌力脱乳油，40%杜邦新星乳油。
长春花基腐病	主要危害基部，根颈部皮皮层及木质部变黑褐色，地上部萎蔫。真菌，尖镰刀菌 *Fusarium oxysporum*	病菌在土壤中越冬，翌年借灌溉水或雨水传播，从伤口侵入，可进进再侵染，连作或湿气滞留发病重。	及时清除病残体，盆栽时常换无病土，采用穴盘育苗，避免低温定植。药剂可选 50%立枯净可湿性粉剂，或 20%甲立枯磷乳油。
大花蕙兰白绢病	植株近地面茎基部及肉质根初呈水渍状，病部发黑腐烂变软，长出白色绢丝状物。真菌，罗耳阿太菌 *Athelia rolfsii*	病菌在病部或随病残体进入土壤中越冬，可进行多次再侵染，高温多雨及酸性土易发病。	调节培养土适宜的酸碱度，有条件栽培土提倡经过高温消毒，避免雨天栽培，及时清理病株。药剂可选用 50%福美双粉剂，或 20%甲基立枯磷乳油。
百合病毒病	主要有四种：百合花叶病、坏死斑病、环斑病和丛簇病。 百合花叶病毒(LMV) 百合潜隐病毒(LSV) 黄瓜花叶病毒(CMV) 百合环斑病毒(LRS)	病毒在鳞茎内越冬，通过汁液传毒，农事操作和蚜虫都可传毒。	选用健康的繁殖材料，设立无病留种地。药剂可选用 3.85%病毒必克可湿性粉剂，7.5%克毒灵水剂，0.5%抗毒剂 1 号水剂。

续表6-1

病害名称	症状及病原	发病规律	综防措施
水仙黄腐病	主要危害叶片，也可危害花梗和鳞茎。叶片上染病在叶尖处产生水渍状浅黄色斑，后向下扩展成褐色坏死条斑。横切病部，维管束溢出淡黄色菌脓。细菌，油菜黄单胞菌水仙致病变种 *Xanthomonas campestris*	鳞茎带菌，病菌从鳞茎扩展到叶，从叶扩展到鳞茎。借风雨溅射和农事操作传播，气孔侵入，高温多湿易发病。	选用无病鳞茎栽植，减少伤口，及时清除病株。药剂可选用27%铜高尚悬浮剂、新植霉素、氯霉素等。
瓜叶菊幼苗猝倒病	主要危害幼茎基部，并凹陷缢缩，使幼苗保持绿色倒伏。在种子萌发至出土前发病可导致种芽腐烂。当土壤湿度较高时，在病苗及附近土表经常出现白色絮状物，即菌丝体。属卵菌门真菌，腐霉属瓜果腐霉菌 *Pythiuma phanidermatum*（Eds.）Fitzp。	病菌以卵孢子在土壤或病残体上越冬，腐生性较强，能在土壤中长期存活。借气流、灌溉水和雨水传播，也由带菌的播种土和种子传播。	选择排水好、通风透光地育苗，苗期要控制浇水量。避免连作或在播种前对土壤进行消毒。土壤消毒可使用50%多菌灵可湿性粉剂或50%福美双可湿性粉剂。发病初期可使用25%甲霜灵可湿性粉剂或40%疫霜灵可湿性粉剂或75%百菌清可湿性粉剂喷施或浇灌病菌株。

二、木本花卉主要病害的诊断与防治

（一）叶斑病

木本花卉叶斑病菌可危害玫瑰、月季、黄刺梅、金英子、山茶、杜鹃等多种植物。现以月季黑斑病为例介绍。

1. 症状

主要危害叶片，感病初期叶片上出褐色小点，逐渐扩大为圆形、近圆形或不规则形病斑，边缘呈不规则的放射状，病部周围组织变黄，病斑上生黑色小点，即病菌的分生孢子盘。严重时病斑连片，甚至整株叶片全部脱落。嫩叶上的病斑为长椭圆形、暗紫红色、稍下陷（彩图6-6）。

2. 病原

蔷薇放线孢菌 *Actinonema rosae*（Lib.）Fr.，属半知菌亚门真菌。

3. 发病规律

病原菌以菌丝体和分生孢子在病枝和病落叶上越冬。翌春产生分生孢子，借风雨、浇水等传播进行初侵染。在生长季节可进行多次再侵染。温度适宜，叶面有水滴时即可侵入为害，多从下部叶片开始侵染。气温24℃，相对湿度98%，多雨天气有利发病。在长江流域一带，5～6月和8～9月出现再次发病高峰期。在北方一般8～9月发病最重。

4. 防治方法

（1）选用抗病品种，叶片深绿、蜡质厚的品种较抗病。适时合理施肥，增强植株抗病力；及时修剪，改善通风透光条件，降低湿度，避免叶面存水。

（2）随时清除病落叶并集中烧毁，秋季彻底清除病枝、落叶。

(3)盆栽月季10月下旬入室，选留3～5条健壮枝，从10～15 cm处剪去，置室内暗处控肥水，只要不结冰即可越冬。

(4)春季发芽前，喷洒3波美度石硫合剂或1∶1∶100倍式波尔多液对植株及地面消毒杀死病菌，月季展叶或初发病叶时，可喷洒45%噻菌灵(特克多)悬浮剂500～600倍液，或40%波尔多精可湿性粉剂1 000倍液，或20%龙克菌悬浮剂500倍液，也可分别喷洒14%多菌铜、70%代森锰锌可湿性粉剂等。以上药剂隔7～10 d喷1次，防治4～5次。

(二)炭疽病

木本花卉炭疽病是发生普遍、为害严重的病害。炭疽病菌可侵染牡丹、兰花、山茶、扶桑、米兰、茉莉、桂花、梅花、月季、杜鹃花、栀子、含笑、迎春花、柚子、佛手等。

现以牡丹炭疽病为例介绍(彩图6-7)。

1. 症状

主要危害叶片、花梗、叶柄及嫩枝。叶片染病叶面出现褐色小斑点，逐渐扩大成圆形至不规则形大斑，后期病斑可形成穿孔。幼叶受害后皱缩卷曲，芽鳞和花瓣受害常发生芽枯和畸形花。茎被侵染后，初期出现浅红褐色、长圆形、略下陷的小斑，后扩大成不规则大斑，中央略呈浅灰色，边缘浅红褐色，病茎扭曲，严重时引起倒伏。遇湿度大时，病部表面出现红褐色略带黏性的分生孢子堆，成为识别该病的特征病状。

2. 病原

炭疽菌 *Colletotrichum* sp.，属半知菌亚门真菌。炭疽菌分生孢子萌发后产生附着胞，褐色、厚壁，附着胞的产生是鉴别炭疽病菌的重要特征。

3. 发病规律

病菌以菌丝体、分生孢子盘在病叶、病茎上越冬。翌春，产生大量分生孢子，借风雨传播，可以再侵染。病害一般6～9月均可发病，北京6月为发病始期，7～8月进入发病盛期，高温高湿发病严重。

4. 防治方法

(1)及时清除病残体，栽培密度适当，上午浇水，防止湿气滞留，保持通风透光良好。

(2)发病前喷施65%代森锌可湿性粉剂800倍液预防。发病初期喷洒50%炭疽福美可湿性粉剂倍液，或25%炭特灵可湿性粉剂500倍液，或25%使百克乳油800倍液，或50%苯菌灵可湿性粉剂1500倍液，每隔10 d左右喷1次，防治2～3次。

(三)锈病

锈病是木本花卉重要的叶部病害，锈病菌可以侵染玫瑰、月季、海棠、牡丹、花椒、桃花等。现以玫瑰锈病为例介绍。

1. 症状

主要危害芽、叶片，也为害叶柄、嫩枝、花、果等部位。初春发病嫩芽上布满鲜黄色的粉状物，叶片上出现黄色疱状突起，破裂后散出橘红色粉末，即锈孢子。夏季，叶片上出现褪绿小斑，叶背产生橘黄色小疱斑，即夏孢子堆。夏末秋初，小疱斑变为黑褐色，即冬孢子堆，受害叶片枯黄早落。嫩枝染病，病部略肿大，产生与叶片类似症状。此病主要发生在华东、华南地区。发病部位病斑明显隆起，病部布满锈黄色粉状物，是识别锈病的共同症状特点。

2. 病原

有3种，短尖多孢锈菌 *Phragmidium mucronatum*（Pers.）Schlecht、蔷薇多孢锈菌 *P. rosae-multiflorae* Diet 和玫瑰多孢锈菌 *P.roase-rugosae* Kasai，均属担菌亚门真菌（彩图6-8）。

3. 发病规律

以菌丝体在休眠芽内和以冬孢子在发病部及枯枝落叶上越冬。玫瑰锈病菌为单主寄生，翌年玫瑰芽萌发时，冬孢子萌发产生担孢子，侵入植株幼嫩组织，4月下旬出现的病芽，在嫩芽、幼叶上产锈孢子堆。5月间玫瑰花含苞待放时开始在叶背出现夏孢子，借风雨、昆虫等传播，进行第1次再侵染，条件适宜时可以产生大量夏孢子，进行多次再侵染。发病适温在24～26℃，山东平阴每年6月下旬至7月中旬和8月下旬至9月上旬有两次发病高峰。气温超过27℃，夏孢子萌发率及侵染力显著降低，甚至死亡。冬季温度过低可致冬孢死亡。四季温暖、多雨、多雾的地区和年份发病重。

4. 防治方法

(1)结合修剪，清除枯枝落叶，并集中销毁。

(2)新叶展开后，喷洒50%代森锰锌500倍液或0.2～0.4波美度石硫合剂抑制冬孢子的产生和萌发。

(3)发病初期，喷洒25%三唑酮可湿性粉剂1 500～2 000倍液，或25%敌力脱乳油2 000倍液，或12.5%速保利可湿性粉剂3 000～3 500倍液。

(四)煤污病

煤污病菌的寄主范围很广，常见的有扶桑、金银花、紫薇、柚子、山茶、木本夜来香等。煤污病主要危害寄主植物的叶片，也能危害嫩枝、花器等部位。"黑色煤粉层"是各种煤污病的共同典型症状。煤污病的主要危害是抑制了植物的光合作用，削弱植物的生长势。另外，花卉的叶面布满黑色的煤粉层，严重地破坏了观赏性。现以扶桑煤污病为例介绍。

1. 症状

主要危害中下部叶片、叶柄和茎。病部表面产生黑色煤粉状可以抹去的菌丝层，叶上发病像黏附一层煤灰。发病重时使叶片呈污黑状，但很少枯焦或坏死，影响光合作用和观赏(彩图6-9)。

2. 病原

散播烟霉 *Fumago vagans* Pers.，属半知菌亚门真菌。

3. 发病规律

病菌以菌丝体和分生孢子在病叶上或土壤内或植物病残体上越冬，翌春产生分生孢子，借风雨及蚜虫、粉虱、介壳虫等传播蔓延。遮阴、潮湿环境易发病，发生白粉虱时易诱发该病。

4. 防治方法

(1)保持生产环境通风透光，雨后及时排水，防止湿气滞留。

(2)及时防治害虫。发生白粉虱、蚜虫、介壳虫时，要及时喷药防治。防治白粉虱用25%扑虱灵可湿性粉剂2 000倍液喷雾，发生蚜虫、介壳虫时用3%莫比朗乳油1 500倍液喷雾。

(3)煤污病发病时，喷洒50%甲基硫菌灵·硫黄悬浮剂800～100倍液，或25%苯菌灵·环己锌乳油800倍液，或27%铜高尚悬乳剂600倍液，或65%甲霉灵(硫菌·霉威)可湿性粉剂 1 000 倍液。隔 7～10 d 1 次,连续 2～3 次。

(五)枯萎病

以合欢枯萎病为例介绍。合欢枯萎病又名干枯病,是合欢的一种毁灭性病害,严重时造成大量合欢树木枯萎。在北京、南京、济南等的苗圃、园林、庭院等处均有发生。该病从 2.5 cm 左右粗的树到大树都能危害。

1. 症状

幼苗发病,一般先从叶枝条基部的叶片变黄,植株生长衰弱,逐渐少数叶片开始枯萎,最后遍及全树,此时根及茎部已软腐,全株枯死。大树发病,地上部萎蔫,病叶枯后脱落,枝条逐渐枯死,严重时全株枯死。在树枝或树干横截面上可出现一整圈变色环。夏末秋初,感病树干或树枝皮孔肿胀并破裂,其中产生分生孢子座及大量粉色粉末状分生孢子,由伤口侵入。病斑多呈梭形,黑褐色,病斑下陷,病菌分生孢子座突破皮缝,出现成堆的粉红色分生孢子堆。

2. 病原

真菌半知菌亚门丝孢纲瘤座孢目镰刀菌属,尖孢镰刀菌的一个变型 *Fusarium oxysporum* f.sp. *perniciosum*。

3. 发病规律

病原菌随病残体或以菌丝体在病株上在土壤中越冬。翌年春季,以分生孢子从根部伤口直接侵入,也能从树干或树枝的伤口侵入。从根部侵入的病菌自根部导管向上蔓延至干部和枝条的导管,造成枝条枯萎。从树枝或树干侵入的病菌,初期使树皮呈水渍状坏死,逐渐干枯下陷。严重的造成黄叶、枯叶,根皮、树皮腐烂,以致整株死亡。高温、高湿有利于病菌的增殖或侵染,暴雨、灌溉均有利于该病的传播,缺水或干旱也会促进病害的发生。树势弱的,从出现症状到全株死亡,只需 5～7 d;树势好的,也会表现出局部枝条枯死,病情发展比较慢。

4. 防治方法

(1)选择排水好、地势高、土质好的地块种植。雨后及时排水,发现病株及时清除,并消毒土壤。

(2)及时清除病枝和严重病株,并用 20%石灰水消毒土壤。

(3)患病轻的植株,可往根部浇灌 400 倍的 50%代森铵溶液,每平方米浇 2～4 kg。

(六)溃疡病

枝枯病菌,又称茎溃疡病,可危害月季、蔷薇、茉莉花、栀子、夹竹桃、火棘、冬青卫矛等木本花卉。现以月季枝枯病为例介绍。

1. 症状

病害多发生在修剪枝条伤口及嫁接处茎上。感病部位初生紫色小点,后扩大为中央浅褐色、边缘紫色的椭圆形或不规则形斑。后期病斑下陷,表皮纵向开裂,上生黑褐色小颗粒,即分生孢子器。当病斑绕茎一圈时,病部以上变褐枯死(彩图 6-10)。

2. 病原

称蔷薇盾壳霉(又名伏克盾壳霉)*Coniothyrium fuckelii* Sacc,属半知菌亚门真菌。

3. 发病规律

病菌以分生孢子器和菌丝在病株或病株残体上越冬。翌春产生分生孢子或子囊孢子借风雨传播,从伤口侵入,特别是修剪和嫁接伤口易侵入。后产生分生孢子进行再侵染。湿度大、管理不善、过度修剪、树势衰弱发病较重。该病在广州在6～9月发病。

4. 防治方法

(1)及时剪除并销毁病枝。修剪枝条应选在晴天进行,剪口要用10%硫酸铜消毒,并涂1∶1∶150倍式波尔多液保护。

(2)发病初期,喷施50%多菌灵可湿性粉剂500倍液,或75%甲基托布津可湿性粉剂1 000倍液,或50%甲基硫菌灵·硫黄悬浮剂800倍液。10 d左右1次,连续防治2～3次。

(七)其他病害(表6-2)

表6-2 木本花卉其他病害

病害名称	症状及病原	发病规律	综防措施
月季白粉病	嫩叶正反面产生白色粉斑。真菌,蔷薇单囊壳 *Sphaerotheca rosae* 和毡毛单囊 *S. pannosa*	病原菌在病芽上越冬,翌年春侵染叶片和新梢。	及时摘除病残体,合理施肥,发病初期喷30%特富灵可湿性粉剂。
杜鹃花根腐病	可产生两种症状,一种茎基部和主根变褐色至黑褐色腐烂,另一种根皮和表皮湿腐。真菌,隐地疫霉 *Phtyophthora cryptogea* 和假蜜环菌 *Armillaria mellea*	长势衰弱时,易被侵染,病菌借气流传播,病根与根系接触传播,菌索向健根上扩展。	发病要及时更换盆土,适宜pH为4.5～5.5,中性或偏碱时浇3%～4%硫酸亚铁水溶液3～4次。由隐地霉引发的喷铜高尚悬浮剂。
牡丹芽枯病	从芽萌动至开花期发病,初期幼芽发育不好,泛黄或泛红,最后整个芽枯死。由多种因素引起,如栽培不当或缺钾,也可能与病虫害发生有关。	喜凉爽畏寒,喜温暖怕炎热,光照充足,但不能暴晒,开花期适当遮阳,防止温度过高或过低。	施用全营养长效花肥。
山茶花叶黄斑病毒病	在个别枝条叶片上出现黄色斑驳或褪绿斑块。山茶花叶黄斑病毒病(CYMLV)。	主要通过嫁接传染,春季开始发生,可因苗木调运传播。	选择无病接穗嫁接,药剂防治可选用7.5%克毒灵水剂。
一品红细菌叶斑病	主要发生在叶片上,染病时出现圆形至多角形棕褐色或锈褐色斑点,边缘有黄色晕圈,湿度大时分泌白色脓液,后期破裂。细菌,油菜黄单胞菌一品红致病变种 *Xanthomonas campestris* pv. *poinsettiicola*	随病残体在土壤中越冬,从伤口或水孔侵入,高温高湿有利此病发生。	及时清除病株,精心养护,减少伤口,雨后及时降低湿度。药剂可选用农用硫酸链霉素等。
梅花肿叶病	染病嫩梢节间变粗变短,叶片密生,病叶面皱缩变厚,肉质化初为黄色或红色,后变为灰白色,有粉末状物。真菌,梅外囊菌 *Taphrina mume*	病原在梅花的芽鳞内外及病梢上越冬,冷凉潮湿的气候,利于病原菌孢子萌发和侵染。	精心养护,增施有机肥,清除病残体。叶芽膨大始期及时喷药,药剂可选用1∶1∶100倍式波尔多液,或加瑞农可湿性粉剂。

续表6-2

病害名称	症状及病原	发病规律	综防措施
木槿花腐病	危害叶片和花瓣，染病花呈水湿状软腐，当病叶落在叶子上时，叶子也受到感染和腐烂，湿度大时病部布满灰色霉层。真菌，富克尔核盘菌 *Sclerotinia fuckeliana*	病原在病部或病残体上越冬，翌年条件适宜时借风雨传播。	精心养护，彻底清除病残体。药剂可选用1∶1∶200倍式的波尔多液或28%灰霉克可湿性粉剂。
佛手菌核病	病果多先在伤口处发病，开始水渍状、淡褐色，迅速扩大，软腐，最后烂成一堆稀泥。病部产生大量黑色的颗粒，即为菌核。真菌，核盘菌 *Sclerotinia sclerotiorum*	病原菌在土壤中、病残体上或土肥中越冬。病原菌随风雨传播，菌核也可以直接产生菌丝，致病部腐烂。	勤浇水，合理施肥，注意保温防冻，晴天应晒太阳2～4 h。药剂可选用50%农利灵可湿性粉剂，50%扑海因可湿性粉剂。

三、多汁、多肉类花卉主要病害的诊断与防治

(一)炭疽病类

炭疽病菌可侵染仙人掌、仙人球、仙人柱、蟹爪兰、龙舌兰、虎尾兰、芦荟、量天尺、昙花、佛肚树(珊瑚树)、令箭荷花等多汁、多肉类花卉植物。现以仙人掌炭疽病为例介绍。

1. 症状

主要危害茎节。初发病时呈水渍状并出现浅褐色小斑，后变为褐色、灰褐色、灰白色至黑褐色圆形或近圆形病斑，后迅速扩展为不规则形，并可遍及各部分，病部腐烂，并略凹陷，上生小黑点，略呈轮纹状排列。潮湿时表面出现粉红色、黏状孢子团，即为病菌的子实体(彩图6-11)。

2. 病原

胶孢炭疽菌 *Colletotrichum gloeosporioides*(Penz.) Sacc，属半知菌类真菌。

3. 发病规律

病菌以菌丝和分生孢子盘在病组织或病残体上越冬或越夏。长江以南无明显越冬期，分生孢子借风雨传播，昆虫和人为操作也可传播。菌丝体在25℃左右的温度下适宜发育，高温高湿有利于发病。

4. 防治方法

(1)及时挖除病斑，四周健组织也同时要挖掉少许，伤口涂少量硫黄粉或木炭粉，尽快晾干伤口。遇阴雨天，要用去湿机降低室内湿度或用电吹风吹干伤口。

(2)用健康茎节扦插或嫁接。植前用高锰酸钾1 000倍液浸1 h或用50%多菌灵可湿性粉剂700倍液浸泡繁殖材料8 min后插植。

(3)盆土消毒。用40%五氯硝基苯与70%代森锰锌等量混合后，每平方米用8～10 g混合好的药与土混均匀后装盆，也可用高温消毒土壤后装盆。

(4)发病初期喷洒25%炭特灵可湿性粉剂500倍液或25%苯菌灵乳油800倍液、36%甲基硫菌灵悬浮剂500倍液、50%施保功或使百克可湿性粉剂1 000倍液、80%炭疽福美可湿性粉剂700倍液。

(5)盆栽仙人掌涂抹医用达克宁软膏有效。

(二)细菌性软腐病

软腐病菌可侵染虎尾兰、仙人掌、麒麟掌、龙骨、芦荟等多汁、多肉类花卉植物。现以虎尾兰细菌性软腐病为例介绍。

1. 症状

植株染病后，叶片由绿色变为浅黄色至灰黄色，近地面的茎基部出现水浸状软腐斑，后期病叶易倒折。根茎部染病，呈草黄色软腐。根部腐烂枯死(彩图 6-12)。

2. 病原

Erwinia carotovora subsp. *carotovora*(Jones) Bergey et al.称胡萝卜软腐欧文氏菌胡萝卜软腐致病变种，属细菌。

3. 发病规律

病原细菌由土壤带菌传病，从伤口侵入。遇到寒流侵袭或湿度大、温度高时发病重。

4. 防治方法

(1)提倡使用无病土或土壤经热力灭菌后再栽植。

(2)保持植株生长在较干燥环境下，保持通风透光，灌水且忌久浸茎基部。

(3)发病初期喷药，药剂可选用医用链霉素 2 000 倍液，47%加瑞农可湿性粉剂 700 倍液，30%氯得保悬浮剂 500 倍液，53.8%可杀得 2 000 干悬浮剂 1 000 倍液。以上药剂每隔 7～10 d喷 1 次，连续防治 2～3 次。

(三)其他病害(表 6-3)

表 6-3 多汁、多肉类花卉主要病害的防治

病害名称	症状及病原	发病规律	综防措施
龙舌兰叶斑病	初期叶片出现褐色斑点，后扩展形成圆形至不定形的大病斑。从下部叶片向上发生。真菌，同心盾壳霉 *Coniothyrium concentrium*	病菌在病残体上越冬，可进行多次再侵染。	加强管理，及时清除病残体。药剂可选 1∶1∶100 倍式波尔多液，30%碱式硫酸铜悬浮剂等。
虎尾兰镰孢斑点病	发病叶片上产生近圆形病斑，稍下陷，浅红褐色，斑中央干枯脱落。真菌，藤仓赤霉菌 *Gibberella fujikuroi*	病原菌在病株或病残体上越冬，随风雨传播。可进行再侵染，发病适温 28℃，湿度大易发病。	及时剪除病叶，避免直接喷淋植株。药剂可选用 47%加瑞农可湿性粉剂，50%苯菌灵可湿性粉剂。
芦荟黑斑病	初期叶片上有黑中带绿水渍状斑，叶片正面后期产生黑色小点。真菌，芦荟壳二孢 *Ascochyta tini*	病原菌在病叶上越冬，翌年随风雨传播。	清除病残体，雨后及时排水。药剂可选用 1∶1∶100 倍式波尔多液，50%甲基硫菌灵·硫黄悬浮剂。
蟹爪兰萎蔫病	病斑主要发生在根颈部，初呈水渍黄绿色至黄褐色斑块，渐软腐。真菌，尖镰孢菌 *Fusarium oxysporum*、立枯丝核菌 *Rhizoctonia solani* 等。	病菌在土壤或基质中腐生，栽植有伤口的植株，遇高湿条件很容易发病。	消毒土壤和基质，可选用 50%甲基硫菌灵·硫黄悬浮剂，或 72%霜脲锰锌可湿性粉剂，或 20%甲基立枯磷乳油。

续表6-3

病害名称	症状及病原	发病规律	综防措施
仙人球白毛病	球状茎变褐坏死，从刺窝长出的刺毛变白后坏死，失去光泽。真菌，砖红镰孢菌 *Fusarium lateritium* Nees	病菌以菌丝体随病残体留在土中越冬，具腐生性，病土、病肥及其他寄主均可传播。	换用无菌土栽植，施用腐熟有机肥，及时清除病株。药剂可选用50%苯菌灵或40%百菌清悬浮剂。
霸王鞭茎腐病	真菌，尖孢镰孢 *Fusariumoxys porum* Schlecht；细菌，胡萝卜软腐欧氏杆菌胡萝卜变种 *Erwinia aroideae* Holland	尖镰孢菌以菌丝体和厚垣孢子在病部或土壤中越冬。胡萝卜软腐欧氏杆菌随残体在土壤中越冬。	选用无病土，嫁接工具要用75%酒精灭菌方可使用。真菌引起的病害用50%苯菌灵可湿性粉剂，细菌引起的病害用77%加瑞农可湿性粉剂。
昙花花叶病毒病	全株感染，叶片上出现花叶症状。病毒，黄瓜花叶病毒(CMV)。	主要靠桃蚜和棉蚜传毒。	铲除周围杂草，及时防治蚜虫。可喷7.5%克毒灵水剂或20%盐酸吗啉双呱·胶铜可湿性粉剂。
芦荟锈病	肉质叶上产生黄褐色病斑，叶表皮下裸露处呈红褐色粉状物，叶肉组织破裂后呈黑褐色。真菌，芦荟单胞锈菌 *Uromyces aloes* Msgn	以冬孢子随病株或病残体留在土表越冬，翌春条件适宜时萌发产生担子借气流传播，多雨、湿度大易发病。	严格检疫，及时清除病株，必要时喷洒20%三唑酮乳油、25%敌力脱乳油或40%福星乳油。

任务训练

一、知识训练

(一)填空题

1. 翠菊猝倒病幼苗大多从(　　)部感病，初为水渍状，并很快扩展、(　　)变细，病部不变色或呈黄褐色，病势发展迅速，在幼苗仍为绿色、萎蔫前即从(　　)部倒伏。

2. 温室花卉生产中，灰霉病是一种常见病害，(　　)的气候条件有利于此病的发生，典型的症状是在病部形成(　　)。

3. 仙客来灰霉病，遇温度(　　)℃，湿度高于(　　)的天气易发病，湿度大时各发病部位均密生(　　)色霉层。

4. 菊花褐斑病病菌以(　　)和(　　)在病残体上越冬，以(　　)借风、雨传播。

5. 菊花褐斑病发生严重时，病斑连成大斑块，叶片焦黑(　　)，有的则卷成筒状(　　)，整株枯死。

6. 由半知菌亚门真菌引起的炭疽病是花卉常见的病害种类之一。兰花炭疽病的主要为害部位是(　　)和(　　)，所造成的典型症状是(　　)。

7. 凤仙花白粉病主要为害(　　)、(　　)和(　　)等部位。

8. 凤仙花白粉病病菌以(　　)在病残体中越冬，翌年夏季产生(　　)，借(　　)传播。

9. 海棠锈病发病叶片背面长出的黄色针须状物是病原菌的(　　)。海棠锈病的转主寄主是(　　)。

10. 翠菊枯萎病是常见的严重病害，苗期感病，(　　)变黄萎蔫，(　　)发生不同程度的腐烂。

11. 翠菊枯萎病病菌以菌丝体及厚垣孢子在(　　)及(　　)中越冬,(　　)中的病原菌可存活数年。

12. 唐菖蒲病毒病发病初期,(　　)上出现褪绿斑驳或线纹,因病斑扩展限制而多呈多角形,最后变为(　　)。

13. 唐菖蒲病毒病病毒均在(　　)和(　　)越冬,成为次年的(　　),均由(　　)和(　　)传播,通过(　　)侵入。

14. 君子兰细菌性软腐病主要为害(　　)和(　　)部位,(　　)部位染病多始于靠近土面的部位。

15. 月季黑斑病病原菌以(　　)和(　　)在病枝和病落叶上越冬,翌春产生(　　),借(　　)、(　　)等传播进行初侵染,在生长季节可进行(　　)次再侵染。

16. 在花卉上,为害以后病症表现为粉状物的病原有(　　)、(　　)和(　　)等。

17. 叶斑病是(　　)的一类病害的总称。依病斑形状或颜色叶斑病又可分为(　　)、(　　)、(　　)、(　　)和(　　)等种类。这类病害的后期往往在(　　)上产生各种小颗粒或霉层。

18. 炭疽病由(　　)属真菌引起,其主要症状特点是子实体呈轮状排列,在潮湿情况下病部有(　　)出现。

19. 引起唐菖蒲花叶病的病毒主要有两种,即(　　)和(　　),(　　)的调运是远距离传播的媒介。

20. 月季枝枯病,又称(　　)病,多发生在(　　)及(　　)上。

(二)选择题

1. 防治花卉白粉病和锈病的有效药剂是(　　)。
A. 三唑酮　　B. 波尔多液　　C. 速克灵　　D. 甲霜灵

2. 牡丹炭疽病主要危害(　　)。
A. 根、茎、叶、花　　B. 根、嫩枝和叶柄
C. 叶片、花梗　　D. 叶片、花梗、叶柄及嫩枝

3. 牡丹炭疽病以(　　)在病叶、病茎上越冬。
A. 菌丝体　　B. 分生孢子盘
C. 菌丝体和分生孢子盘　　D. 菌丝体、分生孢子和分生孢子盘

4. 玫瑰锈病发病部位斑明显隆起,病部布满(　　)。
A. 红色粉状物　　B. 铜绿色粉状物
C. 锈黄色粉状物　　D. 锈色粉状物

5. 扶桑煤污病主要危害(　　)叶片、叶柄和茎。
A. 上部　　B. 中上部　　C. 下部　　D. 中下部

6. 扶桑在发生(　　)时,易诱发煤污病。
A. 白粉虱　　B. 红蜘蛛　　C. 黏虫　　D. 金龟子

7. 仙人掌炭疽病主要危害(　　)部位。
A. 根颈　　B. 茎节　　C. 幼苗　　D. 花

8. 仙人掌炭疽病菌丝体在(　　)左右温度下适宜发育,(　　)有利于发病。
A. 15℃,低温高湿　　B. 15℃,低温干旱

C. 25℃，高温高湿　　D. 25℃，高温干旱

9. 虎尾兰感染细菌性软腐病后，近地面的(　　)出现水渍状软腐斑，后期病叶易倒折。

A. 叶基部　　B. 茎基部　　C. 叶尖部　　D. 根部

10. 虎尾兰细菌性软腐病病原细菌主要由(　　)带菌传病。

A. 种子　　B. 风雨　　C. 土壤　　D. 人工操作

11. 月季枝枯病病菌越冬后，翌年产生分生孢子或子囊孢子借(　　)传播。

A. 种子　　B. 风雨　　C. 土壤　　D. 人工操作

12. 防治卵菌纲真菌引起的观赏植物疫病的有效药剂是(　　)。

A. 三唑酮　　B. 敌力脱　　C. 速克灵　　D. 甲霜灵

13. 引起唐菖蒲花叶病的病原菌主要是(　　)。

A. TMV 和 CMV　　B. CMV 和 TuMV　　C. BYMV 和 TMV　　D. CMV 和 BYMV

14. 条件适宜时，能够在一夜之间将草坪大面积毁坏的病害是(　　)。

A. 币斑病　　B. 褐斑病　　C. 镰刀菌枯萎病　　D. 腐霉枯萎病

15. 幼苗猝倒病属于(　　)性病害。

A. 侵染性　　B. 非侵染性　　C. 两者都是　　D. 两者都不是

16. 防治泡桐丛枝病有明显疗效的药剂是(　　)。

A. 四环素　　B. 青霉素　　C. 链霉素　　D. 井冈霉素

17. 幼苗立枯病的症状特点是(　　)，其病原是(　　)。

A. 站立死亡，茎基部有蛛丝状物，半知菌

B. 倒伏死亡，茎基部有白色棉絮状物，鞭毛菌

C. 站立死亡，茎基部有蛛丝状物，鞭毛菌

D. 倒伏死亡，茎基部有白色棉絮状物，半知菌

18. 白绢病的主要症状特点是(　　)。

A. 植物地上茎叶萎蔫，根茎腐烂，在病部产生粉红霉层

B. 植物地上茎叶萎蔫，根茎腐烂，茎基及地表有白色绢状菌丝层或菌核

C. 植物地上茎叶萎蔫，茎基腐烂，病部产生蛛丝状物

D. 植物地上茎叶黄萎或无明显症状，根茎肿大

19. 以下病害由担子菌引起的有(　　)。

A. 山茶煤污病　　B. 月季白粉病　　C. 桃缩叶病　　D. 杜鹃饼病

20. 杨树溃疡病的防治方法有(　　)。

A. 适地适树　　B. 培育壮苗　　C. 防治媒介昆虫　　D. 加强抚育管理

(三)判断题

1. 园林花卉因不需食用，因此化学防治可以应用高毒、高残农药。

2. 目前，病毒类病害的防治主要依赖化学防治。

3. 轮作是防治所有病虫害的一项有效措施。

4. 引起猝倒病的病原物是半知菌。

5. TMV 有很高的传染性，主要通过整枝、打杈等农事操作传染。蚜虫可传毒。

6. 因为花卉病害的症状是描述、诊断和识别病害的主要依据，所以根据花卉病害的症状特点就可以识别花卉病害的种类。

(四)问答题

1. 试述鸢尾细菌性软腐病的发生与防治。

2. 花卉病毒病与真菌病害相比，防治上有何不同？试以唐菖蒲花叶病为例，说明如何防治植物病毒病？

3. 举例说明花卉霜霉病类、白粉病类、锈病类、细菌性病害生产中通常选用哪几类杀菌剂。

4. 针对灰霉病菌的弱寄生性及菌源的广泛性，你认为防治该病的关键是药剂吗？

5. 简述杨树烂皮病和杨树溃疡病的区别。

二、技能训练

1. 进行当地草本花卉叶部病害的调查与诊断，结合实际进行防治。

2. 设计温室花卉生产中防治灰霉病的技术方案。

3. 本木花卉中常见病害的诊断与防治。

4. 球根花卉腐烂病的诊断与防治。

5. 结合当地花卉生产，调查发生病害的种类及原因，如何进行防治。

6. 针对你所在校园的园林植物病害发生现状，谈谈如何组织防治。

学习任务2　花卉主要虫害的识别与防治

任务描述

通过教材、文献查阅并进行研究分析和知识传授等方法，熟悉常见花卉虫害的种类、生活习性和发生规律；通过校园、实训基地现场采集观察、花卉害虫标本观察、观看视频、网络查询、专家指导及讨论相结合的方式，识别常见花卉害虫，在遵循安全与环保的有关规定内，拟定一套当地常见主要花卉虫害的综合防治方案，并对主要技术要点熟悉并熟练操作，能对某种花卉虫害防治任务进行详细记载，并上交一份总结报告。

实施条件

1. 实施场所：教室、植保实训室、农业应用技术示范园(大棚、温室)、校园、花卉生产基地。

2. 仪器设备：体视显微镜、生物显微镜、扩大镜、养虫网(室、箱)、多媒体设备等。

3. 药品用具：75%酒精、蒸馏水、常用农药、植保机械、黏虫板、培养皿、挑针、镊子、广口瓶、指形管、烧杯、白瓷盘、昆虫针、大头针、捕虫网等昆虫标本采集与制作用具。

4. 其他：各种虫害标本、图谱、PPT、视频、影像资料、教材、专业图书、网上资源等。

任务实施

一、花卉主要食叶类害虫的识别与防治

食叶害虫取食植物的叶，嫩枝、嫩梢等部位，形成空洞、缺刻或咬断针叶，减少光合作用面

积，增加水分蒸腾，严重时可使枝条或整株枯死。此外，有的种类(如刺蛾与青毒蛾)的幼虫体具有毒毛，引起人体皮肤肿痒。

食叶害虫的主要种类有蛾类、蝶类、金龟甲、叶甲、蝗虫类及叶蜂类。

(一)蛾类

1. 刺蛾类

刺蛾俗称洋辣子、刺毛虫，属鳞翅目刺蛾科，国内已知90余种。重要的有黄刺蛾 *Cnidocampa flavescens* Walker、褐边绿刺蛾 *Latoia consocia* Walker、褐刺蛾 *Setora postornata* Hampson、扁刺蛾 *Thosea sinensis* Walker，为花卉主要杂食性食叶害虫。

(1)形态特征　见表6-4。

表6-4　常见4种刺蛾的形态特征

虫态	黄刺蛾(彩图6-13)	褐边绿刺蛾(彩图6-14)	褐刺蛾(彩图6-15)	扁刺蛾(彩图6-16)
成虫	体长13～16 mm，橙黄色，前翅内半部黄色，外半部褐色，有两条斜线在翅尖汇合，呈倒V形。后翅褐色。	体长15 mm，头、胸及前翅青绿色，基角褐色，后翅及腹部淡褐色。	体长18 mm，翅有两条深褐色弧形线，线内各有一条浅色带。	体长13～18 mm，头胸翅灰褐色，前翅从前缘到后缘有一条褐色线，线内有浅色宽带，后翅灰褐色，雄虫前翅中央有个小黑点。
幼虫	体长18～25 mm，头黄褐色，体黄绿色，体背有一哑铃形褐色大斑，各节背侧有一对枝翅。	体长24～27 mm，翠绿色，背线淡蓝色，背面有2排黄色枝刺。腹末有4个黑绒状刺突。	体长23～35 mm，黄绿色，每节各有4个黑点，亚背线枝刺有红、黄色两种类型。	体长22～26 mm，翠绿色，体较扁平。背有白色线。腹部各节有向背向腹斜引1白线，各节有刺突4个。体侧各有红点1列。

(2)生活习性　见表6-5。

表6-5　常见4种刺蛾的生活习性

黄刺蛾	褐边绿刺蛾	褐刺蛾	扁刺蛾
华北1年1代，华东华南2代。以老熟幼虫在树上结茧越冬。翌年5～6月化蛹。越冬代成虫6月上、中旬出现，6月下旬为幼虫危害盛期。成虫羽化多在傍晚，昼伏于叶背，夜出产卵。有趋光性，每雌产卵50～70粒。卵期5～6 d。老熟幼虫在枝干上吐丝缠绕，随即分泌黏液造茧。羽化时破茧壳顶端小圆盖而出。第2代幼虫在8月中下旬大量出现。其为害一般年份第1代较轻。	在长江以南1年2～3代。以幼虫在树下及附近浅土层中结茧越冬。在湖南一带以老熟幼虫在树下部枝干上结茧越冬。翌年4～5月化蛹，6月成虫羽化产卵。初孵幼虫有群集性，4龄后分散为害。成虫有趋光性。第一代幼虫部分在叶背结茧化蛹，有的在浅层土中结茧化蛹。	每年发生2代。以老熟幼虫在树干周围的疏松表土层或草地丛间、树叶堆和砾石缝中结茧越冬。次年5月下旬开始羽化产卵，6月上旬羽化产卵盛期。第1、第2代幼虫为害期分别为6月中旬至7月中旬，8月下旬至9月下旬。成虫具有趋光性。	华南、华东地区每年发生2代。以老熟幼虫在树干周围土中结茧越冬。翌年4月中旬化蛹，5月中旬成虫开始羽化产卵。幼虫发生期分别在5月下旬至7月中旬、8月至第2年4月。初孵幼虫不取食，2龄幼虫开始取食卵壳和叶肉，3龄开始啃叶形成孔洞。5龄幼虫食量大，为害重。

(3)防治方法

①灭除虫茧。结合修剪或翻地，消灭除茧。也可结合保护天敌，将虫茧堆集于纱网中，让寄生蜂羽化飞出寄生。

②灯光诱集。利用成虫的趋光性，成虫羽化期间设置黑光灯诱杀成虫。

③化学防治。药杀应在幼虫 2～3 龄阶段。常用药剂有 20%除虫脲 800 倍液或 80%敌敌畏乳剂 1 200～1 500 倍液。

④生物防治。选用 Bt 乳剂 500 倍液在潮湿条件下喷雾。注意保护天敌。

2. 黄尾毒蛾 *Euproctis similis xanthocampa* Pyar

又名桑毛虫、桑毒蛾、黄尾白毒蛾、盗毒蛾等。全国各地均分布，危害牡丹、紫薇、月季、桂花、金银花、石榴、桃、梅花、海棠等花木。

(1)形态特征　成虫体长 12～19 mm，翅展 30～36 mm，体翅均为白色。前翅后缘有 2 个黑褐色斑纹，腹末有金黄色毛丛。成熟幼虫体长 30～40 mm，黄色，背线红色，亚背线黑色断续，腹部 1、2、8 节背面中央 1 对毛瘤各愈合成 1 个大瘤，上生黑色绒状毛撮和黑褐长毛，并有白色松枝状毛，第 9 节腹节毛瘤全为橙色(彩图 6-17)。

(2)生活习性　东北、华北一年发生 1～2 代，华东一年发生 3～4 代，华南一年发生 5～6 代，均以 3～4 龄幼虫在树皮、裂缝或枯叶上结茧越冬。翌年春越冬幼虫破茧而出，危害嫩芽和叶片，5 月中旬开始老熟结茧化蛹，6 月上旬羽化为成虫。成虫昼伏夜出，有趋光性。卵块产于叶背或树干上，表面覆盖绒毛。每雌产卵 200～500 例，卵期 7 d 左右。初孵幼虫群集为害，有假死性。

(3)防治方法

①及时摘除卵块，消灭群集幼虫。

②草把诱集，生物防治。秋季越冬前，在树干上束草，诱集越冬幼虫，冬后出蛰前把草取下，并摘下枝干上虫茧，连同草束一同放入寄生蜂保护器中，待天敌羽化后，再把草束烧毁。

③化学防治。发生初期及时喷药，药剂可选用 90%晶体敌百虫 1 000 倍液，80%敌敌畏乳油 1 000 倍液，25%亚胺硫磷乳油 1 000 倍液，10%多来宝乳油 2 000 倍液，35%赛丹乳油2 500 倍液，50%杀螟松乳油 1 000 倍液，10%天王星乳油 4 000 倍液。

3. 雀纹天蛾 *Theretra japonica*

属鳞翅目天蛾科。分布东北及河北、陕西、山东以南、云南等，危害白粉藤、虎耳草、爬山虎、麻叶绣球、刺槐等花木。

(1)形态特征　成虫体长 38～40 mm，翅展 68～72 mm，体绿褐色。头、胸部两侧及背部中央具有灰白色绒毛，背线两侧有橙黄色纵线；腹部背线棕褐色，各节间有褐色横纹，两侧橙黄色，腹面粉褐色。前翅黄褐色，顶角至后缘基部有 6 条暗褐色斜条纹。后翅黑褐色，后角附近有橙灰色三角纹。卵近圆形，淡绿色。幼虫体长 75～80 mm，青绿色或褐色，第 1、第 2 腹节背面各有黄色眼斑 1 对(彩图 6-18)。

(2)生活习性　1 年发生 1～4 代，因地而异。以蛹在土中越冬，北方越冬蛹 6～7 月羽化，华中 4 月下旬至 5 月中旬出现第 1 代成虫。成虫昼伏夜出，有趋光性，喜食花蜜，卵散产在叶背，幼虫喜在叶背取食。

(3)防治方法

①冬季翻土，消灭越冬蛹。

②化学防治。幼虫危害期喷洒 90%敌百虫晶体 1 000 倍液或 50%杀螟松乳油 1 000 倍液。

4. 大造桥虫 *Ascotis selemaria*

又名尺蠖,属鳞翅目天尺蛾科。华东、华南及华北各地均有分布。主要危害月季、蔷薇、菊花、一串红、山茶花、杜鹃、木槿、锦葵、栀子等植物。

(1)形态特征　成虫体长 15～20 mm,翅展 38～45 mm,体色变化很大,多为浅灰色,还有黄白、淡黄、淡褐色。雌成虫触角细长,雄成虫触角末节齿状,每节有丛毛。中室斑纹的外圈有环,前后翅上的 4 个星斑及内外线为暗褐色,除翅上各线及附近的窄带外,翅底面为白色,另有很多褐色小点。幼虫体长 38～49 mm,体黄绿色,头黄褐至褐绿色,头顶两侧各具 1 黑点(彩图 6-19)。

(2)生活习性　1 年发生 4～5 代,以蛹在土中越冬。成虫昼伏夜出,趋光性强,羽化后 2～3 d 产卵,多产在地面、土缝及草秆上,数十粒至百余粒成堆。初孵幼虫可吐丝随风传播扩散。幼虫不太活跃,拟态性强,在被害植物上形似枝条。幼虫主要取食叶片,有时也为害花蕾及嫩枝。5～10 月间大田均可见幼虫为害。

(3)防治方法

①冬季翻地,消灭土中越冬蛹。

②利用趋光性,用灯光诱杀成虫。

③化学防治。在幼虫低龄阶段喷药,药剂可选 50%辛硫磷乳 1 000 倍液,Bt 乳剂 200～300 倍液,10%天王星乳油 6 000 倍液,25%灭幼脲 3 号 1 000 倍液,20%灭扫利乳油 1 500 倍液,青虫菌 100 亿孢子/g 500～1 000 倍液。

④注意保护天敌。大造桥虫有多种寄生蜂寄生,用药时注意错开寄生蜂繁殖高峰。

(二)蝶类

危害花卉的蝶类有赤蛱蝶 *Vanessa indica*、黄钩蛱蝶 *Polygonia caureum*、菜粉蝶 *Pieris rapae*、檀香粉蝶 *Delias aglaia*、柑橘凤蝶 *Papilio xuthus* 等,现以赤蛱蝶为例介绍。

赤蛱蝶,又名苎麻蛱蝶、大红蛱蝶,属鳞翅目蛱蝶科。异名 *Pyrameis indica* Herbst,全国各地均有分布。主要被害植物有万寿菊、绣线菊、一串红、牡丹、紫藤、苎麻、榆树等。

1. 形态特征

成虫体长 20 mm 左右,翅展 47～60 mm。前翅黑褐色,近翅端部具 7～8 个大小不等的白斑,呈半圆形,翅中部有赤黄色不规则的云状斑纹,基部及后缘暗褐色,外缘毛上具 1 列短弧形白色斑。后翅暗褐色,外缘赤橙色,有 4 个黑斑,内侧与橙色交界处还有 4～5 个眼状纹(彩图 6-20)。幼虫腹部黄褐色,体具黑褐色棘状枝刺。中后胸各 4 枚,1～8 腹节各 7 枚,最后 2 腹节各 2 枚。气门黑色,具光泽。

2. 生活习性

大部分地区一年 2 代,华南一年 2～5 代。以成虫在田埂、杂草丛中、树林或屋檐等处隐蔽越冬。湖北越冬代成虫于 2 月下旬至 3 月上旬出现,3 月下旬进入幼虫孵化盛期。成虫卵产于植株顶部叶上,每叶产 1～2 粒,幼虫共 5 龄。幼虫为害顶部嫩叶,常卷叶取食为害。

3. 防治方法

(1)网捕成虫,摘除虫苞集中杀灭或用板拍拍杀卷叶里的幼虫或蛹。

(2)在3龄前群集为害时或3龄后早晨7～8时幼虫刚爬出虫苞时喷药,可喷50%杀螟松1 000倍液或80%敌敌畏乳剂1 500倍液。

(三)甲虫类

危害花卉叶的甲虫主要有白星花金龟子 *Potosia brevitarsis*、黄守瓜 *Aulacophora femoralis*、柑橘台龟甲 *Taiwania obtusata*、黄条跳甲 *Phyllorteta striolata*、二十八星瓢虫 *Henosepilachna vigintioctomaculata* 等,现以白星花金龟子为例介绍。

白星花金龟子别名白纹铜花金龟、白星花潜、白星金龟子、铜克螂,属鞘翅目花金龟科。主要危害萱草、鸡冠花、美人蕉、蜀葵、金针花、小叶女贞、月季、梅花、海棠、木槿、雪松等多种植物。

1. 形态特征

成虫体长17～24 mm,宽9～12 mm。椭圆形,具古铜或青铜色光泽,体表散布不规则白绒斑。唇基前缘向上折翘,中凹,侧具边框,外侧向下倾斜;触角深褐色;前胸背板具不规则白绒斑,后缘中凹;中胸后侧片显著;鞘翅宽大,近长方形,遍布粗大刻点,白绒斑多为横向波浪形;臀板短宽,每侧有3个白绒斑呈三角形排列;腹部1～5腹板两侧有白绒斑;足较粗壮,膝部有白绒斑;后足基节后外端角尖锐;前足胫节外缘3齿,各足跗节顶端有2个弯曲爪(彩图6-21)。

2. 生活习性

每年发生1代。成虫喜欢取食花器,致花朵腐烂,幼虫在土壤内根部生活。成虫于5月上旬开始出现,6～7月为发生盛期。成虫白天活动,有假死性,趋化性,飞翔能力较强,常群集为害花,产卵于土中。幼虫(蛴螬)多以腐败物为食。

3. 防治方法

(1)诱杀成虫。在成虫初发期,在附近树上挂细口瓶,挂瓶高度1～1.5 m,瓶里放入2～3个白星花金龟成虫和糖醋诱杀剂,其他成虫先在瓶口附近爬行,后掉入瓶中,每667 m^2 可挂40～50个瓶,效果显著。

(2)化学防治。成虫危害期喷施90%晶体敌百虫800倍液或40%乐斯本乳油1 000倍液,或在幼苗长期用50%辛硫磷颗粒剂施于土中,也可用50%辛硫磷乳油1 000倍液灌根。

(四)其他害虫(表6-6)

二、花卉主要吸汁类害虫的识别与防治

为害花卉植物的吸汁类害虫主要有介壳虫、蚜虫、叶蝉、木虱、蓟马、椿象、网蝽、朱砂叶螨、山楂叶螨等。它们以刺吸式口器吸取植物汁液,造成枝叶枯萎、死亡,还可以传播病毒病。这类害虫个体小不易被发现,而且繁殖力强,扩散蔓延快,如未抓住有利时机采取综合防治,就很难达到满意的防效。

(一)介壳虫

危害花卉的常见蚧类有吹绵蚧 *Icerya purchasi* Mask.、日本草履蚧 *Drosicha corpulenta* Kuwana、日本龟蜡蚧 *Ceroplastes japonicus* Green、月季白轮盾蚧 *Aulacaspis rosae* Borchsenius 等。现以月季白轮盾蚧为例介绍。

表 6-6　常见害虫的形态特征及防治要点

害虫种类	形态识别	发生特点	防治要点
月季叶蜂 *Arge geei* Rohwer	虫体长 7.5 mm 左右。头、胸、足蓝黑色，有光泽。中胸背面具 X 形凹陷；翅蓝褐色，半透明。腹部橙黄色，背中央有舌状黑斑。	1 年发生 2 代。以幼虫在土中做茧越冬。翌年 5～6 月羽化，在月季新梢基部产卵。卵孵化后，新梢就完全破裂变黑折断。幼虫有自残和迁移为害习性。老熟幼虫入土结茧化蛹。	①结合冬耕，消除土中越冬幼虫，或清除残株落叶，集中处理，减少虫源。②人工捕杀幼虫。③保护和利用自然天敌。④在低龄幼虫期用 50% 的杀螟松乳油或 40% 乐斯本乳油 1 500 倍液、20% 杀灭菊酯乳油 2 000 倍液喷雾。
杜鹃叶蜂 *Arge similis*	虫体长 7～10 mm。蓝黑色，有光泽。背胸弓起，有倒箭头斑纹和一横纹。翅淡褐色，密布褐色短毛。	1 年发生 3 代，世代重叠。以老熟幼虫在浅土层或落叶中结茧越冬。成虫翌年 4 月化蛹和羽化。羽化后即交配、产卵。卵散产于叶背表皮下。初孵幼虫吐丝结网，卷叶为害嫩叶。幼虫老熟后，在落叶下或土壤中结茧化蛹。	
蔷薇叶蜂 *Arge pagana* Panzer	雌成虫体长 10 mm，翅展 21～23 mm，雄蜂体长 7 mm，翅展 14 mm。头、胸和足蓝黑色，有光泽，复眼和触角黑色。	北京地区每年发生 2 代，河南许昌地区每年发生 3 代。以幼虫在土中结茧越冬。常见数十条幼虫集中危害。幼虫有自残习性。	
茶黄毒蛾 *Euprctis psludocons-plrsa* Strand	雄成虫翅展 20～26 mm，雌成虫 30～35 mm。雄成虫翅棕褐色，布稀黑色鳞片，前翅前缘橙黄色，顶黑色圆点 2 个，内横线外弯，橙黄色。雌成虫黄褐色，前翅浅橙黄色至黄褐色。	每年发生 2～5 代。以卵在树冠中或下层 1 m 以下的萌芽枝条或叶背越冬。每雌产卵 50～300 粒成 1 卵块，上覆尾毛。初孵幼虫群集危害。	①注意摘除越冬卵块，趁幼虫集中期消灭幼虫，成虫喜在下午 4 时前后羽化，此时多匍匐不活动，可人工踩杀。②在幼虫 3 龄前喷药，药剂可选 90% 晶体敌百虫、80% 敌敌畏、25% 亚胺硫磷、50% 杀螟松 1 000～1 500 倍液。
凤仙花天蛾 *Theretra oldenlandiae*	成虫体长 40 mm，翅展 65～75 mm。体褐绿色，头和胸部两侧有灰白色缘毛，背部显灰褐色，两侧有黄白色纵条；腹部有 2 条并列的银白色背线，两侧有棕褐色及淡灰褐绿条；前翅灰绿色，顶角至后缘基部附近有 1 条较宽的淡黄色斜带，斜带内有数条黑色条纹，后翅黑褐色，有灰黄色横带 1 条，前、后翅反面黄褐色，有 3 条暗褐色横线。	每年发生 2 代，以蛹在土中越冬。成虫昼伏夜出，趋光性较强。卵产在嫩叶上，幼虫多在清晨取食，白天隐藏在荫蔽处。	①根据植株危害状及大颗粒的虫粪发现并捕捉幼虫；冬耕消灭越冬虫蛹。②喷施生物杀虫剂。喷施含芽孢 100 亿/g 的青虫菌粉剂。注意保护天敌。③药剂防治。幼虫活动期喷施 50% 杀螟松乳油 1 000 倍液，或 20% 杀灭菊酯乳油腔 1 500～2 000 倍液。

续表6-6

害虫种类	形态识别	发生特点	防治要点
短额负蝗 *Atractomorpha sinensis*	成虫体长 20～30 mm,头至翅端 30～48 mm,体色绿色或褐色。头尖削,绿色型自复眼起向下斜有一条粉红纹,与前、中胸背板两侧下缘的粉红纹衔接。体表有浅黄色瘤状突起,后翅基部红色,端部淡绿色;前翅长度超过后足腿节端部约 1/3。	华北地区每年发生 1 代,华东地区每年发生 2 代,以卵在沟边土中越冬。5 月下旬至 6 月中旬为卵化盛期,7～8 月为羽化盛期。成虫喜栖于湿度大,双子叶植物茂密的环境,在灌渠两侧发生多。	①发生严重地区,在秋春季铲除杂草,把卵块晒干或冻死。 ②药剂防治。在初孵若虫扩散能力极弱时,喷药防治,药剂可选用敌马粉剂,也可用 20% 速灭杀丁乳油。
灰巴蜗牛 *Bradylaena ravida* Bensom	贝壳中等大小,壳质稍厚,坚固,呈圆球形,黄褐色,并有密生的生长线与螺纹。成贝体长约 20 mm,有 2 对触角,后触角较长,其顶端有黑色眼睛。幼贝浅褐色,形似成贝。	1 年发生 1 代。以成贝和幼贝在落叶下或浅土层中越冬。3 月开始活动、为害。雌雄同体,异体受精。卵块产于植物根部附近土壤中。初孵幼贝群集为害,以后分散为害。	①清晨或阴雨天人工捕杀,及时清除杂草和蜗牛。在植株周围撒生石灰,保苗防蜗牛。 ②发生初期用 8% 灭蜗灵或 5% 蜗牛敌颗粒剂防治。
野蛞蝓 *Agriolimaxa grestis* L.	成体长 20～25 mm,肉体外露,柔软而无外壳,体表灰褐色,体背前端有套膜。头部有触角 2 对,后触角较长,顶端有眼。幼虫淡褐色,形态特征与成体相似。黏液无色。	1 年发生 1～2 代。以成虫、幼体在植物根部附近湿土中越冬。翌年 3 月开始活动,4 月越冬的幼体变为成体。怕光白天隐蔽,夜间取食和繁殖。雌雄同体,但一般异体受精。卵成串产于土壤中或叶面上。	①结合田间管理,发现蛞蝓及时清除。 ②鲜草诱杀。 ③用石灰、氨水毒杀。 ④发生初期使用 8% 灭蜗灵,5% 蜗牛敌颗粒剂防治。将蛙类引入温室,可吞食大量蛞蝓。

月季白轮盾蚧别名月季轮盾蚧、拟蔷薇白轮盾蚧、拟蔷薇轮盾蚧。属同翅目盾蚧科。分布在辽宁、甘肃、陕西、河南、西南、华南、华东、华中、华北等地及北方温室。危害月季、蔷薇、玫瑰、米兰、苏铁、桂花、海棠、南天竹、九里香、柑橘等植物。

1. 形态特征

成虫雌介壳灰白色,近圆形,约 2 mm。壳点 2 个,其中一个位于介壳的前端,介壳背面有 1 纵脊。雌虫体长 1.4 mm 左右,初期橙黄色,后渐变成紫红色。触角退化,仅留两个瘤形,生有一粗而弯曲的毛。雄介壳长形,约 1 mm,白色,背面具两纵脊沟。壳点一个,位于最前端,黄色或黄褐色。1 龄若虫体长椭圆形,淡红到深红色。2 龄若虫扁椭圆形,橙红色。触角 5 节,末端节最长,腹末有 1 对长毛(彩图 6-22)。

2. 生活习性

1 年发生 2～3 代,世代重叠。以 2 龄若虫及成虫、雄蛹在枝干上越冬。1 年 3 代地区若虫孵化期分别为 7 月中下旬、9 月中下旬。雌虫产卵于介壳下。初孵若虫自母体介壳下爬出后,在枝干上爬,几小时至 1 d 左右固定刺吸为害,固定取食 1～2 d 后,蜕皮变为 2 龄若虫,并分泌一层灰白色绒毛状蜡质覆盖身体。雄成虫交配不久即死亡。成、若虫有群集为害习性,以中下部枝干上数量大。

3. 防治方法

(1)剪除被害虫枝,集中处理,减少虫源。

(2)保护利用自然天敌。

(3)化学防治。在1代若虫孵化高峰期,用25%优乐得可湿性粉剂1 500～2 000倍液或20%康复多乳油4 000倍液,喷雾;冬季或早春3～5波美度石硫合剂或16～18倍松脂合剂、20～25倍机油乳。

(二)蚜虫

危害花卉的常见蚜虫有月季长管蚜 *Macrosiphum rosivorum* Zhang、棉蚜 *Aphis gossypii* Glover、绣线菊蚜 *Aphis citricola* Vander Goot、桃蚜 *Myzus persicae* Sullzer、桃瘤蚜 *Tuberocephalus momonis* Matsumura、菊小长管蚜 *Macrosiphoniella sanborni* Gillette 等。现以月季长管蚜为例介绍。

月季长管蚜属同翅目蚜科。分布于东北、华东、华北、华中等地区。为害月季、白兰、玫瑰、梅花、七里香、十姊妹等植物。此种蚜虫主要为害花蕾及嫩梢,造成枝梢生长缓慢,花蕾和幼叶不易伸展,花型变小。排泄物可诱发煤污病,使枝叶发黑,影响观赏。

1. 形态特征

有翅胎生雌蚜体长3.5 mm左右,草绿色,第8腹节有宽横斑,尾片有曲毛9～11根。触角第3节有圆形感觉圈40～45个,分布全节,重叠排列。腹管长为尾片2倍。

无翅胎生雌蚜体长4 mm,淡绿色或黄绿色,有时橘红色。中额微隆,额瘤隆起外倾,呈浅"W"字形。触角第3节色淡,有感觉圈6～12个。腹管长圆筒形,端部有瓦纹,其长为尾片的2.5倍。尾片长圆锥形,表面有小圆突起构成的横纹,有7～9根曲毛。若虫似无翅雌蚜(彩图6-23)。

2. 生活习性

1年发生10～20代,冬季在温室可继续繁殖为害。在北方以卵在寄主植物的芽间越冬,在南方以成蚜和若蚜在寄主梢上越冬。次春月季萌芽后,成、若蚜开始活动,取食嫩叶、嫩梢和花蕾,并繁殖。经2～3代后,产生有翅蚜,蚜虫数量明显上升,5月中旬出现第一次繁殖高峰,7～8月气温升高,虫口密度下降,9～10月出现第二次繁殖高峰。每年以5～6月,9～10月发生量大,为害严重。气温干燥时有利该虫繁殖。

3. 防治方法

(1)保护利用自然天敌,如多种瓢虫、草蛉、食蚜蝇等。

(2)人工防治。剪除被害严重的叶梢,集中处理,减少虫源。盆栽花卉上零星发生时,可用毛笔蘸水刷掉。

(3)用黏虫板诱杀。在温室或花卉栽培地,有翅蚜虫发生时采用黄板诱杀。

(4)化学防治。发生初期用1.2%烟参碱乳油1 000倍液或10%吡虫啉3 000～4 000倍液、50%抗蚜威可湿性粉剂1 500倍液,喷雾。冬季施用3～5波美度石硫合剂,消灭越冬卵。

(5)盆栽花卉可用烟草石灰水防治。烟草末40 g加水1 kg,浸泡48 h后过滤制得原液。使用时加石灰水1 kg(含石灰0.05 kg)稀释,再加2～3 g洗衣粉,搅匀后喷洒植株,效果较好。

(三)螨类

危害花卉的常见螨类有卵形短须螨 *Brevipalpus obovatus* Donnadieu、柑橘全爪螨 *Panonychus citri* Mcgregor、萱草岩螨 *Petrobia hemerocallis* Wang、二斑叶螨 *Tetranychus urtice* Koch、朱砂叶螨 *Tetranychus cinnabarinus* Boisduval、山楂叶螨 *Trtranychus viennensis* Zacher 等。现以卵形短须螨为例介绍。

卵形短须螨属蜱螨目细须螨科。分布在山东、浙江、上海、江苏、江西、安徽、广州、湖北、湖南、贵州、云南及宁夏、内蒙古、黑龙江、辽宁等地温室内。主要为害非洲菊、大丽花、蜡瓣花、银毛菊、月季、文竹、茶花、扶桑等60多种植物。

1. 形态特征

雌成螨体长0.27 mm,宽0.16 mm,椭圆形,末端稍尖,背腹扁平,暗红色,前足体和后半体背面中央有不规则形的条纹块,黑色。前足体背毛3对,披针形。靠近第2对足基部有半球形红色眼点1对。足4对。跗节Ⅱ有小棍状毛1根,前足体和后半体各有小孔1对。雄螨体长0.25 mm,与雌螨相似,唯体形较细长。后半体的网纹在前部和亚侧部均比较明显,后足体与末体之间被一横纹区分开。若螨Ⅰ体长0.17～0.22 mm,橙红色,近卵圆形。若螨Ⅱ体长0.23～0.24 mm,宽0.15 mm。外形和体色与成螨接近,但体上黑斑深,眼点明显,腹部末端较成螨钝圆(彩图6-24)。

2. 生活习性

在北方温室内1年发生9～10代。发生盛期为7～9月。南方长年发生,12～14代。一般夏季完成1代约需19 d,春秋季完成1代需38～40 d以上。幼螨、若螨蜕皮时,蜕皮壳沿叶脉相连排列,好像白色叶脉。每雌产卵30～50粒不等。成螨能吐丝结网,活动能力强,爬行也很快,若螨没有成螨活跃。以卵在叶片上越冬。高温干燥有利于发生。成螨喜在叶背为害,吐的丝能从这枝拉到另一枝,螨能沿丝网来回爬动。

3. 防治方法

对叶螨应采取“预防为主,防治结合;挑治为主,点面结合”的防治原则。

(1)减少越冬虫量。清除残枝落叶,集中烧毁或深埋。

(2)人工防治和生物防治相结合。发现少量叶片受害时,及时摘除虫叶烧毁。注意保护天敌,有条件可释放捕食螨、草蛉等天敌。

(3)化学防治。田间出现少量受害时,应进行挑治。当叶螨普遍发生时,应选择对天敌杀伤力小的选择性杀螨剂进行普治。如20%复方浏阳霉素乳油1 000倍液、20%灭扫利乳油1 000倍液、5%增效抗蚜威液剂2 000倍液、73%克螨特乳油1 000倍液、20%好年冬乳油1 500倍液。

(四)其他吸汁类害虫(表6-7)

三、花卉主要钻蛀类害虫的识别与防治

为害花卉植物的钻蛀类害虫主要有天牛类、木蠹蛾类、玫瑰茎蜂等。它们主要是蛀干、蛀茎、蛀新梢以及蛀蕾、花、果、种子等的各种害虫。钻蛀性害虫生活隐蔽,在植株外部活动时间

短，防治较为困难，常等到植物表现出凋萎、枯黄等症状时才发现，防治已经难以使植物恢复生机。因此只有及时采取综合措施才能取得较好的防治效果。

表 6-7　吸汁害虫的形态特征及防治要点

害虫种类	形态识别	发生特点	防治要点
大青叶蝉 *Cicadella viridis* L.	雌成虫体长 9.4～10 mm，雄成虫 7.2～8.3 mm。头黄绿色，三角形，单眼间有 2 个黑点。前翅青绿色，后翅烟黑色。前胸前缘黄绿色，后部青绿色。大龄若虫似成虫，黄绿色，有翅芽，体背有褐色纵纹。	1 年发生 2～6 代，世代重叠。以卵在嫩枝条的皮层内越冬。初孵若虫群集为害，稍大后，渐迁至禾本科植物上繁殖为害。10 月成虫开始迁至花木上产卵越冬。成虫飞行能力较弱，趋光性强，需取食。卵块产于嫩枝或叶片主脉及茎秆组织内。群集危害初期出现白色小点，严重时枯死脱落。枝干被害形成伤疤，导致失水枯死，并传播病毒病。	①清除杂草，剪除被害枝条，集中处理，减少虫源。 ②灯光诱杀成虫。 ③保护利用自然天敌，如蜘蛛、寄生蜂等。 ④在低龄若虫期用 50%的液蝉散乳油 1 000～1 500 倍液或 20%速灭威可溶性粉剂 400～600 倍液、15%达嗪酮乳油 1 000～2 000 倍液喷雾。
梧桐木虱 *Thysano gynalimbata* Enderlein	雌成虫黄绿色，体长 4～5 mm，翅展约 13 mm。复眼赤褐色，单眼 3 个。触角 10 节，黄色，最后 2 节黑色，末端具 2 刺毛。翅透明，脉纹茶黄色。雄虫与雌虫相似，但体稍小。若虫共有 3 龄。	在陕西 1 年发生 2 代。以卵越冬。有世代重叠现象。若虫潜于白色蜡絮中，行动迅速，无跳跃能力。成虫羽化后，移至无分泌物处吸食汁液，如遇惊扰跳跃他处。成虫产卵前需补充营养，卵产于主枝下面靠近主干处。	①严防带虫苗木运输。 ②结合修剪，剪除带卵枝条。 ③保护和利用天敌。 ④喷药防治。若虫发生盛期可喷 2%蚜虱消可湿性粉剂、3%莫比朗乳油、1%螨虫清乳油等。
黑刺粉虱 *Aleurocanthus spiniferus* Quaintance	成虫体橙黄，长 1.0～1.3 mm，覆有白色蜡质状物。前翅紫褐色，具 7 个不规则的白色斑块，后翅淡紫色，较小，无斑。复眼红色，足黄色。初孵若虫淡黄色，椭圆形，体周缘呈锯齿状，末端有 4 根毛。老熟若虫体变黑色，体周围具明显白色蜡圈，体背有 14 对刺毛。	在浙江、安徽 1 年发生 4 代左右。以老熟若虫在叶片背面越冬。翌年 3 月在原处化蛹，4 月左右成虫羽化。成虫白天活动，群集于枝叶上交尾产卵。卵多产于叶背，老叶上为多。成虫有孤雌生殖现象。若虫孵化后不久，便吸汁为害。有世代重叠现象。	①温室加强通风透光，适当修枝，创造不利其生长和繁殖的环境。 ②采用黄板诱杀。 ③低龄期及时防治，可用 25%亚胺硫磷 1 000 倍液或 40%氧化乐果 1 000 倍液，或 80%敌敌畏乳油 1 000 倍液，或 50%杀螟松 1 000 倍液喷雾防治。因为该虫主要群集于叶背活动，要注意喷布叶背。

续表6-7

害虫种类	形态识别	发生特点	防治要点
绿盲蝽 *Lygus lucorum* Meyer-Dur	成虫体长 5 mm,体绿色,密被短毛。复眼黑色突出,无单眼,触角 4 节丝状,向端部颜色渐深,1 节黄绿色,4 节黑褐色。前胸背板深绿色,布许多小黑点,小盾片三角形黄绿色。前翅膜片半透明暗灰色,余绿色。若虫 5 龄,与成虫相似。初孵时绿色,5 龄后全体鲜绿色,密被黑细毛;触角淡黄色,端部色渐深。眼灰色。	北方 1 年发生 3～5 代,以卵在茎秆、茬内、果树皮或断枝内及土中越冬。翌春旬均温高于 10℃或连续 5 日均温达 11℃,相对湿度高于 70%,卵开始孵化。成虫寿命长,产卵期 30～40 d,发生期不整齐。成虫飞行力强,喜食花蜜,羽化后 6、7 d 开始产卵。非越冬代卵多散产在嫩叶、茎、叶柄、叶脉、嫩蕾等组织内,外露黄色卵盖,卵期 7～9 d。主要天敌有寄生蜂、草蛉、捕食性蜘蛛等。	①早春清除附近杂草,当卵已孵化则应在越冬虫源寄主上喷洒 50%甲胺磷乳油或 50%甲基对硫磷 1 500 倍液,可减少越冬虫源。 ②发生危害期,成株期喷洒 35%赛丹乳油或 10%吡虫啉可湿性粉剂或 10%除尽乳油或 20%灭多威乳油 2 000 倍液、5%抑太保乳油、25%广克威乳油 2 000 倍液、50%甲基对硫磷 1 500 倍液、25%硫双威乳油 1 500 倍液。
花蓟马 *Frankliniella intonsa* Trybom	成虫体长 1.4 mm,褐色。前翅微黄色,前翅前缘鬃 27 根,前脉鬃均匀排列,21 根;后脉鬃 18 根。腹部第 1 背板布满横纹,第 2～8 背板仅两侧有横线纹。第 5～8 背板两侧具微弯梳;第 8 背板后缘梳完整,梳毛稀疏而小。雄虫较雌虫小,黄色。腹板 3～7 节有近似哑铃形的腺域。2 龄若虫体长约 1 mm,基色黄;复眼红;触角 7 节,胸、腹部背面体鬃尖端微圆钝;第 9 腹节后缘有一圈清楚的微齿。	1 年发生 6～14 代。以成虫在枯枝落叶层、土表皮层中越冬。该蓟世代重叠严重。成虫寿命春季为 35 d 左右,夏季为 20～28 d,秋季为 40～73 d。雄成虫寿命较雌成虫短。雌雄比为 1∶(0.3～0.5)。成虫羽后 2～3 d 开始交配产卵,全天均进行。卵单产于花组织表皮下,每雌可产卵 77～248 粒,产卵历期长达 20～50 d。每年 6～7 月、8～9 月下旬是该蓟马的危害高峰期。久旱不雨有利发生。	①早春清除杂草或在杂草上喷洒杀虫剂。 ②发生初期喷洒 50%辛乳油或 5%锐悬浮剂、44%速凯乳油 1 000 倍液、10%除尽乳油 2 000 倍液、1.8%爱比菌素 4 000 倍液、35%赛丹乳油 2 000 倍液。

(一)天牛类

危害花卉常见的天牛有菊天牛 *Phytoecia rufivenrtis* Gautier、桑天牛 *Apriona gormari* Hope、光肩星天牛 *Anoplophora glabripennis* Motsoh、星天牛 *Anoplophora chinensis* Forster、云斑天牛 *Botocera horsfieldi* Hope 等。现以菊天牛为例介绍。

菊天牛又名菊小筒天牛、菊虎、蛀食虫。属鞘翅目,天牛科。分布与华南、西南、华北、西北、东北等地。成虫产卵时,将菊花嫩梢咬成一圆孔,嫩梢易折断或萎蔫。幼虫从上而下蛀蚀茎秆,造成不能开花或整株死亡。

1. 形态特征

成虫体长 11～12 mm,圆筒形,头、胸和鞘翅黑色,腹部、足橘红色。前胸背板中央具 1 橙红色卵圆形斑,鞘翅密布灰色绒毛。触角线状 12 节,与体近等长,雄天牛触角比身体长,雌虫短。成熟幼虫体长 9～10 mm,圆柱形,乳白色至淡黄色,头小,前胸背板近方形,褐色,中央具 1 白色纵纹。胸足退化,腹部密集的长刚毛。

2. 生活习性

1 年发生 1 代,以老熟幼虫、蛹或成虫潜伏在菊科植物根部越冬。翌年 4～6 月成虫外出活动,5 月上旬至 8 月下旬进入幼虫为害期,8 月中下旬至 9 月上中旬又开始越冬。该虫白天活动,9～10 时及 15～16 时最活跃,卵单产,卵期 12 d。初孵幼虫在茎内由上向下蛀食,蛀至茎基部时,从侧面蛀 1 排粪孔,还没发育好的幼虫又转移它株由下向上为害,幼虫期 90 d 左右,末龄幼虫在根茎部越冬或发育成蛹或羽化为成虫越冬。天敌有赤腹茧蜂、姬蜂、肿腿蜂等。

3. 防治方法

(1)及时剪除萎蔫茎梢,集中处理。

(2)5～7 月在清晨露水未干时,人工捕捉成虫。

(3)化学防治。成虫期喷施 20%菊杀乳油 2 000 倍液或 90%晶体敌百虫 1 500 倍液。找新鲜虫孔,用注射器注入 40%乐果乳油或 50%杀螟松乳油或 50%敌敌畏乳油 200 倍液,使药剂进入孔道,再用泥封住虫孔。还可用 3%辛硫磷颗粒剂 0.3 g 裹上棉球从虫孔塞入,外用棉花塞住。

(二)小木蠹蛾 *Holcocerus insularis* Staudinger

属鳞翅目木蠹蛾科。幼虫蛀蚀月季、樱花、海棠、石榴、紫薇、刺玫等植物的茎秆,导致枝叶枯萎,甚至全株枯死。幼虫在根颈、枝干的皮层和木质部内蛀食,形成不规则的隧道,削弱树势,重者死亡,被害处几乎被虫粪包围。

1. 形态特征

成虫体长 21～27 mm,翅展 41～49 mm,暗灰色至灰褐色;前翅基部 2/3 色深,中室末端有 1 个小白点;亚缘线黑色较明显;后翅灰褐色。幼虫老熟时体长 30～38 mm,头红褐色,胸、腹部背面浅红色,体背每节前半部有 1 条深红色宽横纹,后半部有浅红色窄横纹;头部棕褐色,前胸背板有褐色斑纹,中央有一菱形白斑;中、后胸半骨化斑纹均为浅褐色;腹背浅红色,每节体节后半部色淡,腹面黄白色(彩图 6-25)。

2. 生活习性

2 年发生 1 代,以不同龄期幼虫在枝干坑道内两次越冬。老熟幼虫 5 月下旬在坑道内化蛹。成虫发生在 6 月上旬至 8 月下旬,卵产在树皮裂缝、树枝分叉及剪锯口伤疤处,每雌产卵 50～420 粒。7 月为卵孵化盛期。1～2 龄幼虫在韧皮部和木质部外层为害,3 龄后逐渐蛀入木质部深层。坑道从上向下纵横交错,互相连通。从孔口排出大量虫粪和木屑,大部分落在地面上。幼虫 10 月下旬开始在树干内越冬。成虫具有趋光性。

3. 防治方法

(1)结合冬季修剪,及时剪伐带虫枝条,集中处理。

(2)诱杀成虫。在成虫羽化期用灯光诱杀成虫。

(3)药剂防治。卵孵盛期在幼虫未蛀入前,喷施 50%杀螟松乳油或 40%乐果乳油 1 000

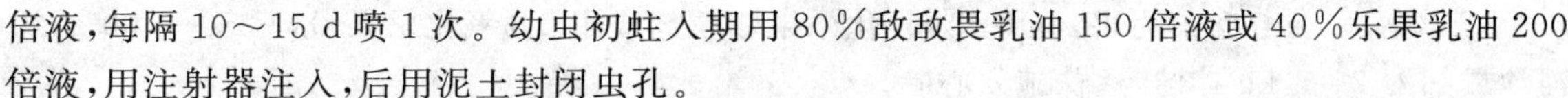

倍液，每隔10～15 d喷1次。幼虫初蛀入期用80%敌敌畏乳油150倍液或40%乐果乳油200倍液，用注射器注入，后用泥土封闭虫孔。

(三)玫瑰茎蜂 *Neosyrista similes* Moscary

又名月季茎蜂、蔷薇茎蜂、钻心虫等。属膜翅目茎蜂科。分布于西南、华东、华中、华北、西北等地。幼虫蛀蚀月季、蔷薇、玫瑰、十姊妹等植物的茎秆，造成枝条枯萎，严重时常从蛀孔处倒折，损失较大。

1. 形态特征

成虫体长20 mm左右，翅展约25 mm，体黑色，有光泽；翅茶褐色，半透明，常有紫色闪光；腹末有3根尾刺(彩图6-26)。老熟幼虫体长约20 mm，宽2 mm，乳白色，头部淡黄色，腹末有褐色尾刺1根。足不发达。

2. 生活习性

北京1年发生1代。以幼虫在被害茎秆内越冬。翌年4月幼虫开始为害，4月底老熟幼虫化蛹，5月上、中旬出现成虫。卵散产于当年生的新梢和含苞待放的花梗上。幼虫孵化后，开始从嫩梢钻进枝条髓部，往下把髓部蛀空，将粪便充实于空茎内，不外排，造成受害枝条萎蔫、干枯。秋季幼虫蛀入枝条地下部分或多年生较粗的枝条里做薄茧越冬。天敌有幼虫及蛹的寄生蜂，寄生率高达50%左右。

3. 防治方法

(1)发现被害嫩梢和枝条，立即剪除被害部位，集中处理。

(2)注意保护天敌。

(3)化学防治。成虫盛期喷施40%氧化乐果1 000倍液，或50%杀螟松乳油800～1 000倍液，或40%乐斯本乳油1 500倍液，在幼虫初孵期喷施20%灭蛀灵乳油200倍液。

(四)大丽花螟蛾 *Ostrinia nubilalis* Hubner

又称欧洲玉米螟、大丽菊螟、钻心虫，属鳞翅目螟蛾科。分布很广，但以北方地区为多。食性杂，主要危害大丽花、菊花、美人蕉、唐菖蒲、青杨、棕榈、麻、玉米等。

1. 形态特征

成虫体长13～15 mm，翅展25～35 mm，黄褐色。雌蛾体粗壮，前翅鲜黄，翅基2/3处具棕色条纹及一褐色波纹状线，外侧具黄色锯齿状线，向外具黄色锯齿状斑。雄虫瘦小，翅色较深，前翅内横线暗褐色，波纹状，外横线暗褐色，锯齿状，再往外具褐色带与外缘平行，内、外横线间褐色，后翅浅褐色。老熟幼虫体长约19 mm，圆筒形，头红褐色，背中央有1条明显的褐色细线，各节背上有4个较大的肉瘤，上生毛刺(彩图6-27)。

2. 生活习性

1年发生1～6代，以老熟幼虫在茎秆或穗轴内越冬。翌春在茎秆内化蛹。成虫羽化后，昼伏夜出，有趋光性。喜在将抽雄蕊的植物上的叶背面产卵，少数产在茎秆上。低龄幼虫取食心叶，受害心叶展开后出现一排小孔；3龄后幼虫钻蛀茎部危害，易引起风折。受害严重时，不能开花，茎秆上部枯黄死亡。

3. 防治方法

(1)剪除被害株，杀死茎秆内幼虫。

(2)幼虫多在心叶中为害,可将3%氧化乐果颗粒剂或用2%氧化乐果粉剂250～500 g,加河沙或细沙2～3 kg拌匀,逐株施入心叶。

(3)幼虫初孵化期喷5%锐劲特悬浮剂或50%敌敌畏乳油1 000倍液,50%磷胺乳剂1 500倍液,或50%久效磷乳剂1 500倍液。

任务训练

一、知识训练

(一)填空题

1. 花卉常见的食叶害虫大多数为(　　)目昆虫,但也有部分(　　)目的叶甲类和少数膜翅目害虫的(　　)。

2. 月季长管蚜北方以(　　)在寄主植物芽间越冬,南方以(　　)和(　　)在寄主梢上越冬。

3. 蛀干害虫主要以(　　)危害植物的茎干,同时形成(　　),影响植株的(　　)输送。蛀干害虫往往随(　　)、(　　)、(　　)等途径蔓延,必须严格执行检疫制度。

4. 金龟子幼虫俗称(　　),吉丁虫幼虫俗称(　　),尺蛾幼虫俗称(　　)。

5. 蚜虫常引起枝叶变色、皱缩,还大量分泌(　　),影响植物正常的(　　)作用,并诱发(　　)病的发生,有些种类还是(　　)和(　　)的重要传播媒介。

6. 介壳虫进行化学防治的有利时机是(　　)。

7. 卵形短须螨北方温室内一年发生(　　)代,南方一年发生(　　)代。

8. 卵形短须螨属(　　)目(　　)科。

9. 月季长管蚜有翅胎生雌蚜第(　　)腹节有宽横斑,尾片有曲毛(　　)根,触角第(　　)节有圆形感觉圈(　　)个。

10. 月季长管蚜无翅胎生雌蚜尾片有曲毛(　　)根,触角第(　　)节感觉圈(　　)个。

11. 刺蛾俗称(　　)、刺毛虫,属(　　)目(　　)科。

12. 黄尾毒蛾成虫前翅后缘有2个(　　)斑纹,腹末有(　　)毛丛。

13. 黄尾毒蛾均以(　　)在树皮、裂缝或枯叶上(　　)越冬。

14. 雀纹天蛾成虫头、胸部两侧及背部中央具有(　　)色绒毛,背线两侧有(　　)色纵线。

15. 大造桥虫又名(　　),属鳞翅目(　　)科。

16. 赤蛱蝶成虫前翅黑褐色,近翅端部具(　　)个大小不等的白斑,呈半圆形,翅中部有赤黄色不规则的(　　)状斑纹,基部及后缘暗褐色,外缘毛上具(　　)列短弧形白色斑。

17. 白星花金龟子成虫椭圆形,具(　　)色光泽,体表散布不规则(　　)斑。

18. 白星花金龟子成虫喜欢取食花器,幼虫在(　　)部生活。

19. 月季白轮盾蚧成虫(　　)退化,仅留两个瘤形,生有一粗而弯曲的(　　)。

20. 月季白轮盾蚧成、若虫均有(　　)为害习性,以(　　)部枝干上数量大。

(二)选择题

1. 幼虫体多毒毛或毒刺,刺入以后会引起皮肤红肿、疼痛的害虫是(　　)。

A. 刺蛾和夜蛾　　B. 刺蛾和毒蛾

C. 夜蛾和毒蛾　　D. 尺蛾和舟蛾

2. 体黄绿色，背两侧各具有1个“E”形深色斑块的是(　　)。
A. 二点叶螨　　B. 朱砂叶螨　　C. 山楂叶螨　　D. 植绥螨
3. 大造桥虫越冬的虫态和场所是(　　)。
A. 蛹、土中　　B. 幼虫、树上　　C. 卵、树上　　D. 成虫、迁飞
4. 柏肤小蠹以成虫在柏树上越冬的部位是(　　)。
A. 根部　　B. 树梢　　C. 枝干　　D. 树皮缝隙
5. 以下属于食叶害虫的是(　　)。
A. 竹织叶野螟　　B. 介壳虫　　C. 黄褐天幕毛虫　　D. 霜天蛾
6. 白星花金龟子幼虫食性主要为(　　)。
A. 单食性　　B. 寡食性　　C. 多食性　　D. 腐食性
7. 有利于螨类发生的气候条件是(　　)。
A. 春季高温干旱少雨　　B. 春季雨量充沛
C. 夏季高温　　D. 夏季多雨
8. 以下属于吸汁害虫的是(　　)。
A. 月季长管蚜　　B. 梨冠网蝽
C. 花蓟马　　D. 蔷薇三节叶蜂
9. 属于检疫性害虫的是(　　)。
A. 白兰台湾蚜　　B. 松材线虫病
C. 美国白蛾　　D. 星天牛
10. 下列害虫中，蛀干害虫是(　　)、食叶害虫是(　　)、刺吸害虫是(　　)。
A. 蛴螬　　B. 白杨透翅蛾
C. 棉卷叶野螟　　D. 小绿叶蝉
11. 菊天牛以老熟幼虫、蛹或成虫潜伏在菊科植物(　　)越冬。
A. 茎部　　B. 花中　　C. 根部　　D. 土中
12. 菊天牛成虫(　　)时，将菊嫩梢咬成一圆孔，嫩梢易折断或萎蔫。
A. 取食　　B. 产卵　　C. 越冬　　D. 迁飞
13. 小木蠹蛾幼虫在(　　)的皮层和木质部内蛀食。
A. 根茎　　B. 枝干　　C. 根　　D. 根茎、枝干
14. 小木蠹蛾(　　)代。
A. 两年发生1代　　B. 1年发生1代
C. 1年发生两代　　D. 1年发生3代
15. 玫瑰茎蜂在北京(　　)代。
A. 两年发生1代　　B. 1年发生1代
C. 1年发生两代　　D. 1年发生3代
16. 玫瑰茎蜂以幼虫在被害植物(　　)越冬。
A. 根内　　B. 茎秆　　C. 花蕾　　D. 种子
17. 大丽花螟蛾属(　　)食性。
A. 单　　B. 杂　　C. 腐　　D. 寡
18. 大丽花螟蛾以(　　)在茎秆或穗轴内越冬。

A. 卵　　B. 老熟幼虫　　C. 成虫　　D. 茧

19. 绿盲蝽在北方以(　　)在茎秆、茬内、树皮或断枝内及土中越冬。

A. 卵　　B. 若虫　　C. 成虫　　D. 茧

20. 野蛞蝓以(　　)在植物根部附近湿土中越冬。

A. 卵　　B. 幼虫　　C. 成虫　　D. 幼虫、成虫

(三)判断题

1. 园林花卉的害虫都是节肢动物。

2. 美国白蛾和松材线虫是检疫对象。

3. 轮作是防治所有病虫害的一项有效措施。

4. 因为生物防治对人、畜及植物安全,病虫不易产生抗性等优点,所以不久的将来生物防治将取代其他防治方法。

5. 温室白粉虱在北方只能以卵在温室植物上越冬。

(四)问答题

1. 为什么蚧类害虫较难防治?什么时期是防治蚧类害虫的最佳时期?

2. 花卉植物中"五小"害虫是指哪些害虫?发生与为害有何特点?

3. 花卉植物的叶部害虫、吸汁害虫的危害特点是什么?

4. 防治介壳虫有哪些关键措施?

5. 危害花卉植物的螨类主要有哪些种类?怎样防治?

6. 天牛类害虫有哪些?如何防治?

7. 根部害虫的发生特点是什么?

二、技能训练

1. 调查本地区常见的花卉食叶害虫、吸汁害虫的种类及其生活习性。

2. 结合校内外实训基地或现场教学识别本地区常见的花卉食叶害虫和吸汁害虫。

3. 对本地区经常发生金龟子的种类进行识别,根据其生活习性及发生规律制定防治方案。

4. 配制毒饵诱杀蝼蛄和地老虎。

5. 天牛类害虫的识别与防治。

6. 针对本校园园林花卉植物害虫发生现状,谈谈如何组织防治。

知识拓展

水培花卉病虫害的防治技术

水培虽然摆脱了土壤病虫害的侵染,但仍然会受到摆设环境病虫害的侵害,静止水培花卉因其摆设环境的特殊性,一旦发生病虫害,为防止对环境污染,不宜使用化学农药杀虫,也不能用大剂量的杀菌剂灭菌。

对水培花卉可能发生的病虫害应以预防为主。在选择花卉水培时,尽可能挑选植株健壮、生长茂盛、无病虫害的花卉。在栽培过程中发现虫害,可采用人工捕捉,或用自来水冲洗清除。水培花卉发生侵染性病害是不多的,只有在少数叶片上有褐色病变,干瘪坏死,或者有不规则圆形湿渍状病变,是由真菌或细菌侵染形成,发现后应将整片病叶摘除烧毁,勿使其蔓延。非

侵染性病害不是由病原物浸染引起的，它是由不适宜环境引起的。夏季闷热的高温天气，寒冷的冬天，干燥的气候，烈日灼伤，空气不通畅的环境，过度的荫蔽，营养液浓度过高，或不能均衡吸收，都可能造成静止水培花卉叶尖焦枯，下部叶片发黄脱落。炎夏温度过高，因培养液中溶解氧急剧下降，而易发根腐病，这更是静止水培的常见症状。针对以上不同症状找出相应产生的原因，加以纠正，改善栽培环境，避免非侵染性病害的发生。

学习情境 7

果树主要病虫害及综合防治

知识目标

◆熟悉常见果树病虫害的种类、分布、为害及发生规律。

◆掌握主要果树病虫害的综合防治措施。

能力目标

◆具备对当地果树病虫害的为害情况进行观察和分析的能力。

◆能正确识别果树病虫害种类并了解其发生规律。

◆能根据当地生产条件与果树病虫害发生情况制定合理的防治方案。

◆能熟练运用各种防治措施进行果树病虫害防治。

学习任务 1　果树主要病害的诊断与防治

任务描述

通过农业图书、文献查阅、网络查询及课堂讲解等方法，熟悉当地果树主要病害发生的种类及为害特点；通过校内外果树生产基地的现场观察与各种病害标本观察、视频观看、室内实验等方式，对当地果树生产中常见病害的症状、病原、发生规律进行观察与诊断；在教师和专业技术人员的指导下制定其全年综合防治方案，熟练运用关键防治技术，以达到预期的防治目标。

实施条件

1. 实施场所：校内外果树生产基地、农业应用技术示范园（大棚、温室）、植保实训室、多媒体教室。

2. 仪器设备：生物显微镜、培养箱、农用喷雾器、多媒体设备等。

3. 药品用具：碱性品红、龙胆紫、95%酒精、碘液、苯酚、二甲苯、蒸馏水、常用农药、培养皿、载玻片、盖玻片、挑针、镊子、小剪刀、解剖刀、扩大镜、小滴瓶、纱布块、洗瓶、酒精灯、滤纸、镜纸等。

4. 其他:各种果树病害标本、相关 PPT、教材、专业音像、专业图书图谱、网上资源等。

任务实施

一、仁果类果树主要病害的诊断与防治

仁果类果树病害的种类很多,其中有不少在生产上为害严重,如今防治病害早已成为果树生产过程中不可少的重要环节。在我国,为害严重的仁果类病害有苹果树腐烂病、苹果(梨)轮纹病、苹果炭疽病、梨黑星病、梨黑斑病、苹果白粉病、苹果褐斑病、梨树腐烂病、根腐病类(包括根朽病、白绢病、紫纹羽病、根癌病、圆斑根腐病等)。另外,局部地区发生较多的还有苹果及梨锈病、苹果花腐病、苹果和梨轮纹病、苹果银叶病以及缩果病(缺硼)等。

(一)苹果腐烂病

1. 症状

又叫臭皮病、烂皮病,是苹果园的重要病害之一。主要为害结果树及其幼苗,以树龄较长的结果树为主,对主干、大枝的侵害较重,引起树皮腐烂与枝枯,严重时整树死亡。树干受害后的症状有溃疡型和枝枯型两种类型。

溃疡型:病部皮层红褐色,水渍状湿腐,有酒精味,用手压之即下陷,并流出红褐色汁液,皮层及易剥离。后期病部失水下陷与健部交界处发生裂缝,表面产生突起的小黑色,潮湿时,小黑点涌出黄色的丝状物,干燥后硬化,遇水消解。病疤扩展环绕枝干一周时,病部以上的大枝或全树枯死(彩图 7-1)。

枝枯型:春季在 2～5 年生小枝上,病斑不隆起,亦不呈水渍状,而是全枝迅速失水枯干,很快死亡。有时亦可侵染果实,病斑近圆形或不规则形,有圆心轮纹,病组织软腐,有酒精味,病斑中部产生小黑点(彩图 7-2)。

2. 病原

黑腐皮壳菌 *Valsa mali* Migable et Yamada,属真菌界子囊菌门黑腐皮壳属,子囊壳埋生于子座基部,有长颈伸出子座,子囊孢子香肠形,单细胞。

3. 传播途径及发病条件

病菌以菌丝体、分生孢子器及子囊壳在田间病株及已砍伐堆放的病残体的皮层中越冬,成为来年发病的主要侵染来源,春季产生分生孢子角,主要通过雨水冲溅或经雨水冲散后随风传播。另外,昆虫(如小透羽、梨潜皮蛾等)也可传播。子囊孢子虽然也能侵染,但发病率低,潜育期长,病部扩展速度也缓慢。腐烂病菌具有潜伏侵染的现象,外表无病但带有死组织的苹果树皮可有病菌定殖而呈潜伏带菌,菌丝和分生孢子可以在树体内长期生存而不致病。发病高峰为春、秋两季,当果树从休眠转为生长或从生长转为休眠的交替阶段,是发病最多、为害最盛的时期。树势衰弱是发病的主要诱因,与冻害和日灼有关,品种间抗病性差异。地势低洼,长期积水的果园,土地黏重的果园,由于养分不足或根系生长不良,腐烂病常发生较重。

4. 防治方法

(1)加强管理,增强树势。从幼树开始注意,加强肥水管理,适期灌溉,控制结果,注意控制

其他各种主要病虫的为害。施肥应做到有机肥料和化学肥料混合施用以及氮、磷、钾特别是钾的配合。土壤贫瘠的果园，进行深翻改土、种植绿肥。滩地果园要注意排水防碱。山地要修筑梯田来防治水土流失。通过修剪和适当疏花疏果来控制结果，做到平衡生长，克服大小年。

(2)搞好果园清理。把修剪下来的病枝干、刮下来的病树皮，以及果园里的枯死树体，要统统清除园外，尽快集中烧掉，不要作为篱笆墙、顶枝棍用，减少病菌来源。

(3)刮治病斑。夏、秋季节发现表面溃疡后彻底刮干净，刮口应做到光滑平整，以利愈合。刮后涂抹40%福美砷可湿粉，5～10波美度石硫合剂。

(4)涂药预防。在夏季发病之前及晚秋、初冬进行。夏季先刮除主干、大枝和骨干枝杈桠部的粗皮，挖除深层干斑，剪去病桩、枯桩，然后涂40%福美砷可湿粉。在晚秋、初冬刮除表面溃疡后，喷福美砷可预防发病。

(5)重刮皮。在5～8月份，用锋利的刮刀将主干、主枝的表层刮去1 mm左右，刮到树皮出现黄绿相嵌状为止。注意刮净病变组织，刮面要光，刮后不涂药，以利愈合。早春或晚秋季节和高寒地区易造成愈合不良或遭受冻害，不宜进行重刮皮。

(二)苹果(梨)轮纹病

1. 症状

苹果轮纹病是重要的果实及枝干病害。枝干受害，以皮孔为中心形成近圆形的褐色小点，稍突起，后病斑扩大，直径3～20 mm，病斑中央呈瘤状突起，周围逐渐凹陷，病健交界发生龟裂，病皮翘期，质地坚硬，色泽从灰褐色逐渐变为灰白色。翌年从病斑表面产生黑色的小粒点(分生孢子器或子囊壳)。在过年生的主干或枝干上，由于病斑相互愈合，常引起病皮严重开裂，十分粗糙，故又称粗皮病。受害果实常以皮孔为中心形成水渍状、近圆形褐色小点，病斑扩大后形成淡、暗褐色相间的同心轮纹，并有茶褐色黏液渗出，几天内全果腐烂(彩图7-3)。叶片受害初产生不规则形的褐色病斑，后逐渐变为灰色，其上散生黑色小点。除苹果外，其还为害梨、李、桃、海棠、板栗等多种果树，影响产量并削弱树势。

2. 病原

有性态为真菌子囊菌亚门贝伦格葡萄座腔菌梨生专化型 *Botryosphaeria berengeriana* f. sp. *piricola*，异名梨生囊壳孢 *Physalospora piricola* Nose；无性态为半知菌亚门轮纹大茎点菌 *Macrophoma kawatsukai* Hara。子囊壳埋生于寄主表皮下，黑褐色，球形或扁球形，具孔口，子囊棍棒状，子囊孢子单胞无色，椭圆形，分生孢子器扁圆形或椭圆形，具乳头状孔口，分生孢子梗丝状，单胞，分生孢子椭圆形或纺锤形，单胞，无色。

3. 传播途径及发病条件

当气温在20℃以上，相对湿度大于75%或雨量达10 mm时，或连续下雨3～4 d，孢子大量散布，病害传播最快。轮纹病菌具潜伏侵染特性，寄主范围很广。干旱年份或地区，病害发生轻，不同品种对轮纹病的抗性差异显著，果园管理粗放，挂果过多，蛀虫性害虫为害严重，肥水不足或偏施氮肥，树势衰弱，均有利于病害发生。

4. 防治方法

采取加强管理、增强树势、提高抗病力和药剂防治相结合的综合措施。

(1)选用抗病品种，加强栽培管理。不同苹果品种不仅对轮纹病的抗性不同，而且不同品种果实上侵染点发展的快慢也不同。因此，选择抗病品种尤其重要。

(2)避免以杨树、柏树等树木作防风林,有条件地区可实行果实套袋。

(3)培育、选用无病苗木,加强栽培管理,增强树势,提高抗病力。

(4)冬季结合修剪,剪除病虫枝。

(5)对主干、主枝上的病斑,及时刮除,并涂以杀菌剂保护。5～8月份,喷50%多菌灵可湿性粉剂、70%甲基托布津可湿性粉剂或1∶2∶(160～200)波尔多液4～5次。果实采收前20 d不要施用退菌特。

(三)苹果炭疽病

1. 症状

主要为害果实,也可侵染枝干和果台。此病除为害苹果外,还能侵染梨、葡萄及核桃等多种果树。果实发病初期出现浅褐色小圆点,病斑逐渐扩大到直径为1 mm左右时,变黑凹陷,并产生同心轮纹状的小黑点,在降雨或潮湿天气可溢出粉红色黏液(彩图7-4)。炭疽病病果多数落地,少数失水萎缩,挂在枝头上不易脱落。

2. 病原

有性态为围小丛壳菌 *Glomerella cingulata* (Stonem) Spauld et Schrenk,子囊菌亚门小丛壳属。子囊壳产生在菌丝层上或半埋于子座内,没有侧丝,子囊孢子单细胞,无色;无性态为胶孢炭疽菌 *Colletotrichum gloeosporioides* (Penz.) Penz. & Sacc.,半知菌亚门炭疽菌属。

3. 传播途径及发病条件

病菌在苹果树上的干果、干枝或落果上越冬,第二年春末夏初时,越冬菌丝开始形成分生孢子,天气较暖时通过雨水和昆虫传播为害。病菌还可侵染刺槐,且发病较早,距离苹果园20 m内载有刺槐和核桃会加重病害的发生。从6月份至果实采收期,乃至贮藏和运输过程中均可侵染发病,但以5月份和幼果期为侵染盛期。

4. 防治方法

(1)清除菌源。结合冬季修剪去除各种干枯枝、病虫枝、僵果等并及时烧毁。病菌主要在病枝、病果上过冬,病重区要在果树萌芽前,对树体喷布一次铲除剂,以50～100倍五氯酚钠较好。

(2)加强栽培管理。注意果园的通风透光,合理密植,夏季修剪,及时除草,合理施肥;注意氮、磷、钾的平衡,加强果园排水等。

(3)药剂防治。注意在发病初期防治,生长期以50%退菌特可湿性粉剂或50%敌菌灵可湿性粉剂、75%百菌清可湿性粉剂喷雾。

(四)苹果叶斑病类

引起苹果早期落叶的叶斑病种类很多,例如褐斑病、斑点病、灰斑病、轮斑病以及圆斑病等,其中以褐斑病和斑点病在我国为害较重。

1. 症状

褐斑病:主要为害叶片,叶片上的病斑最初为褐色小点,其后发展为以下三种不同类型的病斑:同心轮纹状,病斑较大,有时直径可达2.5 cm,褐色同心轮纹的斑点中有黑色小颗粒体,并使叶片变成黄色;针芒状,病斑似放射形的针芒,后期病叶也变为黄色(彩图7-5);混合型病斑,兼有上述两种症状。

斑点病：主要为害叶片，以展叶不久的嫩叶最易受害；成熟叶片几乎不被侵染。病斑周围有紫褐色晕圈，潮湿时产生黑绿色霉状物，后期易焦枯脱落；徒长枝染病皮孔突起，芽周变黑，凹陷坏死，边缘开裂；幼果感病多表现为黑色型和疮痂型，近成熟果实多为褐变型。

灰斑病：主要侵害叶片，此外，还为害枝条和果实。初期呈褐色至红褐色，后期变为有光泽的银灰色，边缘清晰，具有略为隆起的暗褐色界线，其上散生数粒黑色小点(分生孢子器)。

2. 病原

褐斑病：苹果双壳菌 *Diplocarpon mali* Harada et Sawamura，属子囊菌亚门双壳菌属；无性阶段为苹果盘二孢 *Marssonina coronaria* (E11. et Davis) Davis，属半知菌亚门。

斑点病：苹果链格孢 *Alternaria mali* Roberts，属半知菌亚门链格孢属。

灰斑病：梨叶点霉 *Phyllosticta pirina* Sacc.，属半知菌亚门叶点霉属。

3. 传播途径及发病条件

雨水是各种叶斑病菌传播、入侵以及产生无性与有性孢子的必需条件。凡是春季多雨、夏秋雨季提前的年份，发病就会严重。栽培管理措施与发病轻重有关，苹果不同品种抗褐斑病的特性与叶表角质层厚度、叶片的总含氮量以及苯丙氨酸脱氨酶(PAL)、木质素形成的速度与程度有密切关系。

4. 防治方法

(1)搞好清园工作。秋冬季注意认真清扫园内落叶，并结合修剪清除树上残留的病枝和病叶，集中烧毁或沤肥。

(2)加强各项栽培管理措施。注意增强树势，提高果树的抵抗力。

(3)喷药保护。对一般的叶斑病可于 5 月上中旬开始，以 15 d 左右的间隔，喷 3～4 次药。

(五)梨黑星病

梨黑星病又名疮痂病、黑霉病及斑点病，是梨树主要病害之一，分布于亚洲、欧洲、北美及澳大利亚，在我国南北方各省区均有发生，尤以江淮流域气候温暖多雨的地区以及辽宁、河北、陕西、北京等种植鸭梨、白梨等高感品种的梨区，发生普遍、严重。

1. 症状

在各梨产区均有发生。为害梨的叶、果、芽、新梢。初期病斑为黄色，以后表面产生黑色霉层。严重时渐枯死，提早落叶，果实发病初生淡黄色圆形斑点，逐渐扩大，病部稍凹陷，上长黑霉，后病斑木拴化，坚硬，凹陷并龟裂。幼果受害后往往不能长大而早落；较大果实受侵时，因病部木质化，停止生长而形成畸形果；再大的果实发病后，形成疮痂状凹斑，并常常发生星状开裂，并有杂菌腐生，接近成熟的果实被害时，仅呈现略微凹陷的退绿小圆斑(彩图 7-6)。

2. 病原

有性态为子囊菌亚门梨黑腥菌 *Venturia pirina* Aderh；无性态为半知菌亚门梨黑腥孢菌 *Fusicladium virecens* Bon。分生孢子梗粗而短，暗褐色，无分枝，直立或弯曲，其上可见有许多疮疤状突起物。分生孢子淡褐色或橄榄色，两端尖，纺锤形，单胞。假囊壳圆球形或扁球形，黑褐色。子囊棍棒状。子囊孢子双胞，上大下小。

3. 传播途径及发病条件

病菌在芽鳞、落叶和病枝上越冬，春季梨芽萌动时病菌活动，落花后不久，在新梢上最先发病。一般多雨年份发病严重，干旱年份发病较轻。梨树的不同品种对黑星病的抗性具有明显差异。寄主最易感病的是幼嫩组织。降雨的早晚、降雨量的大小和持续时间长短是左右年度间病害流行波动的主导因素。地势低洼、树冠茂密、通风透光不良、湿度较大的梨园，以及肥力不足、树势衰弱的梨树均易发病。

4. 防治方法

(1)选择园艺性状良好、抗病性较强的优良品种种植，增施有机肥料，合理修剪。

(2)春季发病初期，及时摘除病花序和病叶，防治病害的扩散蔓延。清除病枝、病果，入冬前彻底清扫果园落叶，并及时烧毁。

(3)在 5 月中旬、6 月中旬、7 月上旬以及 8 月上旬注意用药预防，用 50%多菌灵可湿性粉剂、70%甲基拖布津可湿性粉剂、75%多菌清可湿性粉剂、70%代森锰锌可湿性粉剂。

(六)梨黑斑病

1. 症状

主要为害果实、叶片和嫩梢。幼嫩的叶片最早发病(彩图 7-7)，开始时产生针头大、圆形、黑色的斑点，以后斑点逐渐扩大，潮湿时，病斑表面遍生黑霉，此即病菌的分生孢子梗及分生孢子。新梢上的病斑，早期黑色，椭圆形，稍凹陷，后扩大为长椭圆形，凹陷更明显，淡褐色，病部与健部分界处常产生裂缝。幼果受害，初在果面上产生一至数个黑色圆形针头大的斑点，后逐渐扩大，成近圆形或椭圆形。病斑略凹陷，表面遍生黑霉。由于病健部发育不均，果实长大时，果面发生龟裂，裂隙可深达果心，在裂缝内也会产生很多黑霉，病果往往早落。成长果实感病时，其前期症状与幼果上的相似，但病斑较大，黑褐色，后期果实软化，腐败而落果。重病果常数个病斑合并成为大病斑，甚至使全果变呈漆黑色，表面密生墨绿色至黑色的霉。

2. 病原

菊池链格胞 *Alternaria kikuchiana* Tanaka，属真菌界半知菌亚门链格胞菌属，病斑上长出的黑霉是病菌的分生孢子梗和分生孢子。分生孢子梗褐色或黄褐色，少数有分枝，基部较粗，先端略细，有隔膜 3～10 个，其上端有几个孢痕。分生孢子常 2～3 个链状长出，形状不一，普通为短棍棒状，基部膨大，顶端细小，往往有较长的嘴胞，隔膜所在处略缢缩。

3. 传播途径及发病条件

病菌以分生孢子及菌丝体在被害枝梢和落于地面的病残体上越冬。第二年，产生分生孢子后借风雨传播。一般 4 月下旬开始发病，嫩叶极易受害。6～7 月，如遇多雨，更易流行。温度与降雨量与病害的发生发展关系极为密切。一般气温在 24～28℃，同时连续阴雨，有利于黑斑病的发生与蔓延。如气温达到 30℃以上，并连续晴天，则病害停止扩展。树势强弱、树龄大小与发病关系也很密切，树龄小、树势强发病少，树龄大、树势下降则发病严重。另外，果园肥料不足或偏施氮肥，地势低，植株过密，修剪不合理，以及梨网蝽、蚜虫等猖獗为害，均有利于此病的发生。

4. 防治方法

(1)清除侵染来源。剪除有病枝梢，清除果园内的落叶、落果，集中全部加以销毁。

(2)加强管理。一般管理较好、施用有机肥料较多、树势健壮的梨园，发病都较轻，反之，则发病较重。因此，各地应根据实际情况，在果园内间作绿肥，或增施有机肥料，促使生长健壮，增强梨树抵抗力，以减轻发病。对于地势低洼、排水不良的果园，应做好开沟排水工作。在历年黑斑病发生严重的梨园，冬季修剪宜重，这样一方面可以增进树冠间的通风透光，另一方面，可以大量剪除病枝梢，以减少病菌来源。

(3)套袋可以保护果实，免受病菌侵害。

(4)喷药保护。发芽前，约3月上中旬，喷1次0.3%～0.5%五氯酚钠混合5波美度石硫合剂，以消灭枝干上越冬的病菌。在生长期，由于此病为害持续期较长，所以，喷药次数要多一些，一般在落花后至雨季结束前，都要喷药保护。前后喷药间隔期为10 d左右，共约喷药7～8次。为了保护果实，套袋前必须喷一次，喷后立即套袋。药剂可用0.6%波尔多液，50%代森铵1 000倍液，50%退菌特600～800倍液，10%多氧霉素1 200倍液等。

(七)梨及苹果锈病

苹果及梨树锈病又名赤星病、"羊胡子"，是果树病害中转主寄生病害的代表，均以桧柏等植物为其转主寄主。在我国南北果区均普遍发病，但一般为害并不十分严重，仅在果园附近种植桧柏类树木较多的风景区和城市郊区受害突出。

梨锈病除为害梨树外，还能为害木瓜、山楂、棠梨和贴梗海棠等，但不侵害苹果，苹果锈病由另一种锈菌引起。这两种锈病除不能交互侵染外，病害症状、侵染循环和防治方法基本相同。

1. 症状

病害只能为害幼叶、叶柄、新梢及幼果等绿色幼嫩组织。苹果锈病的发生较梨树锈病略迟，幼叶被害，叶片正面产生圆形小病斑，中央橙黄色有光泽，边缘淡黄色，随着病斑的扩大，病斑中央产生蜜黄色微凸的小粒点(性孢子器)，潮湿时，小粒点上溢出黄色黏液(性孢子)，黏液干后，黄色小粒点变为黑色。叶片正面产生性孢子器，背面产生锈子腔，转主寄主上形成冬孢子角。

幼果受害，初期病斑与叶片上的相似。病部凹陷，病斑上密生橙色小斑点，后变黑色，再后期病斑表面出现灰黄色毛状锈孢子器(彩图7-8，彩图7-9)。

新梢、果梗和叶柄被害与果实上大体相同。病处稍隆起，初期病斑密生性孢子器，之后长出锈孢子器，最后龟裂。

2. 病原

梨锈病的病原为梨胶锈 *Gymnosporangium haraeanum* Syd.，苹果锈病的病原为山田胶锈菌 *Gymnosporangium yamadae* Miyabe，它们都属于担子亚门胶锈菌属；需要在两类不同寄主上完成其生活史。在第一寄主梨、山楂、木瓜上产生性孢子器及锈孢子器；在第二寄主桧柏、龙柏等上产生冬孢子角。苹果锈菌的性孢子器呈扁球形，埋生于表皮下。性孢子单胞，无色，纺锤形；梨树锈菌的性孢子器呈葫芦形，性孢子呈纺锤形，无色，单胞。

3. 传播途径及发病条件

发病轻重与梨园周围桧柏及柏科植物密切相关，一般只侵染幼嫩组织，当梨萌芽，幼叶展开时，如值天气多雨，同时温度适合冬孢子萌发，就会产生大量担孢子。两种锈病的侵染循环基本相同，它们均具有冬孢子、小孢子、性孢子及锈孢子四种类型，属于不完全转主寄生锈菌。由于缺乏夏孢子，因此不能发生再侵染，每年仅侵染一次。

4. 防治方法

(1)砍除梨园周围5 km内的桧柏、龙柏等转主寄主，是防治梨锈病最有效的方法。在建新梨园时，应调查周围有无桧柏存在，如有少量的桧柏可砍除，如果有桧柏数量很多，应另选地方作为梨园。

(2)若不能砍除桧柏等转主寄主，对梨树进行喷药保护，则需在花前及花后各喷一次，抑制冬孢子萌发产生担孢子。药剂可用 0.6%石灰倍量式波尔多液，或 50%代森锌 500 倍液，或 65%福美锌 300～500 倍液。苹果的喷药时间也在花前和花后进行，可与防治白粉病结合喷布 25%粉锈灵 700～1 000 倍液、0.3～0.5 波美度石硫合剂、40%福美砷可湿粉 500 倍液、50%甲基托布津可湿粉 600～800 倍液。在梨树盛花期应避免喷波尔多液，以防发生药害，如果需要喷药可用 65%代森锌 500～600 倍液。

二、核果类果树主要病害的诊断与防治

桃、杏、李、梅及樱桃等是重要的核果类果树，在我国分布范围广，栽种面积大，是深受人们青睐的营养佳品。我国已有记载的核果类果树病害有 200 多种，其中常见的有桃褐腐病、穿孔病、桃缩叶病等。

(一)桃褐腐病

1. 症状

桃褐腐病以为害果实为主，同时侵染花、叶、枝梢。果实受害初产生褐色圆形病斑，以后果肉变褐软腐，病斑表面出现同心轮纹状排列的灰褐色至灰白色绒球状霉层(彩图 7-10)。花受害时，先从雄蕊及花瓣上产生褐色水渍状斑点，后变褐色枯萎腐烂，表面丛生灰霉。新梢上产生长圆形、稍凹陷、灰褐色的溃疡斑。病叶变褐、萎垂，像经历霜害。桃褐腐病是一种真菌病害。以菌丝体于僵果、病枝或地面上的枯枝落叶上越冬。

2. 病原

子囊菌亚门链核盘菌属主要有三种：核果链核盘菌 *Monilinia laxa*、果生链核盘菌 *Monilinia fructigena*、美澳型核果链核盘菌 *Monilinia fructicola*。常见的都是无性阶段，属于丛梗孢属 *Monilia*。

3. 传播途径及发病条件

花期、幼果期低温多雨，果实成熟期温暖多雨、多云多雾、高湿，贮藏期高温、高湿，通风透光差，虫害严重，地势低洼或枝叶过于茂密、树势弱，易发病。果实成熟时的表面伤口是病菌入侵的主要途径，伤口来源有虫伤、机械伤以及裂果等，其中尤以虫伤更为重要。不同品种之间抗病程度差别较大，以皮薄、柔嫩、多汁、味甜的品种易发病。

病菌以菌丝体在僵果或病枝溃疡部越冬，翌春病斑表面产生大量的分生孢子，借风雨或昆虫传播，进行初侵染。落地越冬的僵果在春天可产生漏斗状的子囊盘，并散发出大量的子囊孢子，也可引起初侵染。在潮湿的条件下，初侵染形成的病花和病叶上形成大量分生孢子进行再侵染。或靠菌丝从病部扩展蔓延到枝梢或幼果上，使其发病。

4. 防治方法

(1)消灭越冬菌源。春、秋两季彻底清除僵果和病枝，并集中烧毁，秋季深翻将病残体深埋地下。

(2)及时防治蛀果害虫，以减少传播媒介和果实伤口。

(3)加强栽培管理。通风透光、排水、施肥、防虫、套袋、早期摘病果。

(4)喷药保护。桃树发芽前喷5波美度石硫合剂,落花后喷65%代森锌可湿性粉剂500倍液或65%福美锌可湿性粉剂300～500倍液,或70%甲基托布津800～1 000倍液。每15～20 d喷一次直到果实成熟前1个月停止喷药。

(二)桃细菌性穿孔病

细菌性穿孔病分布较广,为害严重,常引起早期病叶,枝梢枯死。穿孔病除为害桃外,还为害李、杏、樱桃等核果类果树。

1. 症状

细菌性穿孔病主要为害叶片,也为害果实和新梢。叶片受害,早期呈水渍状小病斑,后发展为深褐色病斑。病斑因有淡黄色晕环,并沿晕环形成裂纹,病斑易失水脱落而形成穿孔状(彩图7-11)。枝条发病后多出现溃疡斑,严重时造成枝条枯死。细菌性穿孔病的病源细菌在枝条病部组织中越冬,桃树开花前后,细菌从病组织中溢出,借风雨和昆虫传播,经气孔和皮孔浸入。

2. 病原

野油菜黄单胞菌 *Xanthomonas campestris* pv. *pruni*(Smith)Dye.,属细菌域原核生物界普罗特斯门黄单胞菌属,细菌呈短杆状,两端圆,单生或连成短链。一端生鞭毛1～6根,有荚膜,无芽孢。格兰氏染色阴性反应,好气性,在牛肉汁琼脂培养基上形成黄色、圆形菌落。病菌发育最适温度为25℃,最高38℃,最低7℃,致死温度为51～52℃ 10 min。病菌暴露在阳光下经30～45 min即失去生活力,在干燥条件下可存活10～13 d,在枝梢溃疡组织内可存活1年以上。落于地面病组织内的病菌,约经6个月后死亡。

3. 传播途径及发病条件

细菌性穿孔病的病原细菌在枝条病组织内越冬,次年开花前后,病菌从病组织中溢出,借风雨或昆虫传播。病害一般在5～10月发生。潜育期长短与温度及树势有关系。高温、湿度大适宜病害发生,树势衰弱、通风排水不良及偏施氮肥的果园发病重。病原细菌在病枝条组织内越冬,桃树开花前后,病菌从病组织中溢出借风雨和昆虫传播,经气孔、皮孔或伤口侵入。

4. 防治方法

(1)加强果园的栽培管理,增强树势。合理施肥,增施有机肥,避免偏施氮肥;对地下水位高或土壤黏重的桃园,要改良土壤,及时排水;合理整形修剪,及时剪除病枝,彻底清除病叶,集中烧毁或深埋。

(2)喷药保护。早春,桃树萌芽前喷石硫合剂等。喷药最好选择天晴无风的日子;展叶后,喷施65%代森锌、50%多菌灵、70%甲基硫菌灵、40%百菌清等药剂防治。

(三)桃缩叶病

缩叶病是桃树重要病害之一,分布广泛,尤以沿海和滨湖地区发生较重。桃树早春发病后,引起初夏落叶,不仅影响当年产量,还影响第二年花芽的形成。

1. 症状

缩叶病主要为害桃树的叶片、花瓣、新梢等。受害后幼叶从芽鳞中抽出时就显现卷曲状,颜色发红(彩图7-12)。叶片逐渐开展,卷曲及皱缩的程度随之增加,致全叶呈波纹状凹凸,严重时叶片完全变形。病叶较肥大,叶片厚薄不均,质地松脆,呈淡黄色至红褐色;后期在病叶表面长出一层灰白色粉状物，即病菌的子囊层。病叶最后干枯脱落。在新梢下部先长出的叶片受害较严重，花和幼果受害后多数脱落，故不易觉察。新梢受害呈灰绿色或黄色，比正常的枝条短而粗，其上病叶丛生，受害严重的枝条会枯死。

2. 病原

畸形外囊菌 *Taphrina deformans*（Berk.）Tul，属真菌界子囊菌门外囊菌属，病菌有性时期形成子囊及子囊孢子，多数子囊栅状排列成子实层，形成灰白色粉状物。

3. 传播途径及发病条件

病害的发生与早春的气候条件关系密切。早春，如果低温（10～16℃）持续时间长、阴雨天多，极易受缩叶病菌为害。品种间以早熟品种发病较重，中、晚熟品种发病较轻。病菌主要以厚壁芽孢子在桃芽鳞片上越冬，亦可在枝干的树皮上越冬。翌年春季桃树萌芽时，芽孢子萌发，由芽管直接穿过嫩叶表皮或由气孔侵入。初夏形成子囊层，产生子囊孢子。芽孢子在芽鳞及树皮组织中越夏，条件适宜时，可继续芽殖，但因夏季温度高，不适于孢子的萌发和侵染，或虽偶有侵染，为害也较轻。

4. 防治方法

在早春桃发芽前喷药防治，可达到良好的效果。如果在展叶后喷药，则不仅不能起到防病的作用，反尔容易发生药害，必须注意。

(1)加强果园管理，在病叶初见而未形成白色粉状物之前，及时摘除病叶，集中烧毁，可减少当年的越冬菌源。

(2)发病重、落叶多的桃园，要增施肥料，加强栽培管理，以促使树势恢复。

(3)药剂防治。药剂可用 3～5 波美度石硫合剂、1～3 波美度石硫合剂与 0.3%五氯酚钠的混合液和 1∶1∶100 波尔多液（上述药剂在桃萌芽后不能使用，以免发生药害）。

三、浆果类果树主要病害的诊断与防治

葡萄是重要的浆果类果树，栽培面积广、历史悠久，我国汉代由中亚引入，其营养丰富，用途广泛。常见病害有黑痘病、炭疽病、霜霉病、褐斑病、白腐病等。

（一）葡萄黑痘病

1. 症状

又叫疮痂病、鸡眼病，是葡萄重要病害之一。主要为害葡萄绿色幼苗部分，如叶片、新梢、嫩叶、幼果，叶片病斑圆形或不规则形，中间灰白色，边缘暗褐色或紫色，干燥时，病斑中央易穿孔；果实感病部位产生边缘褐色、中央凹陷的“鸟眼”状斑点，叶片、嫩梢、卷须等扭曲、皱缩，幼果畸形（彩图 7-13）。

2. 病原

无性态为葡萄痂圆孢菌 *Sphaceloma ampelimum*，分生孢子梗极短，不分枝，紧密排在子座组织上，分生孢子单细胞，卵圆形或椭圆形；有性态为痂囊腔菌 *Elsinoe ampelina*，我国尚未发现。

3. 传播途径及发病条件

病害流行与降雨、大气湿度密切相关，尤以春季及初夏（4～6 月）雨水多少的关系最为密

切。地势低洼、排水不良的果园发病较重。品种间抗性存在差异。

4. 防治方法

(1)选用抗病品种。

(2)苗木与插条的检疫与消毒。在种植前将苗木枝蔓浸入3～5波美度石硫合剂中(主要根系不能浸入),阴干后就可种植。

(3)加强果园管理。重点做好清理果园、消灭病原,结合修剪除去带病蔓枝,清楚地面枯枝落叶及病果等带病残体。

(4)药剂防治。在葡萄展叶至果实着色前进行防治,每隔10～15 d喷药1次,开花前及谢花后70%～80%时连喷2次药。药剂可用1∶(0.5～0.7)∶200倍波尔多液,或50%多菌灵可湿性粉剂800倍液,或80%代森锰锌可湿性粉剂600～800倍液。

(二)葡萄炭疽病

1. 症状

又叫晚腐病,是葡萄近成熟期的重要病害。主要侵害着色后的果实,能侵染果梗、穗轴及蔓、叶和卷须。果实受害后,先在果面产生针头大褐色圆形的小斑点,后来斑点逐渐扩大,并凹陷,在表面逐渐长出轮纹状排列的小黑点,这是病菌的分生孢子盘(彩图7-14)。当天气潮湿时,病斑上长出粉红色黏质物,即病菌的分生孢子团块。发病严重时,病斑可以扩展到半个或整个果面,后期感病,果粒软腐,易脱落,或逐渐失水干缩成为僵果。有些品种的症状稍有不同,幼果表面不产生明显症状,病菌只是潜伏着,至穗粒将要上色成熟时才呈现网状褐色的不规则病斑,病斑无明显边缘,但到后来感病果粒也干枯而失去经济价值。这种症状以玫瑰香表现最为明显。发生不同的症状可能与品种的抗病性有关。

2. 病原

围小丛壳菌 *Glormerella cingulala* (Stonem) Spauld. et Schrenk,属真菌界子囊菌门小丛壳属,分生孢子盘上聚生分生孢子梗,无色,单胞,圆筒形或棍棒形。分生孢子无色,单胞,圆筒形或椭圆形。病菌的有性时期很少发现。病菌发育最适温度为20～29℃,最高为36～37℃,最低为8～9℃。

3. 传播途径及发病条件

病菌主要以菌丝体在树上有病枝蔓表层组织及病果上越冬。树上枝蔓带菌率最高的是副梢,其次为果穗、结果枝、卷须、僵果,以及地面落果。越冬后的病菌,一般在5～6月份开始形成分生孢子,通过风雨、昆虫,传播到果穗上,孢子发芽直接侵入果皮,潜育期约10 d。一般年份,病害从6月上、中旬开始发生,以后逐渐增多,8月间发病最严重,果实采收后仍能继续发病。

实际生产中果园内病害的发生与降雨关系很密切,每逢下雨,几天后就会发生一批炭疽病,天气干旱则病害发展很慢;果园排水不良,植株栽培过密,葡萄副梢过多造成荫蔽的环境条件,果园内湿度大,利于病害的蔓延;品种与发病有一定的关系,一般果皮薄的品种发病较重,早熟品种可避病,而晚熟品种往往发病较严重;葡萄果实含糖量及酸碱度与发病也有关系,当果汁含糖量浓度达到7%～8%,酸碱度为pH 2.8～2.9时,发病最严重。

4. 防治方法

(1)葡萄采收以后要把落于地面的果穗和果粒清除,挖坑深埋或烧毁。生长期要做好副梢的管理工作，做到及时摘心、绑蔓，使果园通风透光良好，以减轻发病。合理施肥，氮、磷、钾三要素应适当配合，增施钾肥，以提高植株的抗病性。雨后要搞好果园的排水工作，防止园地积水。

(2)果实可以套袋防病，以节省药剂。

(3)药剂防治。在葡萄发芽前喷一次0.3%五氯酚钠混合3波美度石硫合剂，以铲除在枝蔓上越冬的病菌。葡萄生育期在果实开始着色前喷射50%退菌特1 000倍液，以后每隔半月喷1次，直至采收前90 d先后约喷4次药。

(三)葡萄霜霉病

1. 症状

葡萄霜霉病在我国各葡萄产区均有发生，主要为害叶片，是引起叶片干枯、早期落叶的主要病因之一。霜霉病主要为害叶片，也能侵害嫩梢、花、幼果等柔嫩部分。叶片发病初出现细小的不定形的淡黄色水渍状斑点，后扩展为黄色或褐色的不规则病斑；病斑背面产生白色浓霜状霉层，此为病菌的孢囊梗和孢子囊。受害严重时，叶片焦枯卷缩，引起早期脱落。嫩梢受害，开始也产生水渍状病斑，淡黄色，逐渐变为黄褐色至褐色，表面也密生白色霜状霉(彩图7-15)。嫩梢被害后生长停滞，扭曲，严重时干枯死亡。花及幼果受害初为浅绿色，后呈深褐色。病部凹陷，遍长白霉，不久即皱缩脱落。

2. 病原

葡萄生单轴霉菌 *Plasmopara viticola* (Berk.et Curtis) Bert et de Toni，属色藻界卵菌门。菌丝体在寄主细胞间蔓延，以瘤状吸器伸入寄主细胞内吸收营养。病部的霉状物，即为病菌的孢囊梗和孢子囊。孢囊梗无色，单胞，卵形或椭圆形，顶端具有乳头状突起。葡萄单轴霉菌为专性寄生菌，不能在人工培养基上进行培养。

3. 传播途径及发病条件

病菌以卵孢子在病组织中越冬，第二年在适宜条件下萌发产生芽孢囊，再由芽孢囊产生游动孢子，借风、雨传播到寄主叶片上，从叶背气孔侵入。潜育期一般为7～12 d。只要环境条件适宜，病菌在生长期内能不断产生孢子囊进行重复侵染。菌丝体在寄主细胞间蔓延，以瘤状吸胞伸入寄主细胞内吸取养料。高湿、低温是此病的流行条件。温、湿度与降雨，对此病的发生有极大的影响。孢子囊萌发最适温度为10～15℃，最低5℃，最高21℃。孢子囊和游动孢子的萌发、侵入，均需要雨、露。所以，高湿、低温是霜霉病流行的气候条件。病害的发生与流行与降雨量有关，在5～9月间雨量大，病害容易发生。栽培密度以及整枝、修剪等管理工作，与霜霉病发生也有密切关系。果园通风透光不良就会加重发病。施肥不当，偏施或迟施氮肥，刺激葡萄抽生新梢，或秋后枝叶茂密，组织延迟成熟等也会使发病加重。

4. 防治方法

(1)由于病菌以卵孢子在病组织中越冬，所以冬季要搞好清园工作，收集病叶、病果，并剪除病梢，加以烧毁或深埋，以减少果园中的病菌来源。

(2)合理修剪，尽量剪去近地面不必要的蔓叶，使植株通风透光良好，降低湿度。此外，适当增施磷、钾肥，在酸性土壤中应多施石灰，可以提高葡萄对霜霉病的抵抗性。

(3)在发病前或发病初期喷0.6%石灰半量式波尔多液，或65%代森锌400～500倍液，以后每隔半月左右喷一次，连续2～3次，可以有效地防治霜霉病。

(四)葡萄褐斑病

1. 症状

又叫斑点病，是葡萄生活后期叶片上发生的主要病害之一(彩图 7-16)。褐斑病仅为害叶片。大褐斑病的病斑初期为近圆形、多角形或不规则形的褐色小斑点，以后斑点逐渐扩大，直径达 3～10 mm。病斑中部黑褐色，边缘褐色，病、健部分界明显；叶背病斑呈淡黑褐色，并有一层深褐色的霉状物；染病叶组织干而脆，容易破裂而早落。小褐斑病的病斑近圆形，较小，2～3 mm，大小比较一致；病斑呈深褐色，中部颜色稍浅，后期病斑背面长出一层较明显的黑色霉状物。

2. 病原

大褐斑病致病菌是葡萄假尾孢 *Phaeoisariopsis vitis*(Lév.) Speg.，属真菌界半知菌亚门假尾孢属。分生孢子梗常 10～20 梗集结成束状，直立，暗褐色。分生孢子着生于分生孢子梗顶端，长棍棒状，微弯曲，基部稍膨大，上部渐狭小，有 0～9 个隔膜，褐色至暗褐色。小褐斑病致病菌是座束梗尾孢 *Cercospora roesleri* (Catt.) Sacc.，属真菌界半知菌亚门尾孢属。分生孢子梗较短，松散不集结成束，淡褐色。分生孢子长柱形，直或稍弯，有 3～5 个分隔，棕色。

3. 传播途径及发病条件

病菌以菌丝体和分生孢子在落叶上越冬，至第二年初夏长出新的分生孢子梗，产生新的分生孢子，新、旧分生孢子通过气流和雨水传播，引起初次侵染。分生孢子发芽后从叶背气孔侵入，发病通常自植株下部叶片开始，逐渐向上蔓延。病菌侵入寄主后，经过一段时期，于环境条件适宜时，产生第二批分生孢子，引起再次侵染，造成陆续发病。直至秋末，病菌又在落叶病组织内越冬。

高温、高湿是此病的流行条件。分生孢子萌发和菌丝体在寄主体内发展需要高湿和高温，故在高湿和高温条件下，病害发生严重。褐斑病一般在 5～6 月初发，7～9 月为发病盛期。多雨年份发病较重。

4. 防治方法

(1)加强管理。秋后彻底清扫果园落叶，集中烧毁或深埋，以消灭越冬病原；生长期内，增施肥料，合理灌溉，增强树势，提高树体抗病力。

(2)药剂防治。在发病初期结合防治黑痘病、炭疽病等，喷射石灰半量式波尔多液或 65% 代森锌 500～600 倍液，每隔 10～15 d 喷 1 次，连续喷 2～3 次，就有良好的防治效果。由于病害一般从植株下部叶片开始发生，以后逐渐向上蔓延。因此，第一、二次喷药要着重喷射植株下部的叶片。

(五)葡萄白腐病

葡萄白腐病俗称“水烂”或“穗烂”，是华北、黄河故道及陕西关中等地经常发生的一种重要病菌，在多雨年份常和炭疽病并发流行，造成很大损失。

1. 症状

病害主要为害果穗和枝梢，叶片也可受害，通常在穗轴上先发病，在果梗和穗轴上形成浅褐色水浸状不规则形病斑，扩大使其下部的果穗部分干枯。发病果粒先在基部变成淡褐色软腐，逐渐发展至全粒变褐腐烂，果皮表面密生灰白色小粒点，以后干缩呈有棱角的僵果极易脱落;枝蔓发病一般在有损伤的地方,如扎心部位或新梢和铁丝摩擦之处等(彩图 7-17)。蔓上病斑初呈淡红褐色水渍状,以后色泽逐渐变深,表面密生略突起的灰白色小粒点;果穗受害,先叶片受害多从叶尖、叶缘开始形成近圆形、淡褐色大斑,有不明显的同心轮纹,后期也产生灰白色小粒点,最后叶片干枯很易破裂。

2. 病原

白腐盾壳霉 *Coniothyrium diplodiella* (Speg.) Sacc. ,属真菌界半知菌亚门盾壳霉属。分生孢子器散生于寄主表皮下,灰白色或灰褐色,球形或扁球形,顶端稍突起,器壁厚。

3. 传播途径及发病条件

病菌以分生孢子器及菌丝体在病组织中越冬,在土壤中越冬的病菌,一般以在地表面和表土 20 cm 以内的土壤中为多。病果落地后一般不完全腐烂,其上病菌有些可以存活 4～5 年。干燥病果的基部有一个结构紧密的菌丝体,称为"壳座",这种器官对不良环境有很强的抵抗力。"壳座"越冬后,能形成新的分生孢子器及分生孢子。分生孢子通过风雨传播,经伤口侵入引起初次发病。以后又于病斑上产生分生孢子器,散发分生孢子引起再次侵染。一般从 6 月上中旬开始,直至果实成熟期,在果园中病害会不断发生。秋末病菌又以分生孢子器或菌丝体在病组织中过冬。

果园白腐病发生与雨水有密切的关系,雨季来得早,病害发生也早;雨季来得迟,病害发生也迟。由于白腐病菌是从伤口侵入的,所以一切造成伤口的条件都有利于发病。如风害、虫害及摘心、疏果等农事操作,均可造成伤口,有利病菌侵入。特别是风害的影响更大,每次暴风雨后常会引起白腐病的严重发生。病害的发生与寄主生育期关系密切,果实进入着色期与成熟期,其感病程度亦逐渐增加。果穗的部位与发病也有很大的关系。

4. 防治方法

(1)选用抗病品种。

(2)加强果园管理。结合修剪及时去除病枝病果,搞好果园卫生,清除病原;采取果实套袋;生长季节及时摘心、修剪副梢和中耕除草,使之通风透光;葡萄开花前,树干下覆盖地膜;雨季及时排水,合理施肥增强树势;适当提高果穗离地面距离。

(3)药剂防治。发芽前对树体及地面喷 3 波美度石硫合剂;发病开始可选用 50%多菌灵可湿性粉剂 800～1 000 倍液,或 75%百菌清可湿性粉剂 600 倍液等。

(六)猕猴桃溃疡病

该病为毁灭性细菌病害,主要为害主干、枝条、叶片和花蕾。

1. 症状

主干和枝条受害的后期,病部皮层开裂,流出清白色黏液(彩图 7-18,彩图 7-19);叶片感病后,在新生叶片上呈现退绿小点,水渍状,后发展为 2～3 mm 深褐色有黄晕圈的不规则形斑。花蕾受害后,不能开放,变褐干枯,有受害轻的花虽然能开放,但结果小且易脱落成畸形果。

2. 病原

丁香假单胞杆菌猕猴桃致病变种 *Pseudomonas syringae* pv. Actinidiae,属细菌域原核生物界普罗特斯门假单胞菌属,菌体单生,短杆状,两端钝圆,多为单极生鞭毛,无芽孢,无荚膜。

3. 传播途径及发病条件

溃疡病是一种腐生性强、又耐低温的细菌，主要在树体病枝上越冬，或者随病枝病叶等残体在土壤中越冬，成为第二年的初侵染源。翌年早春 3 月开始发病。4 月下旬出现发病高峰期，发病部位多从衰弱的枝干皮孔、芽基、落叶痕、枝条分杈处开始，如遇风雨，不断重复侵染。3～4 月遇到低温和连阴雨天气发病严重，由于溃疡病病菌是从伤口、气孔侵入的，所以一切造成伤口的条件都有利于发病。如风害、虫害及摘心、疏果等农事操作，均可造成伤口，有利病菌侵入。

4. 防治方法

(1)农业防治。选用抗病品种，加强肥水管理，提高综合抗病能力，适时修剪和绑束枝蔓，剪除病枝蔓叶，集中烧毁，喷 3～5 波美度石硫合剂。

(2)药剂防治。萌芽前，用 3～5 波美度石硫合剂或 0.7∶1∶100 倍波尔多液，也可用农用链霉素液喷雾。可用 3%克菌康可湿性粉剂 600～800 倍液，或 80%代森锰锌可湿性粉剂 600～800 倍液，枝蔓上流菌浓时，50% DT 可湿性粉剂 20 倍液，代森铵 30 倍液或链霉素 3 000 mg/L 涂抹病斑。

(七)柿子角斑病

1. 症状

角斑病为害叶片及果蒂。叶片被害，开始时在叶正面出现黄绿色或淡褐色不规则形病斑，病斑内的叶脉变褐色，没有明显的边缘，病斑进一步扩展时，颜色逐渐加深，四周受叶脉所阻，边缘逐渐明显，最后形成深褐色边缘黑色的多角形病斑，大小 2～8 mm，上面密生黑色绒状小粒点，即病菌的分生孢子梗基部的菌丝块(彩图 7-20)。病斑背面开始时呈淡黄色，后颜色逐渐加深，最后成褐色或黑褐色亦有黑色边缘，但不及正面明显。其上亦长有黑色绒状小粒点，但比正面细小。柿蒂染病时，病斑发生在蒂的四角，呈褐色至深褐色，有黑色边缘或无明显边缘。病斑大小不定，由蒂的尖端向内扩展。病蒂两面都可产生黑色小粒点，背面比较明显。当角斑病发生严重时，引起大量落叶、落果。落果时病蒂大部残留在树上。

2. 病原

柿假尾孢 *Cercospora kaki* Ell. et Ev.，属真菌界半只菌亚门假尾孢属，分生孢子梗基部菌丝集结成块，半球形或扁球形，暗橄榄色，分生孢子梗短杆状，不分枝，稍弯曲，尖端较细，不分隔，淡褐色，分生孢子棍棒状，直或稍弯曲，上端稍细，基部宽，无色或淡黄色。

3. 传播途径及发病条件

病菌以菌丝体在病蒂和病叶上越冬，至第二年 5 月下旬至 6 月间，在适宜的温、湿度条件下，产生新的分生孢子，进行初次侵染，直至 9 月，在越冬的病残体上可陆续产生分生孢子。病蒂能残留在树上 2～3 年。病菌在病蒂内可以存活 3 年。树上残留的病蒂是主要的侵染源，在侵染循环中占重要地位。分生孢子主要借雨、水传播，从叶背气孔侵入。一般经过 25～38 d 的潜育期才开始表现症状。以后只要环境条件适合，病斑上就可以不断地产生分生孢子，进行重复侵染。

发病的轻重，与雨量多少有密切关系，雨量多，发病重，雨量少则发病轻；柿角斑病也能为害君迁子，在君迁子上病害的发生和大气相对湿度有密切的关系。柿叶在发育过程中抗病性也有差异，一般幼叶不易受侵染，而老叶易被侵染；同一枝条上，顶部的叶片不易受侵染，而下部的叶片较易受侵染。树势的强弱历年是决定发病的轻重、越冬菌源的多少的重要因素。

4. 防治方法

(1)搞好田园工作。残留在树枝上的病蒂是初次侵染的病菌主要来源，必须予以摘除，并烧毁之。摘除病蒂，在落叶后直至第二年新叶抽生前都可进行。

(2)加强果园管理。增施有机肥料，改良土壤，促使树势生长健壮，提高抗病力。低湿的果园，应做好开沟排水工作，以降低果园湿度，不利病菌繁育。此外，柿区不要混栽君迁子，以防止角斑病菌从君迁子上传播过来。

(3)药物保护。在 6～7 月期间，喷射 0.3%石灰三倍式波尔多液 1～2 次，可以收到良好的防治效果。除波尔多液外，也可喷用 65%代森锌 500～800 倍液。

四、坚果类果树主要病害的诊断与防治

(一)核桃黑斑病

主要为害果、叶、芽、雄花序，严重时，可造成早期落叶、幼果腐烂或核仁干瘪。

1. 症状

果实受害初期，病斑为褐色小斑点，后扩大为不规则形黑斑，遇雨时病斑周围呈水渍状晕圈，外果皮腐烂并深入果肉，核仁变黑，提早落果(彩图 7-21)。叶片受害后，沿叶脉有小黑点，病斑外缘有水渍状半透明的晕圈，感病严重时叶片焦枯卷曲脱落。

2. 病原

野油菜黄单胞菌核桃黑斑致病变种 *Xanthomonas campestris* pv. Juglandis (Pievce) Dye.，属细菌域原核生物界普罗特斯门黄单孢杆菌属。

3. 传播途径及发病条件

为细菌性病害，病菌主要在树梢、芽内越冬，翌年春季从病斑内溢出，借风雨传播到果、叶等部位。病菌从皮孔、伤口侵入。潜伏期为 10～15 d，5 月中旬开始发病，雨水天气发展快。

4. 防治方法

(1)搞好田园卫生。剪除病枝梢及病果，清除地面落果，核桃采收后，及时处理脱下的果皮。

(2)栽培管理。加强肥水管理，提高抗病力，合理修剪，及时排灌，增强树势。

(3)药剂防治。核桃展叶、落花及幼果期以 1∶(0.5～1)∶200 波尔多液或 72%农用链霉素可湿性粉剂喷雾。

(二)栗胴枯病

1. 症状

又称干枯病、栗疫病、腐烂病、溃疡病、烂枝病，栗胴枯病是世界性病害。主要为害主干及枝条，少数在枝梢上也有为害。发病初期，在主干和枝条上出现圆形或不规则的水渍状病斑，红褐色，组织松软，病斑微隆起，有时从病部流出黄褐色汁液，内部组织红褐色水渍状腐烂，有浓烈的酒糟味(彩图 7-22)。

2. 病原

寄生内座壳(栗疫菌)*Endothia parasitica* (Murr.)Anderson et Anderson,异名 *Cryphonectria parasitica*,属子囊菌亚门内座壳属。分生孢子梗无色,单生,少数有分支,其上着生分生孢子。分生孢子无色,卵形或圆筒形。

3. 传播途径及发病条件

病菌以分生孢子器或菌丝在病皮上越冬,翌年 3~4 月气温回升土壤解冻时正值栗树发芽前后,产出分生孢子借雨水传播,也可由昆虫和鸟类携带传播,从伤口侵入。如嫁接树的接口易发病。土壤瘠薄,根系浅、树势弱发病重。单纯施氮肥、树势衰弱时,发病较重。遭日灼、冻害的易发病。降水多,发病多。栗树品种间抗病性差异明显。

4. 防治方法

(1)加强检疫,选育抗病品种;消灭病原,刨死树,除病枝,刮病斑,集中烧毁。

(2)病斑涂药,涂前先刮去病部被侵害的组织,用毛刷涂农抗 120 水剂的 10 倍稀释液。另外,主要树体保护,避免机械损伤,伤口涂抹石硫合剂、波尔多液予以保护,树干涂白、培土或绑草保温。

任务训练

一、知识训练

(一)填空题

1. 苹果腐烂病的外部特征是病部流出(　　)汁液,有(　　)味,病部有(　　)等。病菌以(　　)在(　　)上越冬。

2. 苹果(梨)腐烂病的病状有(　　)和(　　)两种类型。

3. 苹果褐斑病的症状可表现三种类型:(　　)、(　　)、(　　)。

4. 苹果(梨)锈病主要为害(　　),以(　　)在(　　)中越冬。

5. 梨黑星病发病时症状是(　　),后期为(　　)。

6. 苹果及梨锈病的转主寄主是(　　)科植物。

7.(　　)是桃褐腐病发病的主要原因。

8. 桃穿孔病包括(　　)、(　　)、(　　)三种类型。

9. 苹果轮纹病主要为害(　　)和(　　)。

10. 苹果(梨)腐烂病菌主要从(　　)侵入树体,传播途径是病菌的孢子和(　　)孢子通过雨水飞溅传播。

(二)选择题

1. 描述苹果轮纹病的是(　　)。

A. 树干及枝条上产生溃疡型病斑　　B. 树体负载量过高是发病的关键
C. 受害果实常以皮孔为中心形成水渍状斑点　D. 病部常有黄褐色汁液流出,有酒糟味

2. 下列病害,属于枝干真菌病害的有(　　)。

A. 苹果白粉病　B. 苹果轮纹病　C. 苹果腐烂病　D. 苹果炭疽病

3. 防治苹果腐烂病的有效药剂是(　　)。

A. 福美砷　B. 波尔多液　C. 速克灵　D. 多菌灵

4. 防治苹果腐烂病的有效方法是(　　)。

A. 刮皮涂抹　　B. 树干喷雾　　C. 灌根　　D. 剪枝

5. 苹果轮纹病主要危害(　　)。

A. 根、茎、叶、花　　B. 根、嫩枝和叶柄　　C. 叶片、花梗　　D. 枝干及果实

6. 梨黑斑病以(　　)在树梢、病残体上越冬。

A. 菌丝体　　B. 分生孢子盘

C. 菌丝体和分生孢子　　D. 菌丝体、分生孢子和分生孢子盘

7. 梨锈病发病部位病斑隆起，潮湿时病部有(　　)。

A. 红色粉状物　　B. 铜绿色粉状物

C. 黄色黏液溢出　　D. 锈色粉状物

8. 桃细菌性穿孔病主要危害(　　)。

A. 果实　　B. 叶片　　C. 枝干　　D. 根部

9. 葡萄炭疽病主要危害(　　)部位。

A. 果实　　B. 叶　　C. 蔓　　D. 花

10. 葡萄霜霉病孢子囊在(　　)下萌发，(　　)有利于病害流行。

A. 10～15℃，低温高湿　　B. 10～15℃，低温干旱

C. 20～25℃，高温高湿　　D. 20～25℃，高温干旱

(三)简答题

1. 简述苹果主要病害的识别要点。

2. 苹果腐烂病发病原因是什么？如何防治？

3. 如何根据苹果轮纹病及炭疽病的发生特点选择防治措施？

4. 梨黑星病如何防治？

5. 桃树穿孔病的类型有哪几种？其防治要点是什么？

6. 葡萄霜霉病症状有何特点？

7. 猕猴桃溃疡病如何诊断？

二、技能训练

1. 以小组为单位，组织学生到当地果树生产基地进行常见病害的调查与诊断，并提交一份诊断报告与综防方案。

2. 以小组为单位，选择病害危害严重的果园或葡萄园，采集病害标本，根据资料鉴定病害种类，并能正确描述病害症状。

3. 以小组为单位，调查本地区某种果树主要病害的种类、发生特点及采取的主要综合治理措施。

学习任务 2　果树主要虫害的识别与防治

任务描述

通过农业图书、文献查阅、网络查询及课堂讲解等方法，熟悉当地果树主要虫害发生的种

类及为害特点;通过校内外果树生产基地的现场观察与各种虫害标本观察、视频观看、室内鉴定等方式,对当地果树生产中常见虫害的危害症状、典型特征、种类、发生规律、生活习性进行观察、识别与了解;在教师和专业技术人员的指导下制定一套切实可行的综合防治方案,熟练运用关键防治技术,以达到预期的防治目标。

实施条件

1. 实施场所:校内外果树生产基地、植保实训室、植保标本室、农业应用技术示范园(规模化果树种植区)等。

2. 仪器设备:体视显微镜、扩大镜、养虫网(室、箱)、植保机械、多媒体设备、数码照相机或摄像机等。

3. 药品用具:75%酒精、蒸馏水、常用农药、黏虫板、培养皿、挑针、镊子、广口瓶、指形管、烧杯、白瓷盘、捕虫网等标本制作用具。

4. 其他:各种果树虫害标本、相关 PPT、音像资料、专业图书、网上资源等。

任务实施

果树种类多样,常见类型可分为温带果树,如苹果、梨、桃等和热带果树,如荔枝、桂园、香蕉和芒果等。为害果树的害虫也因此而种类多样。

一、果树主要食叶害虫的识别与防治

(一)梨星毛虫 *Illiberis pruni* Dyar

梨星毛虫(彩图 7-24)又称梨叶斑蛾,幼虫俗称梨狗子、饺子虫等,属鳞翅目斑蛾科。分布于我国的辽宁、河北、山西、河南、陕西、甘肃、山东等省。主要寄主植物是梨、苹果、海棠等。

1. 为害特点

可为害多种仁果类及核果类果树,也可为害马尾松。以幼虫食害芽、花、蕾、嫩叶。初孵幼虫于叶背啃食叶肉,使叶片成筛网状;稍大以后幼虫吐丝黏缀叶片成饺子状,藏身其中为害叶肉。一虫一生可包 7~8 个“饺子”。严重时,叶片大量凋萎早落。

2. 形态特征

成虫全身灰黑色,翅半透明,暗灰黑色。幼虫从孵化到越冬出蛰期的小幼虫为淡紫色。老熟幼虫白色或黄白色,体背两侧各节有黑色斑点两个和白色毛丛。卵椭圆形,初为白色,后渐变为黄白色,孵化前为紫褐色。蛹初为黄白色,近羽化时变为黑色。

3. 防治技术

(1)越冬期刮除老树皮,尤其是根茎处的粗皮,集中处理消灭越冬幼虫,减少虫源。

(2)越冬前在树干上绑草把诱集杀灭幼虫。

(3)人工摘除包叶中的幼虫或蛹,也可在清晨摇动树枝,振落成虫。

(4)用药剂防治,要抓住两个重点防治时期,一是在梨树花芽膨大期是防治梨星毛虫越冬后出蛰幼虫的适期;二是在 6 月中下旬是防治夏季初孵幼虫好时机。常用药有 2.5%速灭杀丁 1 000~1 500 倍液,或 20%杀灭菊酯 1 500~2 000 倍液,或氯氰菊酯 2 000 倍液,或 25%灭

幼脲 3 号 2 000 倍液等。连续喷施 2～3 次。

(二)苹果掌舟蛾 *Phalera flavescens* Bremer et Grey

苹果掌舟蛾又称舟形毛虫、苹果天社蛾，属鳞翅目舟蛾科。分布于我国的东北、华北、华东、中南、西南及陕西等地区。寄主植物为多种阔叶树，如海棠、樱花、榆叶梅、紫叶李、山楂、梅、柳等树木。

1. 为害特点

初孵幼虫群集叶片正面，将叶片食成半透明纱网状；2 龄幼虫取食叶片，残留叶脉和叶柄；高龄幼虫可吃光全部叶片。

2. 形态特征

成虫的前翅淡黄白色，基部有 1 个、外缘有 6 个椭圆形斑纹。低龄幼虫的头、足黑色，胴部紫红色，密被白长毛。老熟幼虫全体暗紫红色。静止时头、胸和尾部上举如舟、故称“舟形毛虫”。卵近球形，灰白色。近孵化时灰色，数十粒排成卵块。蛹红褐色，腹末有两个分叉的刺(彩图 7-26)。

3. 防治技术

(1)秋季翻耕树盘，使蛹暴露而死。老熟幼虫入土期地面撒白僵菌，撒后耙一下。

(2)人工捕捉，及早发现并处理群集为害的初龄幼虫。

(3)利用成虫的趋光性，可在 7～8 月份成虫羽化期设置黑光灯，诱杀成虫。

(4)药剂防治，低龄幼虫期喷功夫菊酯、速灭杀丁和溴氰菊酯等 2 000 倍液。树多虫量大，可喷 Bt 乳剂(100 亿个芽孢/mL)500～1 000 倍，杀较高龄幼虫。或喷青虫菌、白僵菌等500～800 倍液生物制剂。

(三)苹小卷叶蛾 *Adoxophyes orana* Fischer Rslerstamm

又称棉褐带卷蛾、苹小黄卷蛾，茶小卷叶蛾，属鳞翅目卷叶蛾科。寄主多，主要为害苹果、梨、桃、杏、柑橘、枇杷、茶及山楂，近两年，苹小卷叶蛾发生严重，尤其在桃树上更为猖獗。分布于我国的东北、华北、华东、华中、西南等地。

1. 为害特点

以幼虫为害果树的芽、叶、果实，初孵幼虫常将嫩叶边缘叶片卷曲后吐丝缀合嫩叶为害；大龄幼虫常将叶片平贴果实上，将果实啃成许多不规则的小坑洼。

2. 形态特征

成虫体黄褐色，静止时两翅呈钟罩形，前翅斑纹明显，基斑褐色(彩图 7-27)。老熟幼虫黄褐色至翠绿色，头部较小，略呈三角形。卵扁平，椭圆形，淡黄色半透明，卵块多由数十个卵排成鱼鳞状。蛹黄褐色，腹部 2～7 节背面各有两列刺突，后面一列小而密。

3. 防治技术

(1)春季果树发芽前，彻底刮除主干、侧枝上的老翘皮，带出园外烧毁。发生量大的果园，在越冬幼虫即将出蛰时，在剪锯口周围涂抹 50%敌敌畏乳油 200 倍液，或 40%毒死蜱乳油 400 倍液，杀灭幼虫，减少虫源。

(2)生长期及时摘除虫苞，将幼虫和蛹捏死。

(3)在果园内利用苹小性诱芯或糖醋液诱杀成虫，或利用频振式杀虫灯、黑光灯诱杀成虫。

糖醋液的比例为糖：酒：醋：水=1：1：4：16，每 667 m^2 放置 3～5 个。注意保护和释放天敌。

(4)防治药剂。发芽前用乐斯本 800 倍液或杀扑磷 800 倍液或 1.5%长丰乳油 500 倍液+果康宝 200 倍液或施纳宁 400 倍液，兼治介壳虫、苹果棉蚜和枝条腐烂病、枝枯病等病虫；花前(果树露红期)用 2%阿维菌素 5 000 倍液或 1.8%爱福丁 3 号 2 500 倍液或阿维毒 3 000 倍液；花后至套袋前用 1.8%爱福丁 3 号或甲维盐+灭幼脲 3 号 3 000 倍液，或阿维灭幼脲 2 500 倍液+10%吡虫啉 3 000 倍液，防治苹小兼治红蜘蛛和蚜虫，喷药时再加上杀菌剂兼治轮纹病、炭疽病、斑点落叶病；套袋后用乐斯本 1 000 倍液，或毒死蜱 800 倍液+灭扫利 3 000 倍液或功夫 3 000 倍液，或农地乐 1 500 倍液。

(四)芽白小卷叶蛾 *Spilonota lechriaspis* Meyrick

牙白小卷叶蛾又称顶芽卷叶蛾、顶梢卷叶蛾。属鳞翅目卷叶蛾科。国内分布在东北、华北、华东、西北等地。主要为害苹果、海棠、梨、桃等。

1. 为害特点

幼虫专害嫩梢，吐丝将数片嫩叶缠缀成虫苞，并啃下叶背绒毛作成筒巢，潜藏入内，仅在取食时身体露出巢外。顶梢卷叶团干枯后，不脱落，易于识别。

2. 形态特征

成虫全身银灰褐色，前翅前缘有数组褐色短纹，基部 1/3 处和中部各有一暗褐色弓形横带，后缘近臀角处有一近似三角形褐色斑，此斑在两翅合拢时并成一菱形斑纹，近外缘处从前缘至臀角间有 8 条黑褐色平行短纹。幼虫体污白色，头部、前胸背板和胸足均黑色，无臀栉。卵扁椭圆形，乳白色至淡黄色，半透明，卵粒散产。蛹黄褐色，尾端有 8 根细长的钩状毛。茧黄色白绒毛状，椭圆形。

3. 防治技术

(1)冬季修剪时剪除被害梢。被害梢顶部叶片干枯不落，极易识别，剪下的虫梢应集中放于距果园较远的地方，待到开花以后再烧毁，以便越冬幼虫体内寄生蜂正常羽化，达到保护天敌的目的。

(2)药剂防治。第一次为春季出蛰率达到 20%时(萌芽—开花前)，用 40%杀扑磷 1 000 倍液全园全树(包括主干、树盘)喷洒；第二次为幼虫转叶化蛹期(苹果谢花后 7～10 d 至 6 月中旬)，用 10%千红 2 000 倍液+1.8%虫螨光 4 000 倍液喷雾，除可杀死卷叶中的幼虫外，还可兼治蚜虫(幼虫期施药尽量在其卷叶前)；第三次为二代卵孵化率达到 70%时(6 月中旬至 7 月上旬)防治，常用药有润果 2 000 倍液+安治或正龙 1 000 倍液、虫螨光 4 000 倍液+灭虫露 1 000 倍液、千红 2 000 倍液+正帅 1 000 倍液。

(3)前期预防措施不力，导致卷叶蛾大量发生的果园，可在套袋前喷 3%云大啶虫脒 1 000 倍液+1.8%虫螨光 4 000 倍液；套袋后喷施润果 2 000 倍液+灭虫露 1 000 倍液，或安治1 000 倍液+正帅 1 000 倍液。

(五)褐带长卷叶蛾 *Homona coffearia* Meyrick

又称茶卷叶蛾、后黄卷叶蛾、茶淡黄卷叶蛾、柑橘茶卷蛾，属鳞翅目卷蛾科。分布于我国的安徽、江苏、上海、浙江、湖南、福建、台湾、广东、广西、贵州、四川、云南、西藏等地。寄主有银杏、枇杷、柑橘、苹果、梨、荔枝、龙眼、咖啡、杨桃、柿、板栗、茶等。

1. 为害特点

幼虫在芽梢上卷缀嫩叶藏在其中，取食叶肉，留下一层表皮，形成透明枯斑，后随虫龄增大，食叶量大增，卷叶苞可多达 10 个叶，蚕食成叶、老叶、春梢、秋梢后还能蛀果，造成落果。

2. 形态特征

成虫虫体暗褐色，头顶有浓黑褐鳞片，唇须上弯达复眼前缘，前翅基部黑褐色，中带宽黑褐色由前缘斜向后缘，顶角常呈深褐色，后翅淡黄色（彩图 7-28）。幼虫头与前胸盾片黑褐色至黑色，头与前胸相接处有 1 条较宽的白带，体黄至灰绿色，前中足、胸黑色，后足淡褐色，具臀栉。卵椭圆形，淡黄色。蛹黄褐色。

3. 防治技术

(1)冬季至早春清除果园落叶、杂草等残附物，结合防治其他害虫刮树皮，可消灭部分越冬幼虫。

(2)及时修剪病虫枝叶，剔除有虫包、卷叶及被害花穗、幼果，拾捡落果并销毁，采摘卵块以减少虫口数量。

(3)对虫口密度大的果园，在落花后至幼果期间，用药防治。幼虫初孵至孵化盛期常用药有 90%晶体敌百虫 800 倍液、80%敌敌畏乳油 1 000 倍液；谢花期，常用药有洒青虫菌 6 号悬浮剂（含 100 亿/g 孢子）1 000 倍液、青虫菌混入 0.3%茶枯或 0.2%中性洗衣粉可提高防效、白僵菌粉剂（含活孢子 50 亿～80 亿/g）300 倍液、90%晶体敌百虫 800～900 倍液、50%敌敌畏乳油 900～1 000 倍液、50%杀螟松乳油 800 倍液。

(六)苹果巢蛾 *Yponomeuta malinella*（Linnaeus）

属鳞翅目巢蛾科。别名：苹果巢虫、苹果黑点巢蛾、苹叶巢蛾。分布于东北、华北、西北、山东、河南、江苏等省。寄主有苹果、海棠、梨、山楂、樱桃、杏、李等。

1. 为害特点

以越冬后幼虫于苹果花芽分化或花序分离时开始为害嫩叶。然后转到枝条上吐丝张网缠缀叶成巢，群居巢内食害叶、花等，食光一枝便转它枝做巢为害。剩下的残余部分及网巢悬挂在树上，如火烧一般。这既造成当年果实不能成熟而脱落，又影响第二年花芽形成。

2. 形态特征

成虫体长 9 mm，全体银白色，有丝质闪光；触角丝状黑白相间；前胸肩板上各有 2 个小黑点，中胸背板中央有 5 个小黑点；前翅银白色，前缘有一排小黑点，后缘及外缘各有 2 排小黑点。后翅灰白色。末龄幼虫体长 18 mm，灰褐至暗褐色微绿；头、前胸盾、胸足、臀板均为黑色；胴部每节两侧各有 1 个大黑斑，刚毛、毛片黑色（彩图 7-29）。卵扁椭圆形，卵块上覆盖着红褐色黏性物质，干后形成卵鞘。

3. 防治技术

(1)保护跳小蜂、大腿小蜂、寄蝇等天敌。

(2)结合夏剪，剪除虫巢内的幼虫和蛹。

(3)组织人力摘除虫包，或用手直接把包里的幼虫或蛹捏死。

(4)利用成虫的趋光性，用频震式杀虫灯捕杀；利用成虫的趋化性，用糖醋液诱杀。

(5)喷药防治。落叶后或发芽前喷洒 5 波美度石硫合剂或含油量 5%的矿物乳油，杀枝上卵块下的幼虫。发芽期和花序分离期，喷施25%灭幼脲Ⅲ号2 000倍液、0.9%阿维菌素2 000倍液、Bt乳剂800倍液均有良好效果。与低浓度化学药剂混合使用有增效作用。

(七)葡萄透翅蛾 *Pauanthrene regalis* Butler

属鳞翅目透翅蛾科。分布于全国葡萄种植区。寄主有葡萄、野葡萄，其次为苹果、梨、桃、杏、樱桃等。

1. 为害特点

以幼虫蛀食新梢、叶柄、穗轴等部位，以为害新梢为主，被害新梢枯萎死亡，严重影响葡萄正常生长和结果。葡萄生长后期部分老熟幼虫蛀入2年生枝、老蔓，出现大量枝蔓枯死。

2. 形态特征

成虫体为黑褐色，头顶、颈部、后胸、腹部两侧各节相连处有橙黄色带；前翅红褐色，前缘及翅脉黑色；后翅膜质透明，故称透翅蛾。成虫静止时，外形与胡蜂相似(彩图7-30，彩图7-31)。老熟幼虫腹足(4对)退化，仅留趾钩，体呈圆筒形，头部红褐色，胸腹部浅黄白色，稍带紫红色，前胸背板上有倒“八”字形纹。卵椭圆形，略扁平，红褐色。蛹长椭圆形，红褐色。

3. 防治技术

(1)检疫控制。引进的葡萄苗木严格检疫，可有效防止葡萄透翅蛾的传入。

(2)冬季修剪时，剪除被害枝蔓，剪下的带虫枝蔓应在成虫羽化前销毁，可降低越冬虫口密度。葡萄生长季节，从幼虫蛀入开始，经常检查新梢是否凋萎，叶片或边缘是否干枯，枝条是否有虫粪或蛀孔，确定是被害梢，应及时摘除，消灭幼虫。

(3)喷药防治。为合理确定最佳防治时期，可于葡萄园中挂一个杨树透翅蛾性信息素诱芯，诱集成虫，监测虫情，判断施药时间。或参照物候期确定，一般葡萄盛花期即进入成虫羽化盛期，在花后进行喷药。常用药有18%高渗型氧乐果乳油1 000倍液，均匀喷布于叶背面，间隔10 d喷1次，连喷3次。注意采果前3周停用本药，可结合防病与多菌灵、甲基托布津等多种杀菌剂混喷，但不得与波尔多液等碱性药剂混用，以免失去药效。

(4)庭院葡萄可用注射法防治蛀道内幼虫。若幼虫已蛀入新梢基部或较粗蔓，可先用一带柄的细针锥在被害枝蔓上探知幼虫蛀食的大概位置，后用注射器从该位置锥孔中向蛀道内注入50%敌敌畏乳油10倍稀释液1 mL以熏杀幼虫。

(八)香蕉弄蝶 *Erionota torus* Evans

又称芭蕉卷叶虫、蕉苞虫，属鳞翅目弄蝶科。分布于广西、广东、海南、福建、台湾、云南、贵州、湖南等地。

1. 为害特点

以幼虫卷叶咬食，常将叶片吃光，是蕉园的重要害虫。

2. 形态特征

成虫虫体茶褐色，前翅中部有3个近方形的黄斑，呈三角形排列，靠外缘一个较小。老熟幼虫头部棕黑色，体被白粉，呈粉白色而略带黄绿色。体中部肥大，各节背面有数条横纹皱纹(彩图7-32)。卵扁球形，初为黄白色，后变浅红色、灰黑色，表面有放射状线纹。蛹黄白色，被白粉，喙长，伸达或超过腹末，腹末具带钩臀棘。

3. 防治技术

(1)冬季和春暖前,将枯叶残株砍下集中烧毁,减少越冬虫源。

(2)网捕成虫,人工摘除卵粒和虫苞。

(3)对低龄幼虫及时用药喷杀。常用药有 90%敌百虫 1 000 倍液,在药中加入 0.1%洗衣粉,以增加黏着性,提高防治效果;或用 40%水胺硫磷、92%杀虫丹、5%抑太保乳油 1 500 倍稀释液;2.5%功夫乳油 5 000 倍液。

(九)橘潜叶甲 *Podagricomela nigricollis* Chen

又称拟恶性叶甲,属鞘翅目叶甲科。寄主为柑橘类,以山地柑橘园为害较重。分布于我国的重庆、浙江、湖南、江苏、福建、江西、湖北、四川、广西和广东等地。

1. 为害特点

成虫取食叶肉和嫩芽,仅留下表皮,使被害叶上留下很多透明斑;幼虫潜入叶内取食叶肉,使叶上出现宽短亮泡状或长形弯曲的蛀道(彩图 7-33)。春梢和早夏梢为害重,受害严重时引起落叶、落花、落果。

2. 形态特征

成虫体宽椭圆形,头和复眼均为黑色,触角丝状,11 节,基部 3 节黄褐色,其余节黑色;前胸背板黑色,有光泽,多小刻点;鞘翅橘黄色,每鞘翅纵列刻点行 11 列,较清楚可见 9 列;足黑色,后足腿节膨大。老熟幼虫深黄色,头部色较淡,边缘略带淡红黄色。卵椭圆形,米黄色至黄色,表面具网状纹,覆盖着黑褐色粪便,横粘在叶上。蛹淡黄色至深黄色,椭圆形,头部弯向腹面。

3. 防治技术

(1)利用成虫的假死习性,在成虫盛发为害期,地面铺塑料薄膜,振动树冠,收集落下的成虫,集中烧毁。

(2)在越冬成虫活动期和产卵高峰期各喷药 1 次。药剂种类可参照橘恶性叶甲的药剂。

二、果树主要吸汁害虫的识别与防治

(一)矢尖蚧 *Unaspis yanonensis* Kuwana

又称矢坚蚧、箭头蚧、矢根介壳虫、箭头介壳虫,属同翅目盾蚧科。分布于河北、山西、陕西、江苏、浙江、福建、湖北、湖南、河南、山东、江西、广东、广西、四川、云南、安徽等省。寄主有金橘、大叶黄杨、百日红、瓜子黄杨、香橼、柑橘、木瓜、枸骨、白蜡树、龙眼等。

1. 为害特点

若虫和雌成虫刺吸枝干、叶和果实的汁液,重者叶干枯卷缩,削弱树势甚至枯死。

2. 形态特征

雌成虫箭头形,常微弯曲,长 2～4 mm,棕褐至黑褐色,边缘灰白色,前端尖、后端宽,1、2 龄蜕皮壳黄褐色于介壳前端,介壳背面中央具 1 条明显的纵脊,其两侧有许多向前斜伸的横纹。雌成虫体橙黄色。雄介壳狭长,粉白色棉絮状,背面有 3 条纵脊,1 龄蜕皮壳黄褐色于前端。雄成虫体橙黄色,具发达的前翅,后翅特化为平衡棒。腹末性刺针状。1 龄若虫草鞋形,橙黄色，触角和足发达，腹末具1对长毛；2龄若虫扁椭圆形，淡黄色，触角和足均消失。卵椭圆形，橙黄色。蛹橙黄色，性刺突出（彩图7-34）。

3. 防治技术

（1）加强综合管理，使通风透光良好，增强树势提高抗病虫能力。

（2）剪除蚧虫枝，放在空地上待天敌飞出后再行烧毁。亦可刷除枝干上密集的蚧虫。

（3）保护引放天敌。

（4）在若虫分散转移期喷药防治。常用药有40%乐果乳油500～1 000倍液、50%马拉硫磷乳油600～800倍液、25%亚胺硫磷或杀虫净或30%苯溴磷等乳油400～600倍液；矿物油乳剂，夏、秋季用含油量0.5%，冬季用3%～5%；松脂合剂夏秋季用18～20倍液，冬季8～10倍液。如化学农药和矿物油乳剂混用效果更好，对已分泌蜡粉或蜡壳者亦有防效。松脂合剂配比为烧碱∶松香∶水＝2∶3∶10。

(二)梨圆蚧 *Quadraspidiotus perniciosus* Comstock

属同翅目盾蚧科。全国均有分布，是梨树的主要害虫，农业上的检疫对象。寄主有苹果、梨、桃、杏、李、柿、枣、核桃、葡萄、樱桃、山楂等。

1. 为害特点

以若虫和雌成虫群聚在嫩枝、叶柄上刺吸汁液，使树木延迟发叶，严重时引起落叶，枝梢干枯，甚至整株死亡。

2. 形态特征

成虫雌蚧壳近圆形稍隆起成白色黑点，有同心轮纹2个壳点在介壳中部。雄成虫：体橙色，翅污白色，半透明。初孵若虫椭圆形橙黄色（彩图7-35）。

3. 防治技术

（1）秋冬季剪去虫害枝，集中烧毁，减少越冬虫源。

（2）越冬若虫在初春萌芽前10～15 d，用3～5波美度石硫合剂喷治。

（3）各代若虫期喷药防治。常用药有10%克蚧净乳油400～500倍液、40%杀扑磷乳油1 000倍或20%速杀蚧1 000～1 500倍液。

（4）保护天敌。要合理地使用高效低毒农药，为梨圆蚧天敌创造良好的栖息场所。

(三)朝鲜球坚蚧 *Didesmococcus koreanus* Borchsenius

属同翅目蚧科。主要为害梅花、樱花、红叶李、贴梗海棠等多种蔷薇科花木。全国均有分布。

1. 为害特点

以成虫和若虫在寄主树干和枝条上刺吸寄主汁液，严重时枝条上雌蚧壳累累，植株生长不良，甚至枝条枯死。

2. 形态特征

雌蚧壳近球形，初期蚧壳软黄褐色，后期硬化红褐至黑褐色，体背有排成纵列的点刻，腹面淡红色，足及触角正常。雄蚧壳椭圆形，半透明，背面有龟甲状隆起线。雄成虫赤褐色，有发达的足及1对翅，腹末有1对白色长蜡丝。若虫椭圆形，淡粉红色，腹末有2条长尾丝，活动性很强（彩图7-36）。

3. 防治技术

(1)清明前朝鲜球坚蚧的越冬若虫，可喷施 3～5 波美度石硫合剂或 100 倍液的机油或柴油乳剂。石硫合剂在桃树上还可防治桃缩叶病。

(2)越冬出蛰后的爬迁期是防治朝鲜球坚蚧的第一次关键时期，如未使用上面的药剂，可使用 10％吡虫啉可湿性粉剂 4 000 倍液、40％速扑杀乳油 1 500 倍液或 48％乐斯本乳油 1 500 倍液。

(3)第一代若虫孵化期除春季使用的药剂外，还可使用 20％甲氰菊酯(灭扫利)乳油 1 500 倍液、3％吡虫清(啶虫脒、莫比朗)乳油 1 500 倍液或其他菊酯类农药。为提高药效可混加各种展着剂、增效剂等。受害严重时，可在 5 d 后再喷一遍。

(4)可利用黑缘红瓢虫来防治该虫。

(四)螨类

柑橘树上常见的螨类有柑橘全爪螨 *Panonychus citri* MeGregor、柑橘食叶螨 *Eotetranychus kankitus* Ehara、柑橘锈螨 *Phyllocoptes oleiverus* ashmead、柑橘瘤螨 *Erilphyes sheldoni* Ewing。苹果树上常见螨类有山楂叶螨 *Tetranychus viennensis* Zacher、苹果全爪螨 *Panonychus ulmi* Koch、果薹螨 *Bryobia rubrioculus* Scheuten。

1. 为害特点及形态特征

五种螨类的形态特征及为害特点见表 7-1。

2. 防治技术

(1)建立稳定的捕食螨群落，是防治柑橘红蜘蛛的根本性措施。果园生草覆盖，改善环境助长天敌活动，保护和散放捕食螨。

(2)合理修剪，使树冠通风透光。

(3)加强柑橘园的肥水管理，增施有机肥，增强树势，提高植株的抗虫能力。

表 7-1　五种螨类的形态特征及为害特点

种类	分类地位	寄主及分布	形态特征(成螨)	为害特点
橘全爪螨(即橘红蜘蛛)	蜱螨目叶螨科	柑橘、胡颓子、桂花。全国各柑橘产区均有分布。	成螨体卵圆形，暗红色，背毛着生于瘤突上，故称“瘤皮红蜘蛛”。雄成螨体后端略尖，呈楔形(彩图7-37)。	以口器刺破寄主叶片表皮吸食汁液，被害叶面呈现无数灰白色小斑点，严重时全叶失绿变成灰白色，导致大量落叶；亦能为害果实及绿色枝梢，影响树势和产量。
橘始叶螨(即橘四斑蜘蛛)	蜱螨目叶螨科	在我国脐橙产区均有发生，重庆、四川等地为害为重。	成螨长椭圆形，体色随环境而异，有淡黄、橙黄和橘黄等色；体背面有 4 个多角形黑斑(彩图 7-38)。	为害叶片，嫩梢、花蕾和幼果也受害。嫩叶受害后，在受害处背面出现微凹、正面凸起的黄色大斑，严重时叶片扭曲变形，甚至大量落叶。老叶受害处背面为黄褐色大斑，叶面为淡黄色斑。

续表 7-1

种类	分类地位	寄主及分布	形态特征(成螨)	为害特点
橘锈螨(即锈壁虱)	蜱螨目瘿螨科	柑橘类,其中红橘和甜橙特别严重。国内外各柑橘产区均有分布,其中以我国的四川、湖南、湖北、浙江、广东、台湾、福建等地的柑橘受害最重。	成螨体形似胡萝卜,前端宽大,后端尖削。初期淡黄色,后变橙黄色。头胸部背面平滑,具 2 对颚须和 2 对足。腹部有许多环纹,背腹面环纹不相同,背面为 28 节,腹面环纹约为背面的 2 倍,尾端有 1 对刚毛。卵圆球形,灰白色,透明,表面光滑(彩图 7-39)。	成、若螨群集于叶、果和嫩枝上,吸汁液。广东、闽南称受害果为黑皮果,福州称紫柑,四川称象皮果。受害叶背出现许多赤褐色的小斑,逐渐扩展遍布叶背,至叶面。叶背呈烟垢色,叶片午后出现缺水状上卷,广东潮汕称为焙叶。严重时,叶片大量枯黄脱落,削弱树势。受害果,在果面凹陷处出现赤褐色斑点,逐渐扩展整个果面呈黑褐色,果皮粗糙,果小、味酸,皮厚,品质变劣,产量降低。
橘瘤螨(即瘤壁虱)	蜱螨目瘿螨科	柑橘类,其中红橘和酸橙受害严重。分布于我国的四川、云南和贵州、广西、湖南、湖北、陕西。	成螨卵圆形,暗红色;背毛多,着生于瘤突上,故称"瘤皮红蜘蛛"。卵扁球形,红色有光泽,顶端有垂直卵柄(彩图 7-40)。	群集为害柑橘春梢的腋芽、花芽、花苞、花萼、嫩叶嫩枝、果柄等部位。受害部位形成胡椒颗粒状的瘿螨,严重时不能开花结果,影响枝梢抽发,造成树势衰弱,产量下降,甚失收。
山楂叶螨	蜱螨目叶螨科	主要是仁果类和核果类果树。分布于我国的华北、西北、长江下游及四川果区。	成螨分夏型和冬型。体卵圆形,红色,取食后暗红色,背前方稍隆起且稍宽,背毛细长,基部无瘤,足黄白色;冬型体鲜红色,略有光泽(彩图 7-41)。	吸食叶片及初萌芽的汁液,造成叶片失绿有许多小斑点至叶枯黄脱落;芽不能萌发而死亡;也为害幼果。

(4)进行药剂防治时要以调查测报为指导,当达到防治指标(春、秋梢转绿期平均每百叶虫数 100～200 头;夏、冬梢每百叶虫数 300～400 头),而天敌数量又少时,可决定药剂防治。常用药有 15%哒螨酮(灵)乳油 3 000 倍液、5%霸螨灵(唑螨酯)悬浮剂 3 000 倍液、10%除尽(溴虫腈)乳油 3 000 倍液、1.8%阿维菌素乳油 4 000 倍液、20%三唑锡悬浮剂 2 000 倍、0.3～0.5 波美度石硫合剂、多毛菌菌粉(每克 7 万菌落)300～400 倍液、苦谏油 200～300 倍液、25%单甲脒水剂 3 000～4 000 倍液,为提高防治效果,可在药液中混加增效剂或洗衣粉等,并采用淋洗式喷药;柑橘锈螨局部发生时,挑治中心虫株,当螨口密度达到每视野 2～3 头或发现个别树有少数黑皮果,或个别枝梢叶片黄褐色脱落时,立即喷药防治。注意喷树冠内部、叶背和果实的阴暗面。

(五)黑刺粉虱 *Aleurocanthus spiniferus* Quaintanca

又称橘刺粉虱、刺粉虱、黑蛹有刺粉虱，属同翅目粉虱科。分布于我国的江苏、安徽、河南以南、台湾、广东、广西、云南等地。寄主有茶、油茶、柑橘、枇杷、苹果、梨、葡萄、柿、栗、龙眼、香蕉、橄榄、月季、米兰、榕树等。以成、若虫吸食当年生春梢、夏梢和早秋梢的汁液。若虫聚集叶片背面刺吸，形成黄斑，其排泄物能诱发煤烟病，使柑橘树枝叶发黑，枯死脱落，严重影响植株生长发育，降低产量。

2. 形态特征

成虫体橙黄色，薄敷白粉，复眼肾形红色。前翅紫褐色，上有 7 个白斑，后翅小，淡紫褐色。卵新月形，基部钝圆，具 1 小柄，直立附着在叶上，初乳白后变淡黄，孵化前灰黑色；若虫黑色，初龄椭圆形淡黄色，渐变为灰至黑色，有光泽。蛹椭圆形，初乳黄渐变黑色，蛹壳椭圆形，漆黑有光泽，壳边锯齿状，周缘有较宽的白蜡边，背面显著隆起，常易识别(彩图 7-42)。

3. 防治技术

(1)在引进苗木时注意检查叶背有无粉虱类虫体，杜绝此类害虫的侵入。

(2)剪除密集的虫害枝，使果园通风透光，及时中耕、施肥、增强树势，提高植株抗虫能力。

(3)生物防治。黑刺粉虱真菌对其幼虫有很强的致病性，可在田间喷施真菌制剂，防治适期为 1～2 龄幼虫期。

(4)黑刺粉虱的防治指标为平均有虫 2 头/叶。当 1 龄占 80%、2 龄占 20%时，用药喷雾，常用药有 10%吡虫啉克湿性粉剂 2 000 倍液，50%辛硫磷乳油 800 倍液、25%扑虱灵乳油 1 000 倍液、2.5%天王星乳油 1 500～2 000 倍液、25%阿克泰水分散粒剂 7 500 倍液、阿维菌素(7051)杀虫剂 2 000 倍液。

(六)苹果棉蚜 *Eriosoma lanigerum* Hausmann

属同翅目棉蚜科。寄主有苹果、山定子、沙果、花红、山楂、海棠等。分布于我国的山东、天津、河北、陕西、河南、辽宁、江苏、云南，甚至西藏的拉萨等地。

1. 为害特点

苹果棉蚜主要危害苹果枝、干和根部，被害部位形成小肿瘤，被覆许多白色棉絮状物，用手拨去棉毛状物，可见红色蚜虫体。受害严重时树体衰弱，结果少，果小，着色差，甚至导致早期落叶，对产量、质量影响很大。近几年随着套袋技术的推广应用，苹果棉蚜进入袋内危害果实，严重影响了套袋苹果的质量。

2. 形态特征

有翅胎生雌蚜的身体暗褐色，头及胸部黑色，体覆被白色棉状物，翅透明，翅脉及翅痣棕色，腹管退化为环状黑色小孔。无翅胎生雌蚜体近椭圆形，肥大，赤褐色，被有白色蜡质棉状物，腹部背面有 4 条纵裂的泌蜡孔，分泌白色蜡质棉状物，腹管退化呈半圆形裂口。有性雌蚜身体浅黄色，腹部赤褐色，稍被棉毛(彩图 7-43)。有性雄蚜体色为黄绿色，触角稍短，腹部节中央隆起，有明显的沟痕，椭圆形，长约 0.5 mm，橙黄色至褐色，光滑外覆白粉。若虫赤褐色，体被有白色棉状物。

3. 防治技术

(1)严格执行植物病虫检疫防治措施，坚决不从疫区采集接穗和育苗，坚决不许带有苹果棉蚜的苹果及其包装物、苗木、接穗等运往非疫区。

(2)合理修剪、剪除病虫枝、彻底刨除萌蘖、刮除虫疤、增施有机肥、复壮树势、增强抗病虫能力。

(3)树干和主侧枝上的伤疤涂泥。在腐烂病伤疤、剪锯口伤疤处涂泥后用塑料布包严，即可杀死在此处的苹果棉蚜，又可防治苹果腐烂病。

(4)根施药剂防治。常用药有10%吡虫啉可湿性粉剂2 000倍液(5～6月和9～10月棉蚜发生高峰期施)，或5%涕灭威颗粒剂200～250 g/株(4月中旬或10月上中旬施药)；4月中旬在树干上环状涂10%吡虫啉50～100倍液，或40%蚜灭多5倍液的药剂防治。

(5)在苹果棉蚜发生季节，可树上喷药防治，常用药有10%吡虫啉2 000～3 000倍液、0.26%苦参碱水剂、40.7%乐斯本750～1 500倍液、20%果虫净1 000～1 500倍液、20%好年冬1 500倍液、35%抗虫威1 000～1 500倍液、35%硕丹1 200～1 500倍液、40%蚜灭多1 500倍液、10%安绿宝4 000倍液＋害立平1 000倍液、1.8%阿维菌素乳油等。喷药时期应在苹果棉蚜发生高峰前，即6月上中旬和10月上中旬各喷2次。施药时特别注意喷药质量，喷洒周到细致，压力要大些，喷头直接对准虫体，将其身上的白色蜡质毛冲掉，使药液触及虫体，以提高防治效果。当发生面积较小，为害较轻时，还可用烟草水防治。

(6)注意保护利用自然天敌，优先应用与生物防治相协调、与化学防治相配套的综合防治措施。喷药时要尽量选择毒性小的药剂，如10%吡虫啉、20%果虫净、20%好年冬等，在天敌发生量少时喷药。

(七)葡萄根瘤蚜 *Phylloxera vitifoliae*

属同翅目根瘤蚜科。分布于我国的辽宁、山东、陕西、甘肃、云南、台湾等地。

1. 为害特点

吸食葡萄的汁液，在叶上形成虫瘿，在根上形成小瘤，最后造成植株腐烂。1895年从法国引入葡萄苗时被引入。经长期控制，20世纪90年代仅在烟台西葡萄山上有零星发生。在有完整生活史的地区，枝条往往附着越冬卵，如用此种枝条做插条就可传播。也可以随装葡萄的箱和耕作工具传播，对葡萄属植物有较大危害。

2. 形态特征

有根瘤型和叶瘿型。根瘤型无翅成蚜为长卵形，黄色或黄褐色，体背有许多黑色瘤状突起，上生1～2根刚毛。叶瘿型无翅成蚜为近圆形，黄色，体背高度隆起，无小瘤，表面有细小颗粒状突起(彩图7-44)。有翅蚜长椭圆形，橙黄色，翅无色透明。性蚜无口器和翅，黄褐色。

3. 防治技术

(1)严禁从疫区引种苗木，对苗木进行严格检疫及消毒。如发现蚜病，可将苗木、插条先放入热水杀蚜。病株根要全部刨出烧毁，根穴施药。

(2)清理疫区可能携带病源的物品和设备。提倡使用沙质土壤种植葡萄。

(3)采用化学防治时，可对土壤用1.5%乐果粉或50%辛硫酸处理消毒，也可用50%抗蚜威可湿性粉剂2 000～3 000倍液或氧化乐果乳油1 500倍液于5月上旬灌根。每株15 kg左右效果很好。

(八)梨网蝽 *Stephanitis nashi* Esaki et Takeya

又称梨冠网蝽、梨花网蝽、梨军配虫，属半翅网蝽科。寄主有月季、桃、梨、苹果、海棠、杜

鹃、梅花、樱花、含笑、茶花、茉莉、蜡梅、桑、泡桐、杨等。分布于我国的吉林、辽宁、甘肃、陕西、山西、北京、河北、山东、河南、安徽、江苏、上海、浙江、福建、江西、湖南、湖北、广东、广西、贵州、重庆、四川、云南等地。

1. 为害特点

成、若虫在叶背吸食汁液，被害叶正面形成苍白点，叶片背面有褐色斑点状虫粪及分泌物，使整个叶背呈锈黄色，严重时被害叶早落。

2. 形态特征

成虫体扁平，暗褐色；头小、复眼暗黑，翅上布满网状纹；前胸背板隆起向后延伸呈扁板状，盖住小盾片，两侧向外突出呈翼状；前翅合叠，其上黑斑构成“X”形黑褐斑纹。虫体胸腹面黑褐色，有白粉；腹部金黄色，有黑色斑纹；足黄褐色。若虫为暗褐色，翅芽明显，外形似成虫，头、胸、腹部均有刺突。卵长椭圆形，稍弯，初淡绿后淡黄色(彩图 7-45)。

3. 防治技术

(1)9 月份在木本植物树干绑草诱集越冬成虫；冬期彻底清除杂草、落叶，集中烧毁，可压低虫源减轻来年为害。

(2)利用保护天敌，已知天敌有盲蝽等。

(3)一代若虫孵化盛期及越冬成虫出蛰后及时喷药防治，常用药有 50%辛硫磷乳油、5%锐劲特悬浮剂、20%氯氰菊酯乳油、2.5%敌杀死(溴氰菊酯)乳油、20%灭扫利乳油 3 000 倍液等，尽可能连片同时进行，防止蝽类往复逃避药剂迁飞。

(4)可用烟草液防治蝽类害虫。取烟草与清水 1∶40，将烟草捣烂后加 10 份开水密封浸泡，当水温降至 20℃左右时揉搓烟草，待汁液较浓时捞出，再放入清水中浸泡、揉搓，如此反复 3～4 次，滤去叶渣，所有汁液混合均匀后喷杀害虫，有一定效果。

(九)梨木虱 *Psylla chinensis* Yang et Li

属同翅目木虱科。以为害梨树为主。分布于全国各梨产区，尤以东北、华北、西北等北方梨区发生普遍。

1. 为害特点

以成、若虫刺吸芽、叶、嫩枝梢汁液，分泌黏液，招致杂菌，使叶片造成间接为害，出现褐斑而造成早期落叶，同时污染果实，影响品质(彩图 7-46)。

2. 形态特征

成虫分冬型和夏型。冬型成虫体褐至暗褐色，具黑褐色斑纹。夏型成虫体略小，黄绿色，翅上无斑纹，复眼黑色，胸背有 4 条红黄色或黄色纵条纹(彩图 7-47)。若虫扁椭圆形，浅绿色，复眼红色，翅芽淡黄色，突出在身体两侧。卵长圆形，一端尖细，具一细柄。

3. 防治技术

(1)清除枯枝落叶、杂草，刮老树皮、严冬浇冻水，消灭越冬成虫。

(2)在 3 月中旬越冬成虫出蛰盛期用药剂防治，控制出蛰成虫基数。

(3)在梨落花 95%左右，即第 1 代若虫较集中孵化期，药剂防治。这也是梨木虱防治的关键时期。常用药有菊酯类药剂 1 500～2 000 倍液、27%水胺氰 1 200～1 500 倍液、20%螨克(双甲脒)1 200～1 500 倍液、10%高渗双甲脒 1 500 倍液、10%吡虫啉 4 000～6 000 倍液、1.8%阿维虫清(齐螨素)2 000～3 000 倍液、35%赛丹 1 500～2 000 倍液、40%水胺硫磷 1 500 倍液。发生严重的梨园，可在上述药剂及浓度下，加入助杀或消解灵 1 000 倍液等以提高药效。

(十)嘴壶夜蛾 *Oraesia emarginata* Fabricius

属鳞翅目。分布于我国浙江、福建、湖南、四川、江西、湖北、云南、广东、广西等地。寄主有柑橘、枇杷、水蜜桃、杨梅、桃、李、芒果等果树。

1. 为害特点

以成虫为害柑橘成熟期或采收期果实，吸食果实汁液，受害果实表面有针刺状小孔，刚吸食后的小孔有汁液流出，以后果皮刺孔处海绵层出现直径约 1 cm 大小的呈淡红色圆圈，造成果实腐烂脱落或贮藏期腐烂。幼虫一般在果园外，喜在“十大功劳”等植物上取食。

2. 形态特征

成虫的头部红褐色，胸部褐色，腹部背面灰白色；前翅棕褐，外缘中部突出成角，角的内侧有一个红褐色三角形纹，后缘中部内呈浅圆弧形，顶角至后缘中部有一深色斜纹；后翅黄褐色，沿外缘深褐色(彩图 7-48)。幼虫头部有 4 对黄斑，胸腹部各节背面两侧白色斑纹中有 1 个大黄斑、数目不等的小黄斑及小红斑，这些斑排列成纵带；腹足含臀足仅 4 对。卵扁球形，底面平，表面密布纵纹，初产黄白色，后变暗红色花纹至灰黑色。蛹赤褐色，腹部第 5～7 节背、腹面前缘有一横列深刻点。

3. 防治技术

(1)灯光诱杀。在嘴壶夜蛾活跃期，安装黑光灯于园区内，约高于树冠 1 m，灯下放置装水盆(桶)，水面滴一些柴油，使趋光的夜蛾落水淹死。

(2)毒饵诱杀。将高度成熟的哈密瓜、菠萝，或被害落地果去皮，浸红糖、醋和敌百虫混合液(敌百虫晶体稀释成 500 倍)，用铁丝穿成串，晚间挂在园边的树上，诱杀成虫。

(3)幼虫防治。可在树冠上交替喷药，常用药有 20%顽虫敌 1 000 倍液、0.5%纳农博园 3 000 倍液、5.7%百树菊酯 1 500 倍液。

三、果树主要钻蛀害虫的识别与防治

(一)食心虫类害虫

为害苹果、梨、桃、杏、李等果树的食心虫种类多，均属鳞翅目的昆虫，常见的有梨大食心虫 *Myelois pirivorella* Matsumura，又称“梨大”；桃蛀螟 *Dichocrocis punctiferalis* Guenee；梨小食心虫 *Grapholitha molesta* Busck，又称梨小蛀果蛾、东方果蠹蛾、梨姬食心虫、桃折梢虫、小食心虫、桃折心虫，简称“梨小”。这三种食心虫的寄主、分布、形态特征及为害特点见表 7-2。

1. 梨大食心虫防治技术

(1)清除虫芽、虫花和虫果，减少虫源。

(2)成虫发生高峰期，设置黑光灯、糖醋毒液诱杀成虫。

(3)在幼虫转芽、转果期用药喷树冠，常用药有 2.5%溴氰菊酯乳油 2 000～4 000 倍液、50%辛硫磷乳油 1 000 倍液、Bt 乳剂 1 000 倍液。

2. 梨小食虫防治技术

(1)春季刮除树上的翘皮，消灭越冬幼虫；单植梨园，在第 1 代和第 2 代幼虫发生期，人工摘除被害虫果；桃梨兼植园，及时摘除被害桃梢，减少虫源，减轻后期对梨的为害。

表 7-2　三类食心虫的形态特征及为害特点

种类	分类	寄主与分布	形态特征	为害特点
梨大食心虫	螟蛾科	为害梨为主，各梨区均有。	成虫全体暗灰色，稍带紫色光泽。距翅基 2/5 处和距端 1/5 处，各有一条灰白色横带，嵌有紫褐色的边，两横带之间，靠前处有一灰色肾形条纹。幼虫头、前胸盾、臀板黑褐色，胸腹部的背面暗绿褐色，无臀栉(彩图 7-49)。	以幼虫主要为害梨，偶尔也为害桃和苹果。越冬幼虫主要为害花芽。幼虫从芽基部蛀入，蛀孔外有细小虫粪，被害芽干瘪。
梨小食心虫	小卷叶蛾科	寄主有梨、桃、苹果、李、樱桃、枇杷、山楂等。长江、黄河流域最严重。	全体灰褐色无光泽，前翅灰褐色，前翅约有 10 条白色斜短纹，但不及苹小食心虫明显，翅中央有一小白点。幼虫的头、前胸盾、臀板均为黄褐色。胸、腹部淡红色或粉色，臀栉 4～7 节，齿深褐色(彩图 7-50)。	幼虫为害多从萼、梗处蛀入，初期被害果蛀孔外有虫粪排出，后期被害处多无虫粪。幼虫蛀道直达果心，高湿情况下蛀孔周围常变黑腐烂渐扩大，俗称“黑膏药”。苹果蛀孔周围不变黑。李幼果被害易脱落，李果稍大受害不脱落，蛀食桃李杏多为害果核附近果肉。枝干受害多从上部叶柄基部蛀入髓部，向下蛀至木质化处便转移，蛀孔流胶并有虫粪，被害嫩梢渐枯萎，俗称“折梢”。
桃蛀螟	螟蛾科	我国大部分梨区都有分布，寄主有桃、葡萄、李、梅、杏、梨、柿、板栗、柑橘、玉米及高粱等。	成虫体黄至橙黄色，体、翅表面具许多黑斑点似豹纹，前翅 25～28 个，后翅 15～16 个，雄第 9 节末端黑色，雌不明显。幼虫体色多变，有淡褐、浅灰、浅灰蓝、暗红等色。头暗褐，前胸盾片褐色，各体节毛片明显，灰褐至黑褐色，背面的毛片较大，第 1～8 腹节气门以上各具 6 个，成 2 横列，前 4 后 2(彩图7-51)。	为害高粱时成虫把卵单产在吐穗扬花的高粱穗上，初孵幼虫蛀入高粱幼嫩籽粒内，用粪便或食物残渣把口封住，在其内蛀害，吃空一粒转一粒直至 3 龄。3 龄后吐丝结网缀合小穗中间留有隧道，在里面穿行啃食籽粒，严重的把高粱粒蛀空，还可蛀秆。为害玉米时，主要蛀食雌穗，也可蛀茎，从秋玉米抽雄至蜡熟阶段成虫把卵产在雄穗、雌穗、叶鞘合缝处或叶耳正反面。

(2)种植诱集植物。试验证明，在梨园周围零星种植李子树，诱集梨小在李果内产卵，在其脱果前，及时摘除全部受害李果，集中销毁，可有效压低当年虫口数量。

(3)在越冬脱果前(北方果区一般在 8 月中旬前)，在主枝主干上，利用束草或麻袋片诱杀脱果越冬的幼虫。

(4)建园时，尽量避免与桃、杏混栽或近距离栽植，杜绝梨小在寄主间相互转移。

(5)在果园中设置糖醋液(红糖：醋：白酒：水＝1：4：1：16)加少量敌百虫，诱杀成虫，或黑光灯诱杀成虫。

(6)药物防治。8月份开始卵果率调查,达1%~2%开始喷药,10~15 d后卵果率达1%以上再喷药。常用药有2.5%溴氰菊酯乳油2 500倍液、10%氯氰菊酯2 000倍液、40%水胺硫磷1 000倍液、1.8%阿维菌素3 000~4 000倍液。

3. 桃蛀螟防治技术

(1)采果后至萌芽前,清除园内干僵,病虫果及玉米、高粱秸秆、向日葵花盘等,集中深埋或烧毁。剔除老翘皮、朽木,药泥堵树洞,减少越冬基数,生长期随时拣拾落果,摘除虫果、消灭果内幼虫。

(2)诱杀成虫。在园内设置黑光灯、糖醋液、性诱剂等诱杀成虫。

(3)树干扎旧麻袋片或草蝇,诱集幼虫、蛹,随时收集消灭。

(4)果园四周种植诱集作物。在成虫产卵期,集中防治,减轻对果树的危害。

(5)药剂防治。用50%辛硫磷乳油500倍液,渗药棉球或药泥堵塞萼孔;在成虫产卵盛期适时喷药,防止幼虫蛀果,常用药有20%杀灭菊酯2 500倍、2.5%大康或功夫3 000倍、5%红太阳大将军4 000倍液、50%辛硫磷1 000倍液、爱福丁1号6 000倍液、25%灭幼脲1 500~2 500倍液。

(6)果实套袋。石榴坐果后60 d左右进行果实套袋,可有效防止桃蛀螟对果实为害。套袋前应进行疏果,喷一次杀虫剂。

(二)天牛类害虫

为害果树的天牛种类多,寄主多,全国均有分布,常见种类有星天牛 *Anoplophora chinensis* Frster,褐天牛 *Nadezhdiella cantori* Hope,桑天牛 *Priona germari* Hope,均属鞘翅目天牛科。寄主有柑橘、苹果、梨、枇杷、荔枝、樱桃、核桃。

1. 为害特点

以幼虫蛀食较大植株的基干,在木质部、根部为害,树干下有成堆虫粪,使植株生长衰退,甚至死亡。以成虫咬食嫩枝皮层,形成枯梢,也食叶成缺刻状。

2. 形态特征

各虫态特征见表7-3。

3. 防治技术

(1)人工捕捉成虫。在5~6月成虫活动盛期,巡视捕捉成虫多次。

(2)毒杀成虫和防止成虫产卵。在成虫活动盛期,用80%敌敌畏乳油或40%乐果乳油等掺适量水和黄泥,搅成稀糊状,涂刷树干基部或距地在30~60 cm以下的树干,可毒杀在树干上爬行及咬破树皮产卵的成虫和初孵幼虫,或在成虫产卵盛期用白涂剂涂刷树干基部,防止成虫产卵。

(3)刮除卵粒和初孵幼虫。6~7月间发现树干基部有产卵裂口和流出泡沫状胶质时,即刮除树皮下的卵粒和初孵幼虫。并涂以石硫合剂或波尔多液等。

(4)毒杀幼虫。树干基部地面上发现有成堆虫粪时,将蛀道内虫粪掏出,塞入或注入药剂毒杀,常用布条或废纸蘸80%敌敌畏乳油或40%乐果乳油5~10倍液,向蛀洞内塞紧,或用兽医用注射器将药液注入;可用56%磷化铝片剂(每片约3 g),分成10~15小粒(每份0.2~0.3 g),每一蛀洞内塞入一小粒,再用泥土封住洞口;用毒签插入蛀孔毒杀幼虫(毒签可用磷化锌、桃胶、草酸和竹签自制)。

表 7-3 三种天牛各虫态特征

虫态	星天牛	褐天牛	桑天牛
成虫	虫体漆黑,具金属光泽;鞘翅基部密布颗粒,表面散布有许多不规则排列的大小白毛斑(彩图 7-52)。	虫体橙黄色至赤褐色;前胸背板上呈密而不规则的脑状褶皱,侧刺突尖锐小盾片密被橙黄色绒毛;鞘翅肩部隆起,两侧近于平行(彩图 7-53)。	虫体黑褐至黑色,密被青棕或棕黄色绒毛;前胸背板前后横沟间有不规则的横皱或横脊;鞘翅基部密布黑色光亮的颗粒状突起,占全翅长的1/4～1/3;翅端内、外角均呈刺状突出(彩图 7-54)。
幼虫	淡白色,前胸背板前方左右各有一黄褐色飞鸟形斑纹,后方有一块黄褐色骨化的"凸"字形大斑纹。	乳白色,前胸背板上有横列分成 4 段的棕色宽带,中央的 2 段较长,两侧较短;中胸腹面、后胸及腹部第 1～7 节背、腹面有移动器。	乳白色,头黄褐色,大部缩在前胸内。腹部第 1 节较大略呈方形,背板上密生黄褐色刚毛,后半部密生赤褐色颗粒状小点并有"小"字形凹纹;第 3～10 节背、腹面有扁圆形步泡突,上密生赤褐色颗粒。
卵	乳白色,后变黄褐。	椭圆形,乳白色,后呈灰褐色,表面有网纹及细刺状突起。	长椭圆形,稍扁而弯,初乳白后变淡褐色。
蛹	乳白色,羽化前呈黑色,触角卷曲,翅芽超过腹部第 3 节后缘。	淡黄色,翅芽叶形,伸达腹部第 3 节的腹面后端。	纺锤形,初淡黄后变黄褐色,翅芽达第 3 腹节,尾端轮生刚毛。

(5)钩杀幼虫。幼虫尚在根颈部皮层下蛀食,或蛀入木质部不深时,及时进行钩杀。

(6)简易防治。利用包装化肥等的编织袋,洗净后裁成宽 20～30 cm 的长条,在星天牛产卵前,在易产卵的主干部位,用裁好的编织条缠绕 2～3 圈,每圈之间连接处不留缝隙,然后用麻绳捆扎,防治效果甚好。通过包扎阻隔,天牛只能将卵在编织袋上,其后天牛卵就会失水死亡。

(7)治疗受害树。在清明至立夏期间根系生长高峰期,选择晴天,挖开受星天牛为害树的根颈部土块,用锋利小刀刮除伤口残渣,使伤口呈现新鲜色泽,在伤口处涂上生根粉(不涂也可),然后将肥土堆放在伤口周围,并盖上薄膜块,薄膜块上端紧贴树干用麻绳捆扎牢实,下端铺开在肥土上,最后盖上挖出的泥土并压紧。不久,伤口即产生愈伤组织,重新发出新根,植株恢复生机。

(三)橘爆皮虫 *Agrilus auriventrsi* Saunders

又称柑橘锈皮虫、里皮虫、柑橘长吉丁虫,属鞘翅目吉丁虫科。

1. 为害特点

以成虫咬食当年抽生的春梢嫩叶,以幼虫在枝干形成层与韧皮部之间蛀食为害,蛀道不规则,粪屑充实其中,严重时大枝或整株枯死。轻者,叶黄、落花、落果;重者,枝枯树死。宽皮柑橘类受害严重,甜橙类次之,金柑、柚类受害较轻;丘陵山地比平原岗地受害严重。

2. 形态特征

成虫的体为黑色，具有金属光泽；雌虫头部金黄色，雄虫头部翠绿色，复眼黑色，触角锯齿状；前胸背板与头等宽，上密布很细皱纹；翅鞘上密布细小刻点。老熟幼虫体扁平，口器黑褐色，头小，褐色，体表有皱纹，胴部乳白色；前胸特别膨大，背、腹面中央各有1条明显纵纹；中胸最小，胸足退化；腹部9节，各节的后缘比前缘宽，前8节各有气孔1对，末节尾端有1对黑褐色尾叉(彩图7-55)。卵扁平，椭圆形，初产时乳白色，后变橙黄色。蛹扁圆锥形，初蛹期为乳白色，柔软多褶，后变黄色，最后变蓝黑色，具金属光泽。

3. 防治技术

(1)冬春成虫出树前清除枯死枝和树，集中处理消灭虫源。

(2)成虫出树前除枝干皮，然后用药防治。常用药有80%敌敌畏乳油或90%晶体敌百虫1 000～1 500倍液涂刷树干。

(3)幼虫孵化初期刮除被害处胶粒和一层薄皮，并涂抹80%敌敌畏乳油3倍液毒杀幼虫。

(四)橘大实蝇 *Bactrocera*(*Tetradacus*)*minax* Enderlein

又称柑橘大果实蝇、黄果蝇，幼虫名为柑蛆，属双翅目实蝇科。主要分布于我国的四川、重庆、贵州、云南、湖南、湖北、广西、陕西、台湾等地。寄主为柑橘类的甜橙、京橘、酸橙、红橘、柚子等，也可为害柠檬、香橼和佛手。

1. 为害特点

以成虫产卵于柑橘幼果中，以幼虫在果内蛀食果肉，使果实未熟先黄，提前脱落。且被害果易腐烂，使果实丧失食用价值，严重影响产量和品质。

2. 形态特征

成虫体态大型，黄褐色，中胸背板中央具1条赤褐色至黑色倒“Y”形斑纹；沟后有3个黄色纵条，两侧的1对呈弧形，向后伸至内后翅上鬃基部，中间的1条较短，介于倒“Y”形纹叉内；翅透明，前缘区一淡黄色条纹，翅痣和翅端斑点呈棕色；足黄色，腿节末端以后色较深；腹部黄色至黄褐色，第1背板扁方形，宽略过于长；第3背板基部有一黑色横带，与腹背中央从基部伸达腹端的一黑色纵纹交成“十”字形；第4背板基也有黑横带，色较浅，中部间断(彩图7-56)。幼虫白色，蛆形；前气门扇形，有指突30余个，排成1行。卵两端透明，中间白色，长椭圆形，一端尖，中央稍弯。蛹黄褐色，粗短纺锤状。

3. 防治技术

利用大实蝇一般7月进入果园产卵时，用药控制，常用药有20%顽虫敌、65%辛硫磷1 000倍液喷地面，杀灭成虫，每7～10 d 1次，连续喷2次，用4.5%好绿微乳剂2 500倍液或20%中西杀灭菊酯3 000倍液加入3%红糖液喷树冠，每7～10 d喷1次，交替用药，连喷2～3次。

(五)梨实蜂 *Hoplocampa pyricola* Rhower

属膜翅目叶蜂科。分布于我国的辽宁、河北、山西、陕西、甘肃、山东、江苏、浙江、安徽、河南、湖北、四川等地。寄主有梨、杏、樱桃等幼果。

1. 为害特点

以成虫产卵于花萼组织内，被害花萼出现一稍突起的小黑点，以幼虫蛀食花萼、幼果，造成被害幼果早期脱落。

2. 形态特征

成虫虫体黑褐色，有光泽；触角 1、2 节黑色，其余各节，雌虫褐色，雄虫黄色；翅淡黄色，透明，翅脉淡褐色；后足较长，腿节与体同色，胫节、跗节淡黄色(彩图 7-57)。幼虫头部橙黄色，胴部淡黄白色；腹端背面有 1 片黄褐色斑纹，上有小黑点。卵长椭圆形，表面光滑，初产乳白色至微黄，半透明，孵化前变灰色。蛹初白色，后变黑色。茧长椭圆形，黄褐色，表面粘有细土。

3. 防治技术

(1)摘除卵花和幼果及嫩梢烧毁。

(2)落花后，药剂防治。常用药有 90%灭多威乳油 2 000 倍液、10%吡虫啉乳油 2 000 倍液。

(3)幼虫转果危害时，选用菊酯类农药防治幼虫，可用高效氯氰菊酯乳油 1 500 倍液，进行防治。

(六)香蕉象甲

为害香蕉的象甲常见的有两种，即香蕉象甲，又称香蕉球茎象甲 *Cosmopolites sordidus* Germar 和香蕉大象甲，又称香蕉假茎象甲 *Odoiporus longicollis* Olivier，均属鞘翅目象甲科。香蕉大象甲又有两种类型：一类型为香蕉双黑带象甲，又称双带型；另一类型为香蕉大黑象甲，又称大黑型。在蕉园常见的多为双黑带象甲。分布于我国的香蕉产区，主要以香蕉和西贡蕉为寄主，也为害芭蕉科的其他种类，如蕉麻。

1. 为害特点

以成虫咬食假茎和叶片，但对蕉株为害不大，以幼虫蛀食蕉株假茎，使蕉株中虫道纵横交错，造成树势衰弱、假茎腐烂，甚至枯死。

2. 形态特征

香蕉象甲的成虫头部延伸成管状，末端内藏咀嚼式口器，触角膝状(彩图 7-58)。幼虫乳白色，肥胖，头赤褐色，体表多横皱，无足。卵长椭圆形，乳白色，表面光滑。蛹裸蛹，乳白色，管状头可达中足胫节末端。

香蕉象甲和香蕉大象甲各虫态的形态特征、大小、色泽非常相似，只是香蕉象甲成虫体略小，鞘翅端部近圆形，足的第三跗节不扩展成扇形；香蕉大象甲成虫体略大，鞘翅端近平截，足的第三节扩展如扇形；双带型背面红褐色或黑红褐色，前胸背板两旁各有 1 条由前向后渐宽的黑色纵带纹；而大黑型全体黑色或带红褐色光泽，但前胸背板旁无纵带纹。

3. 防治技术

(1)严禁带虫蕉苗调入新区。

(2)抓好清园，收获后砍除虫害残株，冬春及清明前割除腐鞘。

(3)掌握越冬幼龄虫(约 11 月底)和第一代低龄幼虫高峰期(约 4 月初)施药毒杀。可采用穴(沟)施：3%好年冬粒剂 30～60 g/株、5%辛硫磷 3～5 g/株、3%呋喃丹 5～10 g/株；注射：40.7%乐斯本或 50%辛硫磷乳油 1 000 倍液，于 1.5 m 高假茎偏中髓 6 cm 处注入，150 mL 药液/株；喷淋：用 40.7%乐斯本 700 倍液，喷假茎基部，或 80%敌敌畏乳油 800 倍液自上端叶柄淋施；假茎涂或包裹药浆(上述药剂)等。

任务训练

一、知识训练

(一)填空题

1. 食叶性的果树害虫中造成卷叶为害的有(　　)种,其中将叶卷成“饺子状”的是(　　),属鳞翅目(　　)科,同属卷叶蛾科的害虫是(　　)、(　　)、(　　)。

2. 食叶性害虫中潜叶为害叶肉的鳞翅目害虫是(　　)和(　　),分别属(　　)科和(　　)科。

3. 食叶性果树害虫中属鞘翅目的害虫是(　　)和(　　),均属(　　)科。

4. 吸汁液的果树害虫,属蚜科的害虫是(　　),棉蚜科的害虫是(　　)和(　　),根瘤蚜科的害虫是(　　),都属(　　)目。

5. 吸汁液的果树害虫,属蚧总科的害虫(　　)、(　　)和(　　);属粉虱科的害虫是(　　);属木虱科的害虫是(　　);都属于(　　)目。

6. 吸汁液的果树害虫属蜱螨目叶螨科的害虫是(　　)、(　　)和(　　),典型的为害特点是(　　);属瘿螨科的害虫是(　　)和(　　),典型的为害特点是(　　)。

7. 钻蛀性果树害虫属鞘翅目天牛科的是(　　)、(　　)和(　　);其主要为害特点(　　);吉丁虫科的是(　　),其主要为害特点(　　);象甲科的是(　　)和(　　),其为害特点(　　)。

8. 钻蛀性果树害虫属鳞翅目的是(　　)、(　　)和(　　),其为害特点(　　)。

9. 嘴壶夜蛾是以(　　)虫态为害果实的,被害果实表面为(　　)状。

10. 苹果掌舟蛾的幼虫静止时头、胸和尾上举如舟,故被称为(　　)。

11. 被害部位形成小肿瘤,被覆许多白色棉絮状物,这种害虫是(　　)。

12. 吸食葡萄的汁液,在叶上形成虫瘿,在根上形成小瘤,最后造成植株腐烂,这种害虫是(　　)。

13. 幼虫专害嫩梢,吐丝将数片嫩叶缠缀成虫苞,并啃下叶背绒毛作成筒巢,潜藏入内,仅在取食时身体露出巢外,顶梢卷叶团干枯后,不脱落,这种害虫是(　　)。

(二)判断题

1. 梨大食心虫与梨小食心虫都属同一个科。(　　)
2. 吸汁液的蚜虫类都属同一个科。(　　)
3. 吸汁液的果树害虫都是同一类的。(　　)
4. 橘大实蝇是植物检疫性害虫。(　　)
5. 芒果象甲都是植物检疫性害虫。(　　)
6. 果小卷叶蛾的幼虫只为害果树的叶。(　　)
7. 嘴壶夜蛾是食叶害虫。(　　)
8. 矢尖蚧、梨圆蚧和朝鲜球坚蚧都是以成虫和若虫为害寄主植物。(　　)
9. 苹果棉蚜和葡萄根瘤蚜都是外来入侵物种。(　　)
10. 果树害虫防治应遵循预防为主,综合防治的原则。(　　)

(三)简答题

1. 桃小食心虫的发生有何特点?如何防治桃小食心虫?
2. 金纹细蛾的为害有何特点?苹果棉蚜的为害有何特点?

3. 当地果树生产基地害虫防治的主要技术有哪些？

4. 当地果树主要害虫有哪些种类？在防治上存在哪些问题？如何解决？

5. 钻蛀类害虫的防治方法有哪些？

6. 比较食叶害虫的为害特点。

7. 结合当地苹果树的主要虫害种类和发生特点，制定综合防治方案。

二、技能训练

1. 选择虫害危害严重的果园，采集害虫标本 15 种，根据资料鉴定种名，并能正确识别部分害虫的被害状。

2. 以小组为单位，结合当地果树生产调查某种果树常见害虫种类，并组织实施防治措施。

3. 根据学习的相关知识和当地条件，独立拟定一种果树害虫的防治方案。

4. 针对当地常见某种果树害虫进行无公害防治进行调查，并完成一份调查报告。

学习情境 8

食用菌主要病虫害及综合防治

知识目标

◆熟悉食用菌主要病虫害的种类、为害及发生规律。

◆掌握食用菌主要病虫害的防治技术。

能力目标

◆具备对当地食用菌生产中发生病虫害的种类及为害情况观察分析的能力。

◆能正确识别食用菌病虫害种类并了解其发生规律。

◆注重安全，减少污染，对各类病虫害能进行及时、合理、有效的处理和防治。

任务描述

通过农业图书、教材、文献查阅、网络查询及知识传授等方法，熟悉当地食用菌生产中主要病害发生的种类及为害特点；通过校内外食用菌生产基地的现场观察与各种病害标本观察、视频观看、室内实验、课堂讲解与讨论等方式，对当地食用菌生产中常见病害的症状、病原、发生规律进行观察与诊断；在教师和专业技术人员的指导下，遵循安全与环保的有关规定，拟定其防治方案，熟练运用关键防治技术，实践操作，以达到预期的防治目标。

实施条件

1. 实施场所：食用菌生产基地、食用菌栽培室、植保实训室、多媒体教室等。

2. 仪器设备：体视显微镜、生物显微镜、培养箱、接菌箱、多媒体设备等。

3. 药品用具：酒精、石灰水、甲醛、高锰酸钾、多菌灵、石灰粉、漂白粉、蒸馏水、结晶紫、碱性品红、擦镜纸、培养皿、载玻片、盖玻片、接种针、镊子、小剪刀、纱布块、75%酒精棉球、酒精灯、干湿温度计、温度计、注射器、胶带、小喷雾器等。

4. 其他：各种食用菌病虫害标本、相关 PPT、教材、专业音像、专业图书、网上资源等。

任务实施

在食用菌栽培中，生产上最棘手的问题莫过于病虫害的为害，尤其是病菌的为害，轻者造成减产，重者无收。我国目前大多生产者的条件比较简陋，病虫害问题显得尤为突出。为了解决食用菌中的这些问题，应根据食用菌生长发育的特点，采取以防为主综合防治的措施，把病虫害杜绝在发生之前。

一、食用菌主要病害的诊断与防治

在食用菌病害中以真菌引起病害种类最多，为害最重。从为害方式来看，真菌病害可分为寄生性真菌病害、竞争性真菌病害。

常见的食用菌病害症状有变色、斑点、凹陷、软腐、萎缩、畸形等。

(一)寄生性真菌病害

1. 褐腐病

亦称白腐病、湿泡病、水泡病、疣孢霉病。该病是菇房发生最普遍而且危害最严重的病害。主要为害蘑菇、草菇、平菇。

(1)症状　疣孢霉只感染子实体，不感染菌丝体。发病菇上渗水滴是该病的典型症状。蘑菇发育阶段不同，症状也不同，蘑菇子实体受到疣孢霉严重感染时，子实体分化受阻，形成畸形菇；受轻度感染时，菌柄肿大成泡状或出现褐色斑点。开始被感染到初现症状需 11 d。

蘑菇的子实体未分化时被感染，菌褶和菌柄下部出现白色棉毛状菌丝，其上覆盖一层白色绒毛状菌丝，这种组织块逐渐变褐，会形成如马勃状的组织块从患病组织中渗出暗褐色汁液。如果在蘑菇菌柄和菌盖分化后染病，菌柄就会变褐色，基部有绒毛状病菌菌丝。在子实体发育末期被感染，子实体被感染部位(菌柄或菌盖)会出现角状淡褐色斑点，而看不到病菌菌丝。若病菇组织留在菇床上，会逐渐变褐色，并渗出褐色汁液(彩图 8-1)。

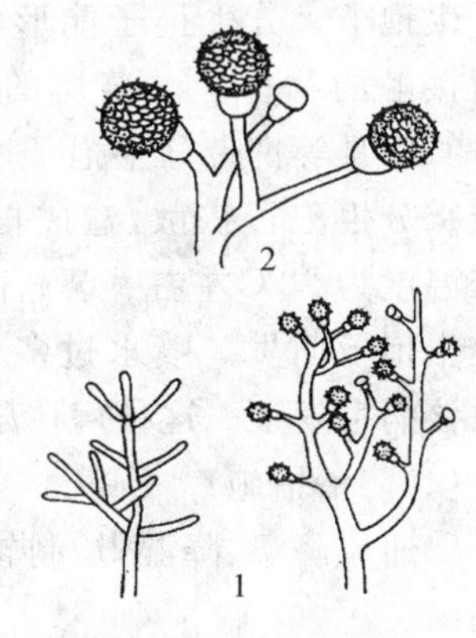

图 8-1　疣孢霉

1. 轮枝形分生孢子　2. 厚垣孢子

(2)病原　疣孢霉 *Mycogone perniciosa*，属于半知菌类亚门丛梗孢目丛梗孢科疣孢霉属。分生孢子梗呈轮枝分枝，顶端单生分生孢子。无性孢子两种形态，一是薄壁分生孢子，二是双细胞的厚垣孢子(图 8-1)。

(3)发病规律　疣孢霉性喜郁闭、潮湿的环境，属土壤习居菌，各地的土壤均有疣孢霉菌的存在。疣孢霉厚垣孢子的抗逆性很强，在土壤中可存活一年以上，故上年土壤中疣孢霉厚垣孢子都可能成为下一年的初侵染源，其菌丝生长的最适温度为 25℃，pH 6.2，65℃条件下经 1 h 即死亡。10℃以下极少发病，15℃以上发病严重，当菇房温度连续几天高于 18℃、空气不流通、相对湿度在 90%以上时，疣孢霉就会大发生。疣孢霉病的重复感染源是菇床的病菇。病菇上的疣孢霉孢子在喷水期间向四周传播，人、昆虫、螨类、气流等也可传播。

(4)防治措施

①种植前对菇房、菇架用 5%的漂白粉水溶液或 5%甲醛溶液喷洒消毒。

②覆土消毒。覆土要取地表 30 cm 以下的深层土，切勿取地表土，更不要在出过菇类废料的田地取土，而后在太阳下晒干，同时按每立方米覆土加 50 mL 甲醛、25 g 高锰酸钾进行密封熏蒸 24 h，可以预防此病发生。

③栽培与药剂防治。发现病菇后立即停止喷水，加大菇房通风量，并且尽可能将温度降至15℃以下。病菇少时，要及时除掉病菇并烧毁，切勿乱扔，以防恶性感染，在病区喷洒1%～2%的甲醛溶液，或喷洒1∶500倍多菌灵。菇床出现大量病菇时，不要马上挖出，先将好菇采完，更换覆土，烧毁病菇，并用4%甲醛溶液消毒工具。

2. 褐斑病

亦称干泡病、轮枝霉病。主要为害蘑菇子实体。

(1)症状　蘑菇从染病到出现褐色病斑大约需14 d。菌柄和菌盖分化前被侵染，形成未分化的灰白色小团块，直径25 mm左右，比疣孢霉病菇质地硬，菇体干小不腐烂。子实体分化结束后被侵染，菌柄变粗，呈褐色，外部组织剥落；菌盖变小，菇体常因干枯而裂开。子实体生长后期被侵染，会出现直径10 mm的圆形病斑，开始呈灰色，后变成灰褐，菌盖较小，畸形，常有霉状附属物。病菇干裂，不腐烂，无特殊臭味。

(2)病原　真菌轮枝孢霉 *Verticillium fungicola* Preuss.，属半知菌亚门丛梗孢目丛梗孢科轮枝霉属。分生孢子单细胞，分生孢子梗轮生(图8-2)。

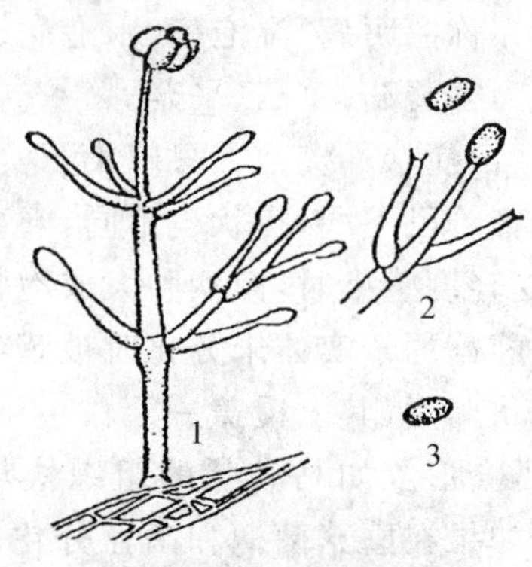

图8-2　轮枝孢霉

1. 孢子梗分枝　2. 小梗　3. 分生孢子

(3)发病规律　轮枝孢霉性喜低温、高湿的环境。主要为害蘑菇子实体。在土壤中分布较广，目前仅发现一种分生孢子。分生孢子能形成黏性的黏团，很容易附着在所接触的物体上。菇房的初次侵染是由人、空气、昆虫、螨、工具等携带分生孢子所造成。喷水可使病菇上的轮枝霉分生孢子扩散，造成再次侵染。轮枝孢霉的最适生长温度为22℃左右。蘑菇菌丝体和子实体能刺激轮枝霉分生孢子萌发。喷水过多、覆土太潮湿、通风不良，会导致该病害发生。这种病在菇房经常是小面积发生，很少大面积流行。

(4)防治措施

①通风降温、降湿，控制轮枝霉病的发展。菇房安装纱门、纱窗，防止菇蚊、菇蝇等害虫传播病菌。

②工具要用4%的甲醛消毒。不要用采过病菇的手整理菇床。菇房与菇房间人员不要随意走动，以免传染病菌。

③子实体被轮枝霉侵染，可用1∶500倍多菌灵溶液或甲基托布津喷洒，也可喷洒1 500倍百菌清，防治效果良好。

④采菇结束后，感染轮枝霉病的废料要妥善处理，不要堆放在菇房周围。菇房要用甲醛消毒，每100 m^2 菇房用甲醛2 kg，熏蒸24 h。

3. 软腐病

又名蛛网病、霜霉病、霉菌病，主要为害蘑菇。

(1)症状　发病时，菇床上出现白色菌丝，并迅速蔓延，若不及时控制，可扩展至整个菇床。在湿度较大的情况下，可把子实体全部“吞噬”而只看到一团白色的菌丝，后期白色菌丝变为水红色。蘑菇在整个发育期都会受到这种病菌的浸染，染病子实体并不发生畸形，而是逐渐变为褐色直至腐烂(彩图8-2)。

(2)病原　树枝状轮枝孢霉 *Dactylium dendroides*，属丝孢纲丝抱目丛梗孢科指孢霉属。

分生孢子梗(常有气生菌丝产生)直立,不规则分枝,顶端轮生 3～5 个小梗,小梗似瓶状,每一分生孢子小梗上产 3～5 个分生孢子,分生孢子透明(图 8-3)。

(3)发病规律　树枝状轮枝孢霉性喜低温、高湿的环境,往往在 11 月(秋菇)和 3 月(春菇)盛发。广泛存在于土壤中,在覆土或菇体表面形成菌落,并在短期内产生孢子,这些孢子借助气流、喷水时溅起的水滴及菇体渗出的汁液进行传播。在覆土过湿及低温的情况下易发生此病;当空气相对湿度达 100%时,孢子萌发率最高,菌丝体生长速度最快,当相对湿度降至 82%时孢子基本不萌发。孢子萌发适宜温度为 20℃,菌丝体生长为 25℃、高湿和酸性的条件下最易发病。在栽培后期,随气温的上升、覆土 pH 的降低而发病严重。这种病在菇房经常是小面积发生,很少大面积流行。

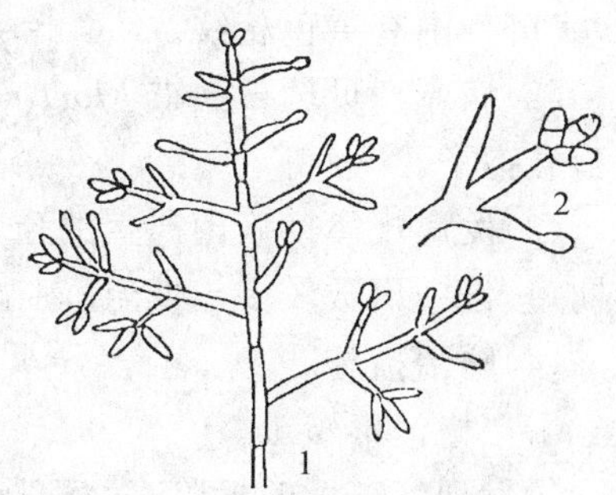

图 8-3　树枝状轮枝孢霉

1. 孢子梗分枝　2. 小梗和分生孢子

(4)防治措施

①覆土消毒,选择合适的覆土并加以暴晒和药剂处理。

②合理喷水,加强菇房通风,降低覆土面和菇房空气的相对湿度。

③及时清除菇房和菇房周围的菇根和死菇,保持菇房环境卫生。

④该病局部发生时应减少床面喷水的次数,并在感染区用食盐或 0.2～0.4 cm 厚的石灰粉覆盖霉斑,使近处健康蘑菇不致受损害,或喷洒 500 倍多菌灵或托布津药液于床面。国外常喷 2.5%甲醛溶液于感染区(注意不让药液浸染培养料,因 2%的甲醛液可杀死蘑菇菌丝)。

4. 褶霉病

又称菌盖斑点病。主要为害蘑菇、香菇。

(1)症状　主要为害蘑菇的菌褶,发病初期菇盖表面凹凸不平,后呈圆形或不规则病斑,严重的使菌褶一堆一堆地粘合在一起,其表面常有白色菌丝,不能正常分开伞,菇变畸形,菌褶色泽呈斑纹杂色。病菇的另一症状是菌盖上有深褐色斑点,似褐斑病,但不容易腐烂,有时菌盖会发硬。

(2)病原　头孢霉 *Cephalosporium lamellaecola* 和白扁丝霉(异名褶生头孢霉)*Aphanocladium album*(Preuss)W.gams,属半知菌亚门丛梗孢目丛梗孢科头孢霉属。分生孢子梗不分枝,分生孢子粘结成团(图 8-4)。

(3)发病规律　头孢霉性喜湿度偏高的环境,病原菌孢子主要通过覆土或空气传播,菇房湿度高会加快发病。

(4)防治措施

①加强菇房通风,防止菇房湿度过高。如果发病及时将病菇摘除销毁,降低空气湿度,防止蔓延。

②发病部位喷 1∶500 倍多菌灵或甲基托布津液,可抑制病害发生。

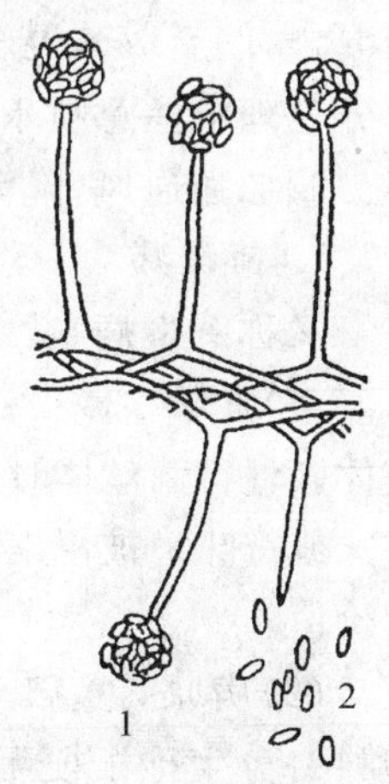

图 8-4　顶孢头孢

1. 分生孢子头
2. 分生孢子

5. 菇脚粗糙病

主要为害蘑菇。

(1)症状　病菇菌柄表层粗糙、裂开,菌柄和菌盖明显变色,后期变成暗褐色。病菇的菌柄和菌褶上可看到粗糙、灰色的病菌菌丝,它可传播到周围的覆土上。有的病菇发育不良,形成畸形菇。子实体发育后期染病,菌柄稍微变色,菌盖表面产生圆形褐色斑点,病斑外围有黄色轮纹。

(2)病原 贝勒被孢霉 *Mortierella bainieri cost*,属接合菌亚门藻状菌纲毛霉目。该菌产生孢囊孢子。

(3)发病规律 病菌产生的孢囊孢子很容易由风和水传播,也能由覆土带入菇房,病菌潜育期短,侵染次数较多。低温、潮湿环境对病害发生有利。

(4)防治措施

①严格消毒覆土。

②发现病菇及时摘除,发病部位喷500倍多菌灵液。

6. 猝倒病

又称枯萎病,主要为害蘑菇、覆土香菇。

(1)症状 主要侵染蘑菇菌柄,菌柄染病后髓部萎缩变褐色。早期感染的病菇和健康菇在外形上差异不明显,只是病菇菌盖色泽较暗,菇体不再长大,最后变成"僵菇"。病原菌可分泌一种毒素,毒死蘑菇菌丝和小菇蕾,因而上一潮菇染病后,下一潮菇不会生长或小菇蕾长不大就死亡。

(2)病原 红花尖镰孢霉 *Fusarium oxysporum* Schl.和茱豆镰孢霉 *F.martii* App.。属半知菌亚门丛梗孢目丛梗孢科镰孢菌属。孢子有大小两种,小孢子为单细胞,无隔;大孢子则为多细胞,有隔,呈镰刀形。

(3)发生规律 镰孢霉是土壤中的腐生菌,该病主要是由培养料或覆土带菌引起的。菇房内喷水、溅水是其主要传播方式。高温、高湿环境有利病害发生。

(4)防治措施

①主要是把握住培养料发酵和覆土消毒这两个环节,培养料发酵要彻底均匀,覆土要严格消毒。

②一旦发病可喷洒硫酸铵和硫酸铜混合液,具体做法是:将硫酸铵与硫酸铜按11∶1的比例混合,然后取其混合物,配成0.3%的水溶液喷洒。也可喷洒500倍液的苯来特或托布津。水分管理中注意喷水少量多次,实行干干湿湿交换进行水分管理。

③加强通风,降温、降湿防止菇房湿度过高。并注意覆土层不可过厚过湿。

7. 菌被病

又称黄霉病、黄毁丝病、马特病等。

(1)症状 侵染初期菌丝白色,后渐变为黄色至淡褐色,线毯状。侵害双孢蘑菇的菌丝和子实体。侵害菌丝体时,培养料内和菇床上都可见到成堆的黄色颗粒,并散发出铜锈、电石等金属气味或霉味。被侵染的子实体表面出现灰绿色的不规则锈斑,呈"彩纸屑"状,子实体完全丧失食用价值。

(2)病原 黄毁丝霉 *Myceliophthora lutea*,又名黄蚀丝霉,属半知菌亚门丛梗孢目丛梗孢科。分生孢子梗无隔,分生孢子不串生(图8-5)。

(3)发生规律 该菌喜培养料腐熟过度和高湿环境。多发生在二潮菇后,主要是培养料腐熟过度,料过厚、过湿,喷水过度,菇房通风不良、空气相对湿度过高引起的,该菌孢子主要通过培养料带入菇棚。培养料内出现黄色粉末状物,并散发出浓厚的霉味,有黄霉处出菇困难或出现很少“僵菇”。

(4)防治措施

①防止培养料过熟、过湿、过厚，加强菇房通风换气，严格覆土消毒。

②菇房使用前后均严格消毒，采菇用具用前用4%的甲醛液消毒，覆土用前要消毒或巴氏灭菌，严禁使用生土。

③覆土切勿过湿。发病初期立即停水并降温至15℃以下，加强通风排湿。

④及时清除病菇，在病区覆土层喷洒2%的甲醛或0.2%多菌灵。发病菇床喷洒0.2%多菌灵溶液，可抑制病菌蔓延。

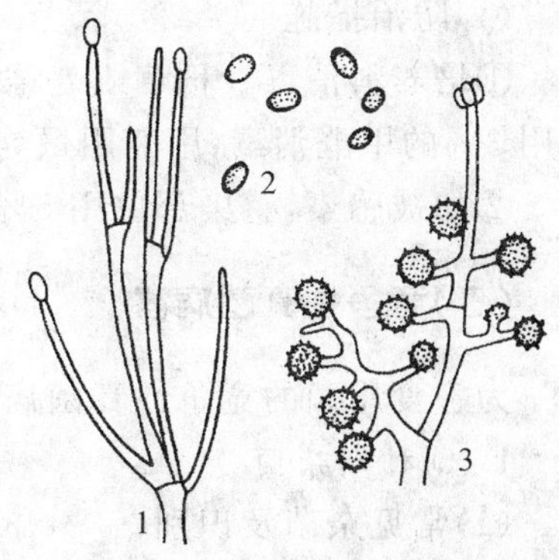

图 8-5　黄毁丝病菌

1. 分生孢子梗　2. 分生孢子　3. 厚垣孢子

8. 红银耳病

又称银耳浅红酵母病。危害银耳，也危害多种食用菌制种。

(1)症状　银耳子实体感染浅红酵母，先变浅红色，后慢慢加深，不能继续长大，最后腐烂，出现“流耳”现象。腐烂的耳根不能再形成耳基。腐烂的胶质流到好耳片上也发生腐烂，所覆盖的耳木不能形成耳基，降低产量和质量。

(2)病原　浅红酵母菌 *Rhodotorla pallida*，性喜25℃以上的高温环境，菌体为单细胞，椭圆形，不形成菌丝体，靠芽殖方式进行繁殖。菌落表面光滑，有光泽。人工培养形成粉红色胶质状菌苔。

(3)发生规律　浅红酵母菌可借助空气传播，接触侵染；也可通过喷水传播。高温、高湿、喷水过多、通风不良，有利于此病发生。

(4)防治措施

①耳房在上料播种前，用甲醛熏蒸，设备、工具用0.1%高锰酸钾溶液消毒。

②搞好耳房清洁卫生，喷水要清洁，喷水量要结合通风情况。使出耳时的温度控制在23～25℃，预防病害发生。

③子实体发病时要及时摘除病耳，并喷洒25%多菌灵500倍液，或70%甲基托布津1 000倍液，或每毫升含100～200单位的链霉素药液。

9. 小菌核

又称白绢病、罗氏菌核病，主要危害草菇、蘑菇。

(1)症状　该病病原菌为小菌核，菌丝白色，有光泽，棉毛状，比草菇菌丝体粗壮，浓厚。从中央向四周辐射生长，菌丝上形成大量菌核，密集成层。菌孢小菌核可抑制草菇菌丝体生长，发生在草菇子实体上。菌核表面生，球形或椭圆形，直径0.5～1.0 mm，有的可达3 mm；表面光滑有光泽，先为乳白色，随着体积的增大，逐渐变为米黄色；最后缩小变为茶褐色，形状大小、色泽似油菜籽。初期在培养料上长出一圈一圈的棉絮状白色菌丝体，病菌先侵害菇体基部，有黏性，最后整个菇体软腐。

(2)病原　齐整小菌核 *Sclerotium rolfsii*，寄生性兼竞争性杂菌。

(3)发生规律　菌核萌发和菌丝生长的温度范围是10～35℃，最适温度30～32℃。土壤和培养料中的病原菌菌核在菇床上萌发生长，造成初次侵染。喷水、工具和昆虫等传播病菌，进行再次侵染。

(4)防治措施

①培养料消毒。稻草或麦秸用5%～7%的石灰水浸泡 2 d,棉籽壳料可堆积发酵 4 d;覆土用3%的甲醛消毒(甲醛用量为土重的0.03%),用塑料布覆盖 2 d。

②如被感染,感染部位用5%石灰水处理,或撒少量石灰粉,对控制病害蔓延有一定效果。

(二)竞争性真菌病害

为害食用菌的竞争性真菌病害主要是指制种期污染杂菌和生产过程中污染的杂菌。

1. 制种期杂菌

(1)常见杂菌及识别

毛霉 *Mucor*:毛霉一般出现较早,初期呈白色,后期变为黄色、灰色或褐色。菌丝无隔膜,像烂棉絮,不产生假根和匍匐菌丝,直接由菌丝体生出孢囊梗。孢囊梗一般单生,且较少分枝。球形孢子囊着生在孢囊梗顶端(图 8-6)。孢子囊一般黑色,囊内有囊轴。囊轴与孢囊梗相连处无囊托。孢囊孢子球形,椭圆形或其他形状,单孢,多无色。主要与食用菌争夺养分和空间。

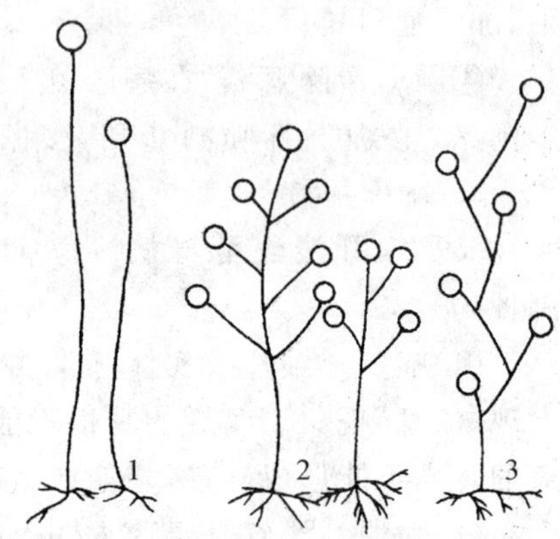

图 8-6 毛霉的分枝类型

1. 单柄 2. 总状分枝 3. 假轴状分枝

根霉 *Rhizopus*:根霉与毛霉相似,其菌丝无隔膜。但其在培养基上能产生弧形的匍匐菌丝,向四周蔓延,并由匍匐菌丝生出假根(培养料含水量偏高的表征),菌丝交错成疏松的絮状菌落。菌落生长迅速,初时白色,老熟后变为褐色或黑色。孢囊梗直立,不分枝,顶端形成孢子囊,内生孢囊孢子,孢囊孢子球形、卵形或不规则形,有棱角或有线状条纹,单孢。主要与食用菌争夺养分和空间。

曲霉 *Aspergillus*:曲霉属于子囊菌,营养体由具横隔的分枝菌丝构成。分生孢子梗不分枝,顶端膨大成顶囊。顶囊表面产生单层或双层的小梗,分生孢子着生于小梗顶端(图 8-7),分生孢子的形状、颜色和饰纹以及菌落的颜色,都是分类的重要依据。菌落的颜色多种多样,常见的有黄色、黑色、褐色、绿色等,呈绒状絮状或厚毡状。属中高温型(25～30℃),喜湿度大,微酸性环境,菌丝生长良好时,可将其覆盖,对出菇影响不大,主要危害是与食用菌争夺养分和空间。

青霉 *Penicillium*:青霉的菌丝体无色、淡色,具横隔,部分埋伏型、部分气生型。气生菌丝密毡状或松絮状。分生孢子梗顶端不膨大,无顶囊,分生孢子梗先端呈帚状分枝(图 8-8),由单轮或两次到多次分枝系统构成,对称或不对称,最后一级分枝即为分生孢子小梗。分生孢子球形、椭圆形或短柱形,多呈蓝绿色。菌落颜色多较青较蓝,质地可分为绒状、絮状、绳状或束状。

链孢霉 *Neurospora*:菌落最初白色,粉粒状,很快变为橘黄色,绒毛状。菌落成熟后,上层覆盖粉红色分生孢子梗及成串分生孢子(图 8-9),分生孢子链呈橘色或粉红色。链孢霉能杀死食用菌的菌丝体,引起培养基发热,发酵生醇,因此很容易从菌种室内嗅到某种霉酒味或酒精香味。链孢霉属于子囊菌。子囊褐色或黑色。子囊孢子初无色、透明,成熟后变为黑色或墨绿色,并且有纵的纹饰。

(2)杂菌污染的主要原因

①培养基灭菌不彻底,往往在瓶(袋)内培养基的上、中、下各层同时出现杂菌,且杂菌种类较多(两种以上)。

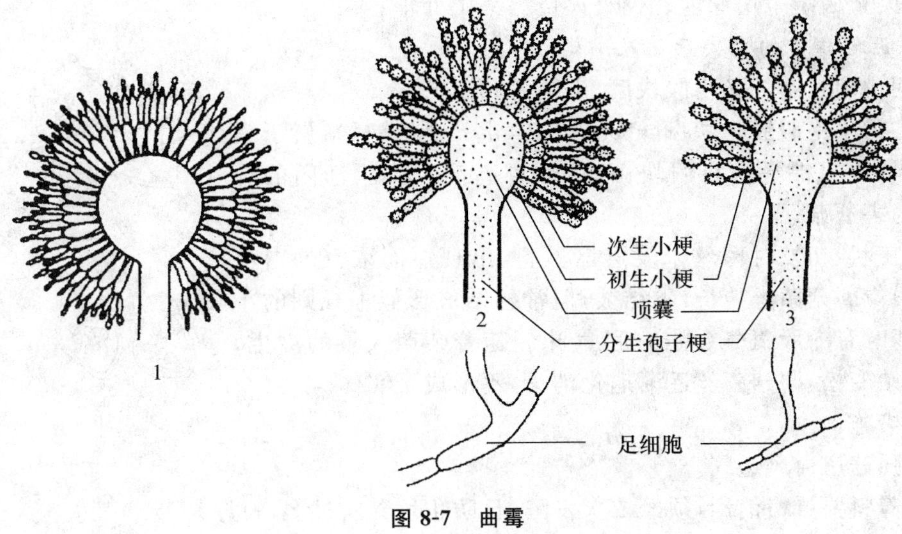

图 8-7　曲霉

1. 黑曲霉　2. 黄曲霉　3. 灰绿曲霉

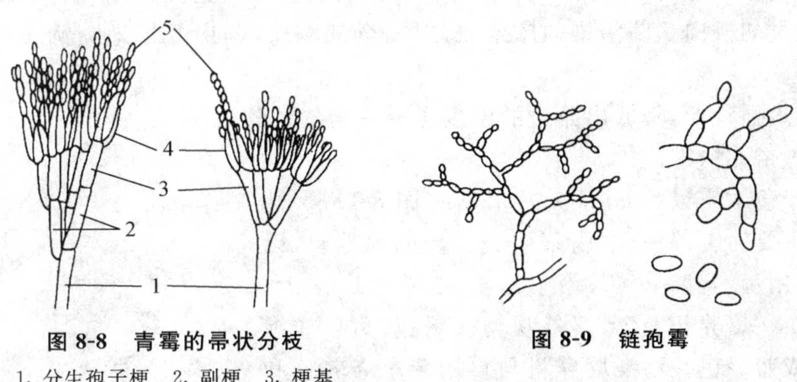

图 8-8　青霉的帚状分枝

1. 分生孢子梗　2. 副梗　3. 梗基　4. 小梗　5. 分生孢子

图 8-9　链孢霉

②接种室(箱)消毒不严,或操作时无菌操作不严造成污染。这类原因造成的污染多在培养基表面最先出现杂菌,而其他地方只有在稍后才出现杂菌。

③菌种带有杂菌。菌种带菌所造成的污染往往是成批地发生,从几十瓶(袋)到几百瓶(袋),而且杂菌首先在接种块上出现,杂菌种类较一致。

④菌种培养室不卫生,或培养室曾作为仓库或栽培室,导致环境中杂菌孢子基数较大,加上瓶塞或袋口包扎不紧或棉塞潮湿等原因造成污染,且多在菌种培养中期或后期发生。

⑤管理时喷水量过大,空气湿度大,环境通风不良,温度偏高等都是引起杂菌发生的主要原因。

(3)杂菌污染主要防治方法

①应选择空气新鲜、场所干净、通风良好、凉爽干燥、水源清洁、远离仓库、畜禽舍无污染源的场地作栽培场。

②搞好环境卫生,对场地预先采用甲醛、硫黄、敌敌畏等高效低毒的药剂进行严格消毒,药剂经常轮换使用。

③严格要求无菌操作,把好无菌关。

④对染杂菌袋采用深埋、沤肥、火烧等集中处理。

2. 生产过程中的主要杂菌及防治

(1)胡桃肉状菌　又叫假块菌、牛脑髓状菌。

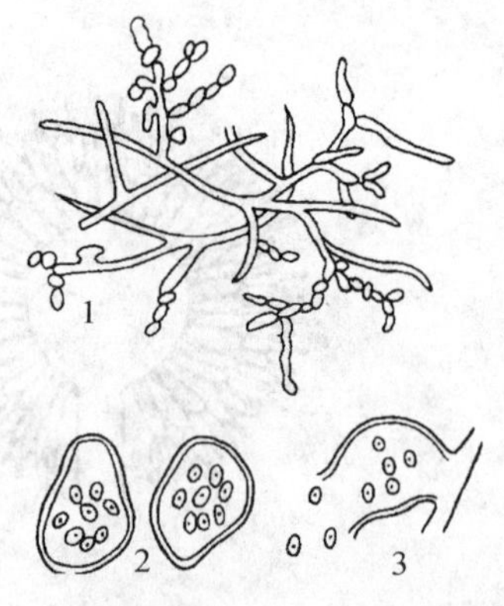

图 8-10　胡桃肉状菌

1. 菌丝体　2. 子囊　3. 子囊孢子

病原：为小孢假胶枞块菌 *Pseudobalsamia*（图 8-10），属子囊菌亚门散囊菌目裸囊菌科假块菌属，性喜高温、高湿、郁闭的环境，主要为害蘑菇。

感染症状：初发时菌丝未发透培养料，出现短而浓密的白色菌丝体，很像蘑菇菌丝徒长，不结被，但常扭结成形似不规则的小菇蕾，拔塞时有一股氯气（漂白粉）气味。随着杂菌大量的滋生，培养料开始变松，蘑菇菌丝逐渐退化消失，不形成子实体。

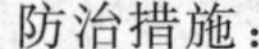

防治措施：

①加强菇房通风透气。

②培养料要严格消毒，须经二次发酵，且防止培养料过湿、过厚。

③如已发病，初期应及时用石灰封锁病区，停止喷水，待面料干燥后，小心地挑出杂菌的子囊果并烧毁。当室温降至16℃以下后，再调水管理，仍可望出菇。

④对出现过胡桃肉状菌污染的床架、材料要全部淘汰，菇房及场地喷洒1∶800倍多菌灵消毒。

⑤适当推迟播种期，降低出菇时的温度也有一定的预防效果。

(2)木霉　俗称绿霉。

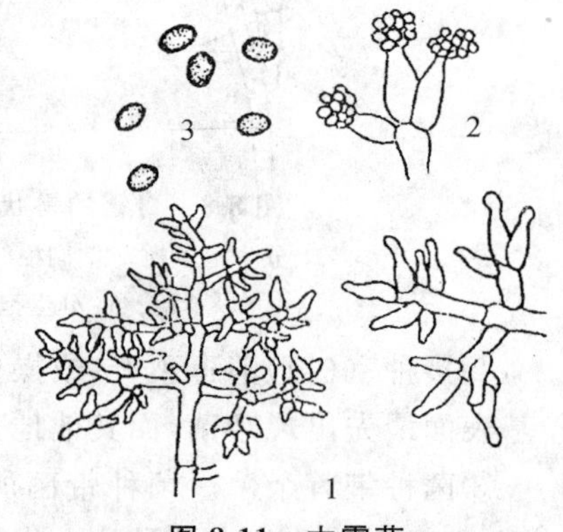

图 8-11　木霉菌

1. 分生孢子梗分枝

2. 孢子着生状　3. 分生孢子

病原：为绿色木霉 *Trichoderma viride*（图 8-11）。性喜酸性环境，主要为害菌种、木腐菌或粪草菌的培养料，以及几乎所有食用菌本身。

感染症状：在培养基上，菌落外观为浅绿色、黄色或绿色，不呈深绿或蓝绿色。污染培养料与食用菌争夺养分和空间，分泌霉素杀伤、杀死寄主；木霉菌丝接触到寄主菌丝时将寄主菌丝缠绕切断。

防治措施：

①生产菌种时，培养料必须彻底灭菌。

②接种时严格无菌操作。

③保持菌种厂及菇房环境卫生，经常进行空气及用具消毒，使用甲醛消毒时防止过量，避免造成酸性环境，出菇防止高温、高湿。

④发现污染，及时清出，并喷洒5%的石灰水抑制杂菌。

(3)白色石膏霉　又称臭霉菌。

病原：粪帚霉 *Scopulariopsis fimicola*（图 8-12），属半知菌亚门丛梗孢目丛梗孢科。菌落初为白色，成熟后变水红色（或粉红色），手感如面粉状粉粒，分生孢子卵形至球形，基部平切，无色；分生孢子梗上有环痕。适宜生长温度25℃以上高温，空气相对湿度90%高湿环境，培养料偏熟、偏黏、偏氮、偏碱，白色石膏霉发生严重。借气流、畜禽、昆虫等传播。主要为害蘑菇和草菇。

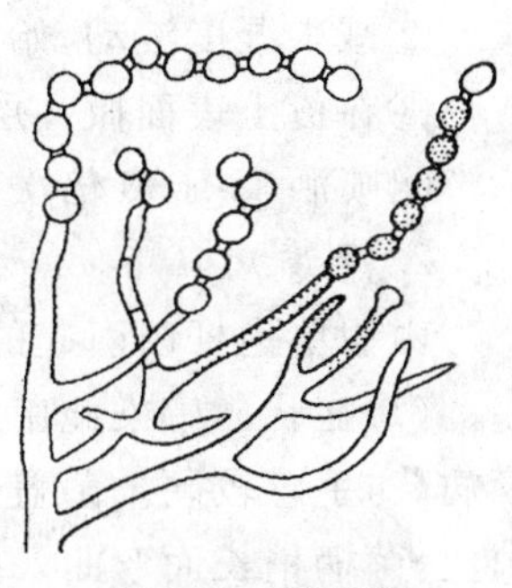

图 8-12　粪帚霉

感染症状：这种霉菌常发生在培养料及覆土层表面，初为斑块状浓密的白色菌丝，像撒上石膏粉一样，成熟后变粉红色，最后变成黄褐色。温、湿度越高蔓延越快(生活史约 7 d)，有石膏霉生长的地方，培养料发黑、发臭，蘑菇菌丝生长受到抑制，直到当杂菌干枯臭气消失时，蘑菇菌丝才能恢复生长，但活力已大减。

防治措施：

①使用质量好的经“二次发酵”处理的培养料。

②堆肥中添加适量的过磷酸钙或石膏降低培养料的 pH。

③如局部发生时用冰醋酸对水(1∶7)；大面积发生时，可用 600～800 倍多菌灵喷洒整个菇床。

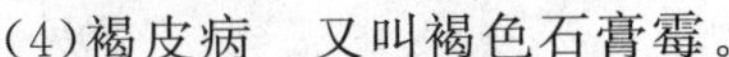

(4)褐皮病　又叫褐色石膏霉。

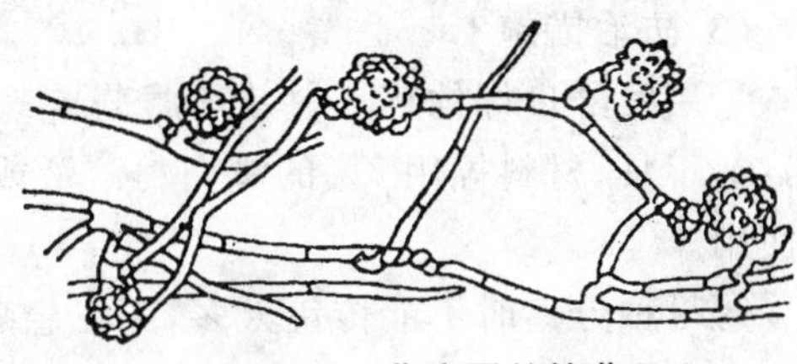

图 8-13　菌床团丝核菌

病原：菌床团丝核菌 *Papulospora byssina*(图 8-13)，属半知菌亚门丛梗孢丛梗孢科。菌落初为白色，后渐变褐色，粉末状。产生菌核，菌核球形不规则。性喜过湿环境，主要为害蘑菇、草菇、凤尾菇。

感染症状：该菌发生初期为白色，逐渐扩展出现 15～60 cm 直径的病斑，病斑逐渐变成褐色，成颗粒状。用手指摩擦时，似滑石粉感觉，是株芽，它极易在空气中传播。随着气温的降低和菇床水分的减少，病斑逐渐干枯，变成褐色革状物，出菇量锐减。发酵过熟、过湿的培养料或堆肥中有过高的氨气发病严重。长有褐色石膏霉的部位，蘑菇菌丝不能生长。

防治措施：

①控制播种前培养料的含水量。

②一旦发病时，立即加强通风，并在病斑周围撒上石灰粉，防止病斑扩散蔓延。

③局部发生时，喷洒 1∶500 倍多菌灵或 1∶7 倍醋酸溶液。

(三)细菌性病害

1. 细菌性斑点病

又称褐斑病，由托拉氏假单孢菌 *Pseudomonas* 引起，是造成栽培蘑菇经济损失的重要病害，主要为害蘑菇和平菇。

(1)症状　在成熟子实体菌盖的表面造成轻微内陷的褐色病斑。最初呈淡黄色变色区，后逐渐变成暗褐色凹陷斑点，并分泌黏液。黏液干后，菌盖开裂，形成不对称状子实体，菌柄偶尔也发生纵向凹斑。菌褶很少感染。菌肉变色较浅，一般不超过皮下 3 mm。有时蘑菇采收后才出现病斑。

(2)发生规律　性喜高温、高湿的环境，在该环境下极易发病，但有时在通风良好、湿度不高的情况下也发生。该菌在自然界分布很广，空气、菇蝇、线虫、工具及工作人员等都可成为传播媒介。

(3)防治措施

①防止高湿。控制水分，做到喷水后，覆土和菇体表面的水分能及时蒸发掉。

②减少湿度波动,始见病菇时将湿度降至85%以下。

③在覆土表面撒一层薄薄的生石灰粉,能抑制病害发生。

④喷洒1∶600倍次氯酸钙溶液,可抑制病原菌蔓延。

2. 干腐病

由假单孢杆菌引起的,主要危害蘑菇。

(1)症状　感染此菌后大部分子实体出现发育受阻和生长停滞现象,菇色为淡灰白色,触摸病菇,手感较硬。菌盖歪斜出现不规则的早开伞现象。菌柄基部稍膨大,边缘有浓密的白绒菌丝,菌柄稍长而弯曲。病菇不腐烂,而是逐渐萎缩、干枯,脆而易断。采菇时病菇"菇根"易断,并发出声音。断面有暗斑,纵剖菌柄,也可发现一条暗褐色的变色组织。

(2)发生规律　主要是带菌蘑菇菌丝接触传播,同时土、水、空气、工具、工作人员以及菇房害虫及其他昆虫都可传播。

(3)防治措施

①用发酵良好的培养料栽培蘑菇。

②工具、材料等用2%的漂白粉溶液或硫酸铜2份、石灰1份的500倍波尔多液喷刷,凉干后使用。

③母种分离时不能传代太多,不在患病菇房及其周围菇房选种。

④菇房、工具、工作人员保持清洁卫生,并在菇房安装纱门纱窗,做好虫害预防工作。

⑤及时将发病区和无病区隔离,切断带菌蘑菇菌丝传病通道,可采用挖沟隔离法,沟内撒漂白粉,病区内浇淋2%的漂白粉液后用薄膜盖严,防止传播。

3. 菌褶滴水病

由菊苣假单胞杆菌 *pseudomonas cichorii* 引起,性喜高湿的环境,主要为害蘑菇。

(1)症状　幼菇未开伞时没有明显的症状,一旦开伞,就可发现菌褶上有奶油色小液滴,严重时菌褶烂掉,变成一种褐色的黏液团。

(2)发生规律　病原细菌常由工作人员、昆虫带入菇房,当菌液干后,空气也可传播。

(3)防治措施　同细菌性斑点病。

4. 黄色单孢杆菌

由野油菜黄单孢杆菌 *Xanthomonas campestris* 引起,在10℃左右侵染蘑菇。

(1)症状　起初,在病菇表面出现褐斑。随着菇体的生长,褐色病斑逐渐扩大,且深入菌肉,直至整个子实体全部变成褐色,最后萎缩死亡并腐烂。从初见褐色病斑到菇体变成黑褐色而死亡需3~5 d。

(2)发生规律　病原菌由培养料和覆土带入菇房,或随采菇人员的接触而传播。子实体感病与大小无关,自幼小菇蕾到纽扣菇都可发病。

(3)防治措施

①用漂白精或漂白粉液对菇房、床架等进行消毒。

②用经过2次发酵的培养料栽培蘑菇。

③覆土用2%甲醛溶液消毒。

(四)病毒性病害

寄生于食用菌的病毒粒子较多,但目前国外报道较多的是蘑菇病毒。另外还有香菇病毒和平菇病毒。

1. 蘑菇病毒病

迄今已发现8种蘑菇病毒粒子。其中4种球状病毒粒子的直径分别为25 nm、29 nm、34 nm、50 nm，两种杆状病毒粒子的大小分别为19 nm×50 nm、17 nm×350 nm，以及一种直径为65 nm的螺线形病毒粒子，一种直径70 nm的有管状尾部的病毒粒子。

(1)病害特征　蘑菇担孢子感染病毒后，其孢子不是正常的瓜子形，而变成弯月形或菜豆形；菌丝体感染病毒后，生长稀疏，不能形成子实体，严重时菌丝体逐渐腐烂，在菇床上形成无蘑菇区；菇蕾感染病毒后，发育成畸形菇，且开伞极早。畸形菇呈桶状(柄粗盖小)或铆钉状(盖小柄特长)，最后导致菇体萎缩干瘪成海绵状；有时病菇似水浸状，有水浸渍状条纹，挤压菇柄能滴水。

(2)传播途径　蘑菇病毒病主要通过带病毒粒子的孢子和菌丝传播，其主要传播途径为空气传播带病毒的孢子；由昆虫、包装材料、工具或病菇碎片传播带病毒的孢子；带病毒菌丝长入床架或培养箱中，随后长入新播种的培养料中，引起病毒病扩散。

(3)防治措施

①如有条件可在菇房安装有空气过滤装置的通风设备，将各种带病孢子拒之于菇房外。

②每次播种前，将菇房连同所有器具(包括床架、栽培箱)都用5%甲醛消毒，或用溴代甲烷熏蒸消毒。

③每次栽培完，整个菇房连同废料先用70℃蒸汽消毒12 h，然后再将废料运出菇房，并及时谨慎处理。

④注意卫生。工作人员进出菇房均需用甲醛溶液消毒鞋子或换鞋；接触过病菇的手要用0.1%新洁尔灭浸洗消毒。

⑤播种前，用2%甲醛消毒人行通道，经消毒的培养料用纸盖好，此后每周用0.5%甲醛将盖纸喷湿两次，直到覆土前几天为止。移去盖纸之前，也要小心地把纸喷湿。

⑥采完整菇，迅速处理开裂菇、较小菇和其他畸形菇，不让菇房山现开伞菇，以防孢子扩散。

⑦适当增加播种量，缩短出菇期。

2. 香菇病毒病

除蘑菇病毒外，香菇病毒也是较多的一种。1975年以来，已经报道了7种香菇病毒，其中5种球形病毒，2种杆状病毒。

3. 平菇病毒病

用平菇泡状畸形子实体组织磨液作材料，用电子显微镜找到平菇病毒是直径为25 nm的球形病毒颗粒，其构形与蘑菇、香菇相似。有关平菇病毒颗粒的致病性还有待进一步研究。

(五)生理性病害

在栽培食用菌的过程中，食用菌除了受病原物的侵染，不能正常生长发育外，同时还会遇到某些不良的环境因子的影响，造成生长发育的生理性障碍，产生各种异常现象，导致减产和品质下降，即所谓生理性病害。

1. 菌丝徒长

环境条件有利于菌丝生长而不能满足生殖生长要求时，菌丝体迟迟不结子实体，浓密的菌丝成团结块，出菇迟或不出菇，严重影响产量。蘑菇、香菇、平菇等栽培时均有发生。

(1)菌丝徒长的原因　在母种分离过程中，气生菌丝挑的过多，并接种在含水量过高的原种或栽培种瓶内，菌丝生长过浓密，用这种菌丝栽培时，易发生菌丝徒长现象；管理不当。菇房通风少，培养料表面湿度大，不适于子实体的形成；菌丝愈后阶段，当表面菌丝已发白并有黄色水珠产生时如不及时换气降温，料面上会形成白色浓厚的菌被。

(2)防治方法

①移接母种时，挑选半基内半气生菌丝混合接种。

②加强菇房通风换气，降低 CO_2 浓度及空气湿度；降低培养温度及料面湿度，以抑制菌丝生长，促进子实体形成。

③若菇床已形成菌被，应及时用刀将菌膜划破，破坏徒长菌丝，然后喷重水，加大通风量，仍可望出菇。

2. 畸形菇

在子实体形成期遇不良环境条件，子实体易出现盖小柄长、菌盖锯缺、子实体不开伞、由无数原基堆集成的花菜状子实体、无菌褶的高脚菇等畸形菇，导致质量降低。蘑菇、香菇、平菇(代料)等栽培时均有发生。

(1)造成子实体畸形的原因　菇房内光线不足或 CO_2 浓度过高，会造成食用菌盖小、柄长；土粒过大，土质过硬、出菇部位过低、机械损伤等，易造成畸形菇产生；出菇期由于药害或物理化学诱变剂的作用，导致菌褶退化，菌盖锯缺等。

(2)防治方法

①合理安排栽种时期，避开高温季节下出菇。

②调节适宜温度，适量喷水，以免出菇过密。

③慎用农药，注意农药种类、次数、时间和用药量，以防药杀菇蕾。

3. 水锈斑

(1)水锈斑产生的原因　菇房通风不良；空气相对湿度超过 95%时，菇盖上常有积水，或覆土粒上有锈斑，都会使蘑菇菌盖表面产生铁锈色斑点。

(2)防治方法

①避免使用带铁锈色的覆土。

②加强通风排湿，及时蒸发菌盖表面的水滴，可防止蘑菇水锈斑的发生。

4. 死菇

在蘑菇、香菇、草菇、平菇、金针菇等多种食用菌的栽培中，均有死菇现象发生，尤其是头两潮菇出菇期间，小菇往往大量死亡，严重影响前期产量。

(1)死菇原因　菌丝老化，菌种繁殖代数过多，保存不当或存期过长，都可造成菌丝退化衰老生活力下降，体内养料积累不足导致死亡；出菇过密过挤，营养供应不足；高温高湿，菇房通风不良，二氧化碳累积过量，致使小菇闷死；出菇时喷水过多，且对菇体直接喷水，导致水肿黄化，溃烂死亡；用药过量，产生药害，伤害了小菇；酸碱度不适死菇，食用菌菌丝生长的适宜 pH 为 6～8。在出菇期间，若覆土和喷用水的 pH 在 5 以下或 9 以上，都会造成菇蕾死亡。

(2)防治方法

①应选择优质菌种，及时淘汰被污染的菌种。

②创造适宜菌丝生长发育的条件。

③菌种尽量随备随用，不宜长时间保存。

④空气要新鲜，严防高温培养。根据气温调节棚温，加强通风换气（一般每天2～3次），严防棚内出现高温、缺氧现象；出菇阶段，当白色子实体有米粒大小时，喷水一定要轻、雾滴要细、水量要少，严防渗入料内；当子实体长到黄豆粒大小，可稍微加大喷水量和适当增加喷水次数。同时注意，避免喷施关门水，每次喷水后都应立即进行室内的空气循环，以降低过大的湿度。

⑤配制培养料和覆土应按要求进行，喷水时应先测试培养料和覆土的酸碱度，然后根据测试的结果来合理确定喷用水的酸碱度，以防止过高或过低。

5. 硬开伞

蘑菇子实体在尚未成熟时菌盖与菌柄就分离裂开，并裸露出淡红色的菌褶。严重影响蘑菇的产量和质量。

(1)发生原因　主要是由于气温变化急剧（温度在18℃以下，温差在10℃左右），造成料温、土层温度与气温之间的温度反差，菇柄的营养代谢与生理代谢发生紊乱，使扎根于土层内的菌柄和暴露于土层表面的菌盖因生长不平衡而发生开裂。

(2)防治方法

①在低温来临之前，加强菇房内的保温措施，夜间不宜通风，不让冷风吹进菇房，减少室内温差。

②同时，调节好空气相对湿度，促进菇体各部位均衡生长。可防止或减少蘑菇硬开伞现象。

6. 薄皮早开伞

子实体柄细盖薄，出现提早开伞现象，影响蘑菇质量。

(1)发生原因　出菇密度过大；菇房温度偏高；空气相对湿度不够，床面土层偏干，子实体生长快。

(2)防治措施

①适当控制出菇部位。

②菇房通风时间宜选在早、晚，降低菇房温度，适当增加床面土层水分和空气相对湿度。

7. 空根白心

蘑菇菌柄组织不充实，内部出现白色疏松的髓部，菇体干燥后或煮熟后髓部收缩或脱落成中空状的现象。

(1)发生原因　温度偏高；水分管理不当，如果菇房空气湿度低、土层湿度小，尤其是粗土层含水量不足，正在迅速生长的子实体便不能从土层中得到充足的水分，进而营养的输送补给也会减少，加上菇体自身水分不断蒸发，就会造成菌柄中间缺水、组织不紧密，从而产生空根白心的现象。

(2)防治措施

①粗土调水以及喷洒结菇水和出菇水时，水量要充足，防止土粒出现假湿。

②出菇后要尽量喷一次出菇水，以保证粗土层在整个出菇盛期能不断地得到水分补充。

③长菇阶段要经常在菇房内喷雾增湿，菇房空气相对湿度要达到90%。

④气温较高时，应在早晚或夜间通风降温，以防止水分散失过快。

二、食用菌主要虫害的识别与防治

食用菌生产期间，常常遇到有害动物（主要是有害昆虫）的为害，直接造成减产和影响菇体外观，致使食用菌降低甚至失去商品价值；由于虫咬的伤口极易导致腐生性细菌或其他病原物的侵染，而且有些昆虫本身就是病原物的传播者，所以很容易并发病害，造成更大损失；有些害虫蛀食菌棒，加快了菌棒的腐蚀进程，缩短了持续出菇的时间，造成直接为害。随着生产规模的不断扩大，以及周年性栽培制度的推广，食用菌的虫害有日趋严重的趋势。

为害食用菌的害虫种类很多，生活习性也很复杂。其中为害最严重的主要是鳞翅目（食丝谷蛾）、鞘翅目（光伪步甲）、双翅目（菌蚊）、等翅目（白蚁）、弹尾目（跳虫）、缨翅目（马）中的一些昆虫。此外，鼠、兔、蛞蝓、线虫、螨类等，也能咬蚀食用菌的菌丝体或子实体，同属于食用菌的有害动物。

从食用菌害虫的食性来看，有的仅取食一种食用菌，有的几乎为害所有的栽培菌。从害虫的栖息环境来看，有的栖息在菌棒上，有的栖息在菇房内，有的栖息在存放食用菌的仓库中。

（一）螨类

俗称菌虱、菌蜘蛛，可危害多种食用菌，危害较大的主要有蒲螨和粉螨两种。

1. 形态特征

蒲螨体形微小、瓜子形，单体、淡黄色或深褐色，肉眼不易看见，喜群体生活，多在料面或土粒上或子实体菌褶上集中成团，类似“土粉”散落状。

粉螨体形比蒲螨大，白色发亮，单个行动，不成团，数量多时成粉状。

2. 发生规律

螨类喜温暖、潮湿的环境，25℃以上繁殖快，常潜伏在稻草、菌渣、米糠和棉籽壳中，夏季危害菌种。接种初期发生菌螨危害时，接种块的菌丝首先被咬，且常不见菌丝萌发；稍后，菌螨危害会引起菇蕾萎缩死亡。在子实体上发生菌螨危害时，子实体上下全被菌虱覆盖，被咬部位变色，重则出现孔洞，严重影响食用菌的产量和质量。在耳木上则引起烂耳和畸形耳。

3. 防治措施

(1)保持栽培场所卫生，培养室菇房使用前必须消毒，培养料要进行杀虫处理，发菌期间药物防治。

(2)培养料杀虫处理。用3%～5%生石灰水浸泡培养料然后用清水冲洗；高温堆积发酵（前发酵要使料堆中心温度达到75℃左右），高温灭菌；覆土用50%马拉硫磷稀释1 000倍、20%三氯杀螨醇稀释600倍、50%氧化乐果稀释1 000倍处理，均可杀死螨虫。

(3)发菌、出菇期间药物防治。发菌期间出现螨虫，可喷洒50%马拉硫磷、50%氧化乐果1 000倍液，或40%三氯杀螨醇500倍液；出菇期间菇房发现螨虫危害，心须停止喷水，尽可能降低菇房温度，可用磷化铝（用量10 g/m^3）熏蒸或毒饵诱杀。不可直接喷洒在子实体上。待菇房温度在15℃以下，才可正常管理。

（二）蛞蝓

俗称鼻涕虫、水蜒蚰，常见有双线嗜黏液蛞蝓 *Phiolomycus bilineatus*、野蛞蝓

Agriolimax agrestis、黄蛞蝓 *Limax flavus* 三种，为害蘑菇、香菇、平菇、凤尾菇、黑木耳、银耳等多种食用菌。

1. 形态特征

蛞蝓身体裸露、柔软，无外壳，呈暗灰色、灰白色、黄褐色或深橙色，有两对触角。体背有外套膜，覆盖全身或部分体驱。

2. 发生规律

蛞蝓一年繁殖一代，活动的最适温度为15～25℃，产卵的适宜温度比平时活动的适宜温度低4～5℃。当地温平均稳定在9℃以上、土壤湿度在75%左右时适于其产卵，卵多产于土壤缝隙中。蛞蝓的生活习性是昼伏夜出、晴伏雨出，白天躲藏在阴暗潮湿的草丛、枯枝、落叶、石块、砖块、瓦砾下边，夜晚和阴雨天外出活动进行危害。咬食食用菌的子实体，将其咬成缺刻或锯齿状残缺不全。凡是蛞蝓爬过的地方，都能见到从其体上留下的黏液。黏液干后银白色，污染子实体，造成减产和质量下降。

3. 防治措施

(1)搞好菇房内外的环境卫生，清除砖块、石块、枯枝落叶和杂草等，地面上撒一层0.5～1 cm石灰粉。

(2)根据蛞蝓昼伏夜出、晴伏雨出，夜晚或阴雨天危害菇体的规律，进行人工捕杀。

(3)用砷酸钙120 g、麦麸450 g、多聚乙醛10 mL，加水46 mL制成毒饵于晴天傍晚撒于菇房附近，诱杀蛞蝓；在蛞蝓经常出入处喷洒5%的煤酚皂溶液，防治效果良好。

(三)白蚁

常见有黑翅大白蚁 *Odontotermes formosanus*、家白蚁 *Ptoterme formosanus* 两种，以黑翅大白蚁最为常见，为害香菇、黑木耳、银耳、茯苓和密环菌。

1. 形态特征

黑翅大白蚁成虫体长10～12 mm，翅长20～30 mm，翅黑褐色。蚁后50～60 mm。口器为典型的咀嚼式，上颚近圆形，各具一齿，但左齿较强而明显。触角念珠状。

2. 发生规律

白蚁常在阴天或雨天爬上菌棒，从接种穴内偷吃菌种，且有从下向上成直线偷吃的习惯。白蚁在菌棒表面活动时，一般都隐身于一层泥质覆盖物下，即所谓泥被、泥线和蚁路。这层覆盖物具有减缓白蚁体内水分蒸发的作用。白蚁为害食用菌时，开始仅咬食菌种，吃完后便逐步向周围扩展，为害料筒，严重影响其生长。到后期，一旦料筒被吃空，接着吃子实体，轻则减产，重则绝收。

3. 防治措施

(1)菇场远离白蚁出没的地方，经常清除场地内外的枯枝落叶和杂草等，减少或消灭白蚁栖息场所。

(2)投诱杀坑。场地四周挖4～8个诱蚁坑，埋入松木或蔗渣等诱杀白蚁。

(3)将灭蚁膏涂抹在蚁路上杀灭白蚁。

(四)跳虫

又叫烟灰虫、弹尾虫，常见有菇长跳 *Mydonius sauteri*、菇疣跳 *Achorutes armalus*、菇紫

跳 *Hypogastura armata*、紫跳 *H. communis*，为害蘑菇、香菇、草菇、木耳。

1. 形态特征

成虫形如跳蚤，肉眼难以看清，体长 1.0～1.5 mm 淡灰色至灰紫色，有短状触须身体柔软，常在培养料或子实体上快速爬行，尾部有弹器，善跳跃，跳跃高度可达 20～30 cm，稍遇刺激即以弹跳方式离开或假死不动。体表具蜡质层，不怕水。幼虫白色，体形与成虫相似，休眠后蜕皮，银灰色，群居时灰色，如同烟灰，故又名烟灰虫。卵为白色球形，半透明，常产于食用菌培养料内或覆土层上。

2. 发生规律

跳虫多发生在通风透气差，环境过于潮湿，卫生条件极差的老菇房内，常群集于培养料内或菌盖表面咬食播种后的菌种或已萌发的菌丝，为害幼菇，使之枯萎死亡。多从伤口或菌褶侵入，1～3 d 内即将已成熟的子实体啃得千疮百孔，失去商品价值。条件适宜时，每年可发生 6～7 代。繁殖极快。温度在 20～28℃、空气相对湿度在 85%的条件下相当活跃。

3. 防治措施

(1)彻底清除制种场所和栽培场所内外的垃圾，尤其不要有积水，防止跳虫的滋生。

(2)培养料最好采用发酵料，使料温达到 65～70℃，可以杀死成虫及卵。

(3)菇房和覆土要经过药物熏蒸消毒后方可使用。

(4)菇房门窗安装纱网。

(5)对于发生跳虫的地方可以用水诱集后消灭，即用小盆盛清水，很多跳虫跳于水中，第 2 天再换水继续用水诱杀，连续几次，将会大大减少虫口密度。

(6)用稀释 0.1%敌百虫加少量蜂蜜配成诱杀剂分装于盆或盘中，分散放在菇床上，跳虫闻到甜味会跳入盆中，此法安全无毒，同时还可以杀灭其他害虫。

(五)菇蚊

又叫眼菌蚊。为害蘑菇、草菇、平菇、凤尾菇。

1. 形态特征

菇蚊成虫黑褐色，体长 1.8～3.2 mm，具有典型的细长触角、背板及腹板，色较深，有趋光性；幼虫白色，近透明，头黑色，发亮。

2. 发生规律

菇蚊喜欢在潮湿、肮脏的环境繁衍，真菌的菌丝是这类虫子最好的食料之一。其危害方式主要是咬食菌丝，破坏菌丝正常生长，导致菌丝衰弱或死亡。浇水后幼虫多在表面爬行，当菇床表面干燥时，便潜入较湿部分为害菌丝原基或菇蕾。严重发生时，菇蚊可将菌丝全部吃完，或将子实体蛀成海绵状。

菇蚊的幼虫在人造菇木内为害 2～3 周后，变硬化蛹，经 3～7 d 蛹期，羽化为成虫飞出，成虫飞出的当日便进行交尾，并很快产卵。每只雌虫能产卵数十粒至 300 粒不等。菇段受害后，病斑产生特殊美味，对菇虫有很强的引诱性。因此，菇蚊往往会回到病斑上产卵，引起下一个世代的为害。

3. 防治措施

(1)搞好菇房环境卫生，菇房通气孔及入口装修纱门。

(2)如果菇房可以密闭，可用磷化铝熏蒸杀虫(用量 10 g/m^3)。

(3)对在筒袋内为害的菇蚊幼虫，可选用300倍敌敌畏液注射病斑，每厘米直径注射0.5～1 mL，不可过量；然后挖除病斑，再涂上石灰水，同时及时烧毁或深埋剔除下来的病斑。

(4)根据菇蚊对病斑的趋性，选留部分菇蚊为害较重的菇木作诱饵，筒内施少量呋喃丹，诱其菇蚊产卵将其杀灭。

(六)菇蝇

1. 形态特征

菇蝇成虫淡褐色或黑色，触角很短，比菇蚊健壮，幼虫又称菌蛆，为白色，头尖尾钝。

2. 发生规律

成虫常在培养料表面迅速爬行，将虫卵产在培养料内的蘑菇菌丝索上，幼虫吃菌丝，造成蘑菇减产。在24℃时，完成生活史需要14 d，在出菇温度13～16℃下，完成生活史需要40～45 d。菇蝇可传播轮枝孢霉，使褐斑病蔓延。

3. 防治措施

(1)菇房门窗应装纱门，以防成虫飞入产卵。

(2)消除菇房周围垃圾，房内地面撒生石灰。

(3)黑光灯诱杀，灯管正下方放一个收集盆，内盛适量的0.1%的敌敌畏药液，可诱杀菇蝇、蚊类等；或距离出菇1周左右，发现害虫，用布条蘸药剂挂在菇床上驱赶。

(七)线虫

1. 形态特征

线虫是一种无色小蠕虫，体型极小、长1 mm左右。为害食用菌的线虫种类目前已分离到几十种，这里主要介绍嗜菌丝茎线虫、堆肥滑刃线虫和小杆线虫。

嗜菌丝茎线虫：雌虫体长0.82～1.06 mm；虫卵56 μm×26 μm；雄虫体长0.69～0.95 mm，口针9.5 μm。其虫体变化较大，食料充足时体长1 mm以上，饥饿时虫体较小。

堆肥滑刃线虫：雌虫体长0.45～0.61 mm，口针长11 μm，雄虫体长0.41～0.58 mm。

小杆线虫：雌虫体长0.93 mm，雄虫体长0.90 mm。

2. 发生规律

嗜菌丝茎线虫：主要为害菌丝体。取食时，消化液通过口针进入菌丝细胞，然后取食菌丝营养，严重影响菌丝生长，造成减产。气温18℃时，繁殖最快，当气温达到26℃或低于13℃时，便很少繁殖和为害。生活史周期，13℃时需要4 d，18℃时8～10 d，23℃时11 d完成生活史。

堆肥滑刃线虫：为害菌丝和菇体。条件适宜时繁殖很快，严重发生时线虫常缠在一起，结成浅白色虫堆。生活史周期，18℃时为10 d，28℃时繁殖最快达8 d。雌虫多于雄虫。

小杆线虫：喜群聚取食，觅食方式为吸吞式。当培养料或子实体上有小杆线虫发生时，常导致子实体稀少、零散，菌丝萎缩或消失，局部菇蕾大量软腐死亡，散发难闻的腥臭味，肉眼隐约可见腐烂菇体内有白色的线虫活动。生长繁殖的适宜温度30℃左右，生活史周期12～16 d。

3. 防治措施

(1)菇房安装纱门、纱窗，消灭蚊、蝇；注意环境卫生，及时清除烂菇、废料，水源不干净时，可用明矾沉淀杂质，除去线虫。

(2)播种前将菇房消毒、培养料堆制发酵 7～15 d,利用高温杀死培养料中的线虫。

(3)菇房发生线虫为害时,可用磷化铝熏蒸杀虫,也可用溴甲烷熏蒸(用量 32 g/m^3)或用甲醛与 DDV 混合液(1∶1)熏蒸杀虫。均密闭熏蒸 24 h。

任务训练

一、知识训练

(一)填空题

1. 食用菌病害主要有(　　)、(　　)、(　　)和(　　)。
2. 侵染性病害可分为(　　)、(　　)和(　　)三大类。
3. 食用菌菌盖小、菌柄长是由于(　　)原因造成的。
4. 死菇的原因有(　　)、(　　)、(　　)、(　　)和产生药害以及酸碱度不适。
5. 食用菌常见虫害有(　　)、(　　)、(　　)、(　　)、(　　)和菇蝇、线虫。
6. 食用菌褐腐病一般只感染(　　),不感染(　　)。
7. 制种期感染的杂菌主要有(　　)、(　　)、(　　)、(　　)等。
8. 食用菌细菌性病害主要有(　　)、(　　)、(　　)、(　　)等。
9. 蘑菇菇盖上常有积水,使蘑菇菌盖表面产生(　　)。
10. 主要取食菌丝体的虫害是(　　)、(　　)和(　　)。

(二)选择题

1. 防治食用菌褐腐病的有效药剂是(　　)。

A. 敌力脱　B. 波尔多液　C. 速克灵　D. 多菌灵

2. 食用菌褐腐病病原菌主要危害(　　)。

A. 菌柄与菌盖　B. 菌丝体　C. 菌盖　D. 以上都是

3. 蘑菇猝倒病主要以(　　)传播,(　　)条件有利发病。

A. 空气、高温高湿　B. 喷水溅水、高温高湿

C. 工具、低温高湿　D. 昆虫、低温高湿

4. 红银耳病发病部位布满(　　)。

A. 粉红色胶质状　B. 褐色粉状物

C. 白色菌丝体　D. 黑色菌丝体

5. 接种期主要危害杂菌(　　)。

A. 毛霉　B. 根霉　C. 曲霉　D. 青霉

6. 畸形菇产生的主要原因为(　　)。

A. 光线不足　B. CO_2 浓度过高

C. 土质过硬　D. 温度过低

7. 蘑菇水锈斑产生的主要原因是(　　)。

A. 茹盖上常有积水　B. 菇房通风不良

C. 温度过低　D. 光线不足

8. 菇蚊与菇蝇主要危害(　　)。

A. 菌丝　B. 菌柄　C. 菌盖　D. 以上都危害

9. 有利于螨害的环境环境条件是(　　)。

A. 低温潮湿　　B. 温暖潮湿　　C. 高温干旱　　D. 低温干旱

10. 接种期杂菌感染的方法有(　　)。

A. 通风良好　　B. 场所干净

C. 严格无菌操作　　D. 加强温湿度管理

(三)问答题

1. 竞争性杂菌有哪些？发生的条件是什么？
2. 生理性病害的发生原因和防治措施是什么？
3. 怎样控制食用菌害虫的发生？
4. 子实体容易出现哪些病症？

二、技能训练

1. 结合当地食用菌生产，以小组为单位进行接种室和培养室的一般消毒。
2. 以小组为单位，对污染菌袋进行无害化处理。
3. 根据当地食用菌生产情况，进行杂菌的识别与防治。
4. 根据当地食用菌的生产情况，进行害虫的观察、识别与防治。

附　录

附录一　农作物植保员国家职业标准

(一)职业概况

1. 职业名称　农作物植保员。

2. 职业定义　从事预防和控制有害生物对农作物及其产品的危害,保护安全生产的人员。

3. 职业等级　本职业共设五个等级,分别为:初级(国家职业资格五级)、中级(国家职业资格四级)、高级(国家职业资格三级)、技师(国家职业资格二级)、高级技师(国家职业资格一级)。

4. 职业环境　室内、外,常温。

5. 职业能力特征　具有一定的学习能力、计算能力、颜色与气味辨别能力、语言表达和分析判断能力,手眼动作协调。

6. 基本文化程度　初中毕业。

7. 培训要求

(1)培训期限　全日制职业学校教育,根据其培养目标和教学计划确定。晋级培训期限:初级不少于150标准学时;中级不少于120标准学时;高级不少于100标准学时;技师不少于100标准学时;高级技师不少于80标准学时。

(2)培训教师　培训初级、中级人员的教师,应具有本职业技师以上职业资格证书或本专业中级以上专业技术职务任职资格;培训高级、技师的教师,应具有本职业高级技师职业资格证书或本专业高级专业技术职务任职资格;培训高级技师的教师,应具有本职业高级技师职业资格证书2年以上或本专业高级专业技术职务任职资格。

(3)培训场地与设备　满足教学需要的标准教室、实验室和教学基地,具有观测有害生物的仪器设备及相关的教学用具。

8. 鉴定要求

(1)适用对象　从事或准备从事本职业的人员。

(2)申报条件

①初级(具备以下条件之一者):

经本职业初级正规培训达规定标准学时数,并取得毕(结)业证书。

在本职业连续工作1年以上。

②中级(具备以下条件之一者):

取得本职业初级职业资格证书后,连续从事本职业工作2年以上,经本职业中级正规培训达规定标准学时数,并取得毕(结)业证书。

取得本职业初级职业资格证书后，连续从事本职业工作 4 年以上。

连续从事本职业工作 5 年以上。

取得主管部门审核认定的，以中级技能为培养目标的中等以上职业学校本职业（专业）毕业证书。

③高级（具备以下条件之一者）：

取得本职业中级职业资格证书后，连续从事本职业工作 2 年以上，经本职业高级正规培训达规定标准学时数，并取得毕（结）业证书。

取得本职业中级职业资格证书后，连续从事本职业工作 4 年以上。

大专以上本专业或相关专业毕业生取得本职业中级职业资格证书后，连续从事本职业工作 2 年以上。

④技师（具备以下条件之一者）：

取得本职业高级职业资格证书后，连续从事本职业工作 5 年以上，经本职业技师正规培训达规定标准学时数，并取得毕（结）业证书。

取得本职业高级职业资格证书后，连续从事本职业工作 8 年以上。

大专以上本专业或相关专业毕业生，取得本职业高级职业资格证书后，连续从事本职业工作 2 年以上。

⑤高级技师（具备以下条件之一者）：

取得本职业技师职业资格证书后，连续从事本职业工作 3 年以上，经本职业高级技师正规培训达规定标准学时数，并取得毕（结）业证书。

取得本职业技师职业资格证书后，连续从事本职业工作 5 年以上。

（3）鉴定方式　分为理论知识考试和技能操作考核。理论知识采用笔试方式，技能操作考核采用现场实际操作方式，并分项目进行，由考评小组成员分项打分。两项考试（考核）均采用百分制，皆达到 60 分及以上为合格。

（4）考评人员与考生配比　理论知识考试考评员与考生配比为 1∶15，每个标准教室不少于 2 名考评人员；技能操作考核考评员与考生配比 1∶5，且不少于 3 名考评员。

（5）鉴定时间　理论知识考试时间与技能操作考核时间各为 90 分钟。

（6）鉴定场所及设备　理论知识考试在标准教室里进行，技能操作考核在具有必要设备的植保实验室及田间现场进行。

（二）基本要求

1. 职业道德

（1）职业道德基本知识

（2）职业守则　①敬业爱岗，忠于职守。②认真负责，实事求是。③勤奋好学，精益求精。④热情服务，遵纪守法。⑤规范操作，注意安全。

2. 基础知识

（1）专业知识　①植物保护基础知识。②作物病虫草鼠害调查与测报基础知识。③有害生物综合防治知识。④农药及药械应用基础知识。⑤植物检疫基础知识。⑥作物栽培基础知识。⑦农业技术推广知识。⑧计算机应用知识。

（2）安全知识　①安全使用农药知识。②安全用电知识。③安全使用农机具知识。

（3）法律知识　①农业法。②农业技术推广法。③种子法。④植物新品种保护条例。

⑤产品质量法。⑥经济合同法等相关的法律法规。

(三)工作要求

本标准对初级、中级、高级、技师、高级技师的技能要求依次递进,高级别包括低级别的要求。

1. 初级

职业功能	工作内容	技能要求	相关知识
一、预测预报	(一)田间调查	1. 能识别当地主要病虫草鼠害和天敌15种以上 2. 能进行常发性病虫发生情况调查	1. 病虫草种类识别知识 2. 田间调查方法
	(二)整理数据	能进行简单的计算	百分率、平均数和虫口密度的计算方法
	(三)传递信息	能及时、准确传递病虫信息	传递信息的注意事项
二、综合防治	(一)阅读方案	读懂方案并掌握关键点	1. 综防原则 2. 综防技术要点
	(二)实施综防措施	1. 能利用抗性品种和健身栽培措施防治病虫 2. 能利用灯光、黄板和性诱剂等诱杀害虫	物理、化学方法诱杀害虫知识
三、农药(械)使用	(一)准备农药(械)	1. 能根据农药施用技术方案,正确备好农药(械) 2. 能辨别常用农药外观质量	农药(械)知识
	(二)配制药液、毒土	能按药、水(土)配比要求配制药液及毒土	常用农药使用常识和注意事项
	(三)施用农药	1. 能正确施用农药 2. 能正确使用手动喷雾器	1. 常见病虫草害发生特点 2. 手动喷雾器构造及使用方法 3. 安全施药方法和注意事项
	(四)清洗药械	能正确处理清洗药械的污水和用过的农药包装物	药械保管与维护常识
	(五)保管农药(械)	能按规定正确保管农药(械)	农药贮存及保管常识

2. 中级

职业功能	工作内容	技能要求	相关知识
一、预测预报	(一)田间调查	1. 能识别当地主要病虫草鼠害和天敌25种以上 2. 能独立进行主要病虫发生情况调查	
	(二)整理数据	能进行常规计算	普遍率和虫口密度的计算方法
	(三)传递信息	能对病虫发生动态做出初步判断	病虫发生规律一般知识

续表

职业功能	工作内容	技能要求	相关知识
二、综合防治	(一)起草综防计划	能结合实际对一种主要病虫提出综防计划	主要病虫发生规律基本知识
	(二)实施综防措施	1. 能利用天敌进行生物防治 2. 能合理使用农药控害保益	生物防治基本知识
三、农药(械)使用	(一)配制药液、毒土	能批量配制农药	农药配制常识
	(二)施用农药	1. 能使用背负式机动喷雾器 2. 能排除背负式机动喷雾器一般故障	1. 农药使用方法 2. 背负式机动喷雾器使用及维修方法 3. 农药中毒急救方法
	(三)维修保养药械	1. 能维修手动喷雾器 2. 能保养背负式机动喷雾器	

3. 高级

职业功能	工作内容	技能要求	相关知识
一、预测预报	(一)田间调查	1. 能识别当地主要病虫草鼠害和天敌50种以上 2. 能对主要病虫进行发生期和发生量的调查	1. 昆虫形态、病害诊断及杂草识别的一般知识 2. 显微镜、解剖镜的操作使用方法 3. 主要病虫系统调查方法
	(二)数据分析	1. 能使用计算工具做简单的统计分析 2. 能编制统计图表	统计分析的一般方法
	(三)预测分析	1. 能使用计算机查看病虫发生信息 2. 能确定防治适期和防治田块	1. 主要病虫的防治指标 2. 昆虫的世代和发育进度
二、综合防治	(一)起草综防计划	能结合实际对三种主要病虫害提出综防计划	主要病虫发生规律
	(二)实施综防措施	能组织落实综防技术措施	主要病虫综防技术规程
三、农药(械)使用	(一)配制药液、毒土	能进行多种剂型农药的配制	主要农药的性能
	(二)施用农药	能正确使用主要类型的机动药械	1. 农药安全使用常识和农药中毒急救方法 2. 主要药械的结构、性能及使用、养护方法
	(三)维修保养药械	能保养主要类型的机动药械	
	(四)代销农药	能代销农药	

4. 技师

职业功能	工作内容	技能要求	相关知识
一、预测预报	(一)田间调查	1. 能对当地主要病虫进行系统调查 2. 能安装、使用、维护常用观测器具	1. 病虫测报调查规范 2. 观测器具的使用方法和注意事项
	(二)预测分析	1. 能整理归纳病虫调查数据及相关气象资料 2. 能使用综合分析方法对主要病虫作出短期预测	1. 病虫害发生、消长规律 2. 生物统计基础知识 3. 农业气象基础知识
	(三)编写预报	1. 能编写短期预报 2. 能在计算机网上发布预报	科技应用文写作基本知识
二、综合防治	(一)制订综防计划	能以一种作物为对象制订有害生物综防计划	1. 病虫草鼠害发生规律 2. 作物品种与栽培技术
	(二)协助建立综防示范田	1. 能正确选点 2. 能协调组织农户落实综防措施	农业技术推广知识
三、农药(械)使用	(一)制订药剂防治计划	能提出农药(械)需求品种和数量	农药(械)信息
	(二)指导科学用药	1. 能诊断和识别主要病虫草鼠的种类 2. 能合理使用农药	1. 植物病害诊断和昆虫分类及杂草鉴别知识 2. 主要病虫草鼠害防治技术 3. 农药管理法规
	(三)承办植物医院	能根据诊断结果和农药使用技术要求开方卖药	
四、植物检疫	(一)疫情调查	1. 能熟练调查检疫对象 2. 能进行室内镜检	植物检疫基础知识
	(二)疫情封锁控制	在植物检疫专业技术人员的指导下,能对危险性病虫进行消毒处理	1. 危险性病虫消毒处理方法 2. 检疫对象封锁控制技术
五、培训	(一)制订培训计划	能够制订初、中级植保员职业培训计划	农业技术培训方法
	(二)实施培训	能联系实际进行室内和现场培训	

5. 高级技师

职业功能	工作内容	技能要求	相关知识
一、预测预报	(一)预测分析	能对主要病虫害进行数理统计分析	1. 病害流行基础知识 2. 昆虫生态基础知识 3. 生物统计基础知识 4. 计算机应用技术
	(二)编写预报	能简明、准确地编写中期预报	

续表

职业功能	工作内容	技能要求	相关知识
二、综合防治	(一)审核综防计划	能对综防计划的科学性、可行性和可操作性做出判断	经济效益评估基本知识
	(二)检查指导综防实施情况	1. 能解决综防实施中较复杂的技术问题 2. 能根据病虫预测信息，对综防措施提出调整意见 3. 能撰写综防总结	病虫害预测预报知识
三、农药(械)使用	(一)制定药剂防治技术方案	能确定农药(械)需求品种和数量	1. 有害生物综合防治原则 2. 环境保护知识
	(二)检查指导药剂防治工作	1. 能解决药剂防治中难度较大的技术问题 2. 能根据病虫预测信息，对药剂防治计划提出调整意见	
	(三)承办植物医院	能解决病虫草鼠种类识别和防治技术中的疑难问题	植物病害诊断知识
四、植物检疫	(一)疫情调查	能较熟练地识别新的检疫对象	检疫对象封锁控制技术
	(二)疫情封锁控制	能封锁控制检疫对象	
五、培训	(一)制订培训计划	能制订中、高级植保员培训计划	教育学基本知识
	(二)编制教材	能编写培训讲义及教材	
	(三)实施培训	能联系实际进行室内和现场培训	

(四)比重表

1. 理论知识

项目			初级(%)	中级(%)	高级(%)	技师(%)	高级技师(%)
基本要求		职业道德	5	5	5	5	5
		基础知识	35	30	25	20	20
相关知识	预测预报	田间调查	8	8	8	4	
		整理数据	6	6			
		传递信息	2	2			
		数据分析			6		
		预测分析			10	6	8
		编写预报				5	4
	综合防治	起草(阅读、制定、审核)综防计划	6	16	10	8	5
		实施综防措施	10	10	12		
		检查指导综防实施情况(协助建立综防试验田)				6	6

续表

项目			初级（%）	中级（%）	高级（%）	技师（%）	高级技师（%）
相关知识	农药（械）使用	准备农药（械）	4				
		配制药液、毒土	6	6	5		
		施用农药	10	10	8		
		清洗（维修）药械	4	7	5		
		保管农药（械）	4				
		代销农药			6		
		制定药剂防治（计划）方案				6	10
		承办植物医院				6	5
		检查指导药剂防治工作				6	5
	植物检疫	疫情调查				8	5
		疫情封锁控制				8	5
	培训	制订培训计划				6	5
		编写教材					12
		实施培训				6	5
合计			100	100	100	100	100

2. 技能操作

项目			初级（%）	中级（%）	高级（%）	技师（%）	高级技师（%）
相关知识	预测预报	田间调查	14	14	14	14	
		整理数据	8	8			
		传递信息	6	6			
		数据分析			8		
		预测分析			8	6	8
		编写预报				4	4
	综合防治	起草（阅读、制定、审核）综防计划	8	14	14	10	10
		实施综防措施	14	14	14		
		检查指导综防实施情况（协助建立综防试验田）				8	12
	农药（械）使用	准备农药（械）	8	8			
		配制药液、毒土	12	12	12		
		施用农药	14	14	14		
		清洗（维修）药械	8	10	10		

续表

项目			初级（%）	中级（%）	高级（%）	技师（%）	高级技师（%）
相关知识	农药(械)使用	保管农药(械)	8				
		代销农药			6		
		制定药剂防治(计划)方案				6	5
		承办植物医院				8	5
		检查指导药剂防治工作				8	10
	植物检疫	疫情调查				8	5
		疫情封锁控制				8	6
	培训	制订培训计划				10	10
		编写教材					15
		实施培训				10	10
合计			100	100	100	100	100

附录二 任务考核标准(参考)

学习情境1 园艺作物虫害的识别

考核项目	考核内容	考核标准	考核方式	满分
学习态度	课堂表现	出勤率高,态度积极认真,师生互动积极主动,学习任务理解透彻。	随堂观察	10
	态度表现	团队协作,分工明确,不怕脏和累,任务训练完成及时,报告全面,认识到位,责任心强。	现场观察 文本批阅	10
理论水平	理论知识	相关理论知识掌握扎实,知识全面,字迹工整,正确率高。	笔试 文本批阅	30
	知识运用	能够运用理论知识指导实践,能够科学合理与客观有效地分析问题与解决问题。	口试 讲演 现场观察	10
实践操作	昆虫形态识别	正确识别危害症状,正确区分昆虫,并说明特点,正确指明所示昆虫附器的基本构造,并说出其类型,正确指出变态类型。	口试 现场观察	10
	昆虫标本的采集与制作	采集方法正确,完成标本采集的数量,仪器操作精准,制作过程规范、药品配制正确,作品精美,并附有标签及种类的鉴定。	作品展示 过程跟踪	10
	害虫种类识别	正确识别所示害虫的目、科及种,并说明依据及危害症状。	口试	20

学习情境2 园艺作物病害的诊断

考核项目	考核内容	考核标准	考核方式	满分
学习态度	课堂表现	出勤率高,态度积极认真,师生互动积极主动,学习任务理解透彻。	随堂观察	10
	态度表现	团队协作,分工明确,不怕脏和累,任务训练完成及时,报告全面,认识到位,责任心强。	现场观察 文本批阅	10
理论水平	理论知识	相关理论知识掌握扎实,知识全面,字迹工整,正确率高。	笔试 文本批阅	30
	知识运用	能够运用理论知识指导实践,能够科学合理与客观有效地分析问题与解决问题。	口试 讲演 现场观察	10

续表

考核项目	考核内容	考核标准	考核方式	满分
实践操作	园艺植物病害症状识别	对生产中的园艺作物发生的异常现象做出准确判断,指出病害与伤害,正确描述病害症状的类型,正确指出侵染性与非侵染性病害在田间的发病特点区别。	口试 现场观察	10
	侵染性病害病原镜检及其症状识别	按时完成病原真菌与细菌的培养与制片,方法正确,操作规范,镜下形态识别正确,准确绘制病原形态图;准确描述真菌、细菌、病毒及线虫病害的典型症状;随机抽样,能正确指出其病害的类别。	现场操作 过程跟踪 文本批阅	20
	园艺作物病害诊断	病害诊断的基本程序正确,鉴定结果准确;病害标本采集制作规范、精美、完整,有标签,种类齐全,并附有正确描述和记录。	作品展示 文本批阅	10

学习情境3　园艺作物病虫害田间调查及测报

考核项目	考核内容	考核标准	考核方式	满分
学习态度	课堂表现	出勤率高,态度积极认真,师生互动积极主动,学习任务理解透彻。	随堂观察	10
	态度表现	团队协作,分工明确,不怕脏和累,任务训练完成及时,报告全面,认识到位,责任心强。	现场观察 文本批阅	10
理论水平	理论知识	相关理论知识掌握扎实,知识全面,字迹工整,正确率高。	笔试 文本批阅	30
	知识运用	能够运用理论知识指导实践,能够科学合理与客观有效地分析问题与解决问题。	口试 讲演 现场观察	10
实践操作	病虫害田间调查	调查取样方法得当,记载表格设计合理,内容数据记载清晰、准确,分析恰当,当地优势天敌种类能识别。	方案设计 现场调查	20
	数据处理	数据处理方法得当,小组计算无误,分级标准和病情指数计算准确,病虫害损失的估计正确。	数据鉴定	10
	预测预报	调查取样方法恰当,各小组资料收集全面,分析准确,提出合理的发生发展趋势。	讲演汇报 小组鉴定	10

学习情境4　园艺作物病虫害防治的基本方法

考核项目	考核内容	考核标准	考核方式	满分
学习态度	课堂表现	出勤率高，态度积极认真，师生互动积极主动，学习任务理解透彻。	随堂观察	10
	态度表现	团队协作，分工明确，不怕脏和累，任务训练完成及时，报告全面，认识到位，责任心强。	现场观察 文本批阅	10
理论水平	理论知识	相关理论知识掌握扎实，知识全面，字迹工整，正确率高。	笔试 文本批阅	30
	知识运用	能够运用理论知识指导实践，能够科学合理与客观有效地分析问题与解决问题。	口试 讲演 现场观察	10
实践操作	防治方案制定	防治方案制定科学合理，安全环保，计划详细、工整、全面、正确、可操作。	方案设计 讲演汇报	10
	防治措施实施	组织能力强，听从指挥，分工明确，积极配合，操作熟练、规范、准确，防治效果好。	现场操作 现场观察 小组鉴定	20
	药械配制与使用	选药正确合理，配制科学准确、操作熟练安全，使用过程规范，植保机械使用维护熟练。	现场操作 小组鉴定	10

学习情境5　蔬菜主要病虫害及综合防治

考核项目	考核内容	考核标准	考核方式	满分
学习态度	课堂表现	出勤率高，态度积极认真，师生互动积极主动，学习任务理解透彻。	随堂观察	10
	态度表现	团队协作，分工明确，不怕脏和累，任务训练完成及时，报告全面，认识到位，责任心强。	现场观察 文本批阅	10
理论水平	理论知识	相关理论知识掌握扎实，知识全面，字迹工整，正确率高。	笔试 文本批阅	30
	知识运用	能够运用理论知识指导实践，能够科学合理与客观有效地分析问题与解决问题。	口试 讲演 现场观察	10
实践操作	蔬菜主要病害防治	对当地蔬菜主产区主要病害能准确诊断，能根据发生规律制定合理的防治预案，防治得当，效果良好。	诊断报告 现场操作	20
	蔬菜主要虫害防治	对当地蔬菜主产区主要虫害能准确识别，能根据发生规律制定合理的防治预案，防治得当，效果良好。	诊断报告 现场操作	20

学习情境 6 花卉主要病虫害及综合防治

考核项目	考核内容	考核标准	考核方式	满分
学习态度	课堂表现	出勤率高，态度积极认真，师生互动积极主动，学习任务理解透彻。	随堂观察	10
	态度表现	团队协作，分工明确，不怕脏和累，任务训练完成及时，报告全面，认识到位，责任心强。	现场观察 文本批阅	10
理论水平	理论知识	相关理论知识掌握扎实，知识全面，字迹工整，正确率高。	笔试 文本批阅	30
	知识运用	能够运用理论知识指导实践，能够科学合理与客观有效地分析问题与解决问题。	口试 讲演 现场观察	10
实践操作	花卉主要病害防治	对当地花卉主产区主要病害能准确诊断，能根据发生规律制定合理的防治预案，防治得当，效果良好。	诊断报告 现场操作	20
	花卉主要虫害防治	对当地花卉主产区主要虫害能准确识别，能根据发生规律制定合理的防治预案，防治得当，效果良好。	诊断报告 现场操作	20

学习情境 7 果树主要病虫害及综合防治

考核项目	考核内容	考核标准	考核方式	满分
学习态度	课堂表现	出勤率高，态度积极认真，师生互动积极主动，学习任务理解透彻。	随堂观察	10
	态度表现	团队协作，分工明确，不怕脏和累，任务训练完成及时，报告全面，认识到位，责任心强。	现场观察 文本批阅	10
理论水平	理论知识	相关理论知识掌握扎实，知识全面，字迹工整，正确率高。	笔试 文本批阅	30
	知识运用	能够运用理论知识指导实践，能够科学合理与客观有效地分析问题与解决问题。	口试 讲演 现场观察	10
实践操作	果树主要病害防治	对当地果树主产区主要病害能准确诊断，能根据发生规律制定合理的防治预案，防治得当，效果良好。	诊断报告 现场操作	20
	果树主要虫害防治	对当地果树主产区主要虫害能准确识别，能根据发生规律制定合理的防治预案，防治得当，效果良好。	诊断报告 现场操作	20

学习情境8　食用菌主要病虫害及综合防治

考核项目	考核内容	考核标准	考核方式	满分
学习态度	课堂表现	出勤率高，态度积极认真，师生互动积极主动，学习任务理解透彻。	随堂观察	10
	态度表现	团队协作，分工明确，不怕脏和累，任务训练完成及时，报告全面，认识到位，责任心强。	现场观察 文本批阅	10
理论水平	理论知识	相关理论知识掌握扎实，知识全面，字迹工整，正确率高。	笔试 文本批阅	30
	知识运用	能够运用理论知识指导实践，能够科学合理与客观有效地分析问题与解决问题。	口试 讲演 现场观察	10
实践操作	食用菌主要病害防治	对当地食用菌主产区主要病害能准确诊断，能根据发生规律制定合理的防治预案，防治得当，效果良好。	诊断报告 现场操作	20
	食用菌主要虫害防治	对当地食用菌主产区主要虫害能准确识别，能根据发生规律制定合理的防治预案，防治得当，效果良好。	诊断报告 现场操作	20

附录三　农药安全使用标准 GB 4285—89

(一)主题内容与适用范围

本标准为贯彻执行《中华人民共和国环境保护法》,在农业上安全合理使用农药,防止和控制农药对农产品和环境的污染,保障人体健康,促进农业生产而制订。

本标准适用于防治农作物(包括粮食、棉花、蔬菜、果树、烟草、茶叶和牧草等作物)的病虫草害而使用的农药。

(二)标准值

农药安全使用标准的项目及标准值见附表。

(三)实施说明

1. 防治农作物病虫害时,应切实贯彻执行"预防为主,综合防治"的方针,积极采用各种有效的非化学防治手段,使用化学农药时,各地要因地制宜,灵活掌握,但不得超过本标准规定的最高用药量和最多使用次数。提倡不同类型的农药交替使用。

2. 各地有关部门要做好宣传和教育工作,普及科学、合理、安全使用农药的科技知识,提高施药人员的素质。

3. 使用农药时要做好防护,施药后要及时彻底清洗,并注意防止污染物污染水源和环境。

(四)监督与执行

各地农业植物保护和卫生等有关部门负责监督本标准的执行。使用农药的单位和个人应接受他们的监督和检查,并对他们的工作提供方便。

附表 农药安全使用标准

作物	农药	剂型	常用药量或稀释倍数	最高用药量或稀释倍数	施药方法	最多使用次数	最后一次施药离收获的天数（安全间隔期）/d	实施说明
水稻	六六六	6%可湿性粉剂	500 g/亩	750 g/亩	喷雾、泼浇	4	不少于 25	
	高丙体六六六	6%可湿性粉剂	500 g/亩	1.5 kg/亩	喷雾、泼浇	4	不少于 15	
	甲(乙)六粉	1.5%甲 1605、6%乙 1605	0.75～1 kg/亩	1.5 kg/亩	撒施、泼浇	4	不少于 25	
	敌百虫	90%固体	100 g/亩	100 g/亩	喷雾	3	不少于 7	
	马拉硫磷（马拉松）	50%乳油	75 mL/亩	100 mL/亩	喷雾	3	不少于 7	抽穗后用药
	杀螟硫磷（杀螟松）	50%乳油	75 mL/亩	100 mL/亩	喷雾	早稻 3 晚稻 5	不少于 14	
	倍硫磷	50%乳油	75 mL/亩	100 mL/亩	喷雾	早稻 3 晚稻 5	不少于 14	
	地亚农	50%乳油	150 mL/亩	150 mL/亩	喷雾	1	不少于 28	
	西维因	25%可湿性粉剂	200 g/亩	250 g/亩	喷雾	2	不少于 30	适用于华北地区
		25%可湿性粉剂	200 g/亩	250 g/亩	喷雾	4	不少于 10	适用于华东地区早稻、晚稻可参照执行
		5%粉剂	1.5～2 kg/亩	2 kg/亩	喷雾	4	不少于 10	
	杀虫双	25%水剂	250 mL/亩	250 mL/亩	喷雾	3	不少于 15	
	二氯苯醚菊酯	10%乳油	75 mL/亩	150 mL/亩	喷雾	早稻 3 晚稻 4	早稻不少于 7 晚稻不少于 15	
	稻脚青	20%可湿性粉剂	25～100 g/亩	125 g/亩	喷雾、撒施	1	分蘖末期前使用	
	稻宁	10%可湿性粉剂	200 g/亩	250 g/亩	喷雾、撒施	1	分蘖末期前使用	
	杀虫脒	25%水剂	100 mL/亩	100 mL/亩	喷雾	1	不少于 40	
			200 mL/亩	200 mL/亩	喷雾	1	不少于 70	
	异稻瘟净	40%乳油	125 mL/亩	150 mL/亩	喷雾	5	不少于 20	40%乳油与其他药剂混用的常用药量为 50 mL/亩稻瘟净可参照执行
		10%颗粒剂	3 kg/亩	5 kg/亩	撒施	1	抽穗前使用	

续附表

作物	农药	剂型	常用药量或稀释倍数	最高用药量或稀释倍数	施药方法	最多使用次数	最后一次施药离收获的天数(安全间隔期)/d	实施说明
水稻	多菌灵	50%可湿性粉剂	50 g/亩	50 g/亩	喷雾	3	不少于 30	
	百菌清	75%可湿性粉剂	100 g/亩	100 g/亩	喷雾	早稻 3 晚稻 5	不少于 10	
	除草醚	25%可湿性粉剂	500~750 g/亩	1 kg/亩	撒施	2	秧田或插秧返青后使用	
	草枯醚	20%乳油	750 mL/亩	1 000 mL/亩	拌土撒施	2	秧田或插秧后 10 d 内使用	
	对硫磷(1605)	50%乳油	100 mL/亩	100 mL/亩	喷雾	3	不少于 30	
	甲基对硫磷	50%乳油	100 mL/亩	100 mL/亩	喷雾	3	不少于 21	
	呋喃丹	3%颗粒剂	1 kg/亩	2 kg/亩	拌土撒施	1	不少于 60	
	嘧啶氧磷	50%乳油	100 mL/亩	150 mL/亩	喷雾	1	不少于 49	
	喹硫磷	25%乳油	50 mL/亩	100 mL/亩	喷雾	3	不少于 14	
	叶蝉散	2%粉剂	1.5 kg/亩	1.5 kg/亩	喷粉	2	不少于 30	
	三环唑	20%可湿性粉剂	100 g/亩	125 g/亩	喷雾	2	不少于 35	
	速灭威	25%可湿性粉剂	南方 200 g/亩	南方 320 g/亩	喷雾	3	南方不少于 14	
		北方 140 g/亩	北方 280 g/亩	喷雾	3	北方不少于 25		
	甲胺磷	50%乳油	50 mL/亩 1 000 倍液	50 mL/亩 1 000 倍液	喷雾	2	不少于 30	
	久效磷	50%乳油	30 mL/亩 2 000 倍液	40 mL/亩 1 000 倍液	喷雾	1	不少于 30	
	丁草胺	60%乳油	100 mL/亩 500 倍液	200 mL/亩 250 倍液	喷雾	1	移栽 4 d 以后使用	

续附表

作物	农药	剂型	常用药量或稀释倍数	最高用药量或稀释倍数	施药方法	最多使用次数	最后一次施药离收获的天数(安全间隔期)/d	实施说明
小麦	六六六	1%粉剂	1.5 kg/亩	1.5 kg/亩	喷粉	2	灌浆期前使用	
		1%粉剂	2.5 kg/亩	2.5 kg/亩	喷粉	1		
	高丙体六六六	1%粉剂	1.5 kg/亩	2.5 kg/亩	喷粉	3	不少于16	
	黏虫散	粉剂	1.5 kg/亩	1.5 kg/亩	喷粉	1	不少于9	
	乐果	40%乳油	100~125 mL/亩	125 mL/亩	低容量喷雾	3	不少于10	
	二氧苯醚菊酯	10%乳油	35 mL/亩	45 mL/亩	喷雾	3	不少于7	
	多菌灵	50%可湿性粉剂	75~100 g/亩	150 g/亩	喷雾	2	不少于20	
	绿麦隆	25%可湿性粉剂	200~300 g/亩	300 g/亩	喷雾	2	播种后出苗前或麦苗二叶一心期使用	
	粉锈宁	15%可湿性粉剂	55 g/亩	100 g/亩	喷雾	2	不少于20	
		20%可湿性粉剂	50 g/亩	75 g/亩	喷雾	2		
		20%乳油	40 mL/亩	80 mL/亩	喷雾	2	不少于30	
	辛硫磷	50%乳油	0.1%种子量	0.2%种子量	拌种	1	拌种使用	
			80 mL/亩 1 000倍液	160 mL/亩 500倍液	喷雾	3	不少于7	
	氰戊菊酯	20%乳油	20 mL/亩	35 mL/亩	喷雾	3	不少于13	
玉米	六六六	0.1%颗粒剂	1.5~2 g/株	5 g/株	施于喇叭口	1	心叶末期使用	
	高丙体六六六	0.5%颗粒剂	2 g/株	4 g/株	施于喇叭口	2	心叶末期使用	
	滴滴涕(DDT)	5%颗粒剂	1.5~2 g/株	4 g/株	施于喇叭口	1	心叶末期使用	

续附表

作物	农药	剂型	常用药量或稀释倍数	最高用药量或稀释倍数	施药方法	最多使用次数	最后一次施药离收获的天数（安全间隔期）/d	实施说明
玉米	对硫磷(1605)	0.5%颗粒剂 1%颗粒剂	1.5～2 g/株	4 g/株	施于喇叭口	1	心叶末期使用	
玉米	辛硫磷	50%乳油	0.15%种子量	0.2%种子量	拌种	1	拌种使用	
高粱	乐果	40%乳油	100 mL/亩	125 mL/亩	喷雾	3	不少于 10	
花生	百菌清	75%可湿性粉剂	100 g/亩 600 倍液	120 g/亩 500 倍液	喷雾	4	不少于 27	
棉花	滴滴涕(DDT)	25%乳油	400 mL/亩	500 mL/亩	喷雾	6	初絮期最后一次施药	
棉花	滴滴涕(DDT)	5%粉剂	2 kg/亩	5kg/亩	喷粉	6		
蔬菜 青菜	乐果	40%乳油	50 mL/亩 2 000 倍液	100 mL/亩 800 倍液	喷雾	6	不少于 7	秋冬季间隔期 8 d
	敌百虫	90%固体	50 g/亩 2 000 倍液	100 g/亩 800 倍液	喷雾	5	不少于 7	秋冬季间隔期 8 d
	敌敌畏	80%乳油	100 mL/亩 1 000～2 000 倍液	200 mL/亩 500 倍液	喷雾	5	不少于 5	冬季间隔期 7 d
	乙酰甲胺磷	40%乳油	125 mL/亩 1 000 倍液	250 mL/亩 500 倍液	喷雾	2	不少于 7	秋冬季间隔期 9 d
	二氯苯醚菊酯	10%乳油	6 mL/亩 1 000 倍液	24 mL/亩 2 500 倍液	喷雾	3	不少于 2	
	辛硫磷	50%乳油	50 mL/亩 2 000 倍液	100 mL/亩 1 000 倍液	喷雾	2	不少于 6	每隔 7 d 喷一次
	氰戊菊酯	20%乳油	10 mL/亩 2 000 倍液	20 mL/亩 1 000 倍液	喷雾	3	不少于 5	每隔 7～10 d 喷一次

续附表

作物		农药	剂型	常用药量或稀释倍数	最高用药量或稀释倍数	施药方法	最多使用次数	最后一次施药离收获的天数（安全间隔期）/d	实施说明
蔬菜	白菜	乐果	40%乳油	50 mL/亩 2 000 倍液	100 mL/亩 800 倍液	喷雾	4	不少于 10	
		敌百虫	90%固体	100 g/亩 1 000 倍液	100 g/亩 500 倍液	喷雾	5	不少于 7	秋冬季间隔期 8 d
		敌敌畏	80%乳剂	100 mL/亩 1 000～2 000 倍液	200 mL/亩 500 倍液	喷雾	5	不少于 5	冬季间隔期 7 d
		乙酰甲胺磷	40%乳油	125 mL/亩 1 000 倍液	250 mL/亩 500 倍液	喷雾	2	不少于 7	秋冬季间隔期 9 d
		二氯苯醚菊酯	10%乳油	6 mL/亩 1 000 倍液	24 mL/亩 2 500 倍液	喷雾	3	不少于 2	
	大白菜	辛硫磷	50%乳油	50 mL/亩 1 000 倍液	100 mL/亩 500 倍液	喷雾	3	不少于 6	
	甘蓝	氰戊菊酯	20%乳油	20 mL/亩 4 000 倍液	40 mL/亩 2 000 倍液	喷雾	3	不少于 5	每隔 8 d 喷一次
		辛硫磷	50%乳油	50 mL/亩 1 500 倍液	75 mL/亩 1 000 倍液	喷雾	4	不少于 5	每隔 7 d 喷一次
		氯氰菊酯	10%乳油	8 mL/亩 4 000 倍液	16 mL/亩 2 000 倍液	喷雾	4	不少于 7	每隔 8 d 喷一次
	豆菜	乐果	40%乳油	50 mL/亩 2 000 倍液	100 mL/亩 800 倍液	喷雾	5	不少于 5	夏季豇豆、四季豆间隔期 3 d
		喹硫磷	25%乳油	100 mL/亩 800 倍液	160 mL/亩 500 倍液	喷雾	3	不少于 7	

续附表

作物		农药	剂型	常用药量或稀释倍数	最高用药量或稀释倍数	施药方法	最多使用次数	最后一次施药离收获的天数（安全间隔期）/d	实施说明
蔬菜	萝卜	乐果	40%乳油	50 mL/亩 2 000 倍液	100 mL/亩 800 倍液	喷雾	6	不少于 5	叶若供食用，间隔期 9 d
		溴氰菊酯	2.5%乳油	10 mL/亩 2 500 倍液	20 mL/亩 1 250 倍液	喷雾	1	不少于 10	
		氰戊菊酯	20%乳油	30 mL/亩 2 500 倍液	50 mL/亩 1 500 倍液	喷雾	2	不少于 21	
		二氯苯醚菊酯	10%乳油	25 mL/亩 2 000 倍液	50 mL/亩 1 000 倍液	喷雾	3	不少于 14	
	黄瓜	乐果	40%乳油	50 mL/亩 2 000 倍液	100 mL/亩 800 倍液	喷雾		不少于 2	施药次数按防治要求而定
		百菌清	75%可湿性粉剂	100 g/亩 600 倍液	100 g/亩 600 倍液	喷雾	3	不少于 10	结瓜前使用
		粉锈宁	15%可湿性粉剂	50 g/亩 1 500 倍液	100 g/亩 750 倍液	喷雾	2	不少于 3	
			20%可湿性粉剂	30 g/亩 3 300 倍液	60 g/亩 1 700 倍液	喷雾	2	不少于 3	
		多菌灵	25%可湿性粉剂	50 g/亩 1 000 倍液	100 g/亩 500 倍液	喷雾	2	不少于 5	
		溴氰菊酯	2.5%乳油	30 mL/亩 3 300 倍液	60 mL/亩 1 650 倍液	喷雾	2	不少于 3	
		辛硫磷	50%乳油	50 mL/亩 2 000 倍液	50 mL/亩 2 000 倍液	喷雾	3	不少于 3	

续附表

作物		农药	剂型	常用药量或稀释倍数	最高用药量或稀释倍数	施药方法	最多使用次数	最后一次施药离收获的天数（安全间隔期）/d	实施说明
蔬菜	番茄	氰戊菊酯	20%乳油	30 mL/亩 3 300 倍液	40 mL/亩 2 500 倍液	喷雾	3	不少于 3	
		百菌清	75%可湿性粉剂	100 g/亩 600 倍液	120 g/亩 500 倍液	喷雾	6	不少于 23	每隔 7～10 d 喷一次
	茄子	三氯杀螨醇	20%乳油	30 mL/亩 1 600 倍液	60 mL/亩 800 倍液	喷雾	2	不少于 5	
	辣椒	喹硫磷	25%乳油	40 mL/亩 1 500 倍液	60 mL/亩 1 000 倍液	喷雾	2	不少于 5(青椒)	红辣椒安全间隔期 不少于 10 d
	洋葱	辛硫磷	50%乳油	250 mL/亩 2 000 倍液	500 mL/亩 1 000 倍液	垄底浇灌	1	不少于 17	洋葱结头期使用
		喹硫磷	25%乳油	200 mL/亩 2 500 倍液	400 mL/亩 1 000 倍液	垄底浇灌	1	不少于 17	洋葱结头期使用
	大葱	辛硫磷	50%乳油	500 mL/亩 2 000 倍液	750 mL/亩 1 000 倍液	垄底浇灌	1	不少于 17	
		喹硫磷	25%乳油	100 mL/亩 2 500 倍液	400 mL/亩 700 倍液	垄底浇灌	1	不少于 17	
	韭菜	辛硫磷	50%乳油	500 mL/亩 800 倍液	750 mL/亩 500 倍液	垄底浇灌	2	不少于 10	浇于根际土中
柑橘		乐果	40%乳油	1 500 倍液	500 倍液	喷雾	3	不少于 15	使用量按果株大小 喷匀为宜
		敌百虫	90%固体	1 000 倍液	500 倍液	喷雾	1	不少于 20	使用量按果株大小 喷匀为宜

续附表

作物	农药	剂型	常用药量或稀释倍数	最高用药量或稀释倍数	施药方法	最多使用次数	最后一次施药离收获的天数（安全间隔期）/d	实施说明
柑橘	三氯杀螨醇	20%乳油	1 000～1 500 倍液	800 倍液	喷雾	3	不少于 45	使用量按果株大小喷匀为宜
	二氯苯醚菊酯	10%乳油	3 000 倍液	1 500 倍液	喷雾	3	不少于 15	使用量按果株大小喷匀为宜
	氰戊菊酯	20%乳油	8 000 倍液	4 000 倍液	喷雾	5	不少于 20	使用量按果株大小喷匀为宜
	喹硫磷	25%乳油	1 000 倍液	700 倍液	喷雾	3	不少于 27	使用量按果株大小喷匀为宜
苹果	滴滴涕(DDT)	20%乳油	200 倍液	200 倍液	喷雾	1	座果后禁用	使用量按果株大小喷匀为宜
	对硫磷(1605)	50%乳油	2 000～3 000 倍液	2 000 倍液	喷雾	3	不少于 30	使用量按果株大小喷匀为宜
	杀螟硫磷（杀螟松）	50%乳油	1 500 倍液	1 000 倍液	喷雾	3	不少于 15	使用量按果株大小喷匀为宜
	乐果	40%乳油	1 500 倍液	800 倍液	喷雾	2	不少于 7	使用量按果株大小喷匀为宜
	三氯杀螨醇	20%乳油	1 000～1 500 倍液	700 倍液	喷雾	4	不少于 45	使用量按果株大小喷匀为宜
	二氯苯醚菊酯	10%乳油	1 000～3 000 倍液	1 000 倍液	喷雾	3	不少于 3	使用量按果株大小喷匀为宜
	百菌清	75%可湿性粉剂	600 倍液	600 倍液	喷雾	4	不少于 20	使用量按果株大小喷匀为宜
	氰戊菊酯	20%乳油	4 000 倍液	2 000 倍液	喷雾	3	不少于 10	使用量按果株大小喷匀为宜

续附表

作物	农药	剂型	常用药量或稀释倍数	最高用药量或稀释倍数	施药方法	最多使用次数	最后一次施药离收获的天数（安全间隔期）/d	实施说明
苹果	氯氰菊酯	10%乳油	4 000 倍液	2 500 倍液	喷雾	4	不少于 10	使用量按果株大小喷匀为宜
	辛硫磷	50%乳油	1 500 倍液	1 000 倍液	喷雾	4	不少于 7	使用量按果株大小喷匀为宜
梨	百菌清	75%可湿性粉剂	500 倍液	500 倍液	喷雾	6	不少于 25	使用量按果株大小喷匀为宜
桃	溴氰菊酯	2.5%乳油	2 500 倍液	1 250 倍液	喷雾	2	不少于 15	使用量按果株大小喷匀为宜
葡萄	百菌清	75%可湿性粉剂	600～700 倍液	600 倍液	喷雾	4	不少于 21	使用量按果株大小喷匀为宜
	克螨特	73%乳油	30 mL/亩 2 000 倍液	60 mL/亩 1 000 倍液	喷雾	3	不少于 20	使用量按果株大小喷匀为宜
山楂	溴螨酯	50%乳油	1 000 倍液	700 倍液	喷雾	3	不少于 30	使用量按果株大小喷匀为宜
甜瓜	粉锈宁	20%乳油	25 mL/亩 2 000 倍液	50 mL/亩 1 000 倍液	喷雾	2	不少于 5	
西瓜	百菌清	70%可湿性粉剂	100～120 g/亩 600 倍液	120g/亩 500 倍液	喷雾	6	不少于 21	每隔 7～15 d 喷一次
	克螨特	73%乳油	1 500～2 000 倍液	1 000 倍液	喷雾	2	不少于 8	
茶叶	乐果	40%乳油	125 mL/亩 2 000～3 000 倍液	185 mL/亩 1 000 倍液	喷雾	1	不少于 7	
	敌敌畏	80%乳油	150 mL/亩 1 500 倍液	250 mL/亩 1 500 倍液	喷雾	1	不少于 6	

续附表

作物	农药	剂型	常用药量或稀释倍数	最高用药量或稀释倍数	施药方法	最多使用次数	最后一次施药离收获的天数（安全间隔期）/d	实施说明
茶叶	马拉硫磷（马拉松）	50%乳油	150 mL/亩 1 000 倍液	300 mL/亩 800 倍液	喷雾	2	不少于 10	使用次数系指采摘周期中的用药次数
	杀螟硫磷（杀螟松）	50%乳油	200 mL/亩 1 000 倍液	300 mL/亩 1 000 倍液	喷雾	3	不少于 10	
	亚胺硫磷	25%乳油	250 mL/亩 800～1 000 倍液	375 mL/亩 800 倍液	喷雾	1	不少于 7	
	辛硫磷	50%乳油	200 mL/亩 1 000 倍液	300 mL/亩 1 000 倍液	喷雾	3	不少于 5	
	二氯苯醚菊酯	10%乳油	20～30 mL/亩 6 000～10 000 倍液	40 mL/亩 5 000 倍液	喷雾	每个茶季喷 2 次	不少于 3	
	氰戊菊酯	20%乳油	8 000 倍液	4 000 倍液	喷雾	2	不少于 10	
烟草	敌百虫	90%固体	100g/亩 1 000 倍液	100 g/亩 500 倍液	喷雾	2	不少于 10	
		2.5%粉剂	1 kg/亩	1 kg/亩	喷粉	2	不少于 10	
	西维因	25%可湿性粉剂	100 g/亩 500 倍液	250g/亩 500 倍液	喷雾	3	不少于 14	
		2%粉剂	1 kg/亩	1 kg/亩	喷粉	3	不少于 14	
	杀螟硫磷(杀螟松)	50%乳油	50 mL/亩 1 000 倍液	100 mL/亩 500 倍液	喷雾	2	不少于 15	
	二氯苯醚菊酯	10%乳油	35 mL/亩 2 000 倍液	70 mL/亩 500 倍液	喷雾	2	不少于 10	

续附表

作物	农药	剂型	常用药量或稀释倍数	最高用药量或稀释倍数	施药方法	最多使用次数	最后一次施药离收获的天数（安全间隔期）/d	实施说明
烟草	乐果	40%乳油	50 mL/亩 1 000 倍液	100 mL/亩 500 倍液	喷雾	5	不少于 5	
	氰戊菊酯	20%乳油	12.5 mL/亩 4 000 倍液	25 mL/亩 2 000 倍液	喷雾	3	不少于 15	
	辛硫磷	50%乳油	45 mL/亩 1 500 倍液	65 mL/亩 1 000 倍液	喷雾	3	不少于 5	
牧草	马拉硫磷（马拉松）	50%乳油	70 mL/亩 1 000 倍液	80 mL/亩 1 000 倍液	喷雾	1	不少于 5	
	稻丰散	50%乳油	70 mL/亩 1 000 倍液	80 mL/亩 1 000 倍液	喷雾	1	不少于 15	

参考文献

[1]费显伟.园艺植物病虫害防治.北京:高等教育出版社,2005.
[2]崔颂英.食用菌生产与加工.北京:中国农业出版社,2007.
[3]吕佩珂,等.中国花卉病虫原色图鉴.北京:蓝天出版社,2001.
[4]黄宏英,等.园艺植物保护概论.北京:中国农业出版社,2006.
[5]张随榜.园林植物保护.北京:中国农业出版社,2001.
[6]林焕章,等.花卉病虫害防治手册.北京:中国农业出版社,1999.
[7]金波.花卉病虫害防治手册.北京:中国林业出版社,1997.
[8]丁世民,等.园林植物保护.潍坊:山东省省级精品课程,2006.
[9]李清西,钱学聪.植物保护.北京:中国农业出版社,2002.
[10]游贵湘,张雨奇.植物病虫害防治学总论.北京:中国农业出版社,1988.
[11]刘开津.草本花卉病虫害防治原色图鉴.合肥:安徽科学技术出版社,2003.
[12]刘开津.观叶植物病虫害防治原色图鉴.合肥:安徽科学技术出版社,2003.
[13]郭书普.木本花卉病虫害防治原色图鉴.合肥:安徽科学技术出版社,2003.
[14]张维球,戴宗廉,张之光,等.农业昆虫学.北京:中国农业出版社,1981.
[15]林达,曲大公,等.植物保护学总论.北京:中国农业出版社,1993.
[16]雷朝亮,等.普通昆虫学.北京:中国农业出版社,2003.
[17]李照会.园艺植物昆虫学.北京:中国农业出版社,2004.
[18]丁锦华,等.农业昆虫学.北京:中国农业出版社,2003.
[19]袁锋.农业昆虫学.北京:中国农业出版社,2004.
[20]张中社,等.园林植物病虫害防治.北京:高等教育出版社,2004.
[21]李传仁.园林植物保护.北京:化学工业出版社,2007.
[22]张学哲.作物病虫害防治.北京:高等教育出版社,2005.
[23]黄宏英,程亚樵.园艺植物保护.北京:中国农业出版社,2006.
[24]黄少彬.园林植物病虫害防治.北京:高等教育出版社,2006.
[25]张炳坤.植物保护技术.北京:中国农业大学出版社,2008.
[26]邱强.中国果树病虫原色图鉴.郑州:河南科学技术出版社,2004.
[27]王进忠,覃晓春,尚巧霞.果树病虫害防治技术问答.北京:中国农业大学出版社,2007.
[28]叶恭银.植物保护学.杭州:浙江大学出版社,2006.
[29]王金友,姜元振,等.梨树病虫害防治.北京:金盾出版社,2004.
[30]王进忠,覃晓春,等.果树病虫害防治技术问答.北京:中国农业出版社,2007.
[31]王忠.植物生理学.北京:中国农业出版社,2000.
[32]王国平,刘福星.果树无病毒苗木繁育与栽培.北京:金盾出版社,2002.
[33]马骏,蒋锦标,等.果树生产技术.北京:中国农业出版社,2006.
[34]吕佩珂.中国蔬菜病虫原色图谱.北京:中国农业出版社,1995.

[35]陈品南.蔬菜病虫害防治.杭州:浙江科学技术出版社,2003.

[36]李桂航.保护地蔬菜病虫害防治.北京:金盾出版社,2002.

[37]刘庆仁.蔬菜病害识别检索与疑似病害诊治图说.北京:中国农业出版社,2007.

[38]杨子琦.园林植物病虫害防治图鉴.北京:中国林业出版社,2002.

[39]中国农业标准汇编·植保与农药卷.北京:中国标准出版社,2003.

[40]徐世才.苗燕,等.十字花科蔬菜对蛞蝓生长发育的影响.北方园艺,2011(09):167.

[41]贾凯.李娜,等.蛞蝓危害与防治技术研究概况.安徽农业科学,2011,39(12):7047.

[42]任自忠,韩永生,等.新编植保员培训手册.北京:中国农业科学技术出版社,2012.

[43]农业部外来入侵生物管理办公室.中国主要农林入侵物种与控制.北京:中国农业出版社,2004.

[44]王琦.苹果虫害防治.北京:知识出版社,2000.

[45]洪晓月,丁锦华.农业昆虫学.北京:中国农业出版社,2007.

[46]秦嗣军.葡萄病虫害防治.延边:延边人民出版社,2006.

[47]肖强.茶树病虫无公害防治技术.北京:中国农业出版社,2006.

[48]问亚军,王永刚,等.渭北苹果棉蚜发生规律和防治技术研究.陕西农业科学,2006(04):48.

[49]宁殿林,白伟,等.几种杀虫剂对苹果棉蚜的田间药效比较.西北农林学报,2010(09):66.

[50]陈宇飞,邰连春.农艺作物病虫草害防治.北京:中国农业科学技术出版社,2008.

[51]李清西.植物保护.北京:中国农业出版社,2002.

[52]程亚樵.园艺植物病虫害防治.北京:中国农业出版社,2013.

[53]李艳琼.园艺植物保护.昆明:云南大学出版社,2009.

[54]马成云,张淑梅,窦瑞木.植物保护.北京:中国农业大学出版社,2011.

[55]黄年来.食用菌病虫害防治(彩色)手册.北京:中国农业出版社,2001.

[56]吴菊芳.新编食用菌病虫螨防治技术.北京:中国农业出版社,2004.

[57]王连荣.园艺植物病理学.北京:中国农业出版社,2000.

[58]高必达.园艺植物病理学.北京:中国农业出版社,2005.

彩图 5-1　黄瓜猝倒病

彩图 5-2　黄瓜霜霉病 1

彩图 5-3　黄瓜霜霉病 2

彩图 5-4　黄瓜白粉病

彩图 5-5　番茄灰霉病 1

彩图 5-6　番茄灰霉病 2

彩图 5-7　番茄早疫病 1

彩图 5-8　番茄早疫病 2

彩图 5-9　番茄晚疫病 1

彩图 5-10　番茄晚疫病 2

彩图 5-11　辣椒炭疽病

彩图 5-12　菜豆锈病 1

彩图 5-13　菜豆锈病 2

彩图 5-14　西瓜枯萎病

彩图 5-15　番茄叶霉病

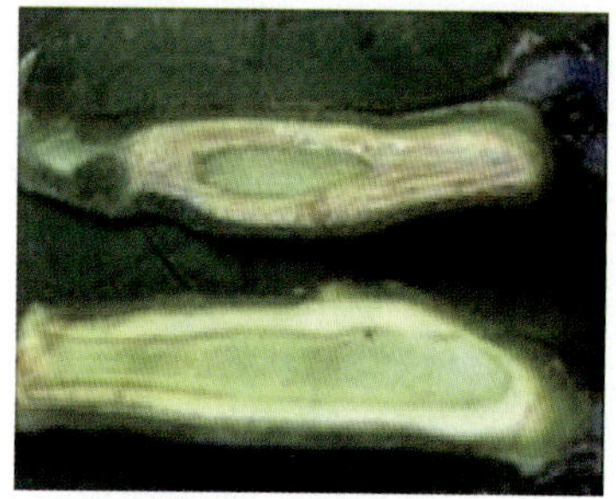
彩图 5-16　茄子黄萎病 1

彩图 5-17　茄子黄萎病 2

彩图 5-18　白菜黑斑病 1

彩图 5-19　白菜黑斑病 2

彩图 5-20　芹菜斑枯病 1

彩图 5-21　芹菜斑枯病 2

彩图 5-22　萝卜根肿病

彩图 5-23　大葱紫斑病

彩图 5-24　黄瓜细菌性角斑病 1

彩图 5-25　黄瓜细菌性角斑病 2

彩图 5-26　大白菜软腐病

彩图 5-27　番茄病毒病

彩图 5-28　菜豆根结线虫病

彩图 5-29　黄瓜沤根

彩图 5-30　番茄脐腐病

彩图 5-31　番茄筋腐病 1

彩图 5-32　番茄筋腐病 2

彩图 5-33　辣椒日灼病

彩图 5-34　大白菜干烧心

彩图 5-35　芹菜心腐病

彩图 5-36　黄瓜花打顶

彩图 5-37　菜粉蝶成虫

彩图 5-38　菜粉蝶幼虫

彩图 5-39　黄凤蝶成虫

彩图 5-40　黄凤蝶幼虫

彩图 5-41　菜蛾成虫与幼虫

彩图 5-42　草地螟

彩图 5-43　甘蓝夜蛾成虫

彩图 5-44　甜菜夜蛾幼虫

彩图 5-45　斜纹夜蛾

彩图 5-46　黄曲条跳甲

彩图 5-47　黄守瓜

彩图 5-48　马铃薯瓢虫

彩图 5-49　大猿叶甲

彩图 5-50　小猿叶甲

彩图 5-51　黄翅菜叶蜂

彩图 5-52　温室白粉虱

彩图 5-53　桃蚜

彩图 5-54　萝卜蚜

彩图 5-55　甘蓝蚜

彩图 5-56　斑须蝽

彩图 5-57　菜蝽

彩图 5-58　朱砂叶螨危害状

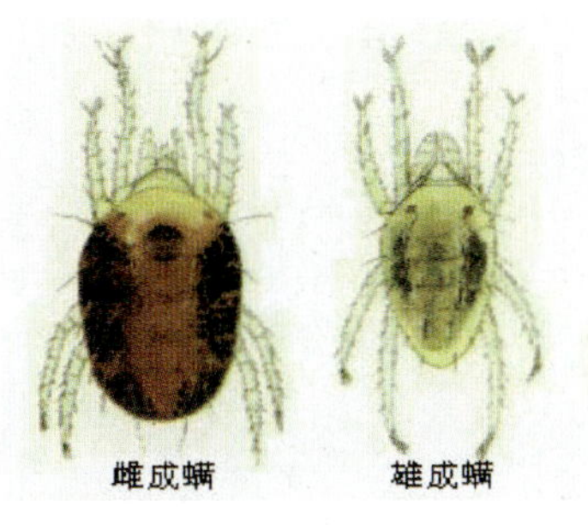

彩图 5-59　朱砂叶螨

彩图 5-60　大青叶蝉

彩图 5-61　小绿叶蝉成虫

彩图 5-62　小绿叶蝉若虫

彩图 5-63　葱蓟马危害状

彩图 5-64　葱蓟马

彩图 5-65　美洲斑潜蝇危害状

彩图 5-66　美洲斑潜蝇

彩图 5-67　棉铃虫

彩图 5-68　烟青虫

彩图 5-69　豆荚野螟

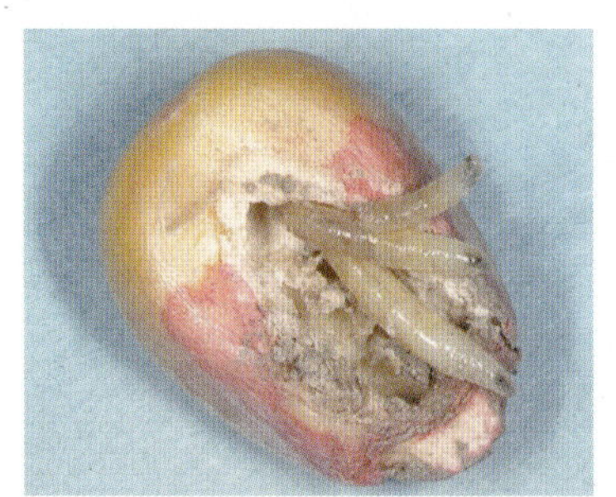
彩图 5-70　种蝇

彩图 5-71　葱蝇

彩图 5-72　萝卜蝇

彩图 5-73　华北蝼蛄

彩图 5-74　蛴螬

彩图 5-75　沟金针虫

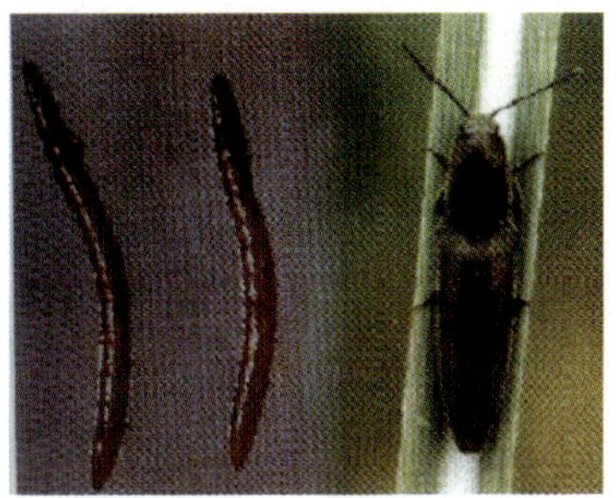
彩图 5-76　细胸金针虫

彩图 5-77　褐纹金针虫

彩图 5-78　小地老虎

彩图 5-79　网目拟地甲

彩图 5-80　大蟋蟀

彩图 5-81　油葫芦

彩图 6-1　仙客来灰霉病

彩图 6-2　菊花褐斑病

彩图 6-3　唐菖蒲花叶病毒病

彩图 6-4　凤仙花白粉病

彩图 6-5　君子兰细菌性软腐病

彩图 6-6　月季黑斑病

彩图 6-7　牡丹炭疽病

彩图 6-8　玫瑰锈病

彩图 6-9　扶桑煤污病

彩图 6-10　月季枝枯病

彩图 6-11　仙人掌炭疽病

彩图 6-12　虎尾兰细菌性软腐病

彩图 6-13　黄刺蛾

彩图 6-14　褐边绿刺蛾

彩图 6-15　褐刺蛾

彩图 6-16　扁刺蛾

彩图 6-17 黄尾毒蛾

彩图 6-18　雀纹天蛾

彩图 6-19　大造桥虫幼虫

彩图 6-20　赤蛱蝶(黄麻蝶)

彩图 6-21　白星花金龟子

彩图 6-22　月季白轮盾蚧

彩图 6-23　月季长管蚜

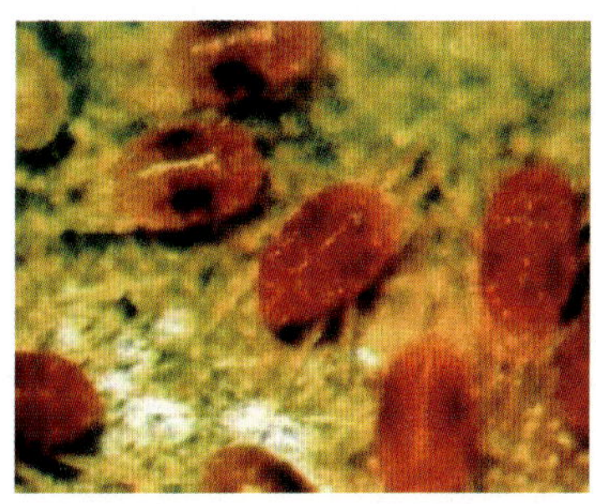
彩图 6-24　卵形短须螨

彩图 6-25　小木蠹蛾

彩图 6-26　玫瑰茎蜂

彩图 6-27　大丽花螟蛾

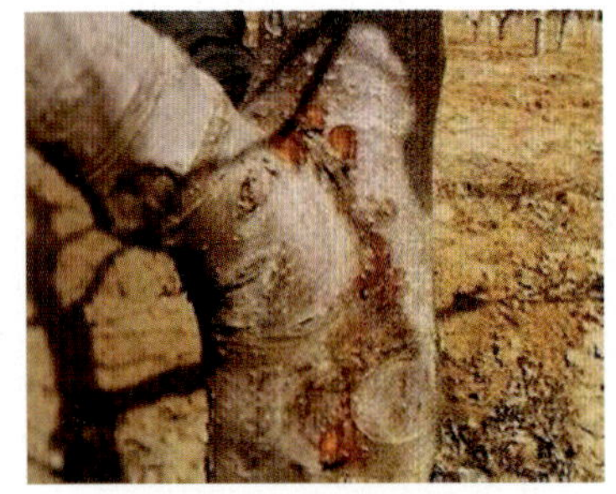

彩图 7-1　苹果腐烂病 1

彩图 7-2　苹果腐烂病 2

彩图 7-3　苹果轮纹病病果

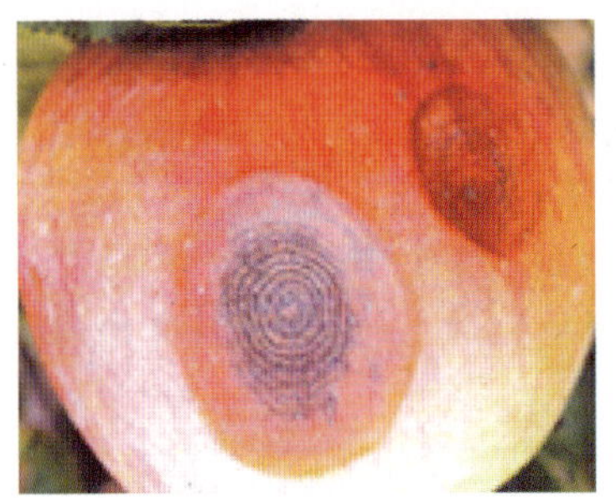

彩图 7-4　苹果炭疽病

彩图 7-5　苹果褐斑病

彩图 7-6　梨黑星病

彩图 7-7　梨黑斑病(初期)

彩图 7-8　梨锈病(正面)

彩图 7-9　梨锈病(反面)

彩图 7-10　桃褐腐病

彩图 7-11　桃细菌性穿孔病

彩图 7-12　桃缩叶病

彩图 7-13　葡萄黑痘病

彩图 7-14　葡萄炭疽病

彩图 7-15　葡萄霜霉病

彩图 7-16　葡萄褐斑病

彩图 7-17　葡萄白腐病

彩图 7-18　猕猴桃溃疡病

彩图 7-19　猕猴桃溃疡病

彩图 7-20　柿子角斑病

彩图 7-21　核桃黑斑病

彩图 7-22　核桃黑斑病

彩图 7-23　栗胴枯病

彩图 7-24　梨星毛虫

彩图 7-25　梨星毛虫

彩图 7-26　苹果掌舟蛾

彩图 7-27　苹小卷叶蛾成虫

彩图 7-28　褐带长卷叶蛾

彩图 7-29　苹果巢蛾

彩图 7-30　葡萄透翅蛾

彩图 7-31　葡萄透翅蛾

彩图 7-32　香蕉弄蝶

彩图 7-33　橘潜叶甲

彩图 7-34　矢尖蚧

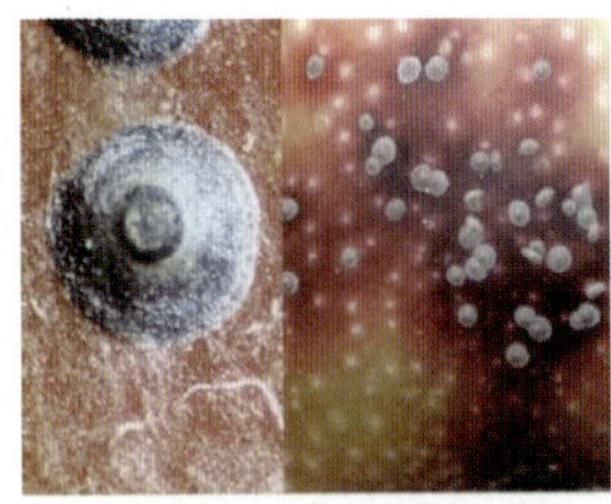
彩图 7-35　梨圆蚧

彩图 7-36　朝鲜球坚蚧

彩图 7-37　橘全爪螨

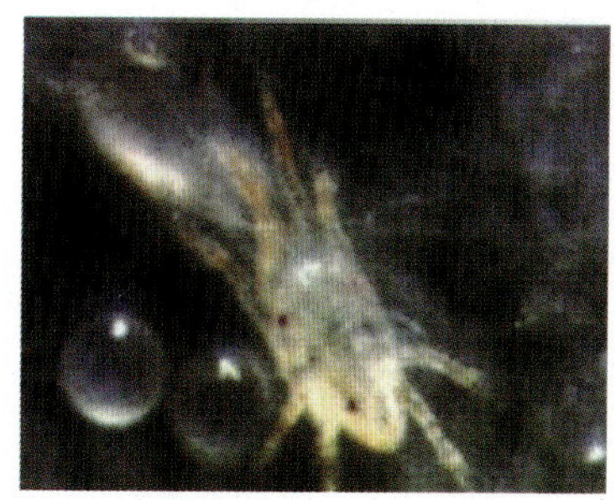
彩图 7-38　橘始叶螨

彩图 7-39　橘锈螨

彩图 7-40　橘瘤螨

彩图 7-41　山楂叶螨

彩图 7-42　黑刺粉虱

彩图 7-43　苹果绵蚜

彩图 7-44　葡萄根瘤蚜

彩图 7-45　梨网蝽

彩图 7-46　梨木虱危害状

彩图 7-47　梨木虱

彩图 7-48　嘴壶夜蛾

彩图 7-49　梨大食心虫

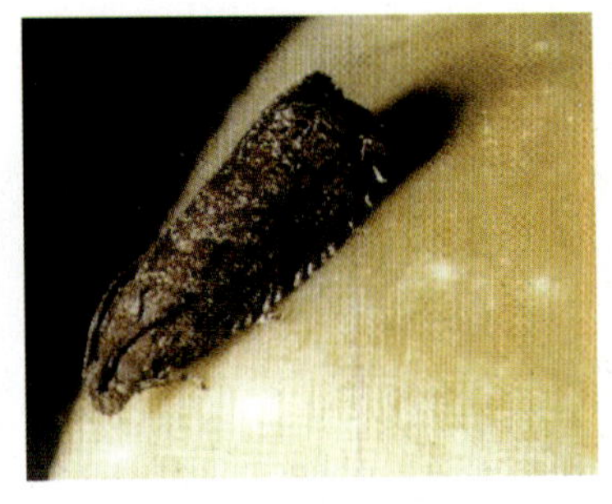

彩图 7-50　梨小食心虫

彩图 7-51　桃蛀螟

彩图 7-52　星天牛

彩图 7-53　褐天牛

彩图 7-54　桑天牛

彩图 7-55　橘爆皮虫

彩图 7-56　橘大实蝇

彩图 7-57　梨实蜂

彩图 7-58　香蕉球茎象甲

彩图 8-1　平菇褐腐病

彩图 8-2　平菇软腐病